5G关键技术与网络建设丛书

5G Application Technology and Industry Practice

5G应用技术与行业实践

冯武锋 高杰 徐卸土 蒋军 等 ◎ 编著

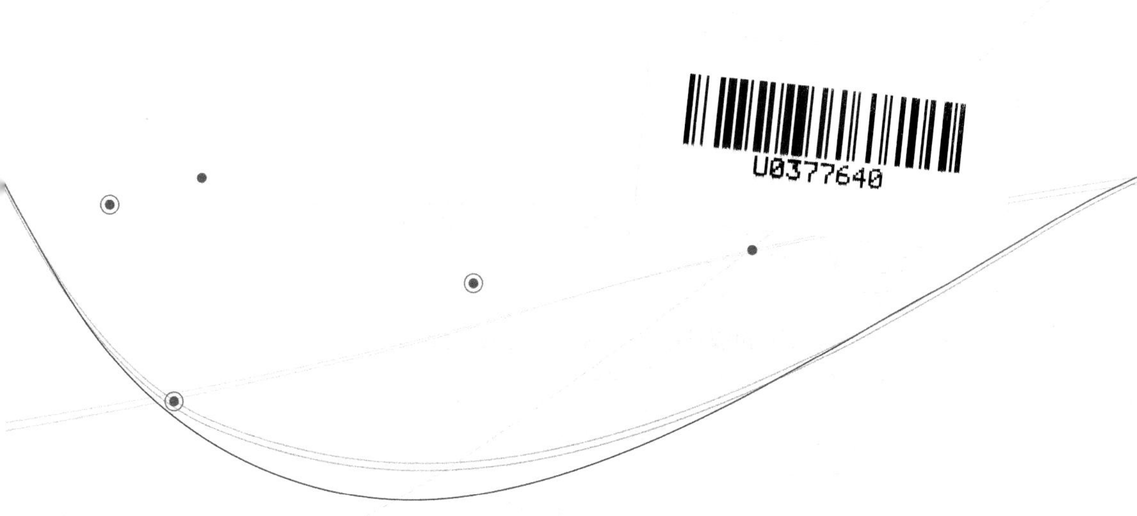

人民邮电出版社
北京

图书在版编目（CIP）数据

5G应用技术与行业实践 / 冯武锋等编著. -- 北京 :
人民邮电出版社，2020.12（2024.7重印）
（5G关键技术与网络建设丛书）
ISBN 978-7-115-54363-9

Ⅰ. ①5… Ⅱ. ①冯… Ⅲ. ①无线电通信－移动通信
－通信技术 Ⅳ. ①TN929.5

中国版本图书馆CIP数据核字(2020)第164925号

内容提要

本书首先介绍了移动通信的发展历程，并系统介绍了 5G 关键技术以及主要性能指标、5G 应用相关的通用基础技术、主流垂直行业对 5G 的需求，以及 5G 在垂直行业中的应用场景与案例，以尽量呈现当前 5G 应用的全貌。

本书对信息通信及互联网行业的专家、学者、工程师、管理人员，相关专业的高等院校师生，正在和将要践行 5G 创新应用以及关心 5G 技术和应用的广大读者具有参考价值。

◆ 编　著　冯武锋　高　杰　徐卸土　蒋　军　等
责任编辑　杨　凌
责任印制　陈　犇

◆ 人民邮电出版社出版发行　　北京市丰台区成寿寺路 11 号
邮编　100164　　电子邮件　315@ptpress.com.cn
网址　https://www.ptpress.com.cn
北京七彩京通数码快印有限公司印刷

◆ 开本：787×1092　1/16
印张：18.5　　2020 年 12 月第 1 版
字数：464 千字　　2024 年 7 月北京第 5 次印刷

定价：99.80 元

读者服务热线：(010)81055410　印装质量热线：(010)81055316
反盗版热线：(010)81055315
广告经营许可证：京东市监广登字 20170147 号

“5G关键技术与网络建设丛书”
编　委　会

推荐序一

全球移动通信正在经历4G向5G的迭代，5G将以更快的传输速率、更低的时延及海量连接给社会发展带来巨大变革。作为构筑经济社会数字化转型的关键新型基础设施，5G将逐步渗透到经济社会的各行业、各领域，将为智慧政府、智慧城市、智慧教育、智慧医疗、智慧家居等新型智慧社会的有效实施提供坚实基础。5G将成为全球经济发展的新动能。

2020年5G将进入大发展的一年，中国的5G建设正在快马加鞭，中国的运营商以5G独立组网为目标，控制非独立组网建设规模，加快推进主要城市的网络建设，2020年将建设完成60万~80万个基站，实现地级市室外连续覆盖、县城及乡镇有重点覆盖、重点场景室内覆盖。相信凭借中国自身力量和世界同行的支持，中国的5G网络将会成长为全球首屈一指的大网络、好网络和强网络。中国引领的不仅是全球5G的建设进程，而且技术实力也站在了全球前沿，在5G标准的确立方面，中国的电信运营商和设备制造商为ITU的5G标准制定做出了重要贡献。5G将会对全球经济产生巨大的影响，据中国信息通信研究院《5G经济社会影响白皮书》预测，2020年5G间接拉动GDP增长将超过4190亿元，2030年将增长到3.6万亿元。

在5G应用的开发方面，中国通信行业与各垂直领域的合作，也为全球5G发展提供了很好的范例。中国的5G必将为全球5G市场发展和推动中国与世界下一步数字社会及智慧生活建设发挥独特作用，产生深远影响。

上海邮电设计咨询研究院作为我国通信行业的骨干设计院，深入研究5G移动通信系统的规划设计和行业应用等相关技术，广泛参与国家、行业标准制定，完成了国家多个5G试验网、商用网的规划以及设计工作，在工程实践领域积累了丰富的经验，并在此基础上编撰了《5G关键技术和网络建设丛书》，希望能为5G工程建设、5G应用开发、5G业务运营及管理等领域的专业技术人员提供重要的参考。

2020年7月

推荐序二

5G 与物联网、工业互联网、移动互联网、大数据、人工智能等新一代信息技术的结合构筑了数字基础设施，数字基础设施成为新基建的重要支柱，而 5G 又是新基建的首选。5G 为社会治理、经济发展和民生服务提供了新动能，将催生新业态，成为数字经济的新引擎。

2020 年我国 5G 正式商用已满一年，中国将在全球范围内率先开展独立组网大规模建设，SDN/NFV/网络切片等大规模组网技术将开始验证，全方位的挑战需要我们积极应对。在 5G 网络建设方面，由于 5G 采用高频段，基站覆盖范围较小，需高密度组网以及有更多的站型，这些都给无线网规划、建设和维护带来了成倍增加的工作量和难度。Massive MIMO 与波束赋形等多天线技术，使得 5G 网络规划不仅仅需要考虑小区和频率等常规规划，还需增加波束规划以适应不同场景的覆盖需求，这使干扰控制复杂度呈几何级数增大，给网络规划和运维优化带来了极大的挑战。5G 作为新技术，系统更加复杂，用户隐私、数据保护、网络安全等用户密切关心的问题也在发展过程中面临着巨大的考验，发展 5G 技术的同时还要不断提升 5G 的安全防御能力。5G 网络全面云化，在带来功能灵活性的同时，也带来了很多技术、工程和安全难题。实践中还将要面对高频率、高功耗、大带宽给 5G 基站建设带来的挑战，以及因频率升高而引起的地铁、高铁、隧道与室内分布系统的设计难题。另外，目前公众消费者对 5G 的认识只是带宽更宽、速度更快，需要将其进一步转化为用户的更高价值体验才能扩大用户群。而行业的刚需与跨界合作及商业模式尚不清晰，行业主导的积极性还有待发挥。5G 对中国的科技与经济发展是难得的机遇，围绕 5G 技术与产业的国际竞争对于我们也是严峻的挑战，5G 的创新永远在路上。

上海邮电设计咨询研究院依据自身在通信网络规划设计方面的长期积累以及近年来对 5G 网络的规划设计的研究与实践，策划编撰了《5G 关键技术和网络建设丛书》。本丛书既有 5G 核心网络、无线接入网络、光承载网络、云计算等关键技术的介绍，又系统地总结了 5G 工程规划设计的方法，针对 5G 带来的新挑战提出了一些创新的设计思路，并列举了大量 5G 应用的实际案例。相信该丛书能够帮助广大读者深入系统地了解 5G 网络技术。从工程规划设计与建设的角度解读 5G 网络的组成是本丛书的特色，理论与实践结合是本丛书的强项，而且在写作上还注意了专业性与通俗性的结合。本丛书不仅对 5G 工程设计与建设及维护岗位的专业技术人员有实用价值，而且对于从事 5G 网络管理、设备开发、市场开拓、行业应用的工程技术人员以及政府主管部门的工作人员都将有开卷有益的收获。本丛书的出版正好是我国 5G 网络规模部署的第一年，为我国 5G 网络的建设提供了十分及时的指导。5G 网络建设的实践还将更大规模地铺开与深入，本丛书的出版将激励关注网络规划建设的科技人员勇于创新，共同书写 5G 网络建设的新篇章。

2020 年 6 月于北京

丛书前言

数字经济的迅猛发展已经成为全球大趋势。作为新一代移动通信技术和新基建的重要组成部分，5G 将强有力地推动数字基础设施建设，成为数字经济发展的重要载体。而且，5G 还是一种通用基础技术，通过与云计算、大数据、人工智能、控制、视觉等技术的结合，深化并加速万物互联，成为构筑万物互联智能社会的基石。此外，5G 能够快速赋能各行各业，作为构建网络强国、数字国家、智慧社会的关键引擎，已被上升为国家战略。

5G 产业链已日趋成熟，建设、应用和演进发展已按下快进键。国内外主流电信运营商均在积极推动 5G 部署，我国的 5G 建设也已驶入快车道。同时，5G 涉及的无线接入网、核心网、承载网等技术正在不断持续演进中，相关的标准化工作仍在进行。为了充分发挥 5G 对数字经济的基础性作用和赋能价值，需要不断掌握和发展 5G 技术，不断突破高密度组网、多天线、高频率、高功耗、多业务等带来的规划和建设挑战，加快 5G 网络建设和部署；此外，更要“建有所用”，加快普及 5G 在各行各业中的融合与创新应用。

为此，作为国家级通信工程骨干设计单位之一的上海邮电设计咨询研究院有限公司，长期跟踪研究和从事移动通信领域相关的规划、设计、应用开发和系统集成等工作，广泛参与国家、行业标准制定，参与了我国多个 5G 试验网、商用网的规划、设计、建设等工作，开发部署了多个 5G 应用示范案例，在工程实践领域有着丰富的专业技术积累和工程领域经验。在此基础上，策划编撰了《5G 关键技术和网络建设丛书》，基于工程技术视角，深入浅出地介绍了 5G 关键技术、网络规划设计、业务应用部署等内容，为推动我国 5G 网络建设、加快 5G 应用落地积极贡献力量。

本丛书包括了《5G 核心网关键技术与网络云化部署》《5G 无线接入网关键技术与网络规划设计》《云计算平台构建与 5G 网络云化部署》《5G 承载网关键技术与网络建设方案》《5G 应用技术与行业实践》5 个分册，既对 5G 关键技术进行了详细介绍，又系统总结了 5G 工程规划设计的方法，并列举了大量 5G 应用的实际案例，希望能为 5G 工程建设、5G 应用开发、5G 业务运营及管理等领域的专业技术人员提供重要的参考。

冯武锋

2020 年 5 月于上海

前　言

通信网络技术一直深刻地影响着经济发展和社会进步。未来几年，5G 作为新一代的通用网络技术，将与大数据、人工智能、云计算以及物联网相互融合、相互赋能，全面构筑经济社会数字化转型的关键基础设施。5G 与垂直行业的融合应用将改变人们的生活方式，并逐步渗透到经济社会的各行业、各领域，共同催生一个全面数字化、万物智联的社会。

5G 网络与以往无线通信网络的不同之处不仅仅只是新一代的无线网络通信技术的演进，它更是把超高清视频、VR/AR（虚拟现实/增强现实）、物联网、人工智能、大数据、云计算、边缘计算等技术带入了我们的研究领域，社会各行各业也随之闯入了我们的视野。我们的研究方向从信息网络的网络层，拓展到了平台层以及应用层。因此，5G 关键技术、VR/AR、人工智能、云计算、边缘计算等通用基础技术以及垂直行业等也成为传统通信行业从业人员所关注的技术领域。为了能够使广大读者快速、系统、全面地了解 5G 应用所涉及的门类繁多的前沿技术以及 5G 在各行各业的应用，快速跟上 5G 所带来的知识变革，才有了《5G 应用技术与行业实践》一书。

本书以 5G 的网络能力、5G 应用的通用基础技术、5G 垂直行业的应用之间的赋能关系为脉络，从 5G 的增强移动宽带、海量机器类通信、超高可靠低时延通信三大场景出发，逐步阐述 5G 的网络能力，以及 5G 如何满足基础通用技术的发展对网络性能的需要，最终为读者展现了 5G 在各行各业广泛的应用。

第 1 章介绍移动通信的发展历程，从 1G 到 5G，移动通信网络是如何深刻影响人们的生活，并通过调整生产关系、提高社会生产力，进而对整个社会产生深远影响。

第 2 章围绕着 5G 与大数据、人工智能并存的时代背景，介绍了 5G 迎合时代的需求与愿景、5G 的标准演进与全球产业布局、5G 的关键技术以及主要性能指标、5G 与通用基础技术和垂直行业融合的架构体系，阐述了 5G 赋能垂直行业的关系。

第 3 章系统介绍了与 5G 应用强相关的基础技术，包括超高清视频技术、VR/AR/MR、感知技术、识别技术、无人机、V2X、人工智能、边缘计算、云计算等。通过基础技术的基本概念、技术标准体系以及应用简介三方面的介绍，帮助读者很好地了解与 5G 应用相关的一些基础技术领域。

第 4 章系统介绍了主流垂直行业的现状，垂直行业面向数字化、智能化发展对 5G 的需求，垂直行业数字化与智能化的体系架构，以及 5G 在垂直行业中的应用场景与案例。这里为读者收集整理了丰富的垂直行业应用案例，可以帮助读者很好地了解 5G 在垂直行业应用的前景以及 5G 对社会各行各业的改变。

本书由上海邮电设计咨询研究院有限公司多名专家和技术骨干执笔，冯武锋负责全书策划审定，主要编写者有：高杰、蒋军、徐卸土、杨炼、顾江华、顾一弘、钱小康、周承诚、成迟薏、单吉祥、李培君、温倪、奚丽倩、郭溪、王玉娟、吴炯翔、杨沪燕。

5G 创新应用与行业实践方兴未艾，当前正处于应用孵化和快速发展阶段，因此书中内容难免存在纰漏，还望各位读者不吝赐教。

编者

2020 年 5 月于上海

目 录

第1章

移动通信应用发展概述

1.1 移动通信技术发展历程

通信的发展一直伴随着人类社会的发展过程。随着社会经济的发展，人类的活动范围不断扩大，迫切需要进行远距离信息传递和沟通，“烽火台”就是人类早期进行远距离通信的工具之一。伴随着科学技术的不断发展，通信技术也从简单到复杂、从低级到高级、从有线到无线、从模拟到数字、从语音到数据、从窄带到宽带逐步发展。

1831 年，法拉第提出电磁感应定律，促使人类进入电气化社会。1864 年，麦克斯韦建立电磁场理论体系，为无线电通信奠定了基础。1888 年，赫兹用实验验证了麦克斯韦电磁场理论，证实了电磁波的存在。1895 年，马可尼发明了无线电报，开启了无线通信应用时代。1906 年，弗莱明发明了电子管，使无线电通信设备进入到电子时代。1912 年，无线电台开始进入发展快车道。1947 年，贝尔实验室的威廉·肖克利（William Shockley）、约翰·巴顿（John Bardeen）和沃特·布拉顿（Walter Brattain）发明了晶体管，使得无线电通信设备的功耗进一步减少、体积进一步缩小，可以安装在汽车、轮船、飞机上。1958 年，美国德州仪器公司的工程师杰克·基尔比（Jack Kilby）和仙童公司的罗伯特·诺依斯（Robert Noyce）发明了集成电路，使得无线电台变得可以随身携带。1980 年左右，第一代模拟移动电话面世。图 1-1 展示了近代移动通信发展历程。

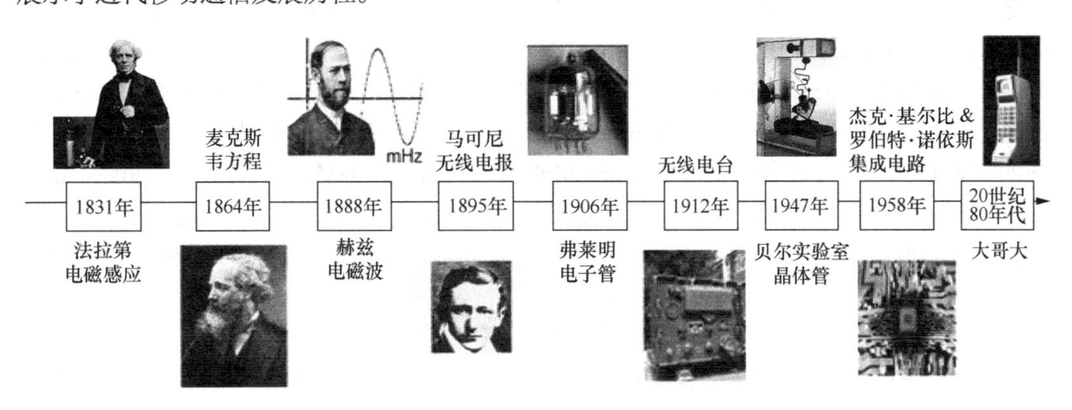

图 1-1 近代移动通信发展历程

每一次技术革新都将推动人类社会发展的步伐。信息沟通交流和快速传播提高了人类的工作效率，促进了社会生产能力的大幅提升，知识传播的速度和广度加速了人类智力的提升和进化，使人类变得更加聪明、更加智慧。而聪明、智慧的人类又研发出更加先进、智能的信息通信技术（Information and Communications Technology，ICT），推动全球经济、文化、旅游、娱乐等快速发展，助力人类构建繁荣昌盛、环境友好的地球家园。人类是 ICT 发展的主导者和享受者，先进的 ICT 为人类美好的生活提供了坚实的基础。ICT 的发展和人类社会的发展相互交融、密不可分，尤其是无线电通信技术的发展和成熟，极大地提高了社会生产力，改变了人类的生活方式。移动通信开启了人类信息通信的新时代，也就是人们常说的“1G 改变人们的沟通方式，2G 拉近人与人之间的距离，3G 引领移动互联网时代，4G 改变生活，而 5G 将改变社会”。

1.1.1 1G 改变人们的沟通方式

自 1876 年美国人亚历山大 · 格拉汉姆 · 贝尔（A.G.Bell）发明有线电话以来，人与人之间的沟通距离因此而缩短，但电话通信始终被一根电线所束缚。1895 年俄国物理学家 A.C. 波波夫和意大利物理学家 G.马可尼分别成功地进行了无线电通信试验，从此开启了无线电通信的发展历程。无线电波可以通过反射、折射、绕射和散射进行传播，不依赖任何介质进行通信，使得人与人之间可以在任何时间、任何地点进行无缝隙的信息沟通和交流。

无线电波被广泛用于电报、电视、广播、无线电台、雷达导航等领域。随着汽车的广泛使用，人类的活动范围不断扩大，行进中的汽车以及行至远处人们的信息通信因此受到限制，当生命受到威胁或者有人处于危险和紧急状况时，无法将该信息及时传递出去，为此人类研发了无线电台，通过无线电台之间的语音通信，可以及时了解和掌握远方的汽车和人的安全状况，一旦出现危急情况，可以得到及时救治。无线电台是移动电话的前身，初期无线电台采用单工通信方式（即一方说话另一方听，双方不能同时通话），而且无法和有线电话之间进行互通，主要用于指挥调度和应急通信领域。为了解决无线电台和有线电话之间的互通问题，研究人员开发了有线无线接驳器，可以实现单工电台和固定电话之间的双向单工通信，只是使用起来不太方便。

19 世纪 80 年代人类研发出了第一代移动通信（1G）系统，手机的出现解决了无线电台的单工通信问题。1G 系统采用模拟窄带调制技术，模拟是指直接用模拟的语音信号调制高频载波，窄带是指一个射频信道的无线频谱带宽一般不大于 30kHz，调制方式通常使用调频（Frequency Modulation，FM）。为了满足多用户同时通信的需求，采用频分多址（Frequecy Division Multiple Access，FDMA）技术。1G 系统主要有 3 种通信制式：美国 800MHz 频段的先进移动电话系统（Advance Mobile Phone System，AMPS），瑞典、丹麦等北欧四国 450/900MHz 频段的北欧移动电话（Nordic Mobile Telephone，NMT）系统，英国 900MHz 频段的全接入通信系统（Total Access Communication System，TACS），除此之外还有法国的 Radiocom2000 和德国的 C-450。1987 年 11 月，国内第一个 900MHz TACS 模拟移动电话系统在广州商用。

1G 系统的用户终端有手持机和车载台两种形态，手持机又称为“手机”“手提电话”“大哥大”，车载台也称为车载电话。移动电话的出现使得人类的语音通信彻底摆脱了有线的束缚，即使是在汽车、火车、步行等场景下，也可以进行连续的语音通信，这给人们的工作、生活、信息传输带来了极大的便利。只要在移动网络覆盖的区域，人们即可以享受到任何时间、任何地点无缝隙的语音通信服务。初期移动电话价格昂贵，通常只有私人老板、公司高级管理者等少数人才能拥有，“大哥大”当时是身份、地位的象征。

第一代模拟移动通信网络采用大区制，一个地区的移动网络由许多基站组成，基站组成的网络和蜂窝结构类似，因而又称为蜂窝移动通信网络。基站根据天线的不同分为全向基站和定向基站两种，每个基站的天线架设高度都在 50m 以上，基站单载波的发射功率可达 100W，手持机的发射功率为 3W（车载台为 10W），单个基站的覆盖半径可达 10km 以上。为了解决广域网络覆盖问题，需要建设多个基站，由于基站使用的无线通信频率有限，因此每间隔一定距离需要重用相同的频率，室外基站一般称为宏蜂窝基站，简称宏站。第一代模拟蜂窝移动通信的出现给人们的沟通带来了极大的便利，它解决了人们移动状态下的通信有无问题，但第一代模拟蜂窝移动通信技术有以下缺点。

一是手机价格很高。当时人们购买一部摩托罗拉 9900 手机需要 3 万多元人民币，且通信呼出、呼入双向计费，单价 1 元/分钟，普通人群根本无力购买和消费。

二是安全性差。系统鉴别用户是否具有接入权限主要是通过用户移动标志号码（Mobile Identification Number，MIN）和电子序列号码（Electronic Serial Number，ESN）。MIN 和 ESN 在空中通过无线电波采用明码传输，没有加密，不法分子只要使用接收机锚定基站的控制信道频点，利用解调器即可以截取这两个号码，将这两个号码复制到另一部手机上，这样这部手机就可以和合法手机一样进行通信而不用支付任何费用，因而给合法用户和运营企业带来损失，由此产生纠纷问题。

三是保密性差。用户的通信内容没有经过加密，使用一台调频解调功能的接收机锁定基站的话音业务信道频点，就可以监听该信道用户的通话过程，因此用户通信保密性很差。

四是容量小。模拟通信系统采用 FDMA 技术，一对频点同时只能有一个用户进行通话。TACS 的 20MHz 频谱分为 A、B 两段（各 10MHz），一对频点占用 25kHz 带宽，共 800 对频点（AMPS 系统的 A、B 两段各 10MHz 频谱，一对频点占用 30kHz 带宽，共 666 对频点），每个扇区控制信道占用一对频点。理论上，TACS 的一个三扇区基站最大配置 48 对频点（信道），最多可供 45 个用户同时通信（去除 3 对控制信道频点），因此业务忙时经常无法打通电话。

五是不支持国际漫游。1G 系统设计之初没有考虑用户移动到其他国家的通信问题，即 1G 手机无法实现国际漫游，因而不能满足高端商务人士的需求。

1.1.2 2G 拉近人与人之间的距离

为了解决第一代移动通信制式价格高（系统和终端的价格均非常高）、安全性和保密性差、容量小、不支持国际漫游等问题，美国和欧洲先后开启了第二代数字移动通信（2G）系统的研发。2G 系统主要采用时分多址（Time Division Multiple Access，TDMA）和码分多址（Code Division Multiple Access，CDMA）两种技术。之所以称之为“数字移动通信”，是因为对语音进行采样量化，将其编码为数字信号，再用数字信号对载波进行调制。采用 TDMA 技术的有欧洲的 GSM 制式移动通信网络和北美的 D-AMPS，GSM 系统将一对 200kHz 带宽的信道分为上下行 8 个时隙，可以容许 8 个用户同时进行通信；D-AMPS 将一对 30kHz 带宽的信道分为上下行 3 个时隙，容量相比模拟 AMPS 增加了 3 倍。

1. GSM 移动通信系统

1982 年欧洲邮电管理委员会（Confederation of European Posts and Telecommunications，CEPT）成立了一个移动通信特别小组（Group Special Mobile，GSM），其目的是制定一个欧洲范围内通用的 900MHz TDMA 数字蜂窝移动通信系统的技术规范。1986 年，泛欧 11 个国家为 GSM 提供了 8 个试验系统和大量的技术成果。1988 年，欧洲电信标准组织（European Telecommunications Standards Institute，ETSI）成立。泛欧 18 个国家于 1991 年在丹麦哥本哈根签署了谅解备忘录（Memorandum of Understanding，MOU），在 ETSI 的组织下，集欧洲各国的通信业技术力量共同制定了完善的 GSM 规范。1992 年 GSM 被修正为全球移动通信系统（Globe System for Mobile Communications），简称"全球通"。至 1995 年，全球共有 69 个国家 118 个单位参加了 MOU，由于 GSM 是多个国家共同制定的技术规范，因此规范制定之初就考虑了国际漫游问题。为了应对日益增长的蜂窝通信系统的无线容量需求，GSM 标准将无线频谱扩展到了 1800MHz 频段（在北美地区为 1900MHz 频段，因为北美地区的 1800MHz 频段另有用途）。

面对移动通信用户密度迅速增长的状况，利用宏站解决热点区域的容量极不经济，因此引入了微蜂窝基站，一般将发射功率小和信道配置较少的基站称为微蜂窝基站，有时将利用宏站信源覆盖的室内分布系统也称为微蜂窝。为了解决用户通信盲区，开始在地下室、地铁、隧道、电梯、大型商场等场所大规模建设室内分布系统。

2. CDMA 移动通信系统

美国主要考虑 1G 系统和 2G 系统之间的数模兼容问题，在数字化进程上主要分为两条技术路线。一条路线是 TDMA 的 D-AMPS 制式，即在现有的 30kHz 一个信道的基础上，上下行各分为 3 个时隙，D-AMPS 可以与 AMPS 共机柜，即数模信道板安装在同一机柜内，从而实现模拟到数字的平滑过渡，降低移动通信系统的投资。1991 年 D-AMPS 被美国无线通信和互联网协会（Cellular Telecommunications Industry Association，CTIA）批准为数字移动蜂窝标准，但 CTIA 认为，D-AMPS 未能满足大容量、高保密性、高服务质量、低成本的要求。

另一条路线是 CDMA 制式，1992 年美国高通（Qualcomm）公司提出了 CDMA 移动通信制式和标准，即将原来 41 个 30kHz 的 AMPS 信道组成一个 1.23MHz 的宽带载波，从 A 频段的最高频点 323 往下到 283 共 41 个频点合并为第一个 CDMA 载波，信道号为 283，直到 1995 年形成了完善的 CDMA 技术规范，1996 年投入商用。第一个 CDMA 系统称为 IS-95。

CDMA 系统具有许多技术上的优势，如抗多径衰落、软切换、软容量，系统容量比 GSM 系统更大，采用语音激活技术、RAKE 接收机等，占据了一定的市场份额。

3. 2G 系统的特点

相比 1G 系统，2G 系统安全性和保密性好、系统容量大、组网灵活，支持短消息业务、电路域低速率数据业务，手机体积更小、价格更低、重量更轻，携带更加方便。在 1G 系统运行期间，当时还有寻呼业务也出现了爆炸性增长，其普及率远超"大哥大"，移动电话用户一般也随身携带寻呼机（也称为 BP 机）。寻呼机是一个小孩手掌大小的机器，可以接收并显示简单的数字、字符信息，后续又推出了可显示少量中文信息的寻呼机。2G 系统推出短信（彩信）服务后，手机可以替代寻呼机，使用手机的用户无须再携带寻呼机。由于 2G 系统具有终端价格优势（单向收费），因此移动电话的普及率迅速提升，许多工薪白领阶层有能力消费，也就是 2G 拉近了人与人之间的距离。

随着世界经济的发展和人与人之间联系的日益增长，电路域数据业务存在速率低（9.6kbit/s）、线路利用率低和价格高等劣势。公用电话交换网（Public Switched Telephone Network，PSTN）开始引入 X.25 分组数据交换以及因特网协议（Internet Protocol，IP），为了保持和 PSTN 的数据业务同步，2G 系统开始推出通用分组无线业务（General Packet Radio Service，GPRS），如在 GSM 系统中引入分组控制单元（Packet Control Unit，PCU）板卡、GPRS 服务支持节点(Serving GPRS Support Node，SGSN)、GPRS 网关支持节点(Gateway GPRS Support Node，GGSN）用于支持数据业务传输，在业界也称为 2.5G，后续进一步捆绑 8 个分组数据业务信道（Packet Data Traffic Channel，PDTCH）的增强型数据速率 GSM 演进（Enhanced Data rate for GSM Evolution，EDGE）也称为 2.75G 系统，可以支持 171.2kbit/s 的较高速数据业务。CDMA（IS-95）中推出了 cdma2000 1x 无线分组数据业务，支持 153.6kbit/s 的较高速数据业务。

随着数据流量业务的兴起，移动多媒体音视频服务横空出世，彩信、手机报、壁纸和铃声的在线下载也成了热门服务。人类再一次利用科技改变了信息的传递方式，除了语音通话，短信成为人与人沟通的重要桥梁。海量的信息传递，也让移动互联网展露出了雏形，然而在这个时代，无论是 GPRS、EDGE 还是 CDMA 1x，其资费还是相当昂贵的。每个月看小说需要花费 10～20MB 的流量，这在当时算是不小的开销。几十 kbit/s 的下载速度还无法支撑视频之类的多媒体应用，再加上当时的功能手机性能偏弱，2G 网络虽然引入了支持数据业务的网元，但其应用场景主要是以文字为主。2G 及后 2G 时代可以进行电子邮件的收发，以及以文本为主的因特网浏览，人与人之间的距离更近了。

1.1.3 3G 引领移动互联网时代

2G 系统在全球取得了巨大的成功，随着互联网的飞速发展，用户的高速增长与有限的系统容量和有限的业务之间的矛盾渐趋明显，亟待研究下一代移动通信技术。1992 年，国际电信联盟（International Telecomunications Union，ITU）属下世界无线电行政大会（World Administrative Radio Conference，WARC）提出了国际移动通信系统-2000(Inernational Mobile Telecom System-2000，IMT-2000）的设想，旨在建立一个单一的、通用的、全球性的空中接口，为此 ITU 给第三代移动通信（3G）系统分配的频率在 2GHz 附近。ITU 对 IMT-2000 的无线传输技术（Radio Transmission Technology，RTT）提出了以下要求：

① 室内环境，速率至少为 2Mbit/s；

② 室外步行环境，速率至少为 384kbit/s；

③ 室外车载运动中，速率至少为 144kbit/s；

④ 传输速率能够按需分配；

⑤ 上、下行链路适应传输不对称业务的需要。

1999 年 11 月在芬兰召开的 ITU 第 18 次会议上，正式确定了 IMT-2000 的 3 种主流标准，包括欧洲提出的宽带码分多址（Wideband Code Division Multiple Access，WCDMA）标准、

中国提出的时分同步码分多址（Time Division-Synchronous Code Division Multiple Access，TD-SCDMA）标准和美国提出的 cdma2000 标准。严格来说，cdma2000 并不属于 3G，但业界一般将 cdma2000 1x EV-DO（Evolution Data Only）归为 3G。其中，WCDMA 和 TD-SCDMA 可以后向兼容 GSM。cdma2000 1x EV-DO 后向兼容 cdma2000。

3G 最终没有实现国际标准的统一，用户在全球同制式的范围内可以漫游通信，但是一种制式进入另一制式的移动通信系统时需要更换手机，或者使用双模手机实现国际漫游通信，这给用户带来了诸多不便。3G 初期网络速度不尽如人意，为此 WCDMA 先后推出了高速下行链路分组接入（High Speed Downlink Packet Access，HSDPA）、高速上行链路分组接入（High Speed Uplink Packet Access，HSUPA）、载波捆绑技术，以及 cdma2000 后续演进版本 cdma2000 1x EV-DO Release 0、Release A、Release B。

相比 1G 系统和 2G 系统，3G 系统是将无线移动通信系统与 Internet 相结合的新一代移动通信系统，它能够处理图像、音乐、视频等多种媒体形式，提供网页浏览、视频会议、电子商务等各种信息服务，又被称作多媒体移动通信系统。3G 刚推出时业务发展并不理想，主要是因为，在 2G 时代，为了携带方便，手机向小型化方向发展，且手机的主要功能是打电话、发短信以及处理少量的数据业务，手机体积小，电池容量配置也小，终端显示屏幕小，难以满足网页浏览和观看视频的需求，屏幕耗电增加造成终端待机时间短，客户接受程度不高。但随着苹果智能触摸屏手机的出现，一切全改变了，手机又向大型化方向发展，大屏幕可以方便用户浏览网页、播放视频、收发电子邮件等，且可以配置大容量电池解决待机问题。人们只需拥有一部智能触摸屏的 3G 手机，就可以随时随地浏览网页，获取各种信息资源，享受无线快速上网的乐趣。过去人们依赖电脑处理的互联网业务逐步转移到手机端，开启了移动互联网新时代。

1.1.4 4G 改变生活

随着智能手机的普及以及屏幕大屏化、功能电脑化、控制触屏化，高清视频、移动支付、在线手游等高流量业务的发展，激发了人类许多潜在的需求。3G 网络下只能浏览文本型网页以及含有图片的网页，而且视频卡顿严重，这些已经不能满足人们对移动高速上网的需求，人们希望智能手机可以像电脑一样实现高速上网、观看在线视频、移动办公、移动购物、移动在线支付等功能，为此人类进入了 4G 时代。

4G 是真正的移动互联网时代，大家可以从日常办理各种公私业务中感受到 4G 带来的便利性。无论何时、无论何地，你都可以实现无缝隙自由通信、收发电子邮件、移动订餐、移动支付，生活节奏和办事效率整体都大大提升，这就是“4G 改变生活”。4G 网络承载的业务已经深入到生活的方方面面。在移动互联网时代，沟通交流不再只是单纯的语音，还有视频和图像。消费者不仅可以随时上网比选购物，而且还可以全面参与生产，使产品在普适性的基础上突出了可定制性。而且随着 O2O 概念的兴起，消费者不仅可以去实体店购物，还可以通过 PC、手机、PAD 等先在线上渠道预约，再线下进行体验式购物。消费者有了越来越多的购物渠道以及支付模式可选择，基本上可以实现随时随地、随心所欲的购物需求。这一切都得益于移动互联网技术的快速发展。当然，这其中包括多样化的终端硬件设备、免费应用软件 App 的大范围普及、无线网络的全面覆盖，以及移动支付技术的安全成熟可靠。

目前，以百度、阿里巴巴、腾讯、京东等为代表的互联网大佬，多数都是聚焦于消费互联网行业，涵盖衣、食、住、行、娱、购、游等服务，这也是之所以把 4G 定位为改变生活的主要原因。实际上，无论是国内还是国外，目前移动互联网的应用都是以服务普通用户为主，也就是通信、媒体、科技（Telecommunication Media Technology，TMT）行业人士用专业名词所称呼的个体消费者（C 端客户）。

1.1.5 5G 改变社会

4G 技术广泛应用以后，移动网络与智能终端深度融合使得人们的生活、工作发生了很大的改变。但是人们对高性能的移动通信技术的追求从未停息，为了迎合未来社会的发展需求，尤其是海量机器设备互联、爆炸性移动数据流量增长以及不断涌现的创新业务应用拓展，第五代移动通信（5G）技术应运而生。

5G 将渗透到未来社会的各个领域，5G 将拉近万物之间、人与物之间的距离，实现无缝的智能连接。改变个人的应用主要涉及文体、娱乐方面，垂直行业应用主要包括政务与公共事业、工业、农业、医疗、交通运输、金融、旅游、教育、电力等。

个人应用：提供 4K/8K 超高清视频、虚拟现实（Virtual Reality，VR）、增强现实（Augmented Reality，AR）等业务。以用户为中心构建全方位的信息生态系统。5G 将突破时空对信息传输的限制，提供极佳的交互式体验，为用户带来身临其境的视觉、感觉盛宴。未来，无人超市将变得更加普及，借助人脸识别技术可以走进店内“拿完就走”，自动扣款。逛街拿出 App 扫一扫要买的东西，选好配送时间，即可自动送货上门。

政务与公共事业：包括智慧城市、远程抄表，智能灯杆、站牌、灯箱等都能形成互联，为无人物流车提供定位数据。

工业互联网：指全球的工业系统与高级计算、分析、感应技术以及互联网连接融合的结果。它通过智能机器间的连接最终实现人机连接，结合软件和大数据分析，重构全球工业，激发生产力，让世界更美好、更快速、更安全、更清洁且更经济。

智慧农业：实现对农业生产的精准感知、控制与决策管理，从广泛意义上来说，智慧农业还包括农业电子商务、食品溯源防伪、农业休闲旅游、农业信息服务等方面的内容。

智慧医疗：面向医院、医生的 B2B 模式和直接面向用户的 B2C 模式，前者以为专业人士提供医学知识为主，后者则是“自查+问诊”类远程医疗健康咨询应用。智慧医疗应用的问世，对大众来说，不仅能简化就医流程、降低医疗费用，更能增加被医生重视的感受；对医生来说，不仅能减少劳动时间，还能提高患者管理质量、提升诊治水平，在不断学习中得到患者的认可；对医院来说，能更直接了解患者需求，为患者服务，同时提高服务满意度，构建和谐的医患关系。

智慧交通：对交通管理、交通运输、公众出行等交通领域全方面以及交通建设管理全过程进行管控支撑，使交通系统在区域、城市甚至更大的时空范围内具备感知、互联、分析、预测、控制等能力，以充分保障交通安全、发挥交通基础设施效能、提升交通系统运行效率和管理水平，为通畅的公众出行和可持续的经济发展服务。

无人驾驶：是通过 5G 网络建立起车、路、人之间的互联，汽车车载传感系统能够感知路面环境，自行规划行车路线并控制车辆到达预定目标。随着 5G 网络基础设施的日益完善，无人驾驶将会离我们越来越近。

智慧旅游："智慧"体现在旅游服务、旅游管理和旅游营销三大方面。智慧旅游主要包括导航、导游、导览和导购（简称"四导"）4 个基本功能。

智慧教育：在教育领域（教育管理、教育教学和教育科研）全面深入地运用现代信息技术来促进教育改革与发展。其技术特点是数字化、网络化、智能化和多媒体化，基本特征是开放、共享、交互、协作、泛在。以教育信息化促进教育现代化，用信息技术改变传统模式。

智能家居：智慧家庭物联将彻底改变生活，未来将不仅仅是家居设备与手机连接，所有的家居设备之间都会通过网络相互连接起来，同步提供服务。比如，当主人的汽车停入车库后，热水器便开始通电加热；打开房门后，房间内的音响将继续播放耳机中的音乐，电脑开始同步白天的工作内容，以便在家中也能继续工作。

智慧金融：金融行业在业务流程、业务开拓和客户服务等方面得到了全面的智慧提升，实现了金融产品、风控、获客、服务的智慧化。金融主体之间的开放和合作，使得智慧金融表现出高效率、低风险的特点。具体而言，智慧金融具有透明性、便捷性、灵活性、即时性、高效性和安全性等特点。

通过上述描述，未来 5G 将彻底改变整个社会，人们的生活、工作将变得轻松自如。1G ~ 5G 的演进过程可以用图 1-2 展示出来。

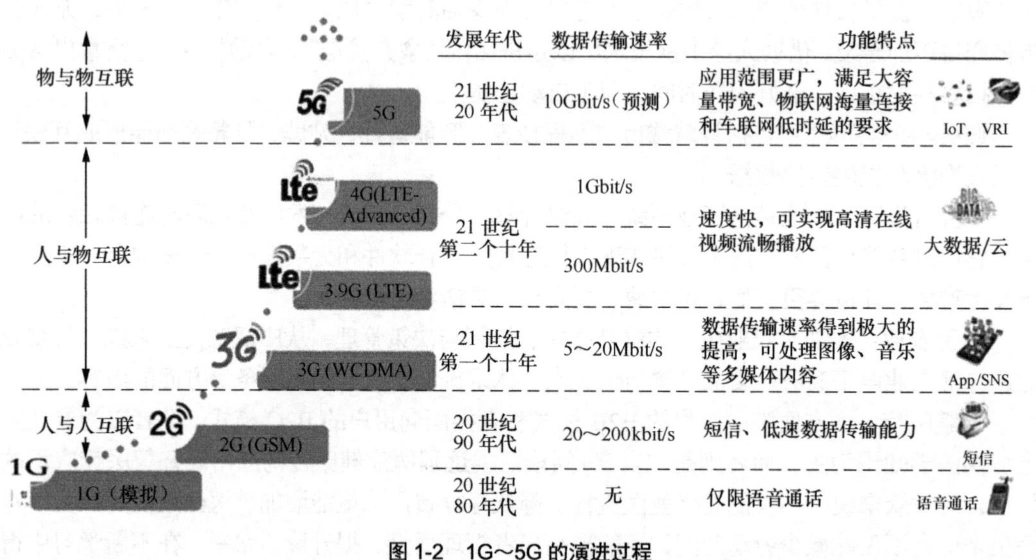

图 1-2 1G～5G 的演进过程

1.2 移动通信应用发展面临的挑战

随着通信技术、计算机技术、网络技术、信息处理技术、传感技术、数据处理技术等各种技术的迅速发展以及不断融合，人们生活、工作等全方位的业务需求不断被激发，4K/8K

高清视频传输、VR/AR、云游戏、工业互联网、基于物联网的感知和传输、综合信息处理之上的智慧城市建设等应用需求不断被挖掘，未来人与人、人与物、物与物之间的万物互联需求呈几何级数增长，移动通信网络需要支持 0.1 ~ 1Gbit/s 的用户体验速率、每平方公里 100 万的连接密度、毫秒级的端到端时延、每平方公里数十 Tbit/s 的流量密度。面对巨大的带宽、海量连接数、高可靠低时延业务应用需求的爆炸式增长，4G 网络已经不能满足需求，因此 5G 技术应运而生。基于 5G 网络典型业务的速率和时延要求见表 1-1。

表 1-1 基于 5G 网络典型业务的速率和时延要求

<table>
<tr><th>类别 1</th><th>类别 2</th><th>类别 3</th><th>类别 4</th><th>下行速率（Mbit/s）</th><th>上行速率（Mbit/s）</th><th>时延（ms）</th></tr>
<tr><td rowspan="19">增强移动宽带（eMBB）</td><td rowspan="3">高清视频业务</td><td>4K</td><td>高帧率</td><td>50</td><td>—</td><td>—</td></tr>
<tr><td rowspan="2">8K</td><td>低帧率</td><td>100</td><td>—</td><td>—</td></tr>
<tr><td>高帧率</td><td>1000</td><td>—</td><td>—</td></tr>
<tr><td rowspan="4">VR 业务</td><td>云游戏</td><td>—</td><td>50</td><td>—</td><td>10</td></tr>
<tr><td>赛事直播</td><td>—</td><td>100</td><td>—</td><td>10</td></tr>
<tr><td>辅助裁判</td><td>—</td><td>100</td><td>—</td><td>10</td></tr>
<tr><td>虚拟操作</td><td>—</td><td>50</td><td>—</td><td>10</td></tr>
<tr><td rowspan="4">AR 业务</td><td>云游戏</td><td>—</td><td>50</td><td>—</td><td>20</td></tr>
<tr><td>智慧旅游</td><td>—</td><td>50</td><td>—</td><td>20</td></tr>
<tr><td>智慧导航</td><td>—</td><td>20</td><td>—</td><td>20</td></tr>
<tr><td>智慧教学</td><td>—</td><td>50</td><td>—</td><td>20</td></tr>
<tr><td rowspan="3">直播</td><td rowspan="3">4K</td><td>单一视角</td><td>—</td><td>50</td><td>10</td></tr>
<tr><td>多视角</td><td>—</td><td>100</td><td>10</td></tr>
<tr><td>全景视角</td><td>—</td><td>200</td><td>10</td></tr>
<tr><td rowspan="2">视频监控</td><td>高清天眼</td><td>—</td><td>—</td><td>50</td><td>20</td></tr>
<tr><td>无人机监控</td><td>—</td><td>—</td><td>50</td><td>20</td></tr>
<tr><td rowspan="8">超高可靠低时延通信（uRLLC）</td><td rowspan="2">智能网联汽车</td><td>道路安全</td><td>—</td><td>20</td><td>5</td><td>10</td></tr>
<tr><td>地图下载</td><td>—</td><td>20</td><td>5</td><td>10</td></tr>
<tr><td rowspan="2">智能制造</td><td>远程控制</td><td>—</td><td>5</td><td>5</td><td>10</td></tr>
<tr><td>工业自动化</td><td>—</td><td>5</td><td>5</td><td>10</td></tr>
<tr><td rowspan="2">智慧电力</td><td>配电自动化</td><td>—</td><td>5</td><td>5</td><td>10</td></tr>
<tr><td>精准负荷控制</td><td>—</td><td>5</td><td>5</td><td>10</td></tr>
<tr><td rowspan="2">无线医疗</td><td>远程视频医疗</td><td>—</td><td>20</td><td>20</td><td>—</td></tr>
<tr><td>远程控制</td><td>—</td><td>5</td><td>5</td><td>20</td></tr>
<tr><td rowspan="2">海量机器类通信（mMTC）</td><td>监控类</td><td>—</td><td>—</td><td>—</td><td>—</td><td>100</td></tr>
<tr><td>采集类</td><td>—</td><td>—</td><td>—</td><td>—</td><td>10 000</td></tr>
</table>

第 2 章

5G 的应用和发展

2.1 5G 的时代背景

移动通信自 20 世纪 80 年代诞生以来，经过近 40 年的爆炸式增长，已成为连接人类社会的基础信息网络。移动通信的发展不仅深刻改变了人们的生活方式，而且已成为推动国民经济发展、提升社会信息化水平的重要引擎。自 2016 年启动 5G 国际标准制定工作到 2020 年 5G 网络在全球范围内广泛商用的 5 年时间里，我们所在的时代也正发生着巨大的变化。

高德纳（Gartner）公司每年都会预测未来一年的全球十大战略性技术趋势，对近五年（2016—2020 年）Gartner 预测的十大战略性技术趋势进行整理可以看出，近五年的战略性技术主要集中在智能化、数字化以及网格化 3 个方面，其中智能化方面的技术占 15 项，数字化方面的技术占 13 项，网格化方面的技术占 21 项，具体见表 2-1。

智能化是指事物在网络、大数据、物联网和人工智能（Artificial Intelligence，AI）等技术的支持下，所具有的能动地满足人的各种需求的属性。数字化是将许多复杂多变的信息转变为可以度量的数字、数据，再以这些数字、数据建立起适当的数字化模型，把它们转变为一系列二进制代码，引入计算机内部，进行统一处理。网格化是指将不断产生数字化的人、商业、设备、内容和服务联系起来，以形成一系列的流程。三者结合起来便形成了智能数字网格。因此，5G 时代将是一个通过大数据信息以及智能化技术对生活、生产、社会治理不断进行优化的智能数字网格时代。

表 2-1　近五年（2016—2020 年）全球十大战略性技术趋势

序号	2016 年	2017 年	2018 年	2019 年	2020 年
1	终端网络	AI 和高级机器学习	AI 基础设施	自主设备	超自动化
2	环境用户体验	智能 App	智能应用与分析	增强分析	沉浸式体验
3	3D 打印材料	智能事物	智能设备	AI 驱动的开发	专业知识的民主化进程
4	万物联网信息	沉浸式体验	数字孪生	数字孪生	人类增强
5	高等机器学习	数字孪生	边缘计算	边缘计算	透明度与可追溯性

续表

序号	2016 年	2017 年	2018 年	2019 年	2020 年
6	自主代理与物体	区块链和已分配分类账	会话平台	沉浸式体验	边缘计算
7	高级系统架构	会话系统	沉浸式体验	区块链	分布式云
8	网络应用程序与服务架构	网格应用和服务架构	区块链	智能空间	自主设备
9	物联网架构及平台	数字技术平台	事件驱动	数字道德和隐私	实用型区块链
10	自适应安全架构	自适应安全架构	持续适应风险与可信	量子计算	AI 安全

资料来源：根据公开资料整理。

自 1965 年戈登·摩尔（Gordon Moore）博士提出了摩尔定律，同时大规模集成电路开始在工业界出现，计算机处理器和存储器的性能分别提高了 2000 万倍和 10 亿倍，价格也不断下降，以至于它可以被应用到各行各业以及生活的方方面面。在过去的半个多世纪里，世界的进步背后最根本的动力可以概括为摩尔定律的应用，或者数字化。而据国际数据公司（International Data Corporation，IDC）和中国电子学会整理的新摩尔定律主导下 2015—2035 年全球数据总量的增长态势，未来的数据量还将呈现爆炸式增长，如图 2-1 所示。

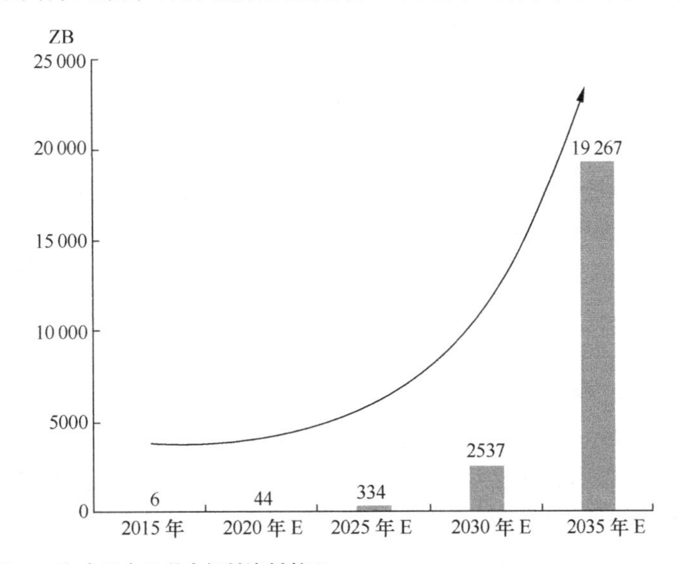

资料来源：根据 IDC 和中国电子学会相关资料整理。

图 2-1　新摩尔定律主导下的 2015—2035 年全球数据总量预测

大数据的第一个来源是电脑。全球数字化使几乎每一个使用电的设备都成了一台电脑，这些电脑的内置处理器、传感器、控制器一直在持续产生大量数据。大数据的第二个来源是传感器，在物联网中需要使用各种传感器来提供各种各样的数据。大数据的第三个来源是，将那些过去已经存在的，实体化存储的信息数字化，这些数据主要来自企业自 2000 年左右开始产生的生产数据。从爱立信移动终端的预测来看，自 2018 年开始，物联网终端数已经超过个人终端数，并不断增长，如图 2-2 所示。

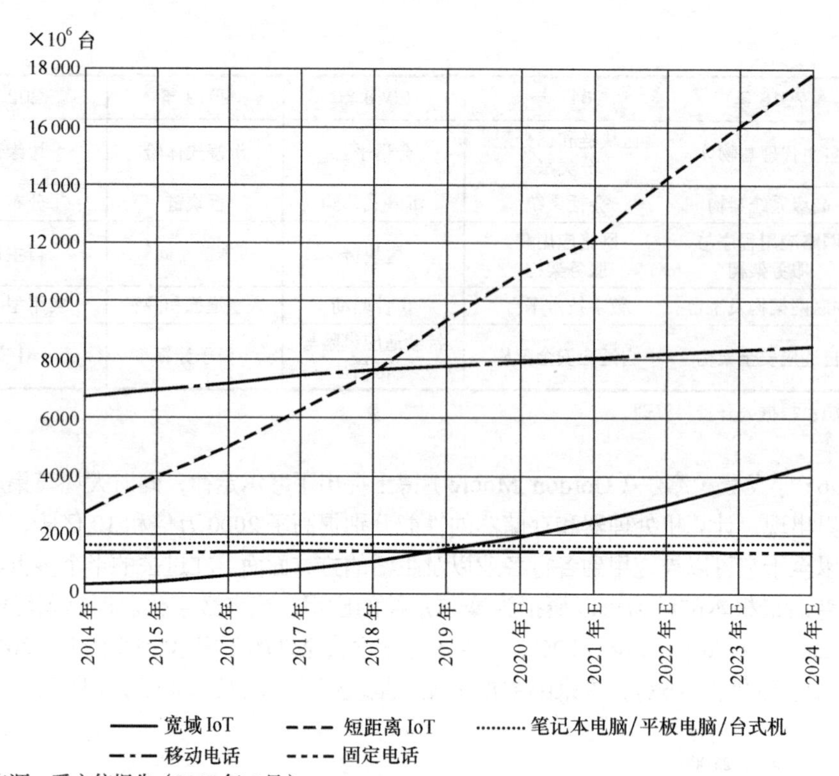

资料来源：爱立信报告（2019 年 6 月）。

图 2-2　2014—2024 年终端连接数预测

人类生产、生活及社会治理的数据基础和信息环境正在得到大幅加强和显著改善，移动互联网和物联网持续普及部署，智能终端和传感器加速应用渗透，人、机、物逐步交互融合，与经济增长和社会发展相关的各项活动已启动全面数字化进程，呈现出从被动到主动、从碎片到连续、从单一分离到综合协同的三大转变，源源不断地产生着呈爆炸式增长态势的海量数据。

在先进制造业体系中，人们将普遍运用互联网、大数据、AI等新一代信息技术将人、商业、设备、内容和服务产生的数据网格化，推进从生产要素到创新体系、从业态结构到组织形态、从发展理念到商业模式的全方位变革突破，催生个性化定制、智能化生产、网络化协同、服务型制造等新模式、新业态，推动形成数字与实体深度交融、物质与信息耦合驱动的新型发展模式，大幅提升全要素生产率，推动全球经济增长的质量变革、效率变革、动力变革，如图 2-3 所示。

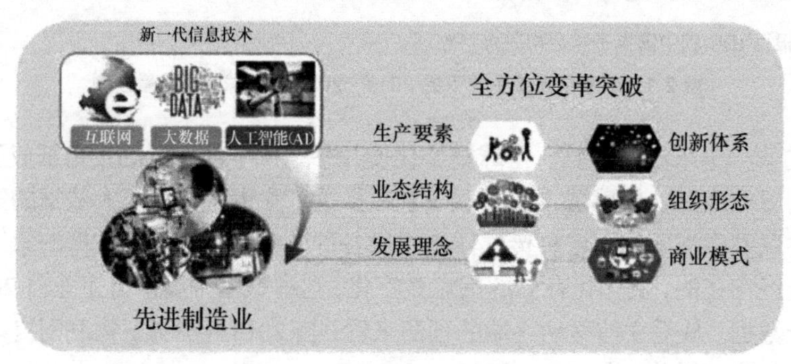

图 2-3　先进制造业体系

而这些都离不开海量的信息采集传感基础设施和泛在的网络来解决信息采集回传，及人与物、物与物的通信问题，这就需要能够支撑海量大数据传输、具有海量连接数的移动通信网络作为网络传输的基础设施。

2.2 5G 的需求和愿景

移动通信领域科技创新的步伐从未停歇，从第一代移动通信（1G）到万物互联的第五代移动移动通信（5G）已经深刻地改变了人们的生产和生活，但人们对更高性能移动通信的追求从未停止。为了应对未来爆炸性的移动数据流量增长、海量的设备连接、不断涌现的各类新业务和应用场景，5G 系统应运而生。

马斯洛需求层次理论将人的需求分为 5 个层次。和人不断满足自身需求进而产生高层次的需求一样，中国移动研究院在《2030+愿景与需求报告》中将需求层次理论演化到通信需求层面，提出了一种层次化的需求模型，如图 2-4 所示。通信需求模型分为 5 个等级：必要通信，普通通信，信息消费，感官外延，解放自我。通信需求和通信系统构成了螺旋式上升的循环关系。需求的出现刺激了通信技术和通信系统的发展，而通信系统的完善将通信需求推向更高的层次，最终实现人类的解放，实现人类智能化的终极需求。

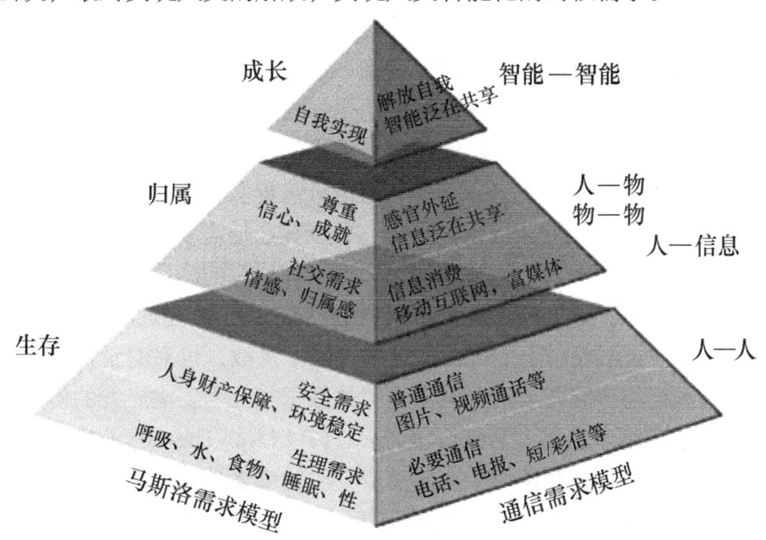

资料来源：中国移动研究院《2030+愿景与需求报告》。

图 2-4 通信需求模型

依据新通信马斯洛需求模型，低级需求被满足后，高级需求自然出现——“4G 改变生活，5G 改变社会”印证了人们从未停止过对更高性能移动通信能力和更美好生活的追求。4G 时代是数据业务爆发性增长的时代，随着智能手机的普及和消费互联网的发展，从衣食住行到医疗、教育、娱乐，人类的日常生活实现了人与人、人与物、物与物的全面互联，并渗透到各行各业，让整个社会焕发出前所未有的活力。

人类从开始使用手工工具，到“工业 1.0”时代以蒸汽机为标志，人类开始使用机器工具，再到“工业 2.0”时代电的发明，人类开始使用自动机器工具，再到“工业 3.0”时代以电子与信息技术的出现为标志，人类开始自动控制机器工具，到“工业 4.0”时代，通过大数据、云计算、物联网等信息技术将人类从工具的使用中解放出来，实现工具的智能化、自主化以实现通信需求模型中的最高目标，即解放自我，达到“智能、泛在、共享”。从近五年（2016—2020 年）Gartner 预测的十大战略性技术趋势也可以看出，当前的技术架构、服务架构都在向这个目标靠拢。

5G 将会渗透到未来社会中的各个领域，以用户为中心，构建立体的信息生态系统。5G 使信息突破了时间和空间的限制，提供了极致的交互体验，为用户带来身临其境的信息盛宴；5G 将会拉近人与物、物与物的距离，通过无缝的融合方式，便捷地实现人与万物之间的智能互联。5G 将为用户提供“零”时延的使用体验，千亿级设备的连接能力，超高的流量密度、超高的连接密度和超高的移动性等多场景的一致服务，业务及用户感知的智能优化，同时将会为网络带来超百倍的能效提升，以及超百分之一的比特成本降低，最终将实现“信息随心至，万物触手及”的总体愿景。

未来，移动互联网和物联网将是移动通信发展中的两大主要驱动力，为 5G 带来广阔的应用前景。移动互联网为用户提供了前所未有的使用体验，影响着人们工作、生活的方方面面。面向未来，移动互联网推动着人类社会信息交互方式的进一步升级，为用户提供超高清（3D）视频、VR/AR、云服务等更加身临其境的业务极致体验。移动互联网未来进一步的发展将带来移动流量的超千倍增长，推动移动通信产业的新一轮变革。

物联网将扩展移动通信的服务范围，从人与人通信延伸到物与物、人与物的智能互联，使移动通信技术得以渗透到更加广阔的行业和领域。面向未来，车联网、移动医疗、工业控制、智能家居、环境监测等将会推动物联网应用爆炸式增长，千亿级的设备将接入网络，实现万物互联，并缔造规模空前的新兴产业，为移动通信产业带来无限生机。同时，海量的物联网设备连接和多样化的物联业务也会给移动通信带来更多的技术挑战。

移动互联网目前主要是面向人与人的通信，体现在通信需求模型中的第三级，注重的是提供更好的用户体验。面向未来，超高清视频和浸入式视频的广泛应用将会使数据带宽需求大幅提升，例如，一个 8K（3D）视频经过百倍的压缩之后，传输速率仍为 1Gbit/s 左右。桌面云 AR、云游戏等业务不仅对上下行传输速率提出了挑战，也对时延提出了苛刻的要求；大量的生产和生活数据将存储在云端，海量实时的数据交互需要类光纤的传输速率，并会在热点区域对移动通信网络形成巨大的流量压力；OTT（Over-The-Top）社交网络业务成为未来的主导应用之一，小数据包频发将会造成信令资源的大量消耗。人们对各种应用场景下的通信体验要求变得越来越高，用户希望在露天集会、体育场、演唱会等超密集场景，高铁、地铁等高速移动环境下也可以获得一致的业务体验。

物联网面向物与物、人与物的通信，从普通个人用户延伸到广泛的行业用户，处于通信需求模型的第四级。物联网业务类型丰富多样，业务特征也差异巨大。对于智能电网、智能抄表、环境监测、智能农业和智能家居等业务，需要网络支持海量设备的大连接和大量小数据包频发；移动医疗和视频监控等业务对传输速率也提出了很高的要求；工业控制和车联网等业务则要求毫秒级的时延和超高的可靠性。此外，大量物联网设备会部署在森林、水域等偏远地区，以及室内、隧道、地下室等信号难以到达的区域范围，因此要求更高的移动通信网络覆盖性能。为了更好地渗透到更多的物联网业务中，5G 网络应具备更强的灵活性及可扩展性，以适应泛在的海量大连接和多样化的用户需求。

用户在不断追求极致业务体验的同时还追求成本的下降，而且 5G 还需要提供更安全的机制，以满足安防监控、互联网金融、移动医疗及安全驾驶等的极高安全要求，为大量低成本物联网业务提供安全解决方案。5G 设备应能够支持更低功耗，实现绿色环保的移动通信网络，大幅提升移动终端的电池续航时间。5G 的典型场景涉及未来人们生活、工作、娱乐和交通等各个领域，尤其是密集住宅区、体育场、办公室、露天集会、地铁、高速公路和高铁等具有超高流量密度、超大连接数、超高移动性的场景，对 5G 系统性能构成了挑战。在这些场景中，考虑未来可能的用户分布、业务占比及对速率、时延等的需求，IMT-2020（5G）推进组在《5G 需求与愿景》白皮书中给出了各个应用场景下的 5G 性能指标，具体见表 2-2。

表 2-2　5G 性能指标

名称	定义
用户体验速率（bit/s）	真实网络环境下用户可获得的最低传输速率
连接密度（台/km^2）	单位面积上支持的在线设备总和
端到端时延（ms）	数据包从源节点开始传输到被目的节点正确接收的时间
移动性（km/h）	满足一定的性能要求时，收发双方间的最大相对移动速率
流量密度[bit/（s·km^2）]	单位面积区域内的总流量
用户峰值速率（bit/s）	单用户可获得的最高传输速率

资料来源：IMT-2020（5G）推进组的《5G 需求与愿景》白皮书。

在移动通信网络应对移动互联网和物联网爆发式发展的同时，也会面临每比特综合成本高、能耗大、部署和维护的复杂度高等诸多问题。多制式网络共存导致运维复杂度提高，用户体验下降；精准监控网络资源和有效感知业务特征方面的能力不足，使得无法智能地满足未来用户和业务多样化的需求。此外，从低频到高频的无线频谱跨度大和分布碎片化导致网络环境复杂。

因此，需要从 5G 网络建设和部署以及运营和维护方面提升 5G 系统的能力。在 5G 网络建设和部署方面，需提供更高的容量和覆盖性能，同时降低网络部署的复杂度和成本；5G 网络需要具备灵活可扩展的网络架构，以适应用户和业务的多样化需求；5G 网络需要灵活、高效地利用频谱资源。而在 5G 网络运营和维护方面，需要改善网络能效和减少比特运维成本，降低多制式共存、网络升级以及新功能引入等带来的复杂度，支持网络对用户行为和业务内容的智能感知并做出智能优化以及提供多样化的网络安全解决方案。IMT-2020（5G）推进组在《5G 需求与愿景》白皮书中指出，频谱利用、能耗和成本是移动通信网络可持续发展的 3 个关键因素，5G 关键效率指标见表 2-3。

表 2-3　5G 关键效率指标

名称	定义
频谱效率[bit/（s·Hz·cell）或 bit/（s·Hz·km^2）]	每小区或单位面积内，单位频谱资源提供的吞吐量
能源效率（bit/J）	每焦耳能量所能传输的比特数
成本效率（bit/元）	每单位成本所能传输的比特数

资料来源：IMT-2020（5G）推进组的《5G 需求与愿景》白皮书。

IMT-2020（5G）推进组在《5G需求与愿景》白皮书中给出了5G的六大性能指标，体现了5G满足未来多样化业务与场景需求的能力，如图2-5所示。

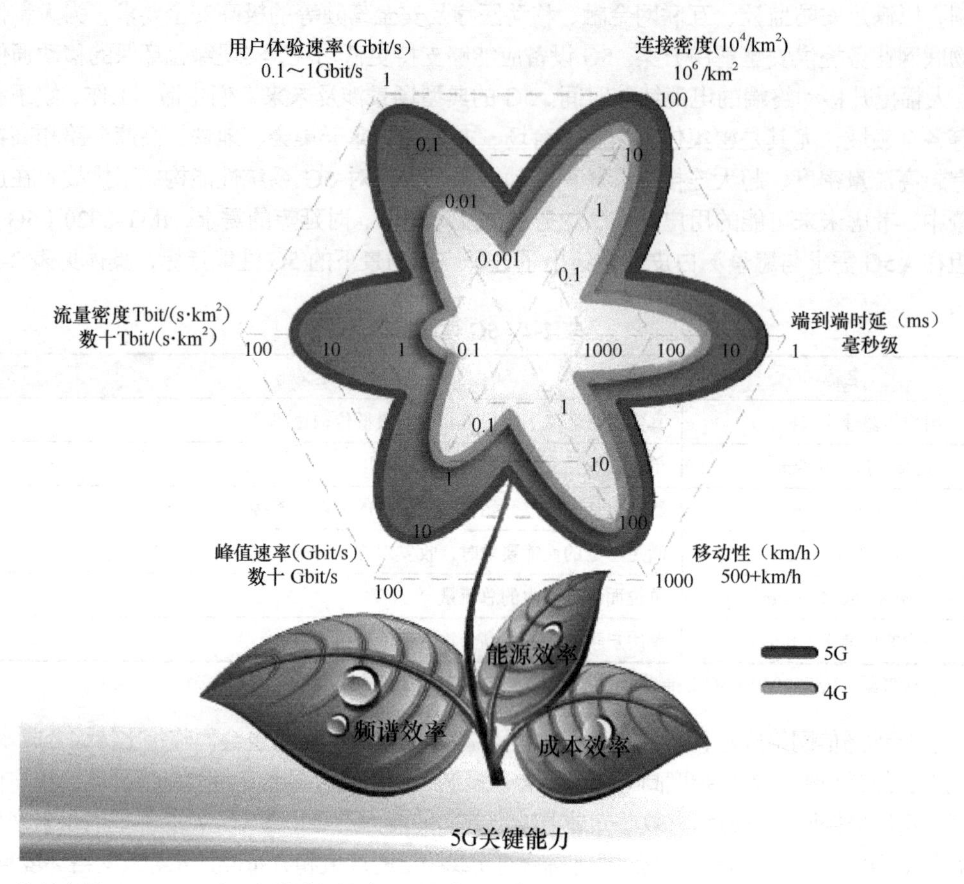

资料来源：IMT-2020（5G）推进组的《5G需求与愿景》白皮书。

图2-5 5G的关键能力

|2.3 5G的标准与产业|

自2012年以来，ITU启动了5G愿景、未来技术趋势和频谱规划等方面的前期研究工作。2015年ITU发布了5G愿景建议书，提出了IMT-2020系统的目标、性能、应用和技术发展趋势、频谱资源配置、总体研究框架和时间计划，以及后续研究方向。基于网络指标能力的全方位提升，5G网络可支持三大应用场景，即增强移动宽带（enhanced Mobile Broadband，eMBB）、超高可靠低时延通信（ultra Reliable and Low Latency Communication，uRLLC）以及海量机器类通信（massive Machine Type of Communication，mMTC），如图2-6所示。

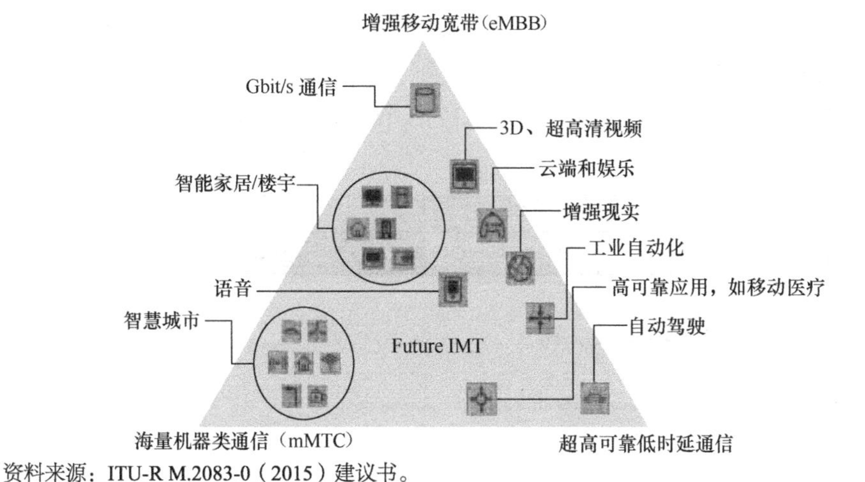

资料来源：ITU-R M.2083-0（2015）建议书。

图 2-6　5G 的三大应用场景

eMBB 的典型应用包括超高清视频、VR/AR 等。首先，这类场景对带宽要求极高，关键性能指标包括 100Mbit/s 的用户体验速率（热点场景可达 1Gbit/s）、数十 Gbit/s 的峰值速率、每平方公里数十 Tbit/s 的流量密度、500km/h 以上的移动性等。其次，涉及交互类操作的应用还对时延敏感，例如，VR 沉浸式体验对时延的要求在 10ms 量级。

uRLLC 的典型应用包括工业控制、无人机控制、智能驾驶控制等。这类场景聚焦对时延极其敏感的业务，高可靠性也是其基本要求。自动驾驶实时监测等要求毫秒级的时延，汽车生产、工业机器设备加工制造的时延要求为 10ms 量级，可用性要求接近 100%。

mMTC 的典型应用包括智慧城市、智慧家庭等。这类应用对连接密度要求较高，同时呈现出行业的多样性和差异化。智慧城市中的抄表应用要求终端低成本、低功耗，网络支持海量连接的小数据包；视频监控不仅部署密度高，还要求终端和网络支持高速率；智慧家庭业务对时延要求相对不敏感，但终端可能需要适应高温、低温、震动、高速旋转等不同家用电器工作环境的变化。移动视频业务将是 5G 时代个人用户的首要关键业务，而 5G 与垂直行业应用的深度结合则是未来的重点发展方向。

2.3.1　5G 标准演进

2012 年，ITU 设立了“2012 及之后的国际移动通信（IMT）项目”，提供了研发框架。

2015 年 9 月，ITU 一锤定音，正式确定 5G 的官方名称是“IMT-2020”，其中“2020”的意思是预期在 2020 年可以实现商用。5G 在技术性能指标上全面超越了 4G，提出了三大应用场景，打开了移动通信的新篇章。第三代合作伙伴计划（3rd Generation Partnership Project，3GPP）启动 5G 标准的制定工作。

2016 年 12 月，ITU 发布了 5G 网络标准草案。

2017 年 4 月，ITU 发布了第一份 5G 相关的国际标准。

2017 年 11 月，ITU-R 发布了 IMT-2020 第五代移动通信主要指标，研究 5G 技术标准的 3GPP 早在 2015 年 9 月就启动了新空口（New Radio，NR）技术的研究立项工作。R14 作为 3GPP NR 的第一个版本，主要开展 5G 技术预研工作，并为 5G 的第一个正式版本 R15 做准备，研究的主要内容包含以下 3 个方面：无线射频频谱需求研究；6GHz 以上频谱的信道模型研究；5G 所需新技术理念研究。

3GPP 将 5G 的技术标准分为 R15、R16、R17 三个版本，每个版本的计划冻结时间如图 2-7 所示。

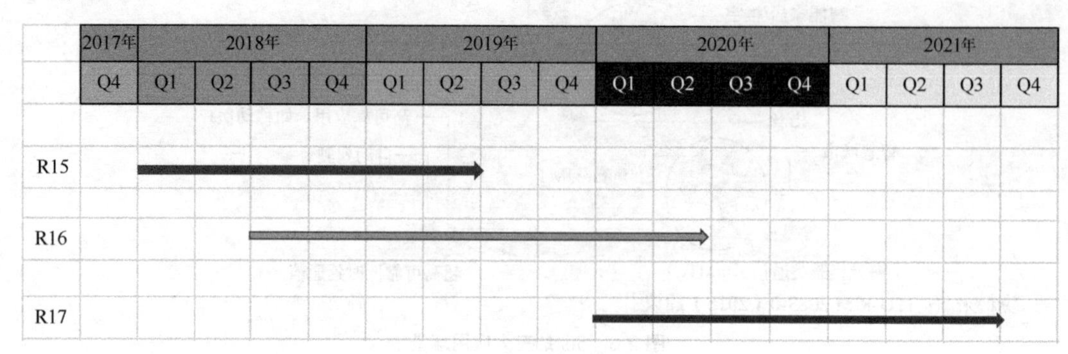

图 2-7　5G 技术标准研发计划和时间

其中，R15 主要以 eMBB 应用为主，分为非独立组网（Non Standalone，NSA）、独立组网（Standalone，SA）、late drop 3 个版本。2018 年 3 月 NSA 协议冻结，NSA 版本主要采用 Option3 选项方式组网，5G 基站（generation Node B，gNB）接入现有 4G 演进分组核心（Evolved Packet Core，EPC）网，SA 版本采用 Option2 选项方式组网。2018 年 3 月在原有的 R15 NSA 与 SA 的基础上进一步拆分出的第三部分 late drop 版本于 2019 年 6 月冻结，late drop 版本包含了 5G 需要的系统架构选项 Option 4 与 Option7、5G NR 双连接。

R16 于 2018 年 6 月立项，2020 年 7 月正式冻结，R16 作为 5G 第二阶段的标准版本，主要关注垂直行业应用及整体系统性能的提升，主要内容如下。

（1）现有功能增强

多输入多输出（Multiple Input Multiple Output，MIMO）增强，波束赋形增强，上下行解耦，动态频谱共享（Dynamic Spectrum Sharing，DSS），增强型双联接和载波聚合技术，自组织网络（Self Organization Network，SON）增强，终端节电技术。

（2）新功能和新垂直行业应用

➢ 接入回传一体化（Integrated Access and Backhauling，IAB）技术：利用毫米波作为小基站回传。

➢ 基于 uRLLC 的应用：在工业互联网的时间敏感网络（Time Sensitive Network，TSN）中的应用；在电网配电自动化方面的应用；基于 PC5 接口技术在车联万物（Vehicle to Everything，V2X）中的应用等。

➢ 基于下行定位参考信号（Positioning Reference Signal，PRS）的终端定位技术。

（3）现有技术融合

5G 网络和卫星接入、有线宽带接入、支持 Wi-Fi 等非授权频段接入、垂直行业局域网接入等互联互通，进一步提升 5G 网络的包容性，适应垂直行业应用。

R17 于 2020 年 1 月立项，计划于 2021 年 9 月冻结。R17 规范的主要内容有：针对轻量级 NR 设备（如机器类通信、可穿戴等）运作进行优化设计；小数据包/非活动数据传输优化；边链路（SideLink，SL）增强，进一步探索其在 V2X、商用终端、紧急通信领域的使用案例；包括 6GHz 以上频段范围 FR2（Frequency Range 2）的射频特性研究；对 2.6GHz 以上频谱传输进行研究；研究多 SIM 卡操作时对无线接入网（Radio Access Network，RAN）及规范的影响；来自 V2X 和公共安全应用的 NR 多播/广播；覆盖增强，明确所有相关场景的要求，重点是极限覆盖，包括室内与更宽广区域；NR 支持卫星通信相关标准化；工厂或校园定位、IoT、V2X 定位、3D 定位，实现厘米级精度的定位增强，包括时延及可靠性提升；RAN 数据收集增强，包括 SON 和最小化路测（Minimization of Drive Tests，MDT）增强，窄带物联网（Narrow Band Internet of Things，NB-IoT）和增强机器类通信（enhanced Machine Type of Communication，eMTC）；uRLLC 增强；MIMO 增强；IAB 增强；非授权频谱 NR 增强；节能增强。

2.3.2　全球 5G 布局

1. 韩国 5G 的发展

韩国是全球首个宣布 5G 商用的国家。早在 2013 年 5 月 13 日，韩国三星电子有限公司就宣布，已成功研发 5G 的核心技术。政府、手机制造商、运营商一起发力，造就了高速的用户增长，创造了"5G 奇迹"。

2019 年 4 月 3 日，韩国超前美国 2 小时宣布正式开始 5G 商用。截至当天，SK Telecom（SK 电信）、KT（韩国电信）和 LGU+（LG 旗下移动运营商）三大运营商已经建设好了 8 万个 5G 基站，韩国 2019 年即实现了 85 个城市的 5G 网络覆盖，2020 年将实现全覆盖。基于 5G 的大带宽、高速率特性，韩国运营商的业务主要聚焦于 VR/AR、游戏、超高清视频、无损音乐等大流量业务。

值得一提的是，运营商推出了以职业棒球联赛为载体的多视角视频、VR 视频、VR Social Room 业务，用户可以随意切换攻防转换视角和不同垒区视角，并且可以通过虚拟聊天室聊天，为喜欢的队伍助威。2019 年 9 月 10 日，SK 电信推出了基于 5G 网络的 QHD（Quater High Definition）超高画质视频通话业务 Callar2.0，发布后一个月内累计通话次数超过 1000 万次。这项业务旨在挑战韩国本土即时通信应用 Kakao Talk，该应用号称韩国的"微信"，在韩国的用户占有率达到了 95%。韩国通过成为"首个 5G 商用国家"制造了一定的社会话题，进而鼓励产业资本进入新兴产业。

为了延伸产业链，实现经济拉升，培养本土企业在国际市场上的竞争力，韩国政府启动了 5G+战略推进体系，意在使 5G 进军产业互联网。

2. 美国 5G 的发展

美国因为提前公布了商用时间，反被韩国打了时间差——韩国提前 2 小时宣布 5G 正式商用。因为有全球第一大经济体的底气，也因为有长期占据通信霸主地位的高通公司，所以美国不甘心在 5G 上落后。

就 5G 频谱而言，除美国以外，其余国家在 5G 商用初期基本都使用 6GHz 以下的频段，而美国由于国防部和政府部门占用了过多该频段的资源，所以美国使用的是更高频率的毫米波频段。虽然毫米波的速率更快，但因为频段高，基站建设就更密集，而且更易受到干扰。美国国防部曾希望与民用电信用户进行频段共享，这个方案在技术上是可行的，但至少需要

3～5年时间来更换设备、建设基础设施。

2015年9月7日，美国移动通信运营商Verizon（威瑞森）无线公司宣布，将从2016年开始试用5G网络，2017年在美国部分城市全面商用。美国运营商AT&T（美国电话电报公司）和Verizon率先进军5G市场，但最早使用的是固定无线接入（Fixed Wireless Access，FWA）技术，虽然可以快速部署，但由于用户分享带宽，不利于后期大规模发展。2019年4月宣布5G商用后，美国主要电信运营商都开始了eMBB的部署。

Verizon是美国最大的移动通信运营商，在5G的长期战略上，目前仍未有明确的表示，尚未发布实现5G全国覆盖的时间表。Verizon把5G的应用分为八大模块：节能、（人的）跟踪、移动大数据、物联网、实时服务、商业系统升级、高速网络应用、高可靠性网络应用。

AT&T在2019年完成了美国21个州部分地区的5G覆盖，计划2020年实现全国覆盖。2019年4月，美国第三大电信运营商T-Mobile和第四大运营商Sprint联合宣布，将以265亿美元完成合并计划。

美国在5G的产业应用上进行了很多探索。其中，AT&T已与芝加哥某医院建立了合作关系，双方将利用5G边缘计算来进行远程医疗的尝试。此外，双方还将在改进医院运营、增强患者体验上不断积累经验。未来美国的5G进程将进一步加速，预计2020年将实现商用5G独立组网，2021年5G用户数预计可达3000万户。由于受到网络覆盖范围、手机等因素限制，5G在美国实际上并没有取得市场上的领先优势，可以说宣传意义大于实际意义。

3. 日本5G的发展

日本是世界上最早进行5G测试的国家。日本虽然在之前的2G时代特立独行，但3G时代就融入了移动通信的主流，4G在日本更是大行其道。日本将5G融入全国整体信息规划中，结合本国特色，试图以此改变国家面貌。

2014年5月8日，日本电信运营商NTT DoCoMo正式宣布将与爱立信、诺基亚、三星等6家厂商共同合作，在5G网络测试中，传输速率提升至10Gbit/s。2015年，日本政府就已经开始着手进行5G研究，并在2017年进行了5G用例测试。2019年4月，NTT DoCoMo、KDDI和软银公司三大日本传统电信运营商及日本电商公司乐天公司从电信监管部门获得了5G频谱，计划在2020年开始大规模商用，预计在2023年将5G的商业应用范围扩大至日本全国，总投资额达5万亿日元。

日本政府从国家战略层面介入，制定了相关约束条件，确保5G的建设满足国家层面的要求。明确5G建设的目标不仅仅是服务于人，还服务于一切物品，因此不以人口覆盖率为5G建设的评价标准，建设初期，偏远区域也需要有服务。日本政府要求运营商在两年时间内对所有的道府县都要有5G覆盖，针对不同的业务类型需要提供尽量多的基站。日本政府把日本国土以10km为边长划分为四方形网格，形成了4500个左右的网格，要求运营商5年内覆盖超过50%的网格区域，并要求运营商在频谱申请书中明确各区域的建网时间计划以及该区域的设备厂商。在业务上，日本总务省定义了5G的九大重点应用领域，包括车联网、无线VR、基于体育馆的高速广播、面向智能工厂/智能办公的高品质传感网、面向智慧城市安全的融合无线网络、面向智能农业的大连接、基于队列行驶的车辆与车辆（Vehicle to Vehicle，V2V）通信、面向医疗安全的无线平台、基于高速列车的高速移动通信。东京奥运会以及残奥会将是日本发展5G的重要助力，各运营商在东京的中心等部分地区都率先启动了5G商用，随后逐渐扩大区域。

4. 欧洲 5G 的发展

欧洲的移动通信技术研发实力较强，但由于各国市场规模太小，不利于 5G 大规模商用。随着英国脱欧、难民移入，欧洲的政治经济环境面临着巨大挑战。随着 5G 时代的到来，欧洲国家，尤其是西欧国家希望发挥自己的工业优势，借 5G 提振经济。毕竟，3GPP 和 ITU 总部都在欧洲。

2019 年 5 月 30 日，英国电信运营商 EE 公司正式在伦敦、卡迪夫、爱丁堡、贝尔法斯特、伯明翰以及曼彻斯特这 6 个人口密集城市开通 5G 服务，并于 2019 年完成了 50 个城镇的 5G 基站的建设，计划 2020 年扩容到 70 个城镇。开通 5G 服务的用户将同时接入 4G 网络以保证连接的稳定性。为了吸引用户，该运营商在提速提量提价的同时，增加了音乐/视频数据免流量、高品质体育节目（BT Sport HDR）、漫游增强等选项。英国的另一家运营商沃达丰（Vodafone）将在 2020 年建设 1000 个基站，并将采取限速不限量的计费模式。

芬兰也已经在部署 5G 网络，首先在 4 个城市上线，并逐步在全国范围内完成覆盖；在资费方面，将会沿用 4G 时代的速率计费模式，将网络升级转化为市场竞争力。虽然摩纳哥是世界上第一个全国覆盖 5G 的国家，但也无法改变欧洲在移动通信上的整体颓势。欧洲经济得益于欧共体/欧盟，曾经形成了一股合力，引领了科技的国际标准和商业市场的导向。但近几年，英国脱欧增加了内耗，再加上难民问题，使得本来就有诸多国家的欧洲进一步分裂。目前，德国的“工业 4.0”正在向“工业 5.0”过渡，虽然有强大的科技研发能力和严谨的制度保障，但劳动人口成本的上升以及包括通信网络在内的基础设施乏力，都延缓了这一进程。

5. 中国 5G 的发展

中国的移动通信技术在经历了“1G 空白、2G 跟随、3G 突破、4G 并跑”的不断努力后，实现了在 5G 时代并跑领跑的重大转变。早在 4G 正式商用后不久，5G 的筹划就提上了议事日程。4G 时代，中国部署商用网络约落后日本 1～2 年。而 5G 时代，中国可谓迎头赶上，从一开始的策划、标准制定阶段就积极地参与和主导，如图 2-8 所示。

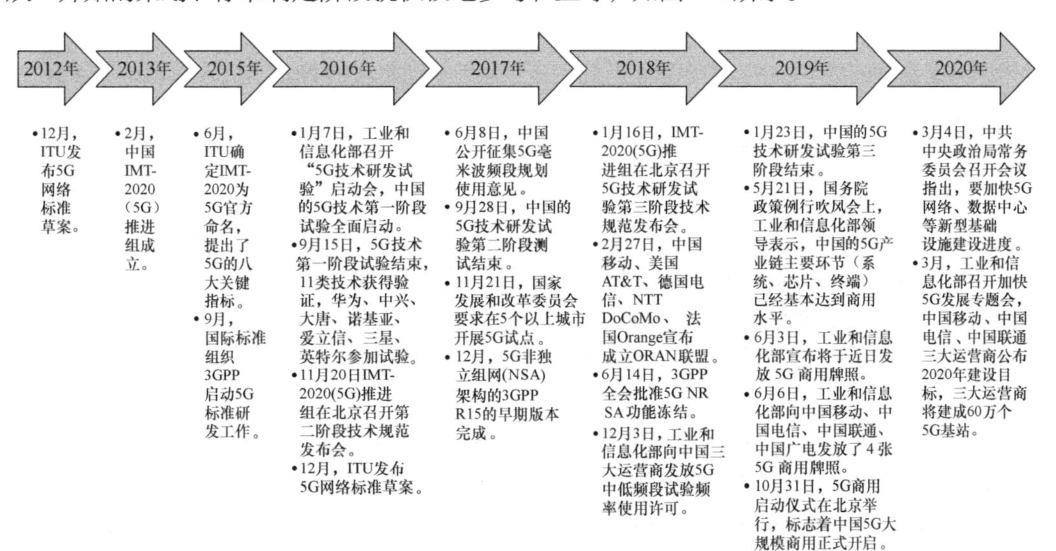

图 2-8　中国的 5G 发展历程

在标准方面，全球立项并通过的5G标准，中国有21项，美国有9项，欧洲有14项，日本有4项，韩国有2项。华为公司的Polar码（极化码）被3GPP接受为控制信道编码方案，美国支持的低密度奇偶校验（Low Density Parity Check，LDPC）码成为数据信道编码方案。

在5G商业合同方面，截至2020年上半年，华为已与全球电信运营商签署了91份5G网络商业合同；一直处于第二位的爱立信的5G商业合同数量也已由2020年年初的78份增长至91份，追平了华为公司；中兴通讯在全球范围内签署了46份商业合同，诺基亚签署了70份商业合同。

此外，5G时代的话语权还体现在设备厂商拥有的专利数量上。根据德国专利数据公司IPLytics的分析统计，截至2020年6月，中国的5G专利申请数量位居全球第一。其中，华为以3147件5G标准必要专利数量位居全球榜首，中兴通讯则以2561件5G标准必要专利数量位列全球第三。据统计，中国厂商已申请的全球主要5G标准专利数量占比为34%、排名第一，韩国占比31%排名第二，欧洲占比21%排名第三，美国占比13%排名第四。

在移动终端方面，国内的华为、OPPO、VIVO、小米等手机品牌无论是出货量还是价位，均已与苹果、三星等国外品牌并驾齐驱，它们已于2019年纷纷推出支持5G的手机新产品。可以说，中国和中国企业已经进入全球5G技术的第一梯队。

2019年6月6日，中国发放了4张5G牌照，分别给了中国电信、中国移动、中国联通和中国广电网络。中国电信于2018年9月13日正式启动“hello 5G”行动计划，品牌口号是“赋能未来”，愿景是“5G你好，拥抱新技术！”。中国电信获得了3400～3500MHz共100MHz带宽。中国移动于2019年6月25日举行了“中国移动5G+”发布会，其愿景是“改变社会无限可能；开发、共享；提供成倍叠加的价值；积极改变社会”。中国移动获得了2515～2675MHz、4800～4900MHz共260MHz带宽，但其中的2575～2635MHz频段为重耕频段，需要先行退网才能用于5G。中国联通于2019年4月23日公布了品牌宣传语：“让未来生长”。中国联通获得了3500～3600MHz共100MHz带宽。中国广电网络获得了5G牌照，而且得到了700MHz的优良频段。

5G的组网方式主要有SA和NSA两种，组网方式直接决定了运营商建设5G网络的快慢以及未来网络建设的成本。中国的3家运营商均是坚定地从现阶段的NSA向SA过渡，坚持5G最终独立组网。中国移动表示将发布5G独立组网启航行动，此举意在促进SA标准变成真正商用化的能力，推动端到端产品尽快成熟。

中国电信提出了4G/5G协同以及固移融合的5G无线网、核心网、承载网的近期和中远期发展策略。整体技术演进策略从中国电信的网络实际出发，避免频繁的网络改造，降低组网复杂度，减少网络投资。中国联通表示，5G在发展初期主要是面向消费互联网，注重用户的增长，但基于5G的产业互联网同样重要，未来网络云网融合、生态化、智能化是大趋势。

2020年3月4日，中共中央政治局常务委员召开会议指出，要加快5G网络、数据中心等新型基础设施建设进度。

2020年3月6日，工业和信息化部召开加快5G发展专题会，中国电信、中国移动、中国联通3家公司的董事长参加会议并公布了2020年各自的5G计划。根据此前中国移动公布的“今年建25万个5G基站”的目标，以及中国电信、中国联通“年底前完成25万个5G基站建设”的目标，2020年三大运营商将建成50万个5G基站。

2020年3月24日，工业和信息化部正式发布《关于推动5G加快发展的通知》，指出要加快 5G 网络建设进度，基础电信企业要进一步优化设备采购、查勘设计、工程建设等工作流程，抢抓工期，最大限度地消除新冠肺炎疫情的影响。支持基础电信企业以 5G SA 为目标，控制 NSA 建设规模，加快推进主要城市的网络建设，并向有条件的重点县镇逐步延伸覆盖。

在全球移动通信系统协会（Global System for Mobile Communications Association，GSMA）2020 年 3 月 18 日发布的《中国移动经济发展报告 2020》中预测，“到 2025 年，中国 5G 用户的渗透率将增至近 50%，与韩国、日本和美国等其他主要 5G 市场相当”。2020—2025 年间，中国运营商基于移动业务的资本支出将达到 1800 亿美元，其中约 90%将被用于 5G 网络建设。

从以往通信市场的规律来看，只有当市场形成一定的规模，新一代通信的产业形态成熟起来后，特色业务才会呈现出来。所以，我们还需要等待一段时间，期待着 5G 新业务的爆发。同时，5G 网络建设投资大、标准没有最终完善，电信运营商预计将围绕应用场景需求采取更加长期、灵活的部署方式，经济价值大的场景将优先落地。目前围绕着新媒体、智慧交通、智慧安防、智慧医疗、工业制造、港口矿山等几个方向，中国已经进行了一些相关的实践。

2.3.3 5G 产业链的发展现状

通信产业内部具备丰富的生态，包括从核心网至用户终端、自预研至产品实现的完整产业环境，并仍在不断地扩张和重组；移动通信技术有其固有的发展规律，并在香农定律的框架下不断推陈出新。通信产业链从专利标准、芯片器件、设备网络到业务应用，是一个与时俱进、快速演变的物种，由其衍生出来的业界形态所构成的小社会，也像人类社会一样不断前进。

从第一代模拟移动通信到现今如火如荼的第五代智能数字移动通信，短短几十年间，移动通信产业逐渐从无序到有序、从弱小到强大，性能呈指数级提升，应用海量爆发。移动通信产业展现出的巨大能量，令人叹为观止。

自 5G 国际标准制定以后，围绕 5G 的产业开始启动，5G 产业链划分为上游、中游、下游 3 个层次，3 个层次的产品和企业细分尚未形成统一的标准。一般上游产业包括芯片（基带、射频器件、光器件）、主设备（无线基站、核心网设备、传输承载设备）、配套设备（电源、光纤光缆、天线、仪器仪表）等；中游产业包括运营商、网络建设服务提供商；下游产业包括各类终端以及应用服务和应用平台提供商，如物联网、工业互联网及智慧城市等应用场景及与场景相关的产品/服务提供商，具体见表 2-4。

表 2-4 5G 产业链划分

上游产业							中游产业		下游产业							
芯片			主设备			配套设备	运营商	网络建设服务提供商	终端			应用服务和应用平台提供商				
基带	射频器件	光器件	无线基站	核心网设备	传输承载设备	电源、光纤光缆、天线、仪器仪表	移动、电信、联通、广电网络	网络规划设计、建设施工、优化维护	手机	物联网终端	行业终端	智慧城市	工业互联网	智慧交通	智慧医疗	……

现阶段上游产业的各项技术已趋于成熟，各国无论是自主研发还是通过付费，都有了一定的基础。中游产业是各国正在努力实现的环节，也是实现 5G 全面覆盖的当务之急。中国的运营商在这一环节上投入较大，也拥有了一定的技术优势，尤其是在基站建设上。下游产业是未来需要着力发展的环节，尤其是 5G 与 AI、大数据、云计算等的结合，将带来更加丰富的应用场景，如无人驾驶、智慧城市、物联网、智能医疗等，给生活带来更多便利。下面介绍的产业链发展以国内市场为主。

1. 上游产业

(1) 芯片

➢ 基带芯片

特指 5G 终端基带芯片，主要由 CPU 处理器、信道编码器、数字信号处理器、调制解调器和接口模块组成。基带芯片能够合成即将发射的基带信号，或对接收到的基带信号进行解码，同时负责地址信息（手机号、网站地址）、文字信息（短信文字、网站文字）、图片信息的编译，同时 5G 终端需支持双模、多模、多频、SA、NSA 等功能。5G 芯片研发难度很大，PC 芯片大佬英特尔公司也难以承受，中途将产品线转让给了苹果公司。5G 终端基带芯片的研发直接关系到整个 5G 产业的推进进度。

2019 年上市的 5G 终端大都采用 4G 系统级芯片（System on a Chip，SoC）加外挂 5G 基带的模式，而并未采用更优、更好的 5G SoC。目前 5G 终端基带芯片供应商只有高通、华为海思、联发科（MTK）、三星、紫光展锐 5 家，高通一直引领终端芯片的研发，占据了高端市场，联发科提供中低端芯片市场，紫光展锐的前身是展讯，自 2010 年开始 GSM/GPRS 芯片的研发，主打低端芯片。华为只为自家部分手机提供芯片。历史数据显示，高通的市场占有率为 40%，联发科和华为的市场占有率各为 20%，三星和紫光展锐合计占 20%。目前市场上 5G 芯片的情况见表 2-5。

表 2-5 5G 芯片情况

<table>
<tr><th>厂商</th><th>基带芯片</th><th>制程</th><th>组网</th><th>5G 频段</th><th>5G 频宽</th><th>多模制式</th><th>推出时间</th><th>搭载手机</th></tr>
<tr><td rowspan="3">华为海思</td><td>巴龙5000</td><td>7nm/基带</td><td rowspan="3">SA/NSA</td><td rowspan="3">Sub-6GHz/毫米波</td><td rowspan="3">200/800MHz</td><td rowspan="3">2G/3G/4G/5G</td><td>2019 年2 月</td><td rowspan="3">Mate30、Mate X、Mate20 X、荣耀V30S</td></tr>
<tr><td>麒麟990</td><td>7nm/SoC</td><td>2019 年9 月</td></tr>
<tr><td>麒麟820</td><td>6nm/SoC</td><td>2020 年4 月</td></tr>
<tr><td rowspan="4">高通</td><td>X50</td><td>10nm/基带</td><td>NSA</td><td>28GHz</td><td>800MHz</td><td>5G</td><td>2016 年1 月</td><td rowspan="4">联想、小米、OPPO、VIVO</td></tr>
<tr><td>X55</td><td>7nm/基带</td><td>SA/NSA</td><td>Sub-6GHz/毫米波</td><td rowspan="3">200/800MHz</td><td>2G/3G/4G/5G</td><td>2019 年2 月</td></tr>
<tr><td>X60</td><td>5nm/基带</td><td>SA/NSA</td><td>Sub-6GHz/毫米波</td><td>2G/3G/4G/5G</td><td>2020 年2 月</td></tr>
<tr><td>865</td><td>7nm/SoC</td><td>SA/NSA</td><td>Sub-6GHz/毫米波</td><td>2G/3G/4G/5G</td><td>2018 年8 月</td></tr>
</table>

续表

厂商	基带芯片	制程	组网	5G频段	5G频宽	多模制式	推出时间	搭载手机
联发科（MTK）	Helio M70	7nm/基带	SA/NSA	Sub-6GHz	100MHz	2G/3G/4G/5G	2018年12月	红米k30
	天玑1000	7nm/SoC	SA/NSA	Sub-6GHz	100MHz	2G/3G/4G/5G	2019年11月	OPPO Reno3
三星	Exynos 5100	10nm/基带	SA/NSA	Sub-6GHz/毫米波	200/800MHz	2G/3G/4G/5G	2018年9月	三星Galaxy S10
	Exynos 980	8nm/SoC	SA/NSA	Sub-6GHz/毫米波	200/800MHz	2G/3G/4G/5G	2019年9月	VIVO X30
紫光展锐	春藤510	12nm/基带	SA/NSA	Sub-6GHz	100MHz	2G/3G/4G/5G	2019年2月	海信样机

➢ 光器件芯片

光传输器件包括核心光芯片和光模块，核心光芯片是光网络传输的关键元素，是构成光模块的重要组件。

5G前传采用25Gbit/s光模块，波长可调谐光模块尚处于在研阶段，单纤双向（Bidirectional，BiDi，指一根光纤利用波分技术实现双向收发功能，可节省光纤资源）光模块处于样品阶段，其他类型的光模块均已成熟。前传100Gbit/s BiDi光模块的应用规模较小，200Gbit/s BiDi光模块和100Gbit/s四波波分复用（Wavelength Division Multiplexing，WDM）模块已经成熟。5G中传/回传50Gbit/s四通道脉幅调制（Pulse Amplitude Modulation，PAM）BiDi 40km光模块、400Gbit/s直调和相干光模块均处于在研阶段，其他类型的光模块已基本成熟。5G网络25/50/100Gbit/s新型高速光模块将逐步在前传、中传和回传接入层引入，N×100/200/400Gbit/s高速光模块将在回传汇聚层和核心层引入。5G光模块在传输距离、调制方式、工作温度和封装等方面存在不同方案，需结合应用场景、成本等因素综合选择。

在光电芯片领域，国外领先厂商的产品均已成熟，国内在整体上尚处于研发阶段。目前商业级/工业主要级25Gbit/s光电芯片主要有分布反馈激光器（Distributed Feedback Laser，DFB）和电吸收调制激光器（Electro-absorption Modulated distributed feedback Laser，EML）等。50Gbit/s的EML芯片、窄线宽波长可调谐激光器芯片、100Gbit/s相干集成光收发芯片、25/50Gbit/s的激光器（调制器）驱动/TIA跨阻放大器、PAM4芯片主要由国外厂商提供，国内的产业化能力与国外相比差距较大。国外的光电芯片和光模块厂商主要有美国菲尼萨（Finisar）、美国朗美通（Lumentum）、瑞士Albis、美国美信半导体（Maxim）、美国升泰（Semtech）、美国Macom、美国GCS、美国Inphi、美国芯旸科技（Sifotonics）、日本恩梯梯电子（NTT Electronics）、日本瑞萨（Renesas）、日本三菱、日本住友。国内的光模块厂商主要有光迅、海信、新易盛。

➢ 射频器件

射频前端的品类包括滤波器、功率放大器、射频开关、天线调谐器和低噪声放大器。其中，滤波器和功率放大器是射频前端价值量占比最高的器件。滤波器包括双工器和多工器，主要负责发射及接收信号的滤波。滤波器有声表面波（Surface Acoustic Wave，SAW）滤波器和新型体声波（Bulk Acoustic Wave，BAW）滤波器，SAW 滤波器的主要供应商包括日本的村田制作所（Murata）、日本的东京电气化学工业株式会社（TDK）、日本的太阳诱电株式会社，三者合计占据了全球 82%的市场份额；BAW 滤波器的主要供应商包括美国博通及美国 Qorvo，两者合计占据了全球 95%以上的市场份额。

功率放大器的市场也基本被外资企业所垄断。从全球范围来看，功率放大器的主要供应商为美国 Skyworks、美国 Qorvo、美国博通，3 家供应商合计占据了全球 93%的市场份额。此外，功率放大器也形成了完整的代工供应链，上游外延片主要以英国 IQE、中国台湾全新光电科技（VPEC）为主，晶圆代工主要以中国台湾稳懋、以色列 TowerJazz、中国台湾宏捷科技为主。

（2）5G 网络主设备

➢ 无线基站

全球的 5G 无线基站（宏站、微站、皮站）生产商主要有爱立信、诺基亚、三星、中兴通讯、华为、中国信科。国内运营商采购中兴通讯、华为、爱立信、诺基亚 4 家厂商的 5G 无线基站设备，目前采用 NSA 方式组网。

国内生产 5G 皮站（Pico RRU）的厂商也有很多，主要基于中国移动主导的开放式无线接入网（Open-Radio Access Network，O-RAN）架构，生产厂商主要有新华三、联想、京信、锐捷、赛特斯、佰才邦。

➢ 核心网设备

5G 核心网采用软硬件解耦技术，核心网硬件使用通用的 X86 服务器，爱立信、诺基亚、三星、中兴通讯、华为、中国信科均可以提供核心网软件系统，IBM、戴尔、联想、曙光、浪潮、惠普等 X86 服务器生产商均可以提供核心网硬件设备。

➢ 传输承载设备

5G 承载网的转发面主要实现前传和中传/回传的承载，其中 5G 前传除光纤直驱方案外，还存在多种基于多样化承载设备的组网方案。中传/回传 5G 承载技术因运营商的不同而不同，中国移动采用切片分组网（Slicing Packet Network，SPN）技术，中国电信和中国联通采用 IPRAN 增强功能方案的分组化承载技术，中国电信也提出了 M-OTN 方案，最终能否规模化推广应用，将主要依赖市场需求、产业链的健壮性和网络综合成本等。

我国传输设备市场中的主要企业有华为、中兴通讯、诺基亚、烽火，他们均发布了 5G 承载技术方案。

（3）配套设备

电源设备方面，国内有华为、中兴通讯、中恒电气、动力源、台达（中达电通）和维谛（前“艾默生网络能源”）、易达、亚澳博信、华脉科技和东莞铭普等。

天线方面，国外的主要厂家有：德国的安弗施（RFS）公司、德国的凯仕林（Kathrein）公司、美国的康普公司（前身是安德鲁公司）；国内的主要厂家有：京信通信系统（中国）有限公司、武汉虹信通信技术有限责任公司、深圳国人通信股份有限公司、上海东洲罗顿通信股份有限公司、中天宽带技术有限公司、广东盛路通信科技股份有限公司、广东通宇通讯股份有限公司、江苏亨鑫科技有限公司、摩比天线技术（深圳）有限公司。

国外的5G测试仪表生产商主要有：是德科技（Keysight，原“安捷伦”）、罗德施瓦兹、日本的安立公司等；国内的射频测试仪表提供商主要有：上海创远、天津德力等；5G网络空口测试工具的主要生产商有：珠海世纪鼎利、韩国的Innowireless公司。

2. 中游产业

中游产业以运营商为主，还涉及网络规划设计、施工、维护、优化等企业。国内的通信行业经过多年的发展，已经形成了一批具有设计、施工、维护、优化丰富经验的企业，完全可以满足5G网络规划建设以及维护优化的需求。

自2019年6月工业和信息化部向中国电信、中国移动、中国联通、中国广电颁发5G牌照后，各大运营商开始加速5G商用进程。根据三大运营商的财报，2019年中国移动5G相关投资达240亿元，开通5G基站超过5万个，在50个城市提供了5G商用服务。2019年中国电信5G投资为93亿元，中国联通为79亿元，中国电信和中国联通双方已累计开通共享5G基站5万个。2020年三大运营商拟建50万个5G基站，其中中国移动将新建25万个5G基站，中国电信和中国联通新建25万个共享5G基站。

3. 下游产业

（1）终端

终端最后才成熟，需要在网络、芯片成熟后才会出现。5G终端要支持LTE和5G的上行双发（注：NSA标准下，5G NR要和LTE绑定才能实现终端信号的上行双发，即需要同时连接4G网络和5G网络）。上行双发导致交调和谐波等干扰变得严重，对元器件等有较高的要求。终端厂商如苹果、VIVO、OPPO等也在标准中提出了建议和方案，希望5G终端能够实现上行单发，但运营商和设备商更希望终端的处理能力相对强大，因此终端厂商和运营商、设备商之间存在博弈，但是双发的趋势不会改变。

国内市场搭载高通X50芯片的5G商用手机有联想Z6 Pro 5G、努比亚mini 5G、三星Note10+5G、三星Galaxy A90 5G、OnePlus 7 Pro 5G、OPPO Reno 5G、VIVO NEX 3 5G、VIVO iQOO Pro 5G、小米9 Pro 5G、中兴Axon 10 Pro 5G以及中国移动先行者X1；搭载华为麒麟990芯片的5G商用手机有Mate30 Pro 5G、折叠屏手机Mate X、Mate20 X、荣耀V30 Pro 5G；搭载三星Exynos 980芯片的5G商用手机有Galaxy A51、Galaxy A71、VIVO X30、VIVO S6。面向5G eMBB业务的个人用户市场终端已基本成熟。

（2）应用产业

5G下游产业最具颠覆性，通过5G网络与工业设施、医疗仪器、交通工具等的融合，满足工业、医疗、交通等垂直行业的多样化业务需求，最终实现万物互联。5G面向应用场景的产业链环节在于系统集成与应用服务，主要包括系统集成与行业解决方案、大数据应用、物联网平台解决方案、增值业务和行业应用等部分。

主流厂商包括华为、中兴、烽火通信、新华三、星网锐捷等系统平台综合集成商；东方国信、天源迪科、拓尔思等大数据应用平台产商；宜通世纪、高新兴、拓邦股份等物联网平台与解决方案商；北纬通信、拓维信息、四维图新、梦网荣信等增值业务服务与平台。云计算领域则有 IaaS/PaaS 层的金山软件、PaaS 层的金蝶国际及中软国际。

2.4 5G 关键技术

2.4.1 无线技术

为了实现 20Gbit/s 高速率业务、超高可靠低时延业务、海量连接业务，5G 需要研发新的空口技术，因而引入了毫米波技术、大规模天线技术、非正交多址技术、终端直接通信（Device to Device，D2D）技术。

1. 毫米波技术

业界将 30～300GHz 频谱（对应波长 10～1mm）称为毫米波。4G 系统使用的主流频谱为 1.8～2.6GHz（分米波），单载波最大带宽 20MHz，用户下行峰值速率 100Mbit/s，上行峰值速率 50Mbit/s。5G 网络的单用户下行峰值速率 20Gbit/s、上行峰值速率 10Gbit/s，要实现如此高的传输速率，需要 400MHz 以上的连续频谱。目前 6GHz 以下的频谱大部分已经指配完毕，只在 3.5GHz 附近有连续 200～300MHz 的空闲频谱。而毫米波段有丰富的连续频谱资源，5G 要想获取更大的连续频谱资源，只有开发频率更高的毫米波。

毫米波频谱传输的特点是空间传播衰减大、绕射能力很差、穿透能力弱，5G 之前的移动通信技术难以利用毫米波频谱。随着大规模天线技术的推出，可以很好地解决毫米波空间传输的高损耗和阻挡问题，从而可以很好地利用毫米波的频谱资源。目前世界无线电通信大会（World Radiocommunications Conference，WRC）分配给 5G 毫米波的频率是 24～40GHz 之间的部分频谱，每个国家具体的 5G 频谱则根据 WRC 分区以及毫米波频谱使用情况来决定。

目前 5G 业界的主流频段是 3.5GHz 以及毫米波，单载波最大带宽 100MHz，毫米波频谱单载波的最大带宽为 400MHz，如此高的带宽对器件研发和射频功放设计的要求极高，商用时间要晚一些，目前主要是美国的运营商利用 5G 毫米波进行无线传输。6GHz 以下频段在广覆盖和深度覆盖方面具有明显优势，毫米波具有高带宽资源及大流量传输优势，未来 5G 组网频段需要统筹考虑、高低频谱结合使用。

2. 大规模天线技术

大规模天线（Massive MIMO）技术是 5G 系统中用于提高系统容量和频谱利用率的关键技术。它最早由美国贝尔实验室的研究人员提出，经他们研究发现，当小区的天线数目趋于无穷大时，加性高斯白噪声（Additive White Gaussian Noise，AWGN）和瑞利衰落等负面影响全都可以忽略不计，数据传输速率能得到极大的提高。

4G之前的移动网络无线传输使用2.6GHz以下的分米波，到了5G之后使用3~6GHz频段和6GHz以上的毫米波频谱，波长的缩短使得天线振子的尺寸也变得更小，可以在相同体积的设备内布置更多的天线振子，形成大规模阵列天线。基站采用大规模阵列天线，极大地提升了频谱效率、用户体验和传输可靠性。目前业界已经推出128/256振子的阵列天线，天线和RRU合一部署，可以减少中间馈线连接，降低功率损耗。

使用多天线阵列后，可以增加MIMO的传输增益，基站需要对天线波束进行如下管理。

波束配置：根据基站和终端所处位置决定发射和接收的波束。

波束测量：基站或终端对所接收波束进行测量。

波束报告：终端将接收波束的测量报告反馈给基站。

波束扫描：以预定方式在规定的时间间隔对覆盖空间区域发送/或接收的波束进行扫描。

波束赋形可以减小波瓣辐射半功率角，使得能量更加集中，辐射距离更远，不同用户之间的干扰更小，实现同频空分复用的多流传输更容易，用户体验速率更高。

3. 非正交多址技术

为了满足三大不同的业务场景，采用一种无线信道资源调度方式显然不合适，为此5G网络提出了无线资源切片的概念，即针对不同的业务使用不同调制的信道资源，以实现灵活性和高效率，这就意味着空口技术变得更加复杂多样。非正交多址技术主要用于mMTC业务、eMBB业务、uRLLC业务等多种应用场景。

eMBB业务是5G网络的主要业务之一，相比现有的4G网络能提供更高的带宽，下行峰值速率为20Gbit/s。目前5G的eMBB业务依旧使用LTE及LTE-Advanced所采用的下行正交频分多址（Orthogonal Frequency Division Multiple Access，OFDMA）技术和上行DFT-s-OFDMA技术。uRLLC业务下行采用OFDMA技术，上行多址方式尚未确定（可能会采用任意接入方式）。

mMTC业务主要是面对海量连接的物联网业务，现有的LTE网络无法满足海量连接的物联网业务，为此3GPP推出了NB-IoT技术来满足物联网业务，5G标准需要研究NB-IoT技术的未来升级演进技术方案，mMTC业务的下行业务仍然使用OFDMA方式，mMTC业务的上行连接业务量较大，OFDMA的信道容量不能满足要求，目前有15种非正交多址技术参与mMTC上行多址方案竞争，将在R17中讨论确定多址技术方案。

中国的5G标准推进组织积极参与mMTC上行多址方案的讨论，目前提出了3种非正交多址方案，如华为稀疏码多址（Sparse Code Multiple Access，SCMA）技术、中兴多用户共享接入（Multi-User Shared Access，MUSA）技术和大唐图样分割多址（Pattern Division Multiple Access，PDMA）技术。

4. D2D技术

5G新空口除了支持常用的上行链路和下行链路外，还引入了D2D技术。D2D使用边链路，为此3GPP制定了空口边链路通信接口规范。

D2D是一种基于蜂窝系统的近距离数据直接传输技术。D2D会话的数据直接在终端之间的边链路进行传输，不需要通过基站转发，会话的建立、维持，无线资源分配以及计费、鉴权、识别、移动性管理等仍由蜂窝网络负责。引入D2D可以减轻基站的负担，降低端到端的传输时延，提升频谱效率，降低终端发射功率。当无线通信基础设施被损坏或者处在无线网络的覆盖盲区时，终端可借助 D2D 实现端到端通信甚至接入蜂窝网络。D2D 既可以在授权频段部署，也可在非授权频段部署。

2.4.2 网络技术

5G 移动网络需要满足 eMBB、mMTC、uRLLC 三种业务场景，每种业务场景可能存在多种业务和多个客户，每种业务场景对带宽、时延、可靠性等存在差异化需求，为了应对千行百业、满足多种业务需求，5G 网络需要重构，采用基于服务的网络架构（Service Based Architecture，SBA），增加网络切片功能，引入移动边缘计算（Mobile Edge Computing，MEC）等关键技术。

1. 新型网络架构

5G 核心网采用 SBA，支持网络功能（Network Function，NF）和服务的按需部署，使能灵活的网络切片；缩短新网络业务的上线时间，实现业务的快速创新。SBA 采用组件化、可重用、自包含等原则定义 NF，NF 通过其通用的服务化接口向其他允许使用其服务的 NF 提供服务。相较于以往层级的网络拓扑结构，节点与节点之间是层级交错的网络关系，而且节点集成度很高，各种功能大包大揽，这样既有它的好处——入网简单，但缺点也很明显——扩展困难、升级困难，所以我们看到以前的核心网扩容，要么加新节点，要么在现有节点上升级。在现有节点上升级风险比较大，升级错误可能导致网络瘫痪，而且升级只能在原硬件平台上进行。

而 SBA 则不同，由于将 NF 拆分了，而所有的 NF 又都通过总线接口接入到系统中，优势在于以下几方面。

➢ 负载分担。相同的 NF 一起来承担和提供网络功能服务（Network Function Service，NFS），负载可以均衡分担。

➢ 容灾。任何 NF 一旦出现故障，智能化的网络管理可以让它暂时退出服务，将服务转到其他相同的 NF 上进行处理。

➢ 扩容简单。只需要增加新的 NF 接入系统即可，丝毫不影响现网运行。

➢ 升级容易。基于标准接口，无论是硬件还是软件升级，都可以直接接入，旧的如果需要淘汰则直接退网。

5G 网络架构中的所有功能模块根据负载的不同可以由多个相同的功能硬件组成，且可部署在不同的物理位置，借鉴 IT 系统服务化的理念，通过模块化实现 NF 间的解耦和整合，各解耦后的 NF（服务）可以独立扩容、独立演进、按需部署；各种服务采用服务注册、发现机制，实现了各自 NF 在 5G 核心网中的即插即用、自动化组网；同一服务可以被多种 NF 调用，以提升服务的重用性，简化业务流程设计。SBA 设计的目标是以软件服务重构核心网，实现核心网的软件化、灵活化、开放化和智慧化。SBA 的 5G 网络架构如图 2-9 所示。

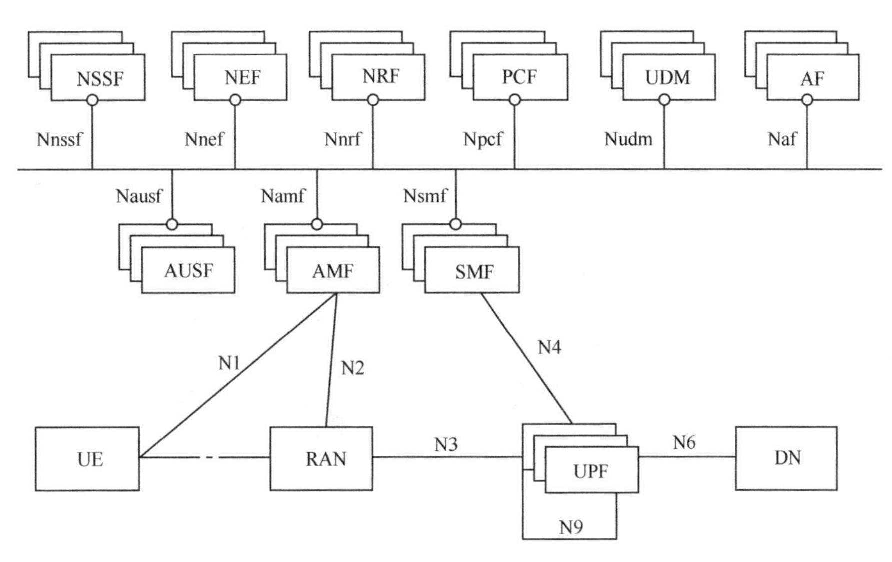

图 2-9　SBA 的 5G 网络架构

5G 核心网的功能模块简介如下。

- AUSF（Authentication Server Function）：鉴权服务器功能，负责对用户的 3GPP 和非 3GPP 接入进行认证。
- AMF（Access and Mobility Management Function）：接入和移动性管理功能，负责用户的接入和移动性管理。
- DN（Data Network）：数据网络。MEC 边缘计算服务器就是 DN 的一种。
- NEF（Network Exposure Function）：网络能力开放功能，负责将 5G 网络的能力开放给外部系统。
- NRF（Network Repository Function）：网络存储库功能，负责网络功能的注册、发现和选择。
- NSSF（Network Slice Selection Function）：网络切片选择功能，负责选择用户业务所采用的网络切片。
- PCF（Policy Control Function）：策略控制功能，负责用户的策略控制，包括会话的策略、移动性策略等。
- SMF（Session Management Function）：会话管理功能，负责用户的会话管理。
- UDM（Unified Data Management）：统一数据管理，负责用户的签约数据管理。
- UPF（User Plane Function）：用户平面功能，负责用户平面处理。
- AF（Application Function）：应用功能，与核心网互通来为用户提供业务。

2. 网络切片技术

5G 网络需要同时支持 eMBB、mMTC 和 uRLLC 三类场景，三大应用场景的用户行为、用户业务模型对网络指配的带宽、时延等服务质量（Quality of Service，QoS）差异很大，采用同一种资源分配和调度策略显然无法满足这一需求，因此不得不提出网络切片（Network Slicing）这一概念。网络切片如图 2-10 所示。

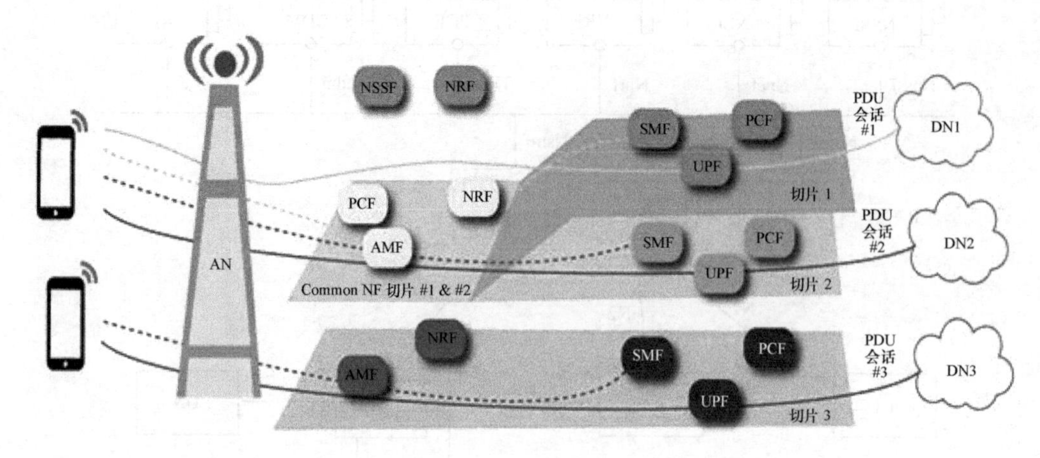

资料来源：3GPP 网站。

图 2-10 5G 网络切片

网络切片技术是在一个独立的物理网络上切分出多个逻辑网络，从而避免为每一个服务建设一个专用的物理网络，根据不同群体的不同需求划分网络切片，把 5G 网络当成可支持所有服务的移动装置的大切片。

采用网络功能虚拟化（Network Functions Virtualization，NFV）和软件定义网络（Software Defined Network，SDN）后，网络切片才能真正实施。网络切片是一个端到端的复杂的系统工程，实现起来相当复杂，需要穿透 3 个网络：接入网络、核心网络、数据承载服务网络。5G 网络所提供的端到端的网络切片能力，可以将所需的网络资源灵活动态地在全网中面向不同的需求进行分配及能力释放，并进一步动态优化网络连接，降低成本，提升效益。

网络切片不是一项单独的技术，它是基于云计算、虚拟化、SDN、分布式云架构等几大技术群而实现的，通过上层统一的编排使网络具备管理、协同的能力，从而实现基于一个通用的物理网络基础架构平台，能够同时支持多个逻辑网络的功能。

3. 移动边缘计算（MEC）

MEC 通过将计算存储能力与业务服务能力向网络边缘迁移，使应用、服务和内容可以实现本地化、近距离、分布式部署。

从 5G 网络业务需求以及网络架构的演进趋势出发，通过支持用户平面分布式下沉部署、灵活路由等功能，从而实现 MEC 的目标。MEC 平台的 NEF 与具体的网络架构及网络功能相结合，可以实现网络和业务的深度融合及落地应用。通过充分挖掘网络数据信息，实现网络上下文信息的感知和分析，并开放给第三方业务应用，有效提升了网络的智能化水平，促进网络和业务的深度融合。

5G 网络需要支持 eMBB、uRLLC 以及 mMTC 三大业务需求，各种业务对带宽、时延的要求不同，如局部大带宽业务将给网络回传带来压力，通过部署 MEC 来提升多网络多用户的业务体验，并实现用户在多个网络间移动切换时业务体验的一致性保障，实现内容智能分发。对低时延、高速率、高计算复杂度需求的新型业务应用、园区本地应用等部署 MEC，可满足企业用户对统一网络通信以及定制化的需求。对于更低时延的 uRLLC 类业务，可以根据其时延需求将 MEC 下沉到更靠近网络边缘的位置，从而最大限度地消除传输时延的影响，满足毫秒级极低时延的业务需求。

2.5　5G 的主要性能指标要求

2.5.1　5G 的关键性能指标

5G 将是引领科技创新、实现产业升级、发展新经济的基础性平台，可以实现行业深度融合，满足垂直行业终端互联的多样化需求，实现真正的“万物互联”，构建社会经济数字化转型的基石。ITU 为 5G 定义了 eMBB、mMTC、uRLLC 三大应用场景，实际上，不同行业往往在多个关键指标上存在差异化要求，因而 5G 系统还需支持可靠性、时延、吞吐量、定位、计费、安全和可用性的定制组合。万物互联也将带来更高的安全风险，5G 应能够为多样化的应用场景提供差异化的安全服务，保护用户隐私，并支持提供开放的安全能力。因此，ITU 提出了八大 5G 关键性能指标，具体如图 2-11 所示。

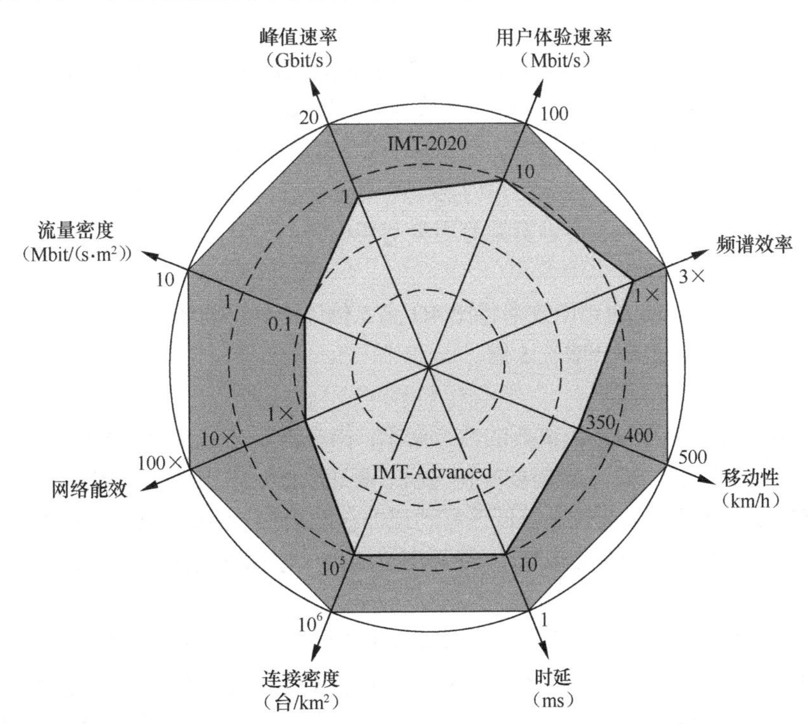

资料来源：ITU-R M.2083-0（2015）建议书。

图 2-11　5G 关键性能指标

➢ 峰值速率

峰值速率是指用户可以获得的最大业务速率，相比 4G 网络，5G 系统将进一步提升峰值速率，可以达到数十 Gbit/s。

➢ 用户体验速率

5G 时代将构建以用户为中心的移动生态信息系统，首次将用户体验速率作为网络性能指标。用户体验速率是指单位时间内用户获得媒体接入控制（Media Access Control，MAC）层用户平面数据的传送量。5G 网络要求用户体验速率最低要满足下行 100Mbit/s、上行 50Mbit/s。实际网络应用中，用户体验速率受到众多因素的影响，包括网络覆盖环境、网络负荷、用户规模和分布范围、用户位置、业务应用等。

➢ 连接密度

5G 时代存在大量物联网应用需求，网络要求具备超千亿台设备的连接能力。连接密度是指单位面积内可以支持的在线设备总和，是衡量 5G 网络对海量规模终端设备的支持能力的重要指标，一般不应低于 10 万台/km^2。

➢ 流量密度

流量密度是指单位面积内的总流量数，用于衡量移动网络在一定区域范围内的数据传输能力。5G 时代需要支持一定局部区域的超高数据传输，网络架构应该支持每平方公里能提供数十 Tbit/s 的流量。在实际网络中，流量密度与多个因素相关，包括网络拓扑结构、用户分布、业务模型等因素。

➢ 时延

时延采用 OTT 或 RTT 来衡量：OTT 是指发送端发送数据到接收端接收数据之间的间隔，RTT 是指发送端开始发送数据到收到接收端返回确认的时间间隔。在 4G 时代，网络架构扁平化设计大大提升了系统的时延性能。在 5G 时代，车辆通信、工业控制、AR 等业务应用场景对时延提出了更高的要求，最低空口时延低至 1ms。在网络架构设计中，时延与网络拓扑结构、网络负荷、业务模型、传输资源等因素密切相关。

➢ 频谱效率

为了实现 eMBB，5G 的频谱效率将比 4G 高 3 倍以上，不同场景下频谱效率的增幅存在差异，部分场景的频谱效率会增长 5 倍。

➢ 移动性

移动性是历代移动通信系统重要的性能指标，指在满足一定系统性能的前提下，通信双方最大的相对移动速度。5G 系统需要支持飞机、高速公路、城市地铁等超高速移动场景，同时也需要支持数据采集、工业控制等低速移动或非移动场景。因此，5G 系统的设计需要支持更广泛的移动性，3GPP 标准规定 5G 网络可支持的最大移动速度是 500km/h。

➢ 网络能效

网络能效是指每消耗单位能量可以传送的数据量。在移动通信系统中，能源消耗主要指基站和移动终端的发射功率，以及整个移动通信系统设备所消耗的功率。在 5G 系统架构设计中，为了降低功率消耗，采用了一系列新型接入技术，如低功率基站、D2D 技术、流量均衡技术、移动中继等。

2.5.2　不同场景业务的关键指标

根据 5G 三大业务场景的典型业务应用，3GPP 提出了速率和时延目标要求，具体可参见表 1-1。

高话务密度区域的指标要求见表 2-6。

表 2-6　高话务密度区域的指标要求

场景	下行体验速率	上行体验速率	下行话务密度	上行话务密度	用户密度	激活因子	速率	覆盖
市区宏站	50Mbit/s	25Mbit/s	100Gbit/（s・km^2）	50Gbit/（s・km^2）	10 000 户/km^2	20%	步行速率到 120km/h	全网
农村宏站	50Mbit/s	25Mbit/s	1Gbit/（s・km^2）	500Mbit/（s・km^2）	100 户/km^2	20%	步行速率到 120km/h	全网
室内热点	1Gbit/s	500Mbit/s	15Tbit/（s・km^2）	2Tbit/（s・km^2）	250 000 户/km^2	N/A	步行速率	写字楼和商务楼宇
人流密集区域宽带接入	25Mbit/s	50Mbit/s	3.75Tbit/（s・km^2）	7.5Tbit/（s・km^2）	500 000 户/km^2	30%	步行速率	封闭区
密集市区	300Mbit/s	50Mbit/s	750Gbit/（s・km^2）	125Gbit/（s・km^2）	25 000 户/km^2	10%	步行速率到 60km/h	市中心
广播服务	每频道最大 200Mbit/s	N/A 或每人 500kbit/s	N/A	N/A	单载波 20Mbit/s	N/A	静止，步行速率到 500km/h	全网
高速铁路	50Mbit/s	25Mbit/s	每列车 15Gbit/s	每列车 7.5Gbit/s	每列车 1000 人	30%	高达 500km/h	高铁沿线
高速公路	50Mbit/s	25Mbit/s	100Gbit/（s・km^2）	50Gbit/（s・km^2）	4000 户/km^2	50%	高达 250km/h	高速公路沿线
飞机	15Mbit/s	7.5Mbit/s	每飞机 1.2Gbit/s	每飞机 600Mbit/s	每飞机 400 人	20%	高达 1000km/h	N/A

低时延高可靠区域的指标要求见表 2-7。

表 2-7 低时延高可靠区域的指标要求

场景	端到端时延	抖动	生存时间	服务可用性	可靠性	用户体验速率	话务密度	连接密度	服务面积
离散自动化—运动控制	1ms	1μs	0ms	99.9999%	99.9999%	1～10Mbit/s	1Tbit/（s·km²）	100 000 台/km²	100m×100m×30m
离散自动化	10ms	100μs	0ms	99.99%	99.99%	10Mbit/s	1Tbit/（s·km²）	100 000 台/km²	1000m×1000m×30m
远程驾驶	50ms	20ms	100ms	99.9999%	99.9999%	1～100Mbit/s	100Gbit/（s·km²）	1000 台/km²	300m×300m×50m
自动驾驶	50ms	20ms	100ms	99.9%	99.9%	1Mbit/s	10Gbit/（s·km²）	10 000 台/km²	300m×300m×50m
中压配电	25ms	25ms	25ms	99.9%	99.9%	10Mbit/s	10Gbit/（s·km²）	1000 台/km²	100km 沿电力线
高压配电	5ms	1ms	10ms	99.9999%	99.9999%	10Mbit/s	100Gbit/（s·km²）	1000 台/km²	200km 沿电力线
智能交通基础设施回传	10ms	20ms	100ms	99.9999%	99.9999%	10Mbit/s	10Gbit/（s·km²）	1000 台/km²	2km 沿路
触觉互动	0.5ms	（待研究）	（待研究）	99.999%	99.999%	低	低	低	（待研究）
远程控制	5ms	（待研究）	（待研究）	99.999%	99.999%	10Mbit/s	低	低	（待研究）

高精度定位服务的性能要求见表 2-8。

表 2-8 高精度定位服务的性能要求

服务	位置获取时间	生存时间	可靠性	服务区域	定位精度
厂区地面移动物体	500ms	1s	99.99%	500m×500m×30m	0.5m

2.6 5G 驱动行业应用

2.6.1 5G 应用分类

按照应用特性、应用对象和应用种类的不同，可以将 5G 应用划分为不同的类型。根据应用特性的不同，可将 5G 应用划分为面向移动互联网和面向物联网两大类型。对于移动互联网类型应用，可基于 3GPP 定义的 4 种基本电信业务类型，包括会话类、流媒体类、交互类和后台类业务，将其在 5G 环境下做进一步扩展，将后台类业务扩展为传输类和消息类，如图 2-12 所示。

移动互联网类型应用主要包括：

- 流媒体类包括音频播放、视频播放等；
- 会话类包括语音、视频通话、VR、全息通话等；
- 交互类包括网页浏览、位置服务、网络交易、网络游戏、AR 等；
- 传输类包括电子邮件、文件下载/上传等；
- 消息类包括 SMS、MMS、OTT 消息等。

而对于物联网类型应用，可分为采集类和控制类应用：

- 采集类包括低速采集、高速采集等；
- 控制类包括时延敏感类控制、时延非敏感类控制等。

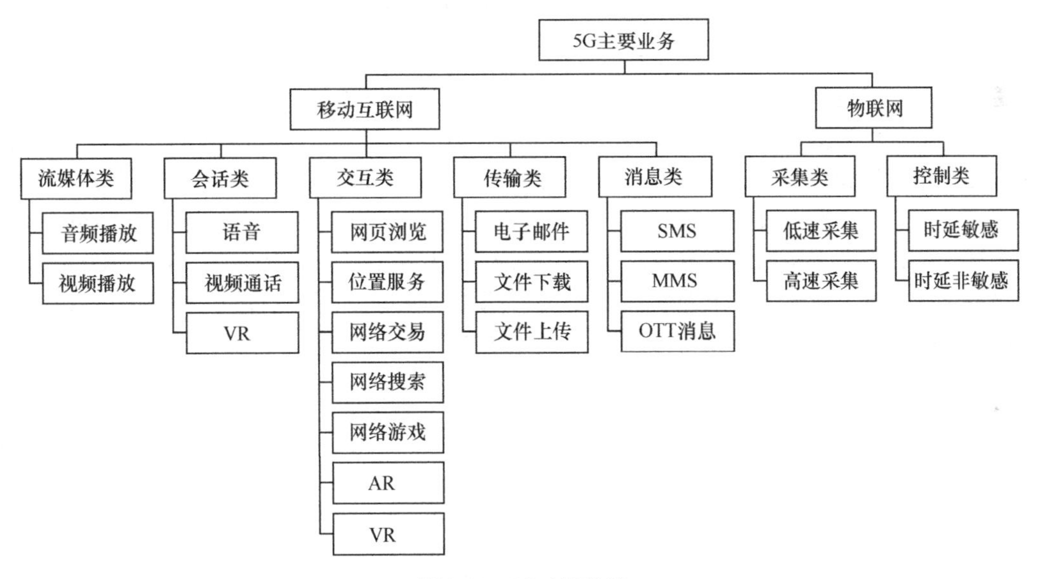

图 2-12　5G 应用分类

根据应用对象的不同，可将 5G 应用划分为面向公众及消费者的应用、面向政府及企业的应用。根据应用种类的不同，可将 5G 应用划分为基础通信应用和垂直行业应用。其中，基础通信应用包括语音通信、移动数据上网、短消息等。5G 网络对各垂直行业的赋能应用包括 5G+医疗、5G+教育、5G+交通、5G+工业、5G+城市管理、5G+农业、5G+政府等。

显然，5G 网络支持的三大应用场景可以贯穿在 5G 的各类应用当中。eMBB 场景下的吉比特级高速传输能力可以支持会话类、流媒体类、交互类、传输类等应用，能够为城市管理中的高清视频监控、工业 VR/AR 检修、远程 VR/AR 教学等垂直领域赋能。uRLLC 场景下的超高可靠性和低时延通信能力可以支持智能网联汽车、联网无人机等交互类应用，能够为智慧交通中的高级别自动驾驶、工业领域的人机互动及生产自动化控制、农业领域的无人机作业等赋能。mMTC 场景下的海量设备连接能力可支持采集类、控制类等物联网应用，能够承载城市管理中的各类设施感知监测、物流中的标识管理、智慧农业中的采集监测、智慧家庭中的家电互联等应用，有助于实现垂直行业领域的万物互联。

2.6.2 5G赋能各行各业数字化转型

5G 的愿景与需求，是为了应对未来爆炸性的移动数据流量增长、海量的设备连接、不断涌现的各类新业务和应用场景。5G 与云计算、AI、VR/AR、视觉技术、传感技术等基础技术相结合，能够衍生孵化出 4K/8K 超高清视频、云 VR/AR、车联网、联网无人机、远程工业控制等诸多通用能力。例如，5G 可支持未来视频图像分辨率向 4K/8K 演进，推动视频采编、传播等多环节变革；云 VR/AR 借助云端渲染能力，在降低对终端硬件要求的同时提升沉浸式体验；5G为联网无人机/车/船赋予实时超高清图像传输、远程低时延控制、永远在线等重要能力，提升运行效率；5G＋机器人云端大脑通过共享计算、存储、数据和智能，可降低成本，助力机器人规模化部署。

5G通用能力赋能城市管理、生活服务、智慧生产等相关的垂直领域，一方面，5G应用与各个领域融合将产生新的应用场景，包括支持 5G 远程工业控制、质量监测、环境监测等业务，渗透到输电线路巡检、变电设备及环境监测、用电信息采集等电力的各个环节，支持远程手术、移动查房、应急救援等医疗应用，优化和创新现有的金融服务模式及体验，实现精细化城市管理和移动安防巡检、生态环境监测等。另一方面，5G与其他新一代信息技术深度融合，创造并发挥巨大的价值。由于 5G 的大带宽和低时延特性，很多业务场景能够由本地转向云端，数据采集量急剧增长，基于大数据分析和机器学习，会促进 AI 加速发展，给新产品、新业务、新模式带来无限的想象空间，更好地赋能各行各业数字化转型。可以说，5G是构建社会经济数字化转型的重要基石，如图 2-13 所示。

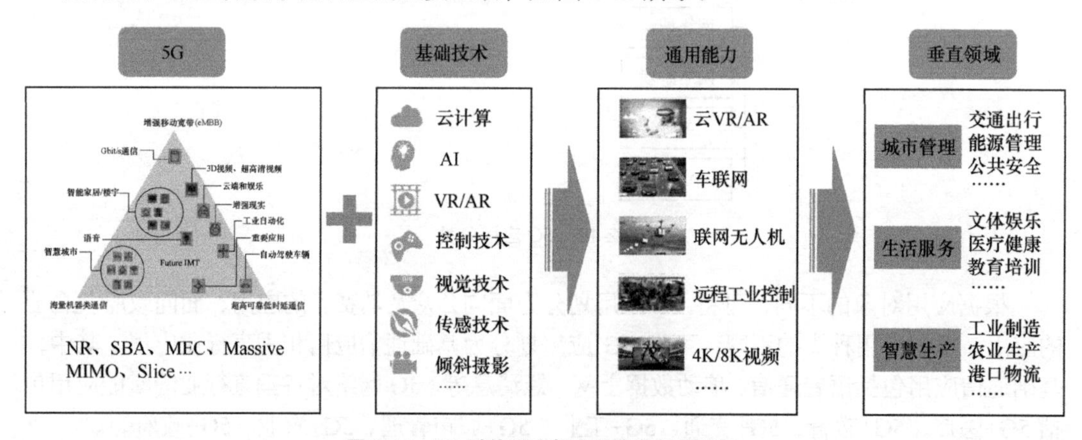

图 2-13　5G 赋能垂直行业数字化转型发展

2.6.3 5G支持的典型垂直行业

当前 5G 的创新应用层出不穷，各行各业都在寻找与 5G 的结合点。所谓行业，是指从事相同性质的经济活动的所有单位的集合。对从事国民经济中同性质的生产或其他经济社会的经营单位或者个体的组织结构体系进行详细划分，即为行业分类，如林业、汽车业、银行业等。行业分类可以解释行业本身所处的发展阶段及其在国民经济中的地位。《国民经济行业分类》（GB/T 4754—2017）国家标准中将国民经济行业划分为 20 个门类、97 个大类。虽然国民经济行业划分种类繁杂，且不同行业对 5G 的需求程度也不尽相同，但是业界对 5G 支持的典型垂直行业的看法较为类似。如中国移动聚焦智慧能源、智慧医疗、工业互联网、智慧城市、智慧校园等 14 个重点行业；中国联通网络研究院设立了 5G 创新中心，下设新媒体、智能制造、智能网联、智慧医疗、智慧教育、智慧城市等 10 个行业中心；中国电信积极开展 5G+云创新业务、5G+行业应用和 5G+工业互联网三方面的 5G 示范应用，包括智慧警务、智慧交通、智慧生态、智慧党建、媒体直播、智慧医疗等十大行业。

结合目前国内外已开展的 5G 相关应用，参考中国信息通信研究院提出的 5G 应用评估体系，即通过 5G 能力要求、成熟度、市场前景三个方面，对不同应用的 5G 相关性、发展进度和未来发展空间进行分析，可以看出，5G 可在政务与公共事业、工业、农业、文体娱乐业、医疗业、交通运输业、金融业、旅游业、教育行业、电力行业十大垂直应用领域发挥更大作用。

1. 政务与公共事业

5G 与云计算、物联网、大数据、AI 等技术相结合，可提升政府内部运行管理的协同能力与执行效能，推动政府的民生服务能力与社会治理水平向智慧化、高效化、人性化方向发展。5G 的主要应用包括智慧政务、智慧安防、智慧城市基础设施、智慧社区、智慧城管、智慧楼宇、智慧环保等。

通过 5G 网络，结合超高清视频、VR/AR 等技术，可提升智慧政务的远程服务水平与用户体验能力，真正做到让老百姓少跑腿、易办事。

5G 结合边缘计算、视频监控等技术，可有效改善传统安防反应迟钝、监控效果差等问题，以更快的速度提供更加精确的监控数据。与此同时，5G 的大连接能力也将使安防监控范围进一步扩大，通过机器人、无人机等方式获取更丰富的监控数据，为安防部门提供更周全、更多维度的参考数据。

随着我国新型智慧城市不断推进，智慧城市基础设施建设也在加速升级。智慧城市基础设施建设涵盖的项目种类众多，并以公共市政优化改造为主。通过 5G 网络，结合边缘计算、AI、视频监控等技术，将底层感知设备与城市基础设施运维部门的管理平台互联，对城市基础设施智慧化维护、城市整体管理与运营效率的提升产生积极作用。

作为智慧城市不可或缺的重要组成要素，楼宇也存在全面智慧化升级变革的需要。通过 5G 网络，结合 AI、视频监控、建筑信息模型（Building Information Model，BIM）等技术，将各类楼宇系统、运维管理体系与人的行为有序地结合在一起，从而使楼内环境更为舒适、安全。

近年来，环保已成为社会热议话题，国家政策频出，重大举措不断，其中环境监测数据的准确性、真实性更是重点关注。根据发达国家的经验，环保投入占 GDP 的比重为 1%～1.5% 时，才可能遏制环境污染的恶化趋势，这一比重升至 2%～3%时，才有可能改善环境质量。5G 网络可为海量环境监控设备提供数据接入与传输支撑，结合大数据、视频监控、无人机等技术，可实现环境与平台、平台与人之间的实时信息交互，提高污染溯源的准确率，还可为多个城市之间提供共享数据，协助联防联控。

2. 工业

随着国家宏观政策的大力推进，中国制造业正经历着数字化、网联化、智能化的变革，推动制造业向精准营销、个性化定制、智能服务、协同创造、协同设计和协同制造等方向发展。5G网络可以满足工业生产与控制对大带宽、低时延的网络需求；与此同时，在工厂或工业园区内部署边缘计算，让5G网络与云、边缘计算、大数据、AI等核心能力，及企业生产管理与经营管理等系统相结合，可进一步降低网络的传输时延，提升系统的处理能力和安全性。5G的主要应用包括智能制造、远程操控、智慧工业园区、服务化延伸、个性化定制、网络化协同等。

结合5G的智能制造有利于提高生产企业的产品质量，提升生产效率，降低次品率、人力成本与库存；工业生产设备供应商的网联化、智能化设备将在5G+智能制造产业生态中得到巨大发展。利用5G网络，及摄像头、AR眼镜、视觉检测设备、工业传感器等数据采集设备，无人车、自动导引车（Automated Guided Vehicle，AGV）、工业机器人和可编程逻辑控制器（Programmable Logic Controller，PLC）等工业设备，可实现环境监控与巡检、物料供应管理、产品检测、生产监控与设备管理等应用。

5G+远程操控则可广泛应用于采煤、采矿、建筑、工业制造、园区物流等工业领域，显著提升工业生产企业的生产效率，降低人力成本，提高生产环境的安全性。利用5G网络，及视频、毫米波雷达、惯性测量单元、工业环境等数据采集与传感设备，对采矿运输车、AGV、采煤设备、挖掘机、工业机器人、建筑机械等工业生产设备进行远程操控，实现远程采矿、远程施工、远程制造、物流运输调度等应用。

5G+智慧工业园区解决方案可提升工业园区的综合运营和管理效率；对园区的危险源提前发现、动态跟踪，减少园区的安全隐患；提升园区的运输效率，降低园区交通事故的发生率；提升园区车间之间的协同效率和车间内的生产效率，降低生产成本。利用5G网络，及摄像头、巡检机器人或无人机、工业传感器、园区路侧传感器、园区交通信号灯、园区无人车和工业生产设备等，实现园区的安全管控和智能制造，及引导、停车、调度等园区智慧交通解决方案，并在此基础上实现对园区人、车、路、楼、设备资产的数据融合、综合运营和管理。

3. 农业

5G能够推动农业的机械化、信息化和智慧化的跨越式融合发展。通过5G网络、云计算、边缘计算、物联网、大数据和AI等关键技术，与传统农产品市场需求、农业生产过程和农机设备控制相结合，实现农业生产过程监测、农业生产安全监控、农产品疫情病虫害监测、农业生产自动化作业，推动农业生产自动化、信息化和智慧化水平的提升。5G的主要应用包括智慧农场、智慧林业、智慧畜牧、智慧渔场等。

智慧农场可提高农作物的生产效率，降低生产成本，防止病虫害。利用5G网络，及温湿度等环境传感器、摄像头、卫星遥感、无人机等监测设备，无人植保机、旋耕机、播种机、喷灌系统等无人驾驶农机设备，实现农作物生长情况监测、农机设备自动化作业、农场安全监控、环保节能作业等应用。

智慧林业有利于森林的建设和养护，减少森林病虫害，预防森林火灾，保护野生动植物，为工作人员和游客提供向导与救援服务。利用 5G 网络，及视频监控、无人机等监测设备，实现森林资源、森林病虫害、野生动植物、森林防火等监测，及森林巡检等应用。

智慧畜牧可以提高畜牧养殖的生产效率，降低畜牧养殖成本，防止牲畜疫情发生和牲畜丢失，保护畜牧生态等。利用 5G 网络，及环境传感器、视频摄像头、卫星定位系统、无人机等监测设备，实现牲畜位置跟踪与管理、草场退化监测、牲畜疫情预警、牲畜生长情况跟踪与环境监测等应用。

利用 5G 网络，及高清摄像头和水下摄像系统等监测设备，对渔场进行监控管理，实现渔场全景监测、水产品生长情况监测和精准鱼食投放等应用。

4. 文体娱乐业

当前，文体娱乐业发展迅猛，激增的数据量以及人民群众对于娱乐需求的多元化，都对通信网络承载能力提出了前所未有的挑战。5G 与超高清视频、VR/AR 等技术的结合，可拓展文娱内容的传播形态，满足高品质视频制播需求，同时促进网上博物馆、云游戏等对渲染、画质和时延要求较高的应用的普及。5G 的主要应用包括视频制播、智慧文博、智慧院线、云游戏、VR/AR 社交等。

5G 加速了数字化和视频化融合的进程，体育赛事、新闻事件和演唱会等大型活动对 5G 网络的依赖程度正不断提升。5G 不仅可以让传统媒体的信息传播途径更加多元化，而且还能给传统媒体带来更多的应用创新。

5G 在文化事业和社会发展中也发挥了重要作用。通过 5G 网络，结合云计算、VR/AR、全息、超高清视频等技术，打造新型智慧博物馆，以更为广泛的渠道和多样化的体验方式为广大人民提供文化服务，同时实现对馆内文物和设施的智慧化管理。

当前，影院的竞争压力日益增大，影院生存环境严峻。打造差异化的服务体验，降低院线运营管理成本，是院线谋求发展的突破口。通过 5G 打造智慧院线，将为院线转型升级提供新的机遇。通过 5G 与云存储技术，实现片源远程传输与在线存储，缩短发行周期，降低发行成本；基于 5G、VR/AR 与超高清视频播放技术，打造全新的观影环境与体验，提升观众黏性；基于 5G、视频监控、AI 等技术，实现人脸自动检票、智能安防等智慧管理功能，降低运营成本。

云游戏作为移动端游戏的重要形式，市场需求大，但发展缓慢，根本原因在于，网络带宽的限制无法满足即时游戏的需求。随着 5G 的普及，云游戏的带宽瓶颈将不复存在，5G+云游戏将成为 5G 时代一项重要的个人应用场景，与 VR/AR、语音识别、视野跟踪、手势感应等技术的结合也将更加紧密。

5. 医疗业

我国的医疗资源分布不均衡，80%的医疗资源集中在 20%的大城市，因而导致了大医院看病等待时间长、小城市和边远地区看病难等问题。5G 网络、云计算、边缘计算和 AI 等技术，与超声机器人、手术机器人、查房机器人和视讯通信等设备的结合，可协助医院实现远程诊断、远程手术、应急救援等智慧医疗应用，解决小城市和边远地区医疗资源不足、医疗水平低的问题，使患者得到及时的救助，从而提升医疗工作效率。5G 的主要应用包括面向院内的移动查房、智慧导诊、智慧园区管理、患者定位等；面向院间的远程诊断、远程手术、远程实时会诊、远程手术示教；面向院外的应急救援、远程监护等。

远程诊断可支撑边远地区医院的医疗工作，提升医疗专家的工作效率。利用 5G 网络，及视讯、医用摄像头、超声机器人、查房机器人等设备，可实现远程会诊、远程机器人超声和远程查房等应用。

远程手术有利于解决小城市和边远地区病人集中到大城市进行手术的问题，提升小城市和边远地区医院的重大疾病医疗水平。利用 5G 网络，及视讯、生命监护仪、医用摄像头、AR 眼镜、内窥镜头、手术机器人等设备，可实现远程机器人手术、远程手术示教和指导等应用。

应急救援有利于提升救援工作效率和服务水平，为抢救患者生命赢得时间。利用 5G 网络，及医用摄像头、超声仪、心电图机、生命监护仪、除颤监护仪、AR眼镜等设备，可实现救护车或现场的应急救援救治远程指导、救护车交通疏导等应用。

6. 交通运输业

5G 网络结合云计算、边缘计算、大数据、AI 等技术，与政府管理部门、企业车联网、交通管理、公交、铁路、机场、港口和物流园区的监控、调度、管理平台配合，将智能化和数字化发展贯穿于交通建设、运行、服务、监管等全链条的各环节。5G 的主要应用包括车联网与自动驾驶、智慧公交、智慧铁路、智慧机场、智慧港口、智慧物流等。

车联网与自动驾驶可以提高道路交通安全、行人安全和道路运行效率，减少尾气污染和交通拥堵；政府管理部门可提高交通、运输、道路和环保的管理能力；运输企业可降低运营成本、提高运输效率；还可帮助汽车用户提高能源使用效率，降低汽车使用成本，提升乘车体验和出行效率等。

利用 5G 网络，及车载摄像头、激光雷达、超声波雷达等车载传感设备，路侧摄像头、毫米波雷达等路侧传感设备，交通标志、交通信号灯等交通呈现设备，能够实现车载信息业务、车况状态诊断服务、车辆环境感知（前车透视、高精度地图等）、V2X 网联辅助驾驶、远程驾驶、网联自动驾驶（含自动驾驶编队）和智慧交通管理等应用。

智慧公交可以提升公共交通系统的运行效率、运行安全、用户出行体验，推动公共汽/电车、城市轨道列车生产厂商及零部件供应商向智能化、网联化、数字化方向转型升级和发展。利用 5G 网络，及视频监控等设备，实现对公交车、出租车和城市轨道列车的调度和管理，以及公交车、公交车站、城市轨道列车和城市轨道车站的安防监控。

智慧铁路解决方案可以提升铁路交通系统的运行效率和运行安全、企业货物运输效率、旅客旅行体验和服务水平。5G 结合视频监控、AR 眼镜、铁路传感器等可实现对列车及集装箱货物的监控、调度和管理，以及铁路线路、列车车站和客流的监控管理。

智慧机场可以提升空中交通调度的管理效率和安全性，提升地面摆渡车、运输货物和旅客的通行安全和效率，优化乘客出行服务体验。利用 5G 网络，及视频监控、AR 智能眼镜、无人机等监测设备，可实现地面摆渡车与运输货物的监控、调度与管理，空中交通的监控、调度与管理，以及候机大厅、客流和行李的监控与管理。

智慧港口在我国存在较大的市场应用空间，可以提升港口的龙门吊的工作效率、港口园区的管理效率和安全性，提升港口与船舶、货物运输的协同性。通过结合 5G 与视频监控、

AR 眼镜、智能巡检机器人、无人机等监测设备，实现对龙门吊的安全监控、远程操控，将船联网数据回传至港口管理平台，完善港口园区的交通管理与安全监控。

智慧物流对物流、运输、大企业的物流部门有较大的应用空间，可以提升物流园区、仓库、物流配送的工作效率和安全性，降低人力使用成本。利用 5G 网络，及视频监控、AR 眼镜、智能巡检机器人、无人机等监测设备，园区无人叉车、云化 AGV、分拣机器人、无人驾驶汽车等智能搬运设备，可实现园区与仓库的安全监控和管理、园区智能搬运设备的远程操控、物流运输及驾驶员的调度与管理。

7. 金融业

5G 可促进物联网、VR、AI、大数据等技术和金融的深度融合，银行、证券、保险、租赁、投资等众多金融领域的原有业务痛点将得以解决。5G 时代，金融机构可以通过用户喜欢的渠道为其提供金融服务，金融将延伸到新渠道、新形式，包括智能手机、可穿戴设备、物联网设备和 VR 装备等。5G 的主要应用包括智慧网点、虚拟银行、无人银行、智能理赔、智能查勘定损、智能风控管理等。

以 5G 网络为基础，深度融合大数据、AI、生物识别等金融科技手段，建立银行智慧网点，强化客户与金融服务场景的紧密纽带，有机联结服务引导、产品营销、业务办理、运营管理、安全防护等各环节，在提升客户体验与业务办理效率的同时，大幅降低银行的人力与运营成本，为银行降本增效提供新的途径。

现实生活中，银行网点的覆盖有盲区，排队等待的时间长，给顾客带来了诸多不便。未来，银行可以通过 5G 网络，结合 VR/AR、超高清视频等技术，建立网上虚拟银行，提供虚拟网点沉浸式体验，公众与银行职员进行远程互动，实现自助服务辅导。用户可以突破时空的限制，无须到银行网点，通过各种不同形式的授权（手机、汽车、智能家居等）即可办理所需金融业务。

8. 旅游业

通过 5G 网络，结合 AI、VR/AR、超高清视频、无人机等技术，提供智慧监控、沉浸式导游、全景直播、智慧酒店等多种服务，能够有效改善旅游行业的管理水平，提升游客的感知体验。5G 的主要应用包括智慧景区、智慧酒店等。

5G 与景区的深度融合，以游客互动体验为中心，使景区资源和旅游信息得到系统化整合和深度开发利用，让景区成为真正的 5G 智慧景区。从游客入园直至离开，景点可提供全方位的陪同式导游服务，以全新的游览、消费体验，提升导览效率；重要景点以 VR/AR 技术为核心，整合边缘计算、大数据和定位等技术，让人们快速体验景区的人文沉淀，给游客带来沉浸式的游览感受与安全保障。

酒店是旅游业重要的配套服务设施，5G 技术加速了传统酒店向智慧酒店的转型升级，如通过 5G 实现智能监控、人证识别与智能门禁等多项信息化服务；通过 5G 全面提升旅客体验，提供超高清影视、高清视频会议、云游戏、VR/AR 互动娱乐等酒店增值服务。

9. 教育行业

教育信息化在推动教育现代化过程中的地位和作用极为重要。教育信息化将不仅涵盖信息环境建设、软硬件支持，更应建设多实践领域、多应用场景、全环节覆盖、全民全域普及的实施路径。5G与AI、VR/AR、超高清视频、云计算、大数据等技术的融合，将为教育变革提供强大的动力。5G的主要应用包括远程教学、沉浸式课堂、智能教学、智慧校园等。

教学是教育行业的核心业务，其目标是完成对学习内容的传授，并基于学习者的反馈提供交互性的支持。在此过程中，5G可以发挥重要作用，如：在远程教学中通过高清视频技术改善学习体验；在互动教学中通过VR/AR、全息等技术促进教学效果提升；在实验课堂中通过MR等技术模拟实验环境和实验过程，打造沉浸式的体验。

校园智慧化可使学校各方面的管理工作更加精细化、人性化。通过5G网络，将4K/8K等高清摄像头、传感器等设备采集的校园环境、人群、教学设备等信息传送至智慧校园管理平台，利用AI、大数据等技术对采集到的信息进行全方位分析，并最终将分析结果投射到具体的学校管理服务工作当中，进一步实现校园智慧化运营管理。

10. 电力行业

智能电网呈现出业务多样性的特点，对网络的要求也不尽相同，如对各负荷的精准控制、配电自动化和信息采集类等典型业务，对通信网络提出了新的需求。5G网络的大带宽、大连接、低时延、网络切片等整体组合能力，可满足智能电网的多样化需求，有效保障高可靠、大带宽及智能网络的健壮性。5G的主要应用包括智慧新能源发电、智慧输变电、智慧配电、智慧用电等。

5G分布式电源解决方案有利于提升风力、太阳能的发电量和发电效率，提升运维效率，降低运维成本。风力、太阳能等新能源是一种新型的分布式能源，在其并入电网后，电网将从原来的单电源辐射状网络变为双电源甚至多电源网络。智慧新能源发电解决方案利用5G网络及巡检无人机和机器人，实现对风力、太阳能等新能源并网后的智能监控、发电场站的智能巡检与高危环境作业、对风机叶片的智能变桨控制等应用。

智慧输变电解决方案有较大的应用空间，可提高输电线路和变电站的安全性与可用性，降低断电故障率和运维成本。智慧输变电利用5G网络及巡检无人机和机器人，实现对输电线路和变电站的监控、高危环境作业等应用。

智慧配电解决方案有较大的应用空间，可为电力客户提供不间断持续供电能力，将事故隔离时间缩短至毫秒级，将经济损失、社会影响降至最低。智慧配电利用5G网络及摄像头和巡检无人机等设备，实现对配电主站、配电子站和配电线路的视频监控与数据监测、故障定位和恢复，分布式配电自动化和毫秒级精准负荷控制等应用。

智慧用电解决方案也有较大的应用空间，可帮助电力企业规划优化电网，降低线路损耗，为用户提供差异化的用电服务，引导错峰用电，降低用电管理与运维成本，提升营收。智慧用电利用5G的大连接能力，及电表和用电数据集中单元（Data Concentrator Unit，DCU）等设备，实现用电信息的自动采集、计量异常监测、大用户负载管控、线路损耗管理、电能质量监测、用户用电分析、计费与收费管理等应用。

2.6.4 5G与垂直行业互相促进、共同发展

5G可以加速垂直行业数字化转型，垂直行业应用5G能够带动5G应用的广泛普及。5G

与垂直行业间呈现出互相促进、共同发展的关系。

1. 5G网络助力垂直行业数字化转型

数字化转型是指将数字化技术应用于企业生产、业务运营或企业管理中。在5G时代，运营商面向医疗、交通、工业、能源、市政、教育、视频等领域，对各种典型的业务场景进行应用示范，推动5G技术在垂直行业数字化转型中的应用。

例如，在智能电网中，通过数字化转型覆盖“发电、输电、变电、配电、用电”五大环节的电网通信业务，通过5G解决当前存在的光纤敷设成本高、新业务发展受限等问题。在智能制造中，如飞机制造，通过数字化转型实现万物互联、生产全流程数字化。通过数字化转型提升生产可靠性、提升生产/装配效率、降低生产及运营成本，打造一流的工业智能制造系统。在车联网中，通过数字化转型提供车辆与车辆（Vehicle to Vehicle，V2V）、车辆与路侧基础设施（Vehicle to Infrastructure，V2I）、车辆与行人（Vehicle to Pedestrian，V2P）的低时延业务，实现自动驾驶、车辆编队、车辆防撞等；提供车辆与网络（Vehicle to Network，V2N）高带宽业务，实现高清地图下载、车载娱乐等。

当前，全球的运营商及相关行业纷纷开展了5G相关应用的研究及孵化，覆盖了移动监测控制、超高清视频、VR/AR、游戏、无人机、车联网以及智慧的城市、电网、工厂、教育和医疗等众多场景，进一步推动5G与垂直行业应用的深度结合，助力整个社会的数字化转型。总体来看，5G新业务将会分阶段逐步成熟。5G初期的核心应用仍然是面向各领域的泛视频和图像的传输处理场景，如VR/AR类、超高清视频及图像类等应用。

2. 5G与垂直行业合作面临机遇与挑战

垂直行业对通信行业的服务能力有很大的需求，主要是因为垂直行业的转型升级迫在眉睫，但是各企业自身难以负担庞大的研发费用，即使研发难题可以攻克，未来相关产业链难以实现规模化生产也会导致成本居高不下，而这些是通信行业的专长。通信行业具备大量的信息化专业人才，同时经过2G/3G/4G时代的积累，5G将具备完善的产业生态，可以更好地为垂直行业开源节流。

但在这个过程中不可忽视的是，垂直行业自身升级换代可以有多种解决方案，如果通信行业可以抓住此次机会实现规模化优势，则可以抓住5G发展的契机。5G与之前通信时代的不同在于，5G时代通信行业可以和企业一起成长。运营商应当开始制定针对企业的解决方案，并做好宣传，将成功的案例传播给垂直行业。

目前全球的运营商和设备厂商参加了各种行业组织，如国际电信联盟无线电通信部门（International Telecommunication Union-Radio communication Sector，ITU-R）、工业互联网产业联盟（Alliance of Industrial Internet，AII）、5G汽车联盟（5G Automotive Association，5GAA）、5G互联产业与自动化联盟（5G Alliance for Connected Industries and Automation，5G-ACIA）等。通过建立不同的组织和平台，让通信行业企业与垂直行业企业互相增进了解，可以为将来的多方合作打下良好的基础。

在垂直行业合作方面，5G网络具有灵活、智能等特点，电信运营商需要针对企业需求研制出更具有针对性的网络方案。在实现这种转变之后，电信运营商与垂直行业客户的关系就不再只是单纯地提供服务，而是会变成合作伙伴。

和其他几代移动通信网络的建设一样，电信运营商5G网络的建设也不会一蹴而就，5G建设进度将会以合理的方式推进。5G发展过程中也可能会面临电信运营商动力不足的问题。首先，在4G建设成本尚未收回的情况下启动5G，运营商将面临巨大的成本压力；其次，随着4G不限量流量套餐的普及，5G流量将加速贬值，流量资费红利逐渐消失；最后，互联网业务对运营商传统业务的替代效应也将进一步加剧，这将直接影响运营商的总体收入。政府应从政策和资金方面支持电信运营商建设5G网络，开展5G与工业的“两化”工作，同时打通互联网企业与运营商之间的数字孤岛，研究制定支持5G融合应用发展的政策、法规、监管、金融措施，营造良好的5G应用创新政策环境。

第 3 章

5G 应用中的基础技术

| 3.1　超高清视频技术 |

3.1.1　基本概念与简介

超高清视频技术是高清视频技术的延伸，代表了近年来音视频产业发展的主要方向。与高清视频技术（1920×1080，约 200 万个像素）相比，4K（3840×2160，约 830 万个像素）超高清视频的像素数为高清视频的 4 倍，理论清晰度为高清视频的 2 倍，8K（7680×4320，约 3300 万个像素点）超高清视频的像素数为高清视频的 16 倍，理论清晰度为高清视频的 4 倍。其次，超高清视频提升了分辨率、亮度、色彩、帧率、色深、声道、采样率等技术指标。

（1）超高清视频分辨率

视频分辨率是衡量视频质量的主要参数，超高清图像的分辨率为 3840×2160（4K）和 7680×4320（8K）。从显示终端的角度来说，超高清视频支持更大的屏幕。4K 超高清电视屏幕的分辨率为 3840×2160=830 万像素，8K 超高清电视屏幕的分辨率为 680×4320=3300 万像素。更高像素在相同的屏幕尺寸上显示的图像更清晰。

（2）超高清视频视野

在高清时代，根据人眼的生理特性，电视机的标准观看距离为屏幕高度的 3 倍，小于标准距离观看画面会变粗糙。超高清相对高清清晰度大幅提升，4K 超高清电视的标准观看距离为屏幕高度的 1.5 倍，8K 超高清电视的标准观看距离为屏幕高度的 0.75 倍，视野角度大幅提升（水平视角分别为，高清：33 度，4K 超高清：61 度，8K 超高清：99 度），可以获得更好的临场感。

业界常用像素密度 PPI（Pixels Per Inch）来表示图像清晰度，PPI 和屏幕尺寸进行关联来衡量视频图像的清晰度。PPI 和分辨率、屏幕尺寸之间的关系如下：

$$PPI = \frac{\sqrt{纵向^2 + 横向^2}}{屏幕尺寸}$$

像素密度PPI越大，表示视频图像越清晰，相同分辨率视频的清晰度随着屏幕尺寸的增大而降低。

（3）超高清视频色域

彩色视频信号的色彩是根据红绿蓝（Red Green Blue，RGB）三基色的不同比例混合而成的，彩色电视机的显示屏幕由许多的RGB三元点阵组成，不同比例的RGB电子流到达屏幕时将显示各种色彩。由于直接传输RGB三基色占用频带较大，实际传输彩色视频时使用YUV格式，Y表示亮度信号，由RGB三色组成，U表示蓝色和亮度（B-Y）色差信号，V表示红色和亮度（R-Y）色差信号，YUV格式可以压缩传输频带。

YUV信号利用数字比特传输，通常有8bit、10bit、12bit、16bit、24bit、32bit几种。比特数越高，色域越高，色彩越逼真，编码后的视频信号码流越高，对传输带宽的要求也越高。ITU-R BT.2020标准规定了超高清电视系统的三基色参数，基于此得出的色域覆盖率达到57.3%，而高清电视系统的色域覆盖率仅为33.2%，因而与高清电视系统相比，超高清电视系统的色域覆盖率有了大幅提升。

（4）超高清视频帧率

超高清之前的视频传输采用帧率为50Hz的隔行扫描（或60Hz逐行扫描），超高清视频采用75Hz、100Hz、120Hz帧率进行逐行扫描，相比50Hz隔行扫描有了大幅提升，改善了视频的平滑度，提高了视频质量。

3.1.2 技术发展与标准

1. 视频技术发展

视频传输其实是传输图片，利用人眼的“视觉残留”特性——视觉残留是指人眼有一个视觉残留时间阈值（0.1 ~ 0.4s），当连续切换的图片之间的间隔时间低于阈值时，人眼观察到的就是连续的动画。最早的电影视频制作利用摄像机拍摄一系列连续图片（视频信息）记录在塑料胶片上，当放映机将胶片按24张/秒的速度播放投射到银幕上时，观众就看到了动态的电影视频。

电视的出现使人们摆脱了对胶片的依赖，视频可以通过有线或无线技术实现远距离传输，并由电视机（显示器）实现视频信息还原。刚开始时，视频图像采用模拟传输技术，一路模拟视频需要占用8MHz的带宽，在电视机（显示器）侧采用电信号和光信号转换技术实现视频显示。伴随着通信网络的发展，可视电话、视频会议、视频监控、视频存储、多媒体视频等各种视频类应用层出不穷。

模拟视频信号不易保存和复制，而且复制之后画面的失真很明显。于是人类开始研究数字视频传输技术，数字视频传输是对模拟视频信号进行数字化处理后再进行传输。数字视频可以来自扫描光栅采样，也可以直接来自数码摄像机。直接数字化而未经压缩的视频数据量是十分惊人的，对于采用YUV格式的1080P视频而言，一帧图像是1920 × 1080 ×

2×8/1024/1024 = 31.64Mbit，按照 1 秒 30 帧图像的话，则为 949.2Mbit/s，1GB 容量的存储器也只能存储不到 2 秒的视频图像，可见其数据量之巨大。家用的数字摄像机（Digital Video，DV）输出的音视频交错格式（Audio Video Interleaved，AVI）文件虽已经过内部压缩，但每小时的节目仍有 12GB 之多。巨大的视频文件严重阻碍了视频信息的传播，视频编码压缩成为视频传输技术的研究热点。研究中发现，视频图像数据包含大量的冗余信息，使用特定的编码技术，丢弃一些不太重要的像素值，就可以大大减小视频文件的存储空间，通过在用户忍耐范围内损失一些清晰度，可以把视频压缩到原大小的十分之一、百分之一甚至千分之一。

视频编码压缩技术的发展伴随着网络传输带宽和视频质量需求同步进行，初期网络传输带宽较小，只能使用低分辨率视频格式，随着网络传输带宽逐步增大，高分辨率的视频格式需求越来越大，但是高分辨率所需的带宽远超过网络传输带宽的提升，因此视频编码技术主要是往提升压缩率方向发展，技术研究的核心是在视频信号高分辨率的情况下采用合适的编码压缩技术来保证视频清晰度。

2. 视频清晰度划分

视频清晰度从标清、高清向全高清、超高清方向持续发展。视频清晰度根据监控和电视应用的不同有两种分类，监控视频采用通用中间格式（Common Intermediate Format，CIF），监控类摄像机的分辨率见表 3-1，基本属于标清摄像头。

表 3-1　监控类摄像机分类

监控类摄像机规格	QCIF	CIF	DCIF	HALF D1	4CIF（D1）
分辨率	176×144	352×288	528×384	704×288	704×576

数字电视有 3 种制式：美国和日本的电视传输采用国家电视委员会（National Television System Committee，NTSC）制式，图像使用正交平衡条幅制和逐行扫描；中国、德国、英国和部分西北欧国家的电视传输使用逐行倒相（Phase Alternation Line，PAL）、隔行扫描制式；法国、当时的苏联和东欧一些国家的电视传输使用隔行扫描的塞康制（Sequential Color and Memory system，SECAM），按顺序传送彩色与存储，亮度信号每行传送，而两个色差信号则逐行依次传送。之后电脑、平板电脑、手机等显示基本使用逐行扫描方式。数字电视清晰度分类见表 3-2。

表 3-2　数字电视清晰度分类

制式	分辨率	简称	扫描方式	场频（Hz）	行频(kHz)	备注
D1	720×480	480i	隔行	25	15.25	标清
D2	720×480	480P	逐行	60	31.5	标清
D3	1920×1080	1080i	隔行	30/50	33.75	高清
D4	1280×720	720P	逐行	60	45	高清

续表

制式	分辨率	简称	扫描方式	场频（Hz）	行频(kHz)	备注
D5	1920×1080	1080P	逐行	60/50	67.5	全高清
2K	2560×1440	1440P	逐行	60/50	75	全高清
4K	3840×2160（ITU）	2160P	逐行	60/75/100/120	75	超高清
8K	7680×4320	4320P	逐行	60/75/100/120	75	超高清

2K 称为全高清视频，4K（8K）则称为超高清视频。ITU 提出的 4K 超高清数字电视使用的是 3840×2160 分辨率，而数字电影倡导组织（Digital Cinema Initiatives，DCI）的 4K 超高清采用的是 4096×2160 分辨率。

8K 是由日本放送协会（Nippon Hoso Kyokai，NHK）、英国广播公司（British Broadcasting Corporation，BBC）及意大利广播电视公司（Rai-Radiotelevisione Italiana，RAI）等机构所倡议推动的电视画质。2012 年 8 月 23 日，ITU 通过以日本 NHK 电视台所建议的 7680×4320 作为国际的 8K 超高画质电视（Super Hi-Vision，SHV）标准。高清、2K 全高清、4K 超高清电视的特点对比见表 3-3。

表 3-3　高清、2K、4K 特点对比

清晰度	高清	2K	4K
编解码	MPEG-2	H.264/MPEG-4 AVC	H.265/MPEG-H HEVC
所能支持的最大格式	1080/60Hz/P	2160/60Hz/P	4320/120Hz/P
	（HDTV）	（4K UHDTV）	（8K UHDTV）
编码块	16×16	16×16	8×8～64×64
正交变换	实数 DCT （8×8）	精准整数 DCT （8×8，4×4）	精准整数 DCT/DST （4×4～32×32）
动作压缩预测	16×8，16×16	4×4～16×16	8×4～4×8～64×64
	1/2 像素精度预测	1/4 像素精度预测	1/4 像素精度预测
	无动作矢量预测	动作矢量预测 （对临近编码块作平均）	动作矢量预测 （从临近编码块及矢量归并）
图像预测	无	9 个模式 （对于 4×4、8×8）	35 个模式 （从 4×4 到 64×64）
		4 个模式 （对于 16×16）	
环路滤波	无	去块滤波	去块滤波（像素自适应补偿）
熵编码	2D VLC	CAVLC 或 CABAC	CABAC

3. 视频编码标准组织

国际上数字视频编码技术的标准组织有两个，一个是国际标准化组织（International Organization for Standardization，ISO）下属的运动图像专家组（Moving Picture Experts Group，MPEG）；另一个是国际电信联盟（International Telecommunications Union，ITU）下属的视频编码专家组（Video Coding Experts Group，VCEG）。早期两个标准组织各自为政，MPEG 制定的标准有 MPEG-1、MPEG-2、MPEG-4，这些标准主要应用于视频存储、广播电视、网络流媒体等；VCEG 制定的标准有 H.261、H.262、H.263，这些标准主要应用于视频会议、视频电话、移动手机视频等即时视频通信领域。以上两个标准组织制定的相关视频编码标准都获得了广泛的应用。

为了统一业界规范标准，2003 年 5 月，VCEG 和 MPEG 成立了联合视频组（Joint Video Team，JVT），发布了先进视频编解码 H.264（Advanced Video Coding，AVC），使得 H.26x 和 MPEG 两大阵营在 H.264 上完成了统一。2010 年，来自 ISO、国际电工委员会（International Electrotechnical Commission，IEC）、ITU 的专家组成了 JCT-VC 工作组，2013 年 2 月 ITU 规范通过了 H.265 标准审核，将其命名为高效视频编码（High Efficiency Video Coding，HEVC）。与 H.264/AVC 相比，H.265/HEVC 的压缩效率提高了一倍以上，支持 4K 甚至 8K 分辨率的超高画质视频压缩。具体视频编解码格式标准的推出时间及应用情况见表 3-4。

表 3-4　视频编解码格式标准的推出时间及应用情况

时间	标准名称	制定组织	解除版权保护	主要应用
1990 年	H.261	ITU-T	是	视频会议、视频通话
1993 年	MPEG-1 Part1	ISO/IEC	是	VCD
1995 年	H.262/MPEG-2 Part2	ISO/IEC&ITU-T	否	DVD、蓝光（Blu-Ray）、数字视频广播（DVB）、SVCD
1996 年	H.263	ITU-T	—	视频会议、视频通话、3G 手机视频（3GP）
1999 年	MPEG-4 Part2	ISO/IEC	否	—
2003 年	H.264/MPEG-4 AVC	ISO/IEC&ITU-T	否	蓝光（Blu-Ray）、DVB、iPod 视频、DVD（HD DVD）
2013 年	H.265/HEVC	ISO/IEC&ITU-T	否	DVB、iPod 视频、UHDTV、AR、VR

国内的视频传输技术发展较晚，早期主要使用已有国际标准视频传输技术。由于 ISO 推出的视频编码技术向生产企业收取较高的专利费用，为了打破国际专利对我国音视频产业发展的制约，满足我国信息产业方面的需求，2002 年 6 月原信息产业部批准成立了数字音视频编解码技术标准工作组 AVS（Audio Video coding Standard），开始了自主制定音视频编解码标准的探索。

第一代 AVS 标准包括国家标准《信息技术　先进音视频编码　第 2 部分：视频》（简称 AVS1，国标号：GB/T 20090.2-2006）和《信息技术　先进音视频编码　第 16 部分：广播电视视频》（简称 AVS+，国标号：GB/T 20090.16-2016）。AVS+的压缩效率与国际同类标准 H.264/AVC 最高档次（High Profile）相当。

第二代 AVS 超高清晰度视频标准简称 AVS2，支持超高分辨率（4K 以上）、高动态范围视频的高效压缩。2016 年 12 月，AVS2 被国家质检总局和国家标准化管理委员会颁布为国家标准《信息技术　高效多媒体编码　第 2 部分：视频》（国标号：GB/T 33475.2—2016），同时向美国电气和电子工程师协会（Institute of Electrical and Electronics Engineers，IEEE）提出标准申请（标准号：IEEE 1857.4）。AVS2 的压缩效率比上一代标准 AVS+和 H.264/AVC 提高了一倍，并超过国际同类标准 HEVC/H.265。此外，AVS2 还支持：三维视频、多视角和 VR 视频的高效编码；立体声、多声道音频的高效有损及无损编码；监控视频的高效编码；面向三网融合的新型媒体服务。

除上述 3 个标准外，互联网广泛应用的还有 Real Networks 公司的 RealVideo 播放器、微软公司播放器 WMV（Windows Media Video）、苹果公司的 QuickTime、Adobe 公司的流媒体 FLV（Flash Video）等非公开视频编码格式，这些公司早期开发的播放器一般使用国际标准的视频编解码技术，后续开发私有的视频编码技术，部分播放器除了支持本格式的视频文件外，也兼容其他格式的视频文件。常见视频封装格式见表 3-5。

表 3-5　常见视频封装格式

视频封装格式	视频编解码器	主要应用	所有者
.AVI	自行开发	本地播放	Microsoft（微软）
.ASF	MPEG-4	网络播放	Microsoft
.WMV	非标 MPEG-4 Part 2	网络播放	Microsoft
.DIVX	MPEG-4	本地播放	DivXNetworks
.Xvid	MPEG-4	本地播放	OpenDivX 开发组
.F4V	H.263	网络播放	Adobe
.FLV	H.264	网络播放	Adobe
.MOV	Sorenson Video、MPEG-2、MPEG-4、H.264、AAC	网络播放、本地播放	Apple（苹果）
.RM/RMVB	H.263&H.264&自行开发	网络播放、本地播放	Real Networks
.3GP	MPEG-4&H.263	手机播放	3GPP

4. 超高清视频的传输带宽

标清和高清视频原始码流如果不加处理，数据量将非常巨大，无法在移动网络中传输，因此视频信号需要经过压缩处理后才能传输。超高清视频采用高分辨率、高色域、高帧率带来的结果是视频信号数据量有了巨大的增加，给超高清视频传输和存储带来很大的挑战，在移动网络中传输难度更高。为了传输超高清视频，一方面提升现有移动网络带宽，如采用 5G 技术，另一方面使用 H.265/HEVC 压缩技术，传输 4K 需要 50Mbit/s 以上的带宽，8K 传输需要 150Mbit/s 以上的带宽，超高清视频传输需要的带宽测算见表 3-6。

表 3-6　超高清视频传输带宽需求

视频格式	帧率（帧/s）	色域（bit）	原始带宽（Mbit/s）	H.264 压缩比		H.265 压缩比	
				113.9:1	142.38:1	350:1	1000:1
4K	120	12	35 831.80	314.59	251.66	102.38	35.83
	120	10	29 859.84	262.16	209.72	85.31	29.86
	120	8	23 887.87	209.73	167.78	68.25	23.89
	75	12	22 394.88	196.62	157.29	63.99	22.39
	75	10	74 649.6	655.40	524.30	213.28	74.65
	75	8	14 929.92	131.08	104.86	42.66	14.93
	60	12	17 915.904	157.30	125.83	51.19	17.92
	60	10	14 929.92	131.08	104.86	42.66	14.93
	60	8	11 943.93	104.86	83.89	34.13	11.94
8K	120	12	143 327.23	1258.36	1006.65	409.51	143.33
	120	10	119 439.36	1048.63	838.88	341.26	119.44
	120	8	95 551.48	838.91	671.10	273.00	95.55
	75	12	89 579.52	786.48	629.16	255.94	89.58
	75	10	74 649.6	655.40	524.30	213.28	74.65
	75	8	59 719.68	524.32	419.44	170.63	59.72
	60	12	71 663.616	629.18	503.33	204.75	71.66
	60	10	59 719.68	524.32	419.44	170.63	59.72
	60	8	47 775.744	419.45	335.55	136.50	47.78

3.1.3　应用简介

4K 超高清视频要求传输带宽达到 40～50Mbit/s，8K 超高清视频要求传输带宽达到 120～150Mbit/s，这么高的带宽只能在光纤网络中传输，4G 之前的移动网络无法满足要求，而 R15 eMBB 技术的 5G 网络下行峰值传输带宽可以达到 1.2Gbit/s，平均下行用户速率为 400Mbit/s，完全满足 4K 和 8K 的传输速率要求。

因此，现阶段基于 5G 网络大带宽业务的主要应用是 4K/8K 等高清视频业务，5G+4K 或 5G+8K 高质量的高清视频直播、点播和回看业务。目前 5G 超高清已有部分成功行业应用，正加速逼近规模化应用临界点。随着 5G 网络的发展，5G 技术下的 4K/8K 视频正成为未来广播电视、大型赛事、演唱会、远程医疗、安防监控等领域的视频直播标准，已产生了部分标杆型案例。从目前的市场发展情况对超高清应用成熟度进行预测，如图 3-1 所示。

从该曲线分析 4K 将首先进入成熟期，5G 模组、部分行业应用及 8K 还需产业链持续协同发展。目前，5G 超高清应用更多集中在现场直播背包、5G+4K 转播车等节目回传应用中，现场直播回传的成熟为用户提供了具有更强烈的震撼感和更深层次沉浸感的观看体验。5G+4K 终端、云采编、4K 转播车等技术迎来高速发展期，未来一两年内将实现规模化应用。超高清+医疗、安防等由于受限于设备技术融合和行业内部规范，4K 内窥镜、4K 手术室显示器、4K 监控器等产品仍需等待 2 ~ 10 年才进入成熟期。5G+8K 终端、8K 转播车等尚处于探索期，产业链完善及应用普及还需较长的时间，如图 3-1 所示。

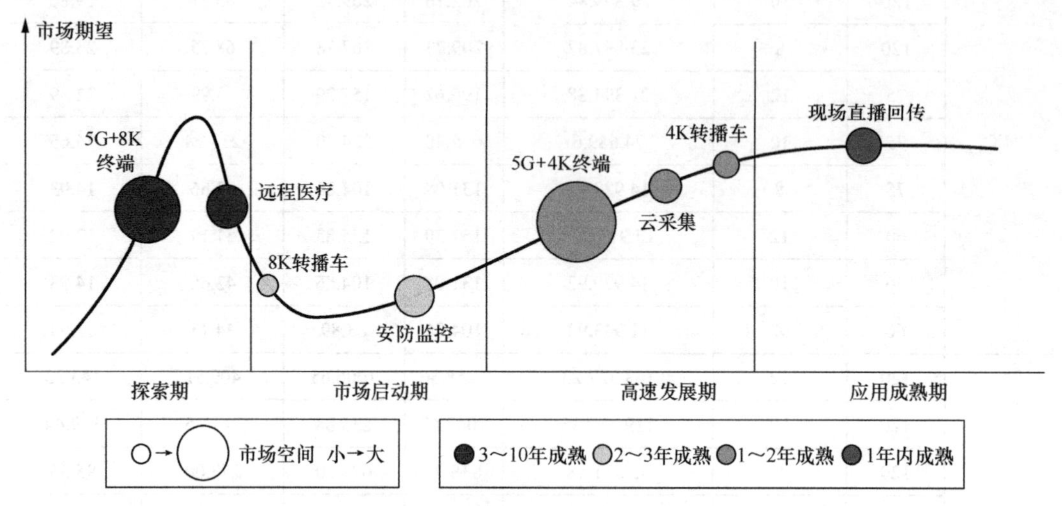

资料来源：中国信息通信研究院《5G 应用创新发展白皮书》。

图 3-1 超高清视频应用成熟度曲线

下面简要介绍一下 5G+4K 超高清视频直播的概况。

突发和应急状态下，传统的视频直播采用应急卫星通信车来实现，因为大部分电视直播所在地没有有线光纤或无线微波传输链路，而搭建有线光纤和无线微波传输链路非常耗时，因此只能通过架设卫星链路才能实现视频直播。目前中央电视台已经开启了高清节目，卫星传输带宽总体有限，无法满足多路超高清视频同时进行。卫星直播需要有一辆卫星发射车，临时调通一跳卫星链路，将现场摄像机摄制的视频信号通过卫星传到电视台，而电视台一般和卫星地面接收机保持常态连接。卫星链路视频直播链路如图 3-2 所示。卫星直播的优点是速度快，且任何地方均能实现电视直播，缺点是需要配备卫星应急通信车，成本较高。

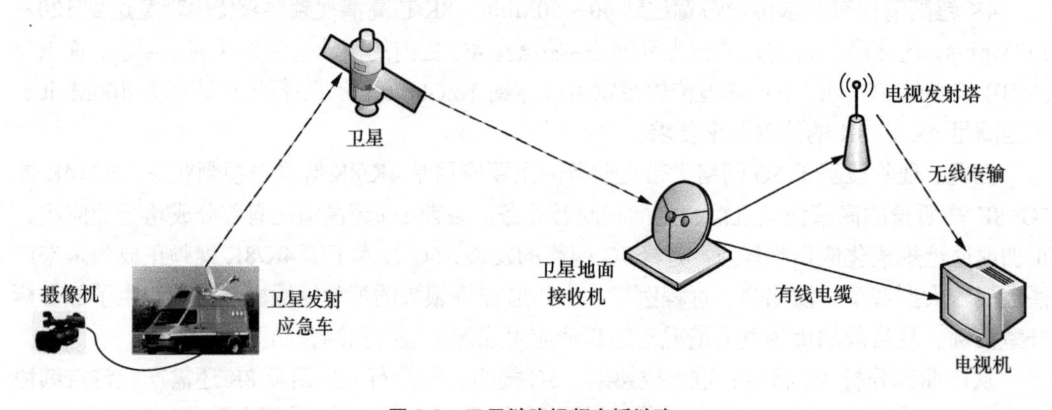

图 3-2 卫星链路视频直播链路

当 5G 网络实现了广域覆盖后，所在地的视频直播就无需卫星应急通信车，而只要配置 5G 的 CPE 模块，就可以实现 5G+4K 视频直播。5G+4K 视频直播的网络拓扑如图 3-3 所示。

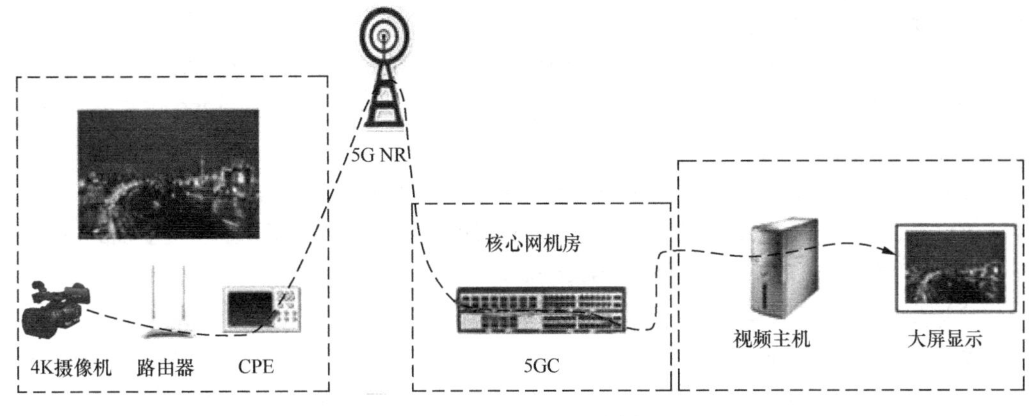

图 3-3　5G+4K 视频直播

基于 5G 网络的大带宽传输可以快速完成 4K 高清视频直播，节省卫星应急通信车的购置费用和卫星链路租赁费用，而且协调工作量也大为减少。

3.2　VR/AR/MR

3.2.1　基本概念与简介

随着 5G 时代的到来，VR、AR 等技术及应用逐渐走入人们的视野。VR、AR 应用也是 5G 的主要应用场景之一。无论是 VR 技术还是 AR 技术，都起源于计算机图形学之父和 AR 之父伊凡·苏泽兰（Ivan Sutherland）开发的一套光学头戴显示系统。由于在相同的技术体系下对感知交互体验各有侧重，因而发展出了 VR、AR、MR 等技术路线分支。

1. VR

VR 技术，钱学森院士称其为“灵境技术”，是 20 世纪 60 年代发展起来的一项全新的技术。VR 技术包括计算机、电子信息、仿真等技术，它的基本实现方式是通过计算机模拟虚拟环境，从而给使用者带来环境沉浸感。随着社会生产力和科学技术的不断进步，社会各界对 VR 技术的需求日益旺盛。VR 技术的发展也取得了巨大进步，并逐步成为一个新兴的科学技术领域。

顾名思义，VR 就是虚拟和现实相结合。从理论上说，VR 技术是一种可以创建和体验虚拟世界的仿真系统，它通过计算机模拟一种环境，生成逼真的视觉、听觉、触觉一体化的虚拟环境，使用户沉浸到虚拟环境中。用户可以借助装备，以自然的方式与虚拟环境中的物体进行交互，从而获得身临其境的体验。VR 技术就是利用现实数据，通过计算机技术产生的数字信号，将其与输出设备相结合使其转化为人能够体验到的现象，这些现象可以是现实中的物体，也可以是通过三维模型虚构出来的。因为这些情境不是我们直接能看到的，而是通过计算机技术模拟出来的，故称为 VR。

一般认为 VR 的发展分为 4 个阶段。1963 年以前，有声形动态的模拟阶段；1963—1972 年，VR 技术萌芽阶段；1973—1989 年，VR 技术概念和理论形成阶段；1990 年至今，VR 技术理论的完善和应用阶段。

（1）第一阶段（1963 年以前）：有声形动态的模拟阶段

1929 年，Edward Link 设计出了用于训练飞行员的模拟器；1956 年，莫顿 · 海利希（Morton Heilig）开发出了多通道仿真体验系统 Sensorama。

（2）第二阶段（1963—1972 年）：VR 技术萌芽阶段

1965 年，伊凡 · 苏泽兰发表了论文 *Ultimate Display*（《终极的显示》）；1968 年，伊凡 · 苏泽兰开发了第一个计算机图形驱动的头盔显示器 HMD 及头部位置跟踪系统，是 VR 技术发展史上一个重要的里程碑；1972 年，Nolan Bushell 开发了全球第一个交互式电子游戏 Pong。

（3）第三阶段（1973—1989 年）：VR 技术概念和理论形成阶段

1977 年，Dan Sandin 等研发了数据手套 Sayre Glove。

1984 年，NASA AMES 研究中心研发了用于火星探测的虚拟环境视觉显示器。

1984 年，VPL 公司的杰伦 · 拉尼尔（Jaron Lanier）首次提出了“虚拟现实”的概念。

1987 年，Jim Humphries 设计了双目全方位监视器（BOOM）的最早原型。

（4）第四阶段（1990 年至今）：VR 技术理论的完善和应用阶段

1990 年，提出 VR 技术包括三维图形生成、多传感器交互和高分辨率显示技术；VPL 公司研发了第一套传感手套“Data Gloves”和第一套 HMD“Eye Phoncs”。

2. AR

AR 技术也被称为扩增现实，是促使现实世界信息和虚拟世界信息融合在一起的新型技术，它将现实世界的空间范围内比较难以体验的实体信息通过计算机等科学技术来实施模拟仿真处理，叠加虚拟信息内容，在真实世界中加以有效应用，并使人类感官感知这一过程，从而实现超越现实的感官体验。AR 技术不仅能够有效体现真实世界的内容，也能够促使虚拟的信息内容显示出来，这些细腻的内容相互补充和叠加。在视觉化的 AR 中，用户需要在头盔显示器的基础上，促使真实世界和虚拟图形重合在一起，重合之后可以充分看到真实的世界围绕着它。

（1）AR 思想的萌芽阶段

1966 年，同是计算机图形学之父与 AR 之父的伊凡 · 苏泽兰开发了人类的第一个 AR 设备，名为达摩克利斯之剑（Sword of Damocles），它也是全球第一套 VR 系统。这套系统使用一个光学透视头戴式显示器，通过两个 6 度追踪仪进行追踪，被业界认为是 VR 和 AR 的里程碑式的作品。

（2）1992 年：AR 名称的诞生

波音公司的研究人员汤姆 · 考德尔（Tom Caudell）及他的同事都致力于开发头戴式显示

系统，目的是使工程师能够使用叠加在电路板上的数字化 AR 图解来组装复杂的电路板，从而极大地简化之前使用的印刷电路板系统。

Augmented Reality 这个词的首次出现，是在汤姆 · 考德尔和 David Mizell 的论文 *Augmented reality: an application of heads-up display technology to manual manufacturing processes* 中，用来描述将数字画面覆盖在真实世界上这一技术。

（3）1994 年：AR 技术的首次表演

艺术家 Julie Martin 设计了一场名叫赛博空间之舞（Dancing in Cyberspace）的表演。舞者与投影到舞台上的虚拟内容进行交互，在虚拟的场景中婆娑，这是 AR 概念非常到位的诠释。

（4）1997 年：AR 定义的确定

罗纳德 · 阿祖玛（Ronald Azuma）在发布的一份关于 AR 的报告中提出了 AR 的定义，这个定义包含 3 个特征：虚拟和现实结合、实时互动及基于三维的配准（又称为注册、匹配或对准）。

（5）1997 年至今：AR 的应用阶段

1998 年：AR 第一次用于直播，至此进入了 AR 技术的完善和应用阶段。

2000 年：第一款 AR 游戏。

2001 年：可扫万物的 AR 浏览器。

2009 年：平面媒体杂志首次应用 AR 技术。

2012 年：谷歌 AR 眼镜来了！

2014 年：首个获得成功的 AR 儿童教育玩具。

2015 年：现象级 AR 手游《Pokémon GO》。

2016 年：神秘 AR 公司 Magic Leap 获得巨额融资。

2017 年：科技巨头苹果打造最大的 AR 开发平台 。

3. 混合现实

MR，既是混合现实（Mixed Reality，MR），也是由“智能硬件之父”Steve Mann 提出的介导现实（Mediated Reality，MR）。

20 世纪七八十年代，为了让眼睛在任何情境下都能“看到”周围环境，Steve Mann 设计了可穿戴的智能硬件，这被看作是对 MR 技术的初步探索。

混合现实是由 VR 和 AR 共同组成的。例如，真实的环境加上虚拟的场景共同组成一幅画面，在这幅画面中我们无法区分哪些是真实的，哪些是虚拟的。混合现实又被分为两种情形：一种是扩展现实，一种是扩展虚拟。例如，在虚拟环境中加上某些真实的物体共同构成扩展虚拟。

VR 是纯虚拟数字画面，AR 是虚拟数字画面加上现实效果，MR 则是数字化现实加上虚拟数字画面。概念上，MR 与 AR 更为接近，都是一半现实、一半虚拟影像，MR 技术弥补了传统 AR 技术视角不如 VR 视角大、不够清晰的不足。

3.2.2　技术发展与标准

VR 的概念随着技术和产业的发展不断演进。中国信息通信研究院《虚拟（增强）现实白皮书（2018 年）》中对虚拟（增强）现实的内涵界定为：借助近眼显示、感知交互、渲染处理、网络传输和内容制作等新一代 ICT，构建身临其境的极致沉浸式体验所需的产品和服务。早期学界通常在 VR 概念框架内开设 AR 主题，随着产业界在 AR 领域的持续发力，部分学者将 AR 从 VR 的概念框架中抽离出来。两者在关键器件及终端形态上具有较大的相似性，而在关键技术和应用上有所差异。VR 通过隔绝式的音频、视频内容带来沉浸式体验，对显示画质要求较高，而 AR 则强调虚拟信息与现实环境的融合，对感知交互要求较高。在应用方面，VR 侧重于游戏、视频、直播与社交等大众市场，AR 侧重于工业、军事等垂直应用。从广义来看，VR 包含 AR，狭义而言，两者彼此独立，本书采用广义的界定。

中国信息通信研究院的《虚拟（增强）现实白皮书（2018 年）》中将 VR 技术的发展划分为 5 个阶段，如图 3-4 所示，不同的发展阶段对应不同的体验层次，目前正处于部分沉浸阶段，主要表现为 1.5K～2K 单眼分辨率、100° ～120° 视场角、百兆码率、20ms MTP 时延及 4K/90 帧率渲染。

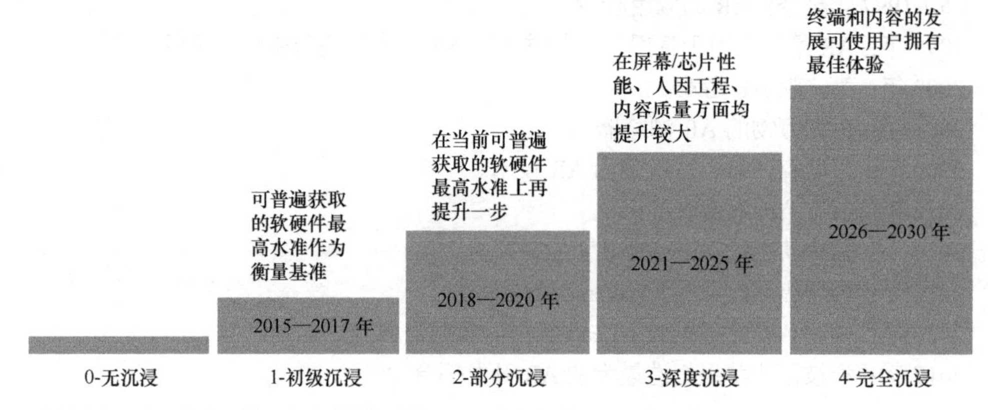

资料来源：中国信息通信研究院《虚拟（增强）现实白皮书（2018 年）》。

图 3-4　VR 沉浸式体验阶梯

VR 强调用户连接交互深度而非连接广度（数量），对传输带宽与时延的要求更高。在画质方面，部分沉浸阶段的带宽需求达百兆，4G 用户速率难以满足，5G 用户速率是 4G 速率的十倍以上，能够支持百兆甚至千兆传输。在交互响应方面，用户从头动到响应画面完成显示的时间应控制在 20ms 以内，以避免因此而产生的眩晕感。仅依靠终端的本地处理，将导致终端复杂且价格昂贵。若将视觉计算放在云端，可以显著降低终端复杂度，但会引入额外的网络传输时延。目前 4G 空口时延为几十毫秒，难以满足要求，而 5G 空口时延可以低至 1ms，能够满足交互响应时延的要求。

基于 VR 所固有的多领域交叉复合的发展特性，多种技术交织混杂，产品定义处于发展初期，技术轨道尚未完全定型，中国信息通信研究院在《虚拟（增强）现实白皮书（2018 年）》中提出了“五横两纵”的技术架构。“五横”是指近眼显示、感知交互、网络传输、渲染处理与内容制作，“两纵”是指 VR 与 AR，两者的技术体系趋于相同，如图 3-5 所示。

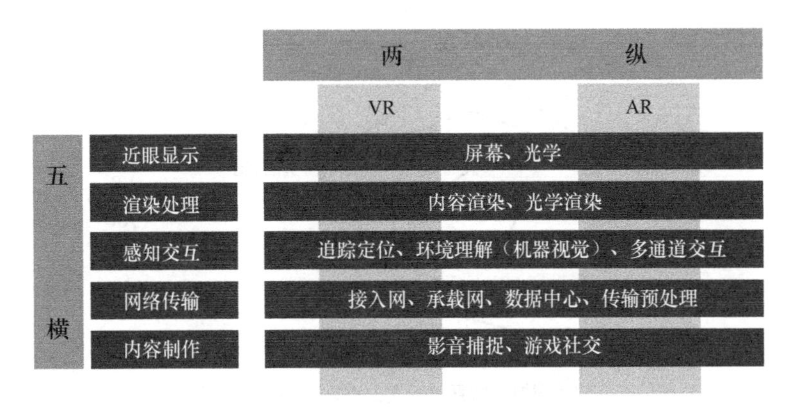

资料来源：中国信息通信研究院《虚拟（增强）现实白皮书（2018 年）》。

图 3-5　VR 的“五横两纵”技术架构

近眼显示是指借助高性能的显示技术来提升用户佩戴头部显示设备的体验，包括显示设备的分辨率、体积/重量、佩戴的舒适性等。目前的高性能显示技术主要有高性能液晶显示器（Liquid Crystal Display，LCD）技术、光波导（Optical Waveguide）技术、多焦面（Multi-Focal）显示技术和多种光场（Light Field）显示技术等。

渲染处理是对 VR/AR 要呈现的场景进行 3D 建模和最后的着色处理。由于 VR/AR 的显示需要多路 2K/4K/8K 分辨率的画面，会消耗极高的显示算力。渲染处理技术主要包括多视角渲染、云渲染、广场渲染等。

感知交互是指与近眼显示、渲染处理与网络传输等技术的协同，通过视觉、触觉、听觉等多感官通道实现人与沉浸的虚拟世界以及虚拟世界与现实世界的互动，并通过视觉、触觉、听觉的协同获得一致性体验以及环境理解，实现虚拟现实“感”“知”能力的持续进化。感知交互技术主要包括追踪定位、手势交互、机器视觉、深度学习、触觉反馈、眼球追踪和虚拟移动等。

网络传输是指通过接入网、承载网、编码传输的高效网络传输技术，以满足 VR/AR 业务对网络带宽及时延的需要。5G 引入了新空口、多天线、终端四天线、网络切片、边缘计算等关键技术来提供超大带宽（10 ~ 20Gbit/s）、超低时延（1ms）及超强移动性（500km/h）等网络能力，以确保虚拟现实的完全沉浸式体验。

内容制作是指运用新一代技术提升采集、编辑、播放等环节的工作效率和用户体验，主要技术有内容采集方向的实时抠像、全景拍摄，内容编辑方向的云端三维重建、虚实场景拟合、拼接缝合、空间计算，内容播放方向的 WebXR 等。而在相同的技术体系下，VR 和 AR 对各项技术的需求却是不同的。图 3-6 是 VR、AR、手机对“五横”技术体系中的 5 项技术的需求度。

VR 是在现有手机技术体系中的“微创新”，AR 则需要从无到有的技术储备，实现难度高于 VR，这一差异主要反映在近眼显示与感知交互领域。VR 的近眼显示聚焦高画质的视觉沉浸式体验，感知交互侧重于多通道交互，重点在于交互信息的虚拟化。AR 更关注如何识别和理解现实事物，并将虚拟物体叠加到现实场景中。

随着 VR 技术的不断发展，VR 与 5G、AI、云计算、大数据等前沿技术不断融合创新发展，促进了 VR 的应用落地，催生了新的业态和服务，成为 VR 发展的必然趋势，如图 3-7 所示。

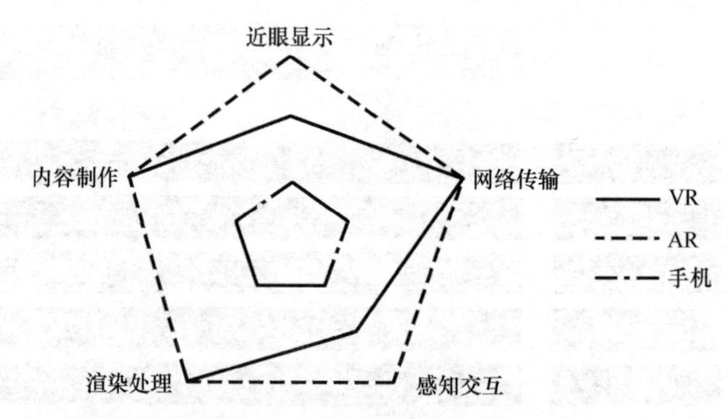

资料来源：中国信息通信研究院《虚拟（增强）现实白皮书（2018年）》。

图 3-6　VR 技术要求对比

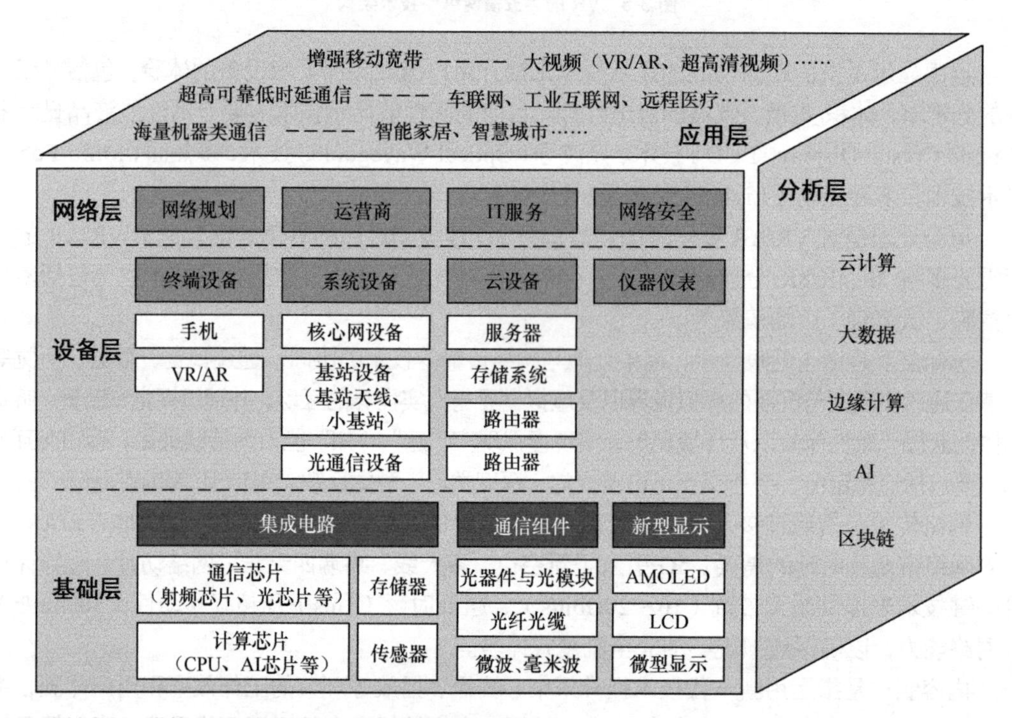

资料来源：诺基亚贝尔公司《云化虚拟现实白皮书》。

图 3-7　5G 产业链框架

结合 VR 的“五横两纵”技术体系、VR 技术发展的 5 个阶段以及 VR 端到端产业链框架，诺基亚贝尔公司在《云化虚拟现实白皮书》中描述了云化 VR 网络传输技术路径，见表 3-7。

表 3-7　云化 VR 网络传输技术路径

体验层级	初级沉浸	部分沉浸	深度沉浸	完全沉浸
无线接入	4G/Wi-Fi	5G R15	5G R16/R17	B5G/6G
渲染方式	本地渲染、云渲染	云渲染、异构渲染	实时光线追踪渲染、混合云渲染	深度学习渲染、光场渲染、混合渲染

续表

体验层级	初级沉浸	部分沉浸	深度沉浸	完全沉浸
感知交互	4G/Wi-Fi+小型 GPU 云端集群	5G+中小型 GPU 云端集群	5G+大中型 GPU 云端集群	B5G/6G+大型 GPU 云端集群
	3DoF、2D 特征点识别、GPS 坐标识别	VIO、三维语义地图	云端稀疏点云地图、机器视觉	云端神经网络、云端语义地图
	手柄、命令手势、语音指令	虚拟移动、姿态捕捉、沉浸声场	眼球追踪、语音交互、自然手势交互	触觉反馈
内容制作	2K/4K H.264/H.265	4K/8K H.264/H.265	8K/12K H.265	16K/24K H.265/H.266
近眼显示	定焦显示 VR：2K～4K、90° ～110° 90Hz AR：1K～2K、40°	定焦显示 VR：2K～4K、120° 90～120Hz AR：1K～2K、60°	多焦面显示 VR：6K～8K、120° ～140° 120Hz AR：3K～4K、90°	光场显示 VR：8K～16K、200° 120Hz+ AR：4K～8K、120°
下行体验带宽	20Mbit/s	100Mbit/s～1Gbit/s	1～4Gbit/s	>4Gbit/s
上行体验带宽	5Mbit/s	20～200Mbit/s	200～800Mbit/s	>800Mbit/s
端到端时延	>40ms	30ms	13ms	8ms
		终端时延：5ms	终端时延：3ms	终端时延：3ms
		网络时延：10ms	网络时延：4ms	网络时延：2ms
		云端处理时延：15ms	云端处理时延：6ms	云端处理时延：3ms
网络架构	中心云：应用服务器、云渲染服务器	中心云：应用服务器、云渲染服务器； 边缘云：MEC 边缘渲染、边缘服务	中心云：应用服务器、云渲染服务器； 边缘云：MEC 边缘渲染、边缘服务； 网络切片、5G QoS、自动化运维、主动拥塞控制	中心云：应用服务器、云渲染服务器； 边缘云：MEC 边缘渲染、边缘服务； 网络切片、5G QoS、云网协同、智能运维、以应用需求为中心的拥塞控制

资料来源：诺基亚贝尔公司《云化虚拟现实白皮书》。

（1）5G+VR/AR

5G 是基础技术，和 VR/AR 技术相融合，可以催生出丰富的 VR 应用。5G 网络可以解决 VR 产品由于带宽不够和时延长而产生的图像渲染能力不足、终端移动性差、互动体验不强等问题。5G 给 VR 产业发展带来的优势包括：在采集端，5G 为 VR/AR 的内容实时采集数据的传输提供大容量通道；在计算端，5G 可以将 VR/AR 设备的算力转到云端，节省现有设备中的计算模块、存储模块，减轻设备的重量；在传输端，5G 能使 VR/AR 设备自由移动，通过无线方式获得大带宽、低时延的网络连接；在显示端，5G 保持终端与云端的稳定快速连接，VR 视频数据的传输时延低至毫秒级，可有效减轻用户的眩晕感和恶心感（4G 环境下，网络信号的传输时延约为 40ms）。

（2）AI+VR/AR

AI 是基础的赋能性技术，与 VR/AR 技术相融合，能提高 VR/AR 的智能化水平，提升设备的效能。AI 能提升 VR 场景中智能对象行为的多样性、社会性和交互逼真性，使虚拟对象与虚拟环境和用户之间进行持续、自然、深入的交互。边缘 AI 算法也能大幅提升 VR 终端设备的计算能力。AI 与 AR 的融合将显著提高 AR 应用的交互性和操作效率，满足个人感知、判断、分析与决策等实时信息需求，实现在生活、学习、工作、娱乐等不同场景下的流畅切换。

（3）Cloud+VR/AR

将图像渲染、建模等耗能、耗时的数据处理功能云化后，大幅降低了对 VR 终端体积、存储能力、续航能力等的要求，有效降低了终端成本和对计算硬件的依赖，推动终端轻型化和移动化发展。VR/AR 和云计算、云渲染技术结合，将云端的显示、声音通过编码压缩后，再传输到用户的终端设备中，实现 VR/AR 业务的内容上云和渲染上云，从而实现 VR/AR 业务的快速处理。

3.2.3 应用简介

VR 的应用领域主要包括制造、教育、文化、健康、服务、旅游、商贸等。

制造领域借助 5G 网络将云化 VR 技术与企业资源计划（Enterprise Resource Planning，ERP）系统及物联网系统进行对接，围绕工业中的刚需场景，构建新型智慧工业，服务于业务更精细化、要求更高的远程协助、实时操作指引、日常巡检、生产动态展示、员工培训等关键业务，用于虚拟研发、虚拟装配、设备维护检修、产品展示、日常巡检、操作指引、远程协助等环节。

在教育领域，VR 技术可以结合 VR 沉浸式教学的体验，解决课堂教学中抽象、困难的知识点，实现由传统的“以教促学”的学习方式转向学习者通过自身与信息环境的相互作用来得到知识，使学生对课程更加感兴趣。而且也可以在消防、物流、航空航天等教学与实景实践相结合领域人员培训中加入 VR 技术，利用 VR 的交互性，由学生自行动手操作，避免实训风险，降低操作成本，达到教学及实训大纲要求，提高教育教学质量。

VR 技术在文化领域的应用主要包括影视内容、直播、游戏、主题乐园、艺术创作、党建等；在健康领域的应用主要包括医疗教育培训、远程医疗康复护理、精神治疗等；在商贸领域的应用主要包括虚拟购物、虚拟展示等。

例如，工业生产中的远程协助通过 5G 云化 VR 技术，将操作环境和对象在远端专家面前模拟还原。通过双向全息成像，专家可在模拟的全息环境下进行操作并将过程同步回传至操作现场，真实还原专家协助指导，如图 3-8 所示。

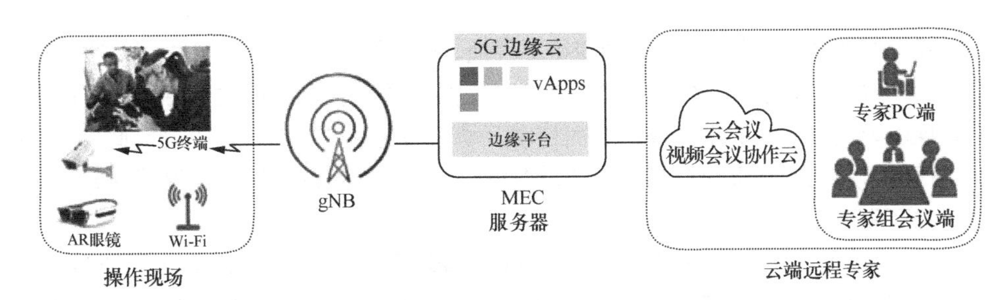

资料来源：诺基亚贝尔公司《云化虚拟现实白皮书》。

图 3-8　云化 VR 工业远程协助网络架构

VR 全景直播采用多机位、全景视角进行拍摄，一方面可以提供更丰富的观看角度，另一方面对单一观看点提供 360°×180°的全视角效果，极大地提升了观看体验。基于 5G 云化的 VR 全景直播技术，结合、CDN 和边缘计算技术，可以更好地满足传输带宽和拼接算力的需求，提供更具沉浸感的全景直播体验。在演唱会现场，全景拍摄设备可从多个拍摄点进行实时全景影像取景，并通过 5G 网络传输至边缘云。在边缘云上通过高性能拼接缝合技术对视频进行处理，并实时传输给场内外的终端进行现场互动，如图 3-9 和图 3-10 所示。

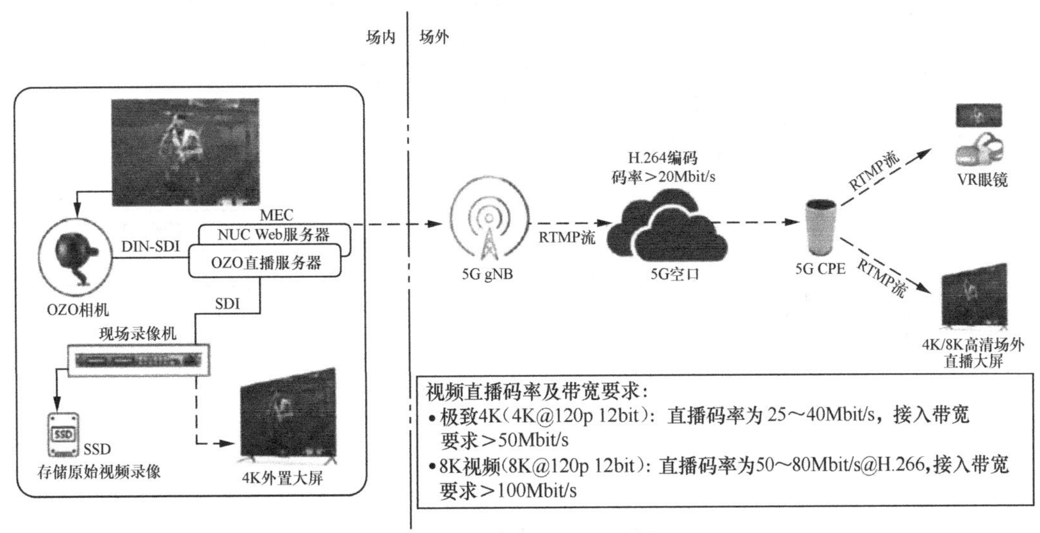

图 3-9　5G+VR 全景直播网络架构

图 3-10　中国电信 5G+8K+VR 技术直播《东方风云榜》音乐盛典

5G+云+AI技术融合将使VR终端变得更轻便、更智能、更沉浸。VR终端未来有望做到100g以下。借助5G大带宽、低时延的特性，一些依赖硬件性能的视觉计算任务将由用户侧转移至处理能力更强的云端来完成，进而推动互动性与视频画质的持续提升。此外，VR将成为新一代的智能化的人机交互界面，通过图像识别、语音识别与追踪定位等AI技术，助力人们的生产生活。

在《5G应用创新发展白皮书》中提到5G Cloud VR直播、Cloud VR巨幕影院、Cloud VR 360°视频已处于应用成熟期；基于5G的Cloud VR教育、Cloud VR游戏、Cloud VR电竞馆、Cloud VR营销正处于高速发展期，它的市场价值逐步扩大，未来一两年将成为主流；处于市场启动期的Cloud VR音乐、Cloud VR K歌、Cloud VR健身由于产品起步晚，应用场景还不成熟，预计在未来两三年内将有较快的增长；VR/AR在垂直行业的应用以及Cloud VR社交正处于探索期，有巨大的市场潜力，将随着5G覆盖的完善而逐渐成熟，如图3-11所示。

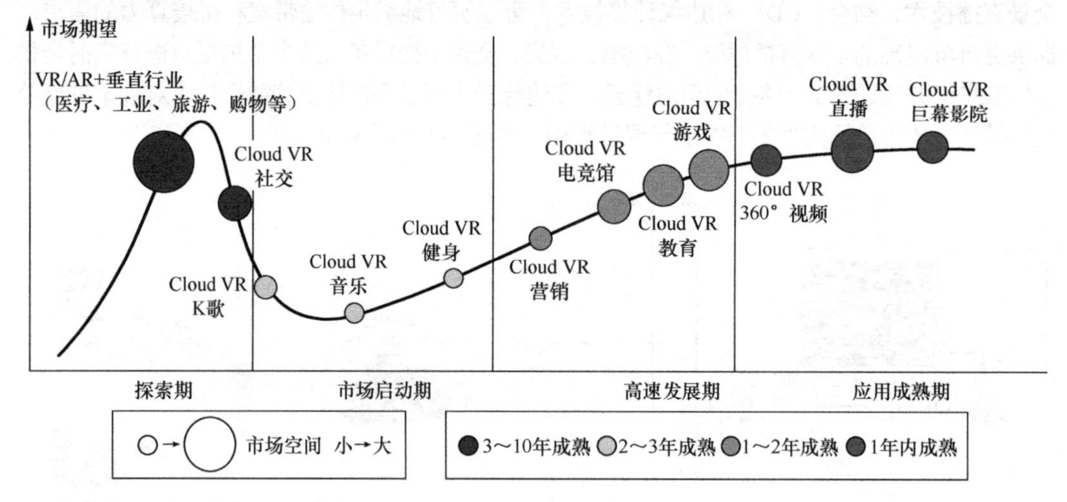

资料来源：中国信息通信研究院《5G应用创新发展白皮书》。

图3-11 VR/AR成熟度曲线

3.3 感知技术

3.3.1 基本概念与简介

感知技术是指通过物理、化学或生物效应感受事物的状态、特征和方式的信息，按照一定的规律将其转换成可利用的信号，用以表征目标外部特征信息的一种信息获取技术。如同人体结构中的皮肤和五官的作用，感知技术的功能是识别物体和采集信息。感知技术包括自动识别技术、传感技术及无线定位技术等。由于自动识别技术在后续章节有详细介绍，本节将主要介绍传感技术和无线定位技术。

1. 传感技术

简单来说，传感器就是一种检测装置，可以测量信息，也可以让用户感知到信息。通过一定的变换方式，让传感器中的数据或价值信息转换成电信号或其他所需形式的输出，以满足信息的传输、处理、存储、显示、记录和控制等要求。传感器通常由敏感元件和产生可用输出的转换元件以及相应的基本转换电路组成，如图 3-12 所示。

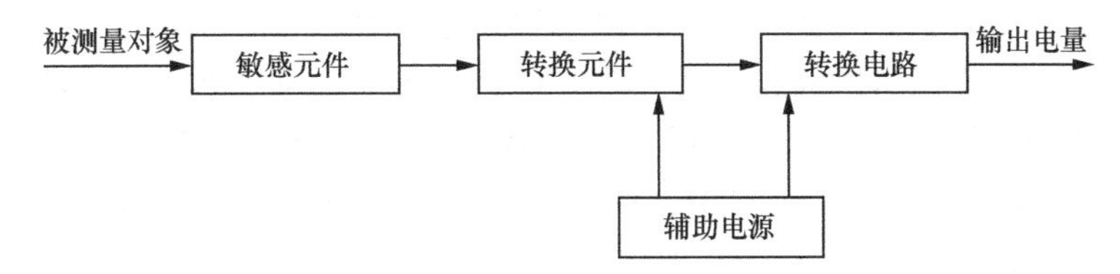

图 3-12　传感器组成框图

敏感元件是用于感受被测量对象并输出与被测量对象成确定关系输出量的元件，如膜片和波纹管，可以把被测压力变成位移量。

转换元件是将敏感元件输出的非电量（如位移、应变、光强等）转换为电学物理量的元件，如应变计、压电晶体、热电偶等。转换元件是传感器的核心部分，是利用各种物理、化学、生物效应等原理制成的。

转换电路能把转换元件输出的电学物理量转换为便于测量的电量。通常，传感器的输出信号一般都很微弱，需要有信号调节与转换电路将其放大或变换为容易传输、处理、记录和显示的形式。随着半导体器件与集成技术在传感器中的应用，传感器的信号调节与转换电路可以安装在传感器的壳体中或与敏感元件一起集成在同一芯片上。因此，信号调节与转换电路以及所需电源都应作为传感器的组成部分。

在利用信息的过程中，要解决的首要问题就是获取到精准可靠的数据，而传感器就是获取自然和生产领域中数据信息的主要途径和手段。传感器根据不同的标准可以分成不同的类别：按照被测参量的不同可分为机械量参量（如位移传感器和速度传感器）、热工参量（如温度传感器和压力传感器）、物性参量（如 pH 传感器和氧含量传感器）；按照工作机理的不同可分为物理传感器、化学传感器和生物传感器。物理传感器是利用物质的物理现象和效应感知并检测出待测对象信息的器件，化学传感器是利用化学反应来识别和监测信息的器件，生物传感器是由固定化的生物敏感材料作为识别元件，由适当的理化换能器及信号放大装置构成的分析工具或系统。

由大量传感器节点构成的无线传感网，就是现在物联网的原型。传感网与通信网的充分融合形成了真正意义上的物联网，可以实现人与物、物与物的互联。目前传感技术广泛应用于工业生产、日常生活和军事等科技各个领域。

在工业生产领域，传感器技术是产品检验和质量控制的重要手段，同时也是产品智能化的基础。传感器技术在工业生产领域中广泛应用于产品的在线检测，如零件尺寸、产品缺陷等，实现了产品质量控制的自动化，为现代品质管理提供了可靠保障。我国的制造业升级计划中，要让工业机器人表现更优异，更眼疾手快、思路清晰，传感器技术至关重要。例如，准确度和效率等自动化挑战，要求既能快速执行制造任务、又能确保生产安全的机器人。借由机器人的内置或外置传感器来控制机器人，传感器确保机器人能够高效地定位所加工部件的位置。通过在机器人上增设视觉传感器、力觉传感器、接近传感器、超声波传感器和听觉传感器等，大大改善了机器人的工作状况，使其能够更充分地完成各种复杂任务。

在日常生活领域，传感技术也日益成为不可或缺的一部分。目前，传感器技术普遍应用于家用电器中，如数码相机和数码摄像机的自动对焦，空调、冰箱、电饭煲等的温度检测等。商务办公中的扫描仪和红外传输数据装置等也采用了传感技术，医疗卫生事业中的数字体温计、电子血压计、血糖测试仪等设备同样是传感技术的产物。

在军事科技领域，传感技术的应用主要体现在地面传感器中，其特点是结构简单、便于携带、易于埋伏和伪装，可用来执行预警、地面搜索和监视等任务。当前的军事领域使用的传感器主要有震动传感器、声响传感器、磁性传感器、红外传感器、电缆传感器、压力传感器和扰动传感器等。

（1）传统传感器

传感技术是一项新兴的高新技术，是电子信息产业中的基础技术。传感器是新技术革命和信息化社会的重要技术基础，西方先进国家都把传感技术列为国家战略开发的核心技术之一。美国早在20世纪80年代就声称世界已进入传感器时代，并成立了国家技术小组，协助政府组织，领导各大公司与研究部门开展传感器技术的开发工作。日本则把传感技术列为十大技术之一，日本工商界人士声称“支配了传感技术就能够支配新时代”。

我国从20世纪60年代开始进行传感技术的研究与开发，先后制订了一系列有关传感器产业的方针政策，这些政策有力地促进了传感技术水平的提高和发展。我国正在采用一系列高新技术设计开发新型传感器微电子机械系统（Micro-Electro-Mechanical System，MEMS），加速开发新型敏感材料，全力研发新一代传感器。在我国，传感器企业集群正在形成，企业主要集中在长三角地区，并逐渐形成以北京、上海、南京、深圳、沈阳和西安等中心城市为主的区域空间布局，具体见表3-8。

表3-8 传感器企业分布

分布	布局	现状
长三角区域	以上海、无锡、南京为中心	逐渐形成包括热敏、磁敏、图像、称重、光电、温度、气敏等较为完备的传感器生产体系及产业配套
珠三角区域	以深圳为主	由深圳附近中小城市的外资企业组成以热敏、磁敏、称重、超声波为主的传感器产业体系
东北地区	以沈阳、哈尔滨、长春为主	主要生产MEMS力敏传感器、气敏传感器、湿度传感器
京津区域	主要以高校为主	从事新型传感器的研发，在某些领域填补国内空白。北京已建立微米/纳米国家重点实验室
中部地区	以郑州、武汉、太原为主	产学研紧密结合的模式，在PTC/NTC热敏电阻、感应数字液位传感器和气体传感器等产业方面发展态势良好

（2）智能传感器

智能传感器（Smart Sensor）是由传统传感器衍生而来的，自动化领域所取得的一项最大进展就是智能传感器的发展与广泛使用。智能传感器集成了传感器、智能仪表的部分控制功能，具有很高的线性度和低的温度漂移，降低了系统的复杂性，简化了系统结构。

电子自动化产业的迅速发展与进步促使传感技术，特别是集成智能传感器技术日趋活跃发展。随着半导体技术的迅猛发展，国外一些著名的公司和高等院校正在大力开展有关集成智能传感器的研制，国内一些著名的高校和科研院所以及公司也积极跟进，集成智能传感器技术取得了令人瞩目的发展。国产智能传感器逐渐在智能传感器领域迈开步伐，一批精度高、稳定性好、成本低、采用高性能微控制器（Micro Controller Unit，MCU）的智能传感器已被成功研发，并广泛应用于航天、航空、国防、科技和工农业生产等各个领域。例如，它在机器人领域有着广阔的应用前景，智能传感器使机器人具有类人的五官和大脑功能，可感知各种现象，完成各种动作。

智能传感器作为广泛的系统前端感知器件，既可以助推传统产业的升级，如传统工业的升级、传统家电的智能化升级，又可以对创新应用进行推动，如机器人、VR/AR、无人机、智慧家庭、智慧医疗和智慧养老等领域。在工业领域，传统企业面临人力成本提高、市场需求下降等问题，正开始从劳动密集型转向自动化、智能化。在整个转型过程中，智能传感器发挥着至关重要的作用，推动传统工业的转型升级。

2015 年我国的智能传感器市场规模达 1100 亿元，预计到 2020 年将达到 2115 亿元，年复合增长率达到 14%。但国内传感器企业技术水平、生产工艺、规模和盈利能力等方面的差距导致国内智能传感器市场高度依赖进口。特别是高端智能传感器方面，由于种类多、跨学科研发技术水平高、开发成本大，企业不愿承担开发风险，造成我国高端智能传感器基本依靠进口。但随着越来越多国家扶植政策的推进，国内的众多企业也会重视巨大商机，积极投身高端智能传感器的研发和生产。

智能传感器是一种具有一定信息处理能力的传感器，目前主要采用将传感器、信号调制电路、微控制器及数字信号接口组合为一整体的方式。智能传感器是传感技术未来发展的主要方向，在今后的发展中，智能传感器无疑将会进一步扩展到化学、电磁、光学和核物理等研究领域。在由传统传感器构成的应用系统中，传感器所采集的信号通常要传输到系统的主机中进行分析处理；由智能传感器构成的应用系统中，包含的微处理器能够对采集到的信号进行分析处理，然后把处理结果发送给系统的主机，这样能够显著减小传感器与主机之间的通信量，并简化了主机软件的复杂程度。

相较于普通传感器的“感知—输出”的单一功能，智能传感器本身具备的各类自主功能是“智能”的主要表现，包括针对安装过程中的自主校零、自主标定、自校正功能，使用过程中应对各类环境干扰及变化的自动补偿功能，工作状态下的数据采集及自主分析、数据处理及执行干预等本地逻辑功能，数据采集后的上传及系统指令的决策处理功能等，特别是面向无人值守应用环境的自学习功能。这些都是传感器智能化的表现，其中多数都属于典型的物联网特征应用。

（3）无线传感器网络

最近几年，一种被称为无线传感器网络（Wireless Sensor Network，WSN）的网络诞生了。WSN 是由大量移动或静止的传感器节点，通过无线通信方式组成的自组织网络。它通过节点的温度、湿度、压力、振动、光照、气体等微型传感器的协作，实时监测、感知和采集网络分布区域内的各种环境或监测对象的信息，并由嵌入式系统对信息进行处理，用无线通信多跳中继将信息传送到用户终端。

WSN 由多个单节点组成，各节点通过传感或控制参数实现与环境的交互：节点必须通过相互关联才能完成一定的任务，而单个节点通常无法发挥作用；节点间的关联性是通过无线通信实现的。从本质上说，节点至少具有计算处理、无线通信、传感或控制能力。实现了 WSN，可以说是朝着 AI 迈进了关键的一步。打个比方，WSN 是普适控制（Pervasive Control）的“最后 100 米”，为了实现 WSN，必须深刻理解它们的潜在应用前景以及所需要的条件，具体见表 3-9。

表 3-9　传感器网络的发展阶段

传感器网络的发展阶段	时间	主要特点
第一代	20 世纪 70 年代	点对点传输，具有简单的信息猎取能力
第二代	20 世纪 80 年代	获取多种信息的综合能力
第三代	20 世纪 90 年代	智能传感器采用现场总线连接传感器构成局域网
第四代	21 世纪初至今	以 WSN 为标志，处于理论研究和应用开发阶段

无线传感节点由电池、传感器、微处理器、无线通信芯片组成；相比于传统传感器，无线传感节点不仅包括传感器部件，而且还集成了微处理器和无线通信芯片等，能够对感知信息进行分析处理和网络传输。

WSN 是由体积小、成本低、具有无线通信和数据处理能力的传感器节点组成的。传感器节点一般由传感器、处理器、无线收发器和电源组成，有的还包括定位装置和移动装置，如图 3-13 所示。

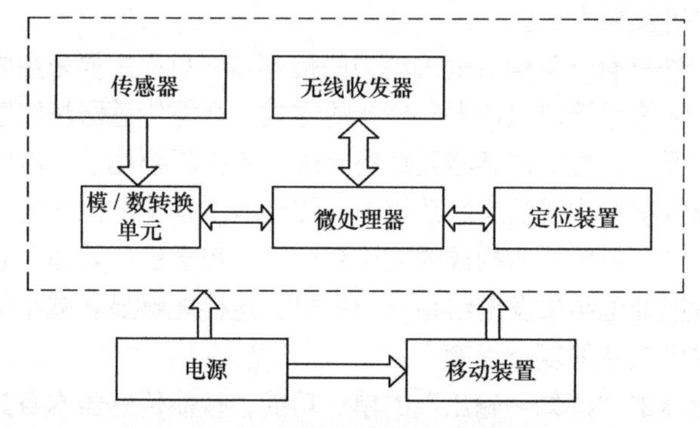

图 3-13　无线传感器的工作原理

WSN 节点主要完成信息采集、数据处理以及数据回传等功能，其硬件平台主要包括微控制器（MCU）、通信模块、传感器和供电单元等几部分，节点硬件系统框图如图 3-14 所示。

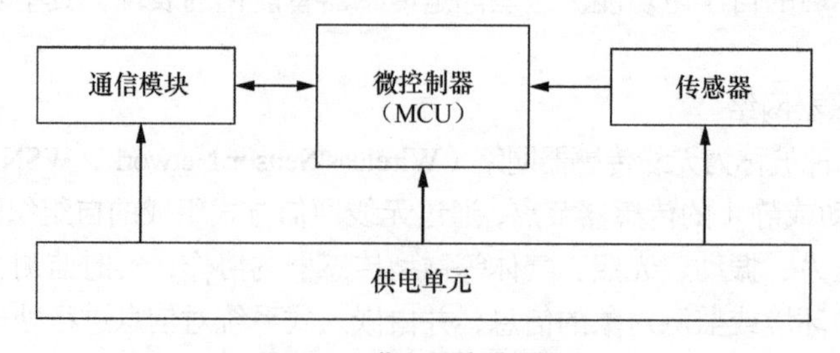

图 3-14　节点硬件系统框图

2. 无线定位技术

感知技术中的无线定位技术是一种基于无线网络通信技术的射频识别（Radio Frequency Identification，RFID）和传感器等设备，实现定位、追踪和监测特定目标位置的技术。无线定位的应用领域概括起来可以包括以下五方面的内容，各种无线定位技术也主要围绕这几方面开展应用：

- 导航，通过了解移动物体在坐标系中的位置，指导移动物体成功到达目的地；
- 跟踪，实时了解物体所处位置和移动轨迹；
- VR，直观展示定位物体的位置和方向；
- 基于位置的各种增值服务，如基于位置的安全控制、广告推送等；
- 全球卫星定位系统（Global Position System，GPS）。

GPS 是以人造卫星为基础的无线电导航定位系统，是目前世界上最常用的卫星导航系统。GPS 起始于 1958 年美国军方的一个项目，1964 年投入使用。该系统使用由 5~6 颗卫星组成的星网工作，每天最多绕过地球 13 次，但无法给出高度信息，而且在定位精度方面也不尽如人意。然而，子午仪系统使研发部门对卫星定位有了初步的经验，并验证了由卫星系统进行定位的可行性，为 GPS 的研制设下了铺垫。由于卫星定位显示出在导航方面的巨大优越性及子午仪系统存在对潜艇和舰船导航方面的巨大缺陷，美国的海、陆、空三军及民用部门都迫切需要一种新的卫星导航系统。

20 世纪 70 年代，美国海、陆、空三军联合研制了新一代 GPS，主要目的是为海、陆、空三大领域提供实时、全天候和全球性的导航服务，并用于情报搜集、核爆监测和应急通信等一些军事目的。经过 20 余年的研究试验，耗资 300 多亿美元，到 1994 年，全球覆盖率高达 98%的 24 颗 GPS 卫星星座已布设完成。

GPS 使用由 24 颗人造卫星所形成的网络来三角定位接收器的位置，并提供经纬度坐标，可以达到准确定位的目的。但 GPS 定位的位置需要在能看见人造卫星或轨道所经过的地方，因此只用于室外定位。

GPS 不断地发射导航电文，当用户接收机捕获到跟踪的卫星信号后，就可测量出接收天线至卫星的距离及其变化率，然后综合多颗卫星的数据解调出卫星轨道参数等数据；再由接收机中的微处理机按定位解算方法进行定位计算，得出用户所在地的各项信息，包括经纬度、高度、速度、时间等，并根据周围环境和路线标志给出语音和图形提示。

目前 GPS 提供的定位精度优于 10m，为了得到更高的定位精度，通常采用差分 GPS 技术，将一台 GPS 接收机安置在基准站上进行观测。根据基准站已知精密坐标，计算出基准站到卫星的距离改正数，并由基准站将这一数据实时发送出去。用户接收机在进行 GPS 观测的同时，也接收到基准站发出的改正数，并对其定位结果进行改正，从而提高定位精度。

（1）辅助全球卫星定位系统（Assisted Global Positioning System，AGPS）技术

AGPS 是结合网络基站 GSM/GPRS 信息与 GPS 技术，利用基站代送辅助卫星信息对移动目标进行定位。

AGPS 技术是在传统的 GPS 技术基础上改用 GPRS 线路进行数据传输，将原有的 GPS 芯片直接找卫星改成找基站辅助，是一种更先进的定位技术，可以在 GSM/GPRS、WCDMA 和 cdma2000 网络中使用。该技术需要在手机内增加 GPS 接收机模块，并改造手机天线，同

时要在移动网络上加建位置服务器、差分 GPS 基准站等设备。

AGPS 手机将其基站地址通过网络传输到位置服务器；位置服务器将与该位置相关的 GPS 辅助信息（包含 GPS 的星历和方位俯仰角等）传输到手机；手机的 AGPS 模块根据辅助信息（以提升 GPS 信号的第一锁定时间能力）接收 GPS 原始信号；手机解调 GPS 原始信号并计算手机到卫星的距离，并通过网络传输到位置服务器；位置服务器据此完成对 GPS 信号的处理，估算手机的位置，并通过网络传输到定位网关或应用平台，从而完成手机用户的定位。

AGPS 的特点：能够缩短 GPS 芯片获取卫星信号的延迟时间，受遮盖的室内也能借基站信号弥补，减轻 GPS 芯片对卫星的依赖度，能提供范围更广、更省电、速度更快的定位服务，理想误差范围在 10m 以内。日本和美国都已经成熟运用 AGPS 于基于位置的服务（Location-Based Service，LBS）中。

（2）室内定位技术

GPS 和 AGPS 只能用于室外定位，室内定位技术主要有红外线定位技术、超声波定位技术、ZigBee 定位技术、超宽带定位技术、Wi-Fi 定位技术及蓝牙定位技术等。

红外线（Infrared Ray，IR）定位：红外线发射器发射的红外射线通过安装在室内的光电传感器接收进行定位。特点是：定位精度高，但光线受障碍物影响，只能短距离定位。

超声波（Ultrasonic Wave，UW）定位：与 GPS 基本相同，但采用反射法测距，即发射超声波并接收由被测物反射的回波，根据回波与发射波的时间差计算出待测距离。特点是：整体定位精度较高，结构简单，但超声波受多径效应和非视距传播的影响很大，同时需要大量的底层硬件设施投资，成本太高。

ZigBee 定位：基于链路接收信号强度指示（Received Signal Strength Indication，RSSI）和链路质量指示（Link Quality Indicator，LQI）实现定位。由于距离不同，所接收到信号的强度和质量也不同，在随机移动的过程中，通过对链路接收信号强度和质量的对比，可以确定接收到最近节点的位置，即可通过参数计算出待测点的位置坐标。典型代表如 CC2431 和 CC2430 片上系统，可实现 3 ~ 5m 的短距离定位。

超宽带（Ultra Wide Band，UWB）定位：通过发送和接收纳秒或纳秒级以下的极窄脉冲来传输数据，和到达时间差定位（Time Difference of Arrival，TDOA）算法一样，可实现室内精确定位。

Wi-Fi（IEEE 802.11）和蓝牙是目前较为常用的两种无线网络协议，主要是根据信号强度来实现定位。Wi-Fi 的特点是：收发器只能覆盖半径 90m 以内的区域，因此只适用于小范围的定位，成本较低，但容易受到其他信号的干扰，从而影响其精度，且定位器的能耗也较高。蓝牙的特点是：设备体积小，易于集成在 PDA、PC 以及手机中，因此很容易推广普及，目前蓝牙技术也是最常用的室内定位手段，广泛用于商场、地下车库导航等。

3.3.2 应用简介

5G 带来了连接设备和资产的新概念，作为一项独立技术，已经开始走向 AI 的道路，开始演变为通过机器学习进行更有效的网络自主管理的重要工具。无人机的飞行感知技术和汽车感知技术极有可能最先受益于 5G 技术。

无人机的飞行感知技术主要有两个用途：其一是提供给飞行控制系统，由于飞行控制系统的主要功能是控制飞机达到期望姿态和空间位置，所以这部分的感知技术主要测量飞机运动状态相关的物理量，涉及的模块包括陀螺仪、加速度计、磁罗盘、气压计、全球导航卫星系统（Global Navigation Satellite System，GNSS）模块以及光流模块等；另一个用途是提供给无人机的自主导航系统，也就是路径和避障规划系统，所以需要感知周围环境状况，比如障碍物的位置，相关的模块包括测距模块以及物体检测、追踪模块等。

作为无人机的操控者，一般不敢让无人机飞得太远，因为如果飞远了，可能会导致无人机和飞手之间的通信中断，甚至造成无人机"坠毁"。于是，人们想出了全新的无人机通信方式，那就是网联无人机。网联无人机其实就是利用蜂窝通信网络连接和控制无人机。更简单地说，就是利用基站来联网无人机。相比 Wi-Fi，蜂窝基站拥有更广阔的覆盖范围，将使无人机的通信更加灵活、可靠。

传统 4G 网络场景下的无人机应用主要有以下几方面。

➢ 定位方面，现有 4G 网络在空域的定位精度约为几十米（如果采用 GPS 定位，精度大约在米级），在一些需要更高定位精度的应用方面（如园区物流配送、复杂地形导航等），必须考虑增加基准站提供辅助。

➢ 覆盖空域方面，4G 网络只能覆盖空域 120m 以下范围的应用。在 120m 以上的空域（一些高空需求，如高空测绘、干线物流等），无人机容易出现失联状况。

目前 4G 网络和 Wi-Fi 网络下的无人机，应用场景限制太多，用户受众规模太小，导致它在消费市场难以得到普及，因而也制约了它的长远发展和价值发挥。

5G 网络场景下的无人机应用主要有以下几方面。

➢ 5G 网络具有超低时延的特性，能够提供毫秒级的传输时延（小于 20ms，甚至可达到 1ms，4G LTE 网络的传输时延在 50ms 以上），这将使无人机响应地面命令更快，地面飞手对无人机的操控更加精确。

➢ 5G 还可以提供厘米级的定位精度，远超 LTE 的 10m 级和 GPS 的米级。如此一来，完全可以满足城区这样复杂地形环境的飞行需求。

➢ 5G 所采用的 Massive MIMO 大规模天线阵列，以及波束赋形技术，可以灵活、自动地调节各个天线发射信号的相位，不仅是水平方向，还包括垂直方向。

这样的话，有利于一定高度目标的信号覆盖，满足国家对 500m 以内低空空域的监管要求，以及未来城市对高楼环境下无人机 120m 以上的飞行需求。在无人机的飞行数据安全保障方面，相比 4G 或 Wi-Fi，5G 也有明显的优势。5G 的数据传输过程更加安全可靠，无线信道不容易被干扰或入侵。5G+无人机所能发挥作用的地方远不止上述这些，还包括无人机物流、无人机消防、无人机边境巡逻等，各行各业都能够找到与 5G 和无人机的交集。无人机在各个领域的实际应用见表 3-10。

表 3-10　5G+无人机的应用领域

领域	方向
公共服务	边境巡逻、森林防火、河道监测、交通管理、人流监控
能源通信	电力巡线、石油/天然气管道巡线、基站巡检

续表

领域	方向
国土资源	城镇规划、铁路建设、线路测绘、考古调查、矿产开采
商业娱乐	新闻采集、商业表演、影视拍摄、三维建模、物流运输
农林牧渔	农药喷洒、辅助授粉、农情监测
防灾救灾	灾害救援、应急保障
个人用户	航拍娱乐

可以说，5G+无人机的发展潜力非常巨大，市场前景非常广阔。在5G、云计算、大数据和AI的支持下，无人机未来一定会向着智能化的方向发展。以无人机的飞行控制为例，以前的无人机是远程遥控飞行，后面就有了传感器的辅助，能够更好地控制飞行姿态。再后来，就是现在，无人机可以实现初步的自动飞行和避障。将来，无人机将全面实现自主飞行。也就是说，它的飞行轨迹和过程，完全将由无人机系统自己来设定，这个就有点像车联网的完全自动驾驶。无人机想要实现安全自动驾驶，肯定离不开飞行平台的支持，包括传感信息共享、飞行线路共享、飞行环境感知、智能避障等，当然，这些功能将全部基于新技术和新平台来实现。

3.4 识别技术

3.4.1 基本概念与简介

所谓识别技术，是指通过被识别物体与识别装置之间的交互操作来获取被识别物体的相关信息，并提供给计算机系统供进一步处理，最终输出识别结果的一种技术。识别技术覆盖的范畴相当广泛，从识别方式上大致可以分为语音识别、图像识别、射频识别等。下面根据上述识别技术出现的时间先后，简述各类识别技术的技术发展和应用。

1. 语音识别

语音识别是一种涉及面很广的交叉性学科，它与语音学、语言学、信息理论、声学、神经生物学等多种学科以及模式识别理论都有着非常密切的关系。语音识别正逐步成为计算机信息处理技术中的关键技术，一个具有竞争潜力的高技术产业正在形成。

语音识别技术，或称之为自动语音识别，其目标是通过计算机和智能设备自动将人类的语音内容转换为相应的文字和识别符号。语音识别技术的应用包括语音拨号、语音导航、室内设备控制、语音文档检索、简单的听写数据录入等。

最早的基于电子计算机的语音识别系统是由美国AT&T贝尔实验室开发的Audrey语音识别系统，该系统可识别10个英文或数字。Audrey的识别方法是跟踪语音中的“共振峰”，系统可以达到 98%的正确率。到了 20 世纪 50 年代，伦敦学院（Colledge of London）的 Denes 已经将语法概率加入语音识别中。60 年代，人工神经网络被引入语音识别技术中。这一时代的两大突破是线性预测编码（Linear Predictive Coding，LPC）及动态时间规整（Dynamic Time Warp，DTW）技术。80 年代，美国国防部资助了一项为期 10 年的 DARPA 计划，其中噪声下的语音识别和口语识别系统是计划的研究重点。20 世纪 90 年代，DARPA 计划的研究重点已转向识别装置中的自然语言处理部分，识别任务设定为“航空旅行信息检索”。

中国的语音识别研究起始于 20 世纪 50 年代，由中国科学院声学所利用电子管电路识别出了 10 个元音，1973 年中国科学院声学所开始研究计算机语音识别技术。但受限于条件，中国的语音识别研究工作一直处于缓慢发展的阶段。80 年代以后，随着计算机应用技术的逐渐普及和应用以及数字信号技术的进一步发展，国内许多单位都具备了研究语音识别技术的基本条件。与此同时，国际上的语音识别技术在经过了多年的沉寂之后又成为研究的热点。1986 年 3 月，中国的“国家高技术研究发展计划”（“863”计划）启动，语音识别作为智能计算机系统研究的一个重要组成部分而被专门列为研究课题。在“863”计划的支持下，中国开始了有组织的语音识别技术的研究，从此中国的语音识别技术进入了一个前所未有的发展阶段。

近年来，随着互联网和 AI 技术在中国的蓬勃发展，以科大讯飞公司为代表的拥有自主知识产权的智能语音识别技术不断创新，多次在机器翻译、自然语言理解、图像识别、图像理解、知识图谱、知识发现、机器推理等各项国际评测中名列前茅。这也标志着中国在 AI 语音识别领域已走在世界前列。

语音识别系统本质上是一种模式识别系统，包括特征提取、模式匹配和参考模式库 3 个基本单元，它的基本结构如图 3-15 所示。

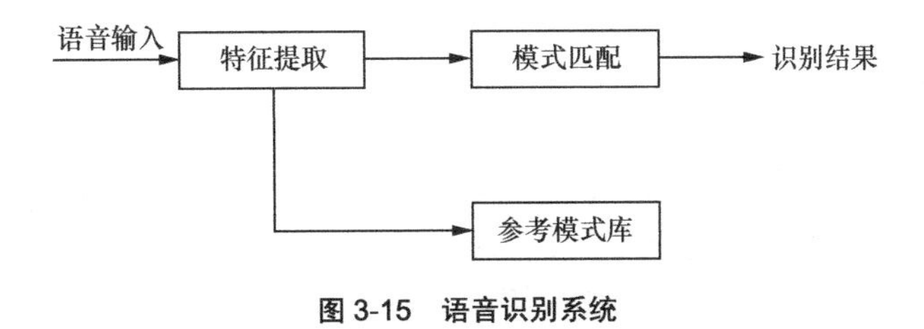

图 3-15 语音识别系统

未知语音经过话筒变换成电信号后加在识别系统的输入端，第一步经过预处理；第二步根据语音特点建立语音模型；第三步对输入的语音信号进行分析，并提取所需的特征，并在此基础上建立语音识别所需的模板；第四步是计算机根据语音识别的模型，将计算机中存放的语音模板与输入的语音信号的特征进行对比，根据一定的匹配策略和算法，寻找出最优的与输入语音匹配的模板；最后，根据此模板的定义，通过查表就可以给出识别结果，如图 3-16 所示。

预处理，包括对语音信号进行采样、克服混叠滤波、去掉部分由个体发音的差异和环境引起的噪声影响。反复训练是识别之前通过让说话人多次重复语音，从原始语音信号样本中去除冗余信息，保留关键信息点，再按一定规则对数据进行整理，形成参考模式库。模式匹配，是整个语音识别系统的核心部分，是指根据一定的规则以及计算输入特征与库存模式之间的相似度，从而判断输入语音的意思。

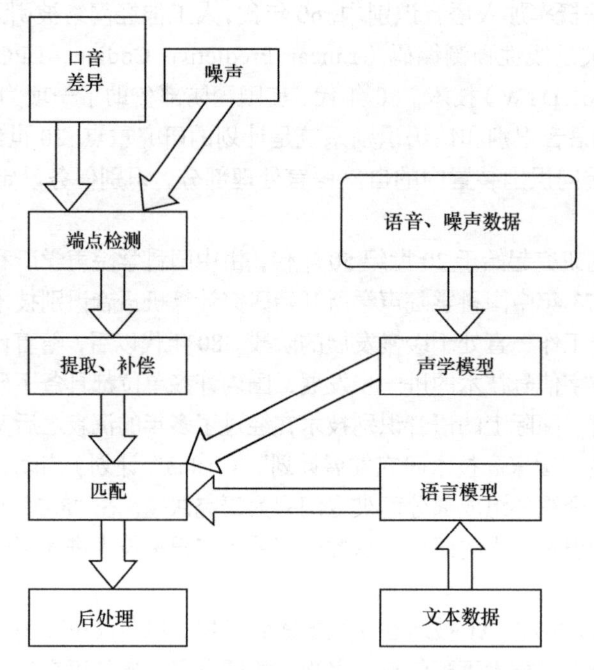

图 3-16　语音识别系统的基本原理

语音识别有 3 个基本点：① 对语音信号中的信息编码是按照幅度谱的时间变化来进行的；② 因为语音是可以阅读的，所以声学信号可以在不考虑说话信息内容的前提下用多个个性化的符号来表示；③ 语音的交互是一个认知过程，所以不可以与语法、语义和用语规范等方面分隔开来。

2. 图像识别

图像识别，是指利用机器对图像进行处理、分析和理解，以识别不同模式的目标和对象的技术，是应用深度学习算法的一种实践应用。图像识别技术是信息时代的一项重要技术，其目的是让机器代替人去处理海量的物理信息。

图像识别的发展经历了 3 个阶段：文字识别、数字图像处理与识别、物体识别。文字识别的研究是从 1950 年开始的，一般是识别数字、字母和符号，从印刷文字识别到手写文字识别，应用十分广泛。数字图像处理与识别的研究开始于 1965 年。数字图像与模拟图像相比具有存储、传输方便，可压缩，传输过程中不易失真，处理方便等巨大优势，这些都为图像识别技术的发展提供了巨大的动力。自 20 世纪 80 年代起，物体识别技术得到了各国的广泛研究，物体识别指的是对三维世界的客体及环境的感知和认识，属于高级的机器视觉范畴。它是以数字图像处理与识别为基础的结合了 AI、系统学等学科的研究方向，其研究成果被广泛应用在各种工业及探测机器人上。

以二维码和人脸识别为代表的最新一代识别技术得到了长足发展和广泛普及。目前，中国是全世界最大的二维码应用和人脸识别的国家，在移动支付领域走在世界前列。伴随着移动互联网的高速发展，二维码迅速进入大家的生活，扫码消费已逐渐成为普通百姓日常生活的一部分。

机器的图像识别技术和人类的图像识别在原理上并没有本质区别。人类的图像识别也不仅仅只是凭借整个图像存储在脑海中的记忆来识别的，都是依靠图像所具有的本身特征而先对这些图像进行分类，然后通过各个类别所具有的特征将图像识别出来。当我们看到一张图片时，大脑会迅速感应到是否见过此图片或与其相似的图片。其实在“看到”与“感应到”的中间经历了一个快速识别过程，这个识别的过程和搜索有些类似。在这个过程中，大脑会根据存储记忆中已经分好的类别进行识别，查看是否有与该图像具有相同或类似特征的存储记忆，从而识别出是否见过该图像。

机器的图像识别技术也类似，通过分类并提取重要特征而排除多余的信息来识别图像。机器所提取出的这些特征有时会非常明显，有时又很普通，这在很大程度上影响了机器识别的速度。总之，在机器视觉识别系统中，图像内容通常用图像特征进行描述。据统计，目前基于机器视觉的图像检索可以分为类似文本搜索引擎的 3 个步骤：提取特征、建索引以及查询。图像识别的基本原理如图 3-17 所示。

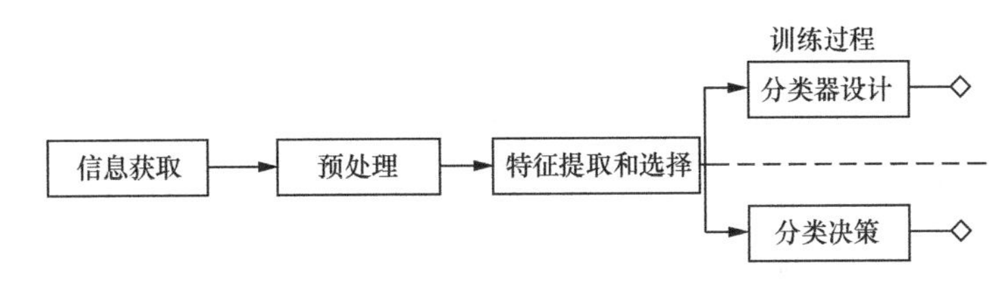

图 3-17　图像识别的基本原理

➢ 信息获取：通过传感器将声音或光信息转化为电信息。信息可以是二维的，如文字、图像等；也可以是一维的波形，如声波、心电图、脑电图；还可以是物理量与逻辑值。

➢ 预处理：包括模/数转换，二值化，图像的平滑、变换、增强、恢复、滤波等，主要指图像处理。

➢ 特征提取和选择：在模式识别中，需要进行特征的提取和选择，例如，一幅 64×64 的图像可以得到 4096 个数据，这种在测量空间的原始数据通过变换即可获得在特征空间最能反映分类本质的特征。这就是特征提取和选择的过程。

➢ 分类器设计：是通过训练确定判决规则，按此类判决规则进行分类时，能使错误率最低。

➢ 分类决策：在特征空间中对被识别对象进行分类。

3. 射频识别

无线射频识别即射频识别（RFID）技术，是通过无线射频方式进行非接触双向数据通信，对记录媒体（电子标签或射频卡）进行读写，从而达到识别目标和数据交换的目的。通过电感耦合方式产生的电磁场，无线电信号把信息从放在被测物体上的电子标签中传输出去，从而达到自动识别的目的。在数米之内，电子标签都能够被识别到，它包含了电子存储的信息。RFID 电子标签不同于条形码，它不用出现在人的视线之中，只要在被识别物体中，就能够被识别出来。

20世纪50年代，雷达技术的发展和进步，衍生出了RFID技术。20世纪60～90年代，人们开始对RFID技术进行探索，并在实际中运用这一系统，实现了相关系统的应用。2000年后，人们普遍认识到标准化问题的重要性，RFID产品的种类进一步丰富，无论是有源、无源还是半有源电子标签都开始发展起来，相关生产成本进一步降低，应用领域逐渐增加。时至今日，RFID的技术理论得到了进一步的丰富和发展，单芯片电子标签、多电子标签识读、无线可读可写、适应高速移动物体的RFID研发技术不断发展。随着物联网的快速发展，RFID研发技术在交通运输、物流航运、智慧城市、工业生产自动化等众多领域广泛应用。

RFID系统的基本原理是当电子标签进入电磁场后，接收读写器发出的射频信号，无源电子标签或者被动电子标签利用空间中产生的电磁场得到的能量，将被测物体的信息传送出去，读写器读取信息并进行解码后，将信息传送到中央信息系统进行相应的数据处理，如图3-18所示。有源电子标签或者主动电子标签则是主动发射射频信号，读写器读取信息并进行解码后，将信息传送到中央信息系统进行相应的数据处理。最基本的RFID系统由电子标签和读写器两部分构成。

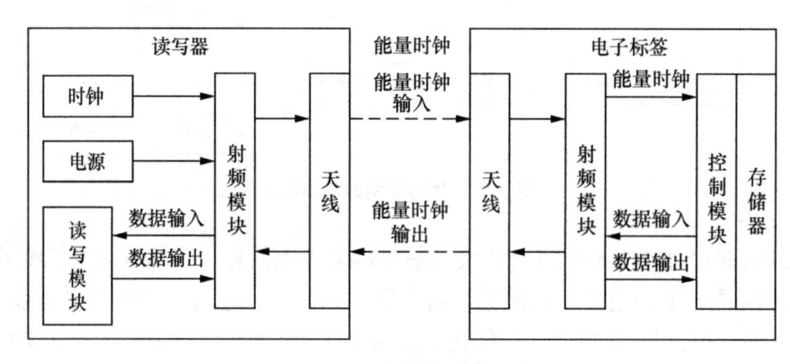

图3-18 RFID系统的基本原理

电子标签中存储着被测物体的信息，通常被放在被测物体上。读写器可以不与电子标签接触就读出电子标签中存储的信息。电子标签内置天线，它的作用是与射频天线通信。可以把电子标签划分为两种类型：有源电子标签和无源电子标签。无源电子标签可以通过识别器在识别过程中产生的电磁场得到能量；有源电子标签本身可以自主发出无线电信号。

读写器是RFID系统的主要组成部分之一。读写器也被称作阅读器，不仅可以读出电子标签信息，而且可以把处理完的数据写入电子标签。RFID的距离和RFID系统的工作频段都与读写器的频率有着直接关系。因此，读写器在RFID系统中占据着重要的位置，发挥着重要的作用。

读写器根据使用的结构和技术不同可以为读或读/写装置，是RFID系统的信息控制和处理中心。读写器和电子标签之间一般采用半双工通信方式进行信息交换，同时读写器通过耦合元件为无源电子标签提供能量和时序。读写器和电子标签之间有几种信号传输方式，但这几种方式之间不能互相兼容，而要取决于标签所使用的频带。目前常见的RFID频段见表3-11。

表 3-11　常见的 RFID 频段

频段	频段级别	规章管理	读取范围（m）	数据速率	备注
120～150kHz	低频	无规定	0.1	低速	动物识别、工厂数据的收集
13.56MHz	高频	全世界通用 ISM 频段	1	低速到中速	小卡片
433MHz	特高频	近距离设备 SRD	1～100	中速	国防应用（主动式标签）
868～870MHz（欧洲），902～928MHz（北美）	特高频	ISM 频段	1～2	中速到高速	欧洲商品编码，各种标准
2450～5800MHz	微波	ISM 频段	1～2	高速	802.11 WLAN（无线局域网），蓝牙标准
3.1～10GHz	微波	超宽频	最高 200	高速	需要半主动或主动标签

4. 生物识别

生物识别技术就是，通过计算机与光学、声学、生物传感器和生物统计学原理等高科技手段密切结合，利用人体固有的生理特征和行为特征来进行个人身份的鉴定。被用来区别身份的人体生物特征分为生理特征和行为特征两类。其中，生理特征是人与生俱来的，主要包括手形、指纹、脸形、虹膜、视网膜、脉搏、耳廓等；而行为特征是人后天形成的，主要包括签字、声音、按键力度等。基于这些特征，已经发展了多种生物识别技术，目前较为主流的识别技术有人脸识别、指纹识别、虹膜识别、静脉识别、语音识别 5 类，见表 3-12。生物识别技术比传统的身份鉴定方法更安全和方便，具有不易遗忘、防伪性能好、不易伪造或被盗、随身“携带”和随时随地可用等优点。

生物识别系统对生理特征进行取样，提取其特征并将其转化成数字代码，并进一步将这些代码组成特征模板。由于微处理器及各种电子元器件的成本不断下降，精度逐步提高，生物识别系统逐渐应用于商业上的授权控制（如门禁）、企业考勤管理系统安全认证等领域。

表 3-12　生物识别技术的应用场景

分类	识别要点	稳定性	是否接触	应用场景
人脸识别	捕捉人像面部特征识别	佳	否	支付、解锁、安防、智慧城市等
指纹识别	指纹局部细节对比或指纹波纹边缘和超声波识别	一般	是	支付、解锁、智能家居、智慧城市等
语音识别	声纹特征和音色特征识别	差	否	社保、公安、司法、智能家居、解锁等
虹膜识别	眼睛结构中虹膜的特征识别	佳	否	高等级加密、监控、国防、国安
静脉识别	使用红外线读取静脉特征	佳	是	身份认证、支付

随着移动终端的普及，越来越多的生物识别技术应用到了智能手机及其他产品中，2013年9月，具备指纹识别功能的智能手机 iPhone 5S 面市，2017年3月，搭载虹膜识别技术的三星 S8 面市，2017年9月，具有人脸识别功能的 iPhone X 面市，彻底开启了生物识别技术在日常生活领域运用的新纪元。目前，众多国内外电子产品厂商、应用软件开发商及系统集成商纷纷推出基于生物识别技术的软硬件产品及行业解决方案，相关工程项目与应用方案也在金融、电信、信息安全、生产制造、医疗卫生、电子政务、电子商务、军事等行业或领域得到广泛应用。

我国的生物识别市场规模保持高速增长，近几年将在信息技术、信息安全、金融交易、社会安全等领域推动生物识别标准化工作，产业潜力巨大。2002—2015年，我国生物识别市场的年复合增长率达到 50%，2016年生物识别市场规模达到 120 亿元左右。预计到 2021 年，我国生物识别行业的市场规模将突破 340 亿元。

现在，全球的生物识别技术已经比较成熟，在人脸识别和虹膜识别上不断取得突破。在人脸识别方面，中国已有很多厂商都做到了超过 99%的准确率。在国际权威人脸识别数据库（Labeled Faces in the Wild，LFW）最新的排名中，中国的人脸识别厂商——大华股份达到了 99.78%的准确率，而腾讯和海康威视均达到了 99.8%的准确率，技术的进步有望推动生物识别技术应用的进一步普及。在虹膜识别方面，虹膜的身份识别解决方案领域 EyeLock LLC 公司已经推出了在 60cm 范围内验证身份的新技术，该技术可用于智能手机和移动设备以及汽车、医疗保健和其他网络边缘应用中。

5. 人脸识别

人脸识别技术中被广泛采用的区域特征分析算法，融合了计算机图像处理技术与生物统计学原理：利用计算机图像处理技术从视频中提取人像特征点；利用生物统计学原理进行分析，建立数学模型，即人脸特征模板，并通过对人脸特征模板与被测者的面像进行特征分析，根据分析的结果给出一个相似值，通过这个值即可确定是否为同一人。人脸识别技术是一种高精度、易于使用、稳定性高、性价比高的生物识别技术，因而具有极其广阔的市场发展前景。

人脸识别作为一种新兴的生物识别技术，与虹膜识别、指纹识别等技术相比，在应用方面具有以下独到的优势。

一是使用方便，用户接受度高。人脸识别技术使用通用的摄像机作为识别信息获取装置，以非接触的方式在识别对象未察觉的情况下完成识别过程。

二是直观性突出。人脸识别技术的依据是人的面部图像，而人脸无疑是肉眼能够判别的最直观的信息源，方便人工确认、审计，以貌取人符合人的认知规律。

三是识别精确度高，速度快。与其他生物识别技术相比，人脸识别技术的识别精度处于较高的水平，误识率、拒认率较低。

人脸识别被认为是生物识别领域甚至 AI 领域最困难的研究课题之一，其困难主要是由人脸作为生物特征的特点所带来的。

一是易变性。人脸的外形很不稳定，人可以通过脸部的变化产生很多表情，而从不同的观察角度，脸部的视觉图像也相差很大。另外，人脸识别还受光照条件（如白天和夜晚、室内和室外等）、脸部的很多遮盖物（如口罩、墨镜、头发、胡须等）、年龄等多方面因素的影响。

二是防欺骗能力有待提高。使用照片和 3D 仿真面具欺骗人脸识别系统并获得成功的案例时有发生，证明人脸识别系统在验证方式上还有漏洞需要修补。

6. 指纹识别

指纹识别技术通常先使用指纹的总体特征（如纹形、三角点等）来进行分类，再使用局部特征（如位置和方向等）来进行用户身份识别。指纹是手指末端正面皮肤上凹凸不平产生的纹路。尽管指纹只是人体皮肤的一小部分，但是它蕴含着大量的信息。指纹的特征可分为两类：总体特征和局部特征。

总体特征是指那些用人眼直接就可以观察到的特征，包括基本纹路图案、模式区、核心点、三角点、式样线和纹线等。基本纹路图案有环形、弓形、螺旋形等。

局部特征指的是指纹上节点的特征，这些具有某种特征的节点称为特征点。两枚指纹经常会具有相同的总体特征，但它们的局部特征点却不可能完全相同。指纹上的特征点，即指纹纹路上的终结点、分叉点和转折点。

通常，首先从获取的指纹图像上找到特征点，然后根据特征点的信息建立用户指纹的数字化指纹特征数据（一种单向的转换，可以从指纹图像转换成特征数据，但不能从特征数据转换成指纹图像）。由于两枚不同的指纹不会产生相同的特征数据，所以通过对所采集到的指纹图像的特征数据和存放在数据库中的指纹特征数据进行模式匹配，计算出它们的相似程度，最终得到两个指纹的匹配结果，并根据匹配结果来鉴别用户身份。由于每个人的指纹都不同，因此指纹可用于身份鉴定。

指纹识别技术的优点主要有：

➢ 指纹是人体独一无二的特征，并且复杂度足够高，可以提供用于鉴别的足够特征；

➢ 如果想要增加可靠性，只需登记更多的指纹、鉴别更多的手指（最多可达 10 个），而每个指纹都是独一无二的；

➢ 扫描指纹的速度很快，使用非常方便。

指纹识别技术的缺点主要有：

➢ 某些人或某些群体的指纹因为指纹特征很少，故很难成像；

➢ 过去因为在犯罪记录中使用指纹，使得某些人害怕将指纹记录在案，然而，实际上现在的指纹识别技术都可以保证不存储任何含有指纹图像的数据，而只是存储从指纹中得到的加密的指纹特征数据。

➢ 每一次使用指纹时都会在指纹采集头上留下用户的指纹印痕，而这些指纹痕迹存在被用来复制指纹的可能性。

7. 虹膜识别

目前虹膜识别仍被公认为是识别精度最高的生物识别系统。虹膜识别技术通过人体唯一眼睛虹膜的特征来识别身份，虹膜特征匹配的准确性几乎超过了 DNA 匹配。这种技术在生物测定行业已经被广泛认为是目前精确度、稳定性、可升级性最高的身份识别系统。

虹膜识别的过程如下：

① 捕捉虹膜的数据图像；

② 为虹膜的图像分析做准备；

③ 从虹膜的纹理或类型中创造 512 字节的虹膜代码（Iriscode）；

④ 使用虹膜代码模板用于确认。

虹膜识别技术的优点主要有：

➢ 可靠性极高；

➢ 便于使用；

➢ 无须物理接触。

虹膜识别技术的缺点主要有：

➢ 难以将图像获取设备的尺寸小型化；

➢ 设备造价高；

➢ 镜头可能产生图像畸变而降低可靠性。

8. 静脉识别

静脉识别技术主要是利用静脉血管的构造来进行身份识别。静脉血管纹络包含大量的特征信息，可以作为验证的对象。手掌静脉识别的原理也是利用静脉血管与肌肉、骨骸之间对特定波长红外光不同的吸收特性来进行静脉血管造影。由于手掌较厚，红外光通常无法进行透射，因而只能采用反射造影法。红外光照射在手背上，有静脉的部位吸收红外光反射暗淡，肌肉与骨骼部位反射强烈，从而实现对静脉的造影。

静脉识别技术的优点主要有：

➢ 不会磨损，难以伪造，具有很高的安全性；

➢ 血管特征通常更明显，容易辨识，抗干扰性好；

➢ 非接触式测量，不易受手表面伤痕或油污的影响，更容易被接受。

静脉识别技术的缺点主要有：

➢ 手背静脉仍可能随着年龄和生理的变化而变化，永久性尚未得到证实；

➢ 仍然存在无法成功注册登记的可能；

➢ 采集设备有特殊要求，设计相对复杂，制造成本高。

9. 声纹识别

所谓声纹（Voiceprint），是用电声学仪器显示的携带语言信息的声波频谱。人类语言的产生是人体语言中枢与发音器官之间一个复杂的生理物理过程，人在讲话时使用的发声器官——每个人的舌头、牙齿、喉头、肺、鼻腔在尺寸和形态方面差异很大，所以任何两个人的声纹图谱都有差异。每个人的语音声学特征既有相对稳定性，又有差异性，并不是绝对的、一成不变的。

声纹识别技术的优点主要有：

➢ 蕴含声纹特征的语音获取方便、自然，声纹提取可在不知不觉中完成，因此使用者的接受程度也高；

➢ 获取语音识别的成本低廉，在使用通信设备时更是无需额外的录音设备；

➢ 适合远程身份确认，只需要一个麦克风或电话、手机，就可以通过网络（通信网络或互联网络）实现远程登录；

➢ 声纹辨认和确认的算法复杂度低。

声纹识别技术的缺点主要有：

➢ 一个人的声音具有易变性，易受身体状况、年龄、情绪等的影响，会在很大程度上影响识别的准确性；

➢ 不同的麦克风、环境噪声对识别的准确性可能会产生影响；

➢ 在背景嘈杂的情形下，人的声纹特征不易被提取。

3.4.2 应用简介

5G改变社会，并引领着移动通信技术革命。5G也在赋能各个行业，多个行业的演进将被重新定义。和此前的移动通信技术相比，5G技术致力于解决“人与万物”间的关系，并在生活、工作及沟通方式等各层面带来全面的改变。从某种程度上来说，它将给人类社会带来比预期更为深远的影响。

随着AI与云计算的发展，各类识别技术在安全验证、人机交流、公安安防等多个领域得到了广泛的应用。在高速率、广连接、高可靠、低延时特点的5G引领下，传统的识别技术将被充分赋能，重新激发出更加宽广的应用场景。人脸支付以及语音识别极有可能最先受益于5G技术。

1. 5G+人脸支付

以金融领域的应用为例，最近几年，各种生物识别技术在银行系统中被广泛尝试，在保障安全的基础上，接驳到银行各大系统。随着指纹识别终端、摄像头、话筒等设备在智能手机中成为标配，指纹和人脸这两种生物识别技术得到了普及。同时，指纹、人脸在金融行业也优于虹膜和静脉的应用，并且在安全性方面，也有着更为严密的安全保证。在人脸识别的基础之上，人脸支付技术逐渐成熟，在金融支付领域有着广阔前景。人脸支付给消费者带来了全新的支付体验，在交易速度和操作便利性上较传统的支付手段有着天然的优势。但是，人脸支付在交易成功率、安全性和防欺诈交易方面仍有很大的改善空间。同时，人脸支付对于网络时延和网络安全性也有着很高的要求。

5G技术则为上述新技术提供了新的可能性，5G技术将大大缩短交易时间和操作时延，这对交易数量巨大的移动支付来说至关重要。对于金融技术来说，5G技术的魅力不仅仅在于速度，更在于超低的交易时延和超大的网络带宽。5G技术的应用使得移动支付新技术的快速发展成为可能，人脸支付的技术应用也会趋于安全、完善。如果说人脸识别技术在移动支付的广泛应用是基于AI、大数据等基础技术的最具代表性的案例，那么，5G技术将会是人脸识别技术应用在移动支付上重要的基础环境和设施。此外，5G技术还将为人脸识别技术在移动支付未来各个场景的深入应用提供坚实的物理保障和必要条件。

2. 5G+语音识别

5G 的普及将大大提升用户对手机输入法输入效率的需求，而传统的键盘输入可能会被更高效的语音输入所替代。目前语音已经广泛应用于输入法、智能助手，并开始充当智能家居和物联网的入口，通过苹果的 HomePod、亚马逊的 Alexa，越来越多的智能家居设备实现了语音控制。

5G 普及后，低时延的特性也会使得语音交互更为高效。以现在常见的语音控制智能音箱设备为例，因为受限于自身的处理运算性能和网络时延，响应总是慢一拍，抑或是有限的运算能力难以理解我们的复杂语句。5G 的低时延特性让智能音箱可以时刻通过 5G 网络与服务器进行沟通，借助云端的运算，算力上有了大幅的提升后，自然语义的识别也会更为高效。同理，在手机输入交互上，现在占有绝对主流地位的键盘输入方法也有可能会随着 5G 的到来被语音输入所取代。从输入效率的角度来看，普通人每分钟可以输入 40 个单词，而使用语音就能够轻轻松松将这个数字提高到 400 个。

诚然，5G 改变的不仅仅是移动设备的上网速度，也会影响我们生活的方方面面。“5G+人脸支付”和“5G+语音识别”虽然还有很多技术难题亟待优化和解决，但这种技术将驱动新的生产力提升浪潮，造福消费者、企业和社会，也能普惠全社会，让所有人都能更加便捷地使用互联网，享受数字生活带来的便利。

3.5 无人机

3.5.1 基本概念与简介

狭义上说，无人机是由动力驱动、机上无人驾驶的航空飞行器的简称，通常由机体、动力装置、航空电子电气设备、任务载荷设备等组成。广义无人机指的是无人机系统，以无人机为主体，配有相关的分系统，能执行特定的任务。

1. 系统的基本组成

无人机系统由无人机机体、任务设备、地面控制站、无线电测控与信息传输分系统、发射与回收分系统以及保障与维修分系统组成。

无人机机体分为多轴无人机、单轴无人机以及固定翼无人机。无人机机体可通过挂载的任务载荷设备完成相应的任务。

任务设备是指用于实施信息传输、信息对抗或辅助等各种任务的无人机机载设备。

地面控制站是指用于实现任务规划、链路控制、飞行控制、载荷控制、航迹显示、参数显示、图像显示和载荷信息显示，以及记录和分发等功能的设备。

无线电测控与信息传输分系统可以完成地面控制站与无人机机体之间的通信联络及监控信息传输。

发射与回收分系统是指与发射（起飞）和回收（着陆）有关的设备或装置。

保障与维修分系统主要是为无人机机体、任务设备、地面控制站、无线电测控与信息传输分系统、发射与回收分系统提供日常维护与保障。

2. 技术发展

无人机的价值在于形成空中平台，替代人类完成空中作业。目前消费类无人机占据了更多的市场份额，但行业无人机也越来越被看好。2018 全球无人机大会预测，未来五年，全球的无人机行业将保持迅猛发展，到 2022 年市场总值将达到 150 亿美元，为 2016 年的近 12 倍，出货量将突破 62 万架，是 2016 年的 6 倍。目前在世界各地诸多领域都已显现出"无人机+行业应用"的蓬勃发展势头，无人机在农林植保、电力及石油管线巡查、应急通信、气象监视、农林作业、海洋水纹监测、矿产勘探等领域应用的技术效果和经济效益非常显著。此外，无人机在灾害评估、生化探测、污染采样、遥感测绘、缉毒缉私、边境巡逻、治安反恐、野生动物保护等方面也有着广阔的应用前景。

无人机系统在地面控制站与无人机机体之间的通信一般采用 Wi-Fi 技术。Wi-Fi 技术虽然比较成熟，但存在如下 4 个瓶颈：

- 需视距传播，无人机的飞行距离有限；
- 采用非专用频率，存在系统内外干扰严重等问题；
- 传输带宽有限，不能对高清视频进行实时回传；
- 传输时延较大，容易造成无人机飞行碰撞等安全隐患。

随着移动互联网技术的发展，尤其是 5G 技术的到来，对无人机的遥控、导引以及数据回传可通过 5G 网络来实现。利用 5G 无处不在的蜂窝网络，可以有效扩大无人机的飞行范围，并提供电信级的网络服务保障；利用 5G 网络的大带宽特性，可实现无人机高清视频的实时回传；利用 5G 网络的 uRLLC 特性，可实现对无人机飞行轨迹的精准控制。同时，搭配无人机自动起降停机坪，可实现无人机的完全远程操控，大大拓展了无人机在商业、政府和消费领域的用途。

3.5.2 技术标准体系

国内的无人机相关国家技术标准正在编制建立中，目前最具参考价值和指导意义的是由中国无人机产业联盟提出、起草并发布的《中国无人机通用技术标准》，主要起草单位为行业内的主要科研院所，以及无人机主流研发、生产厂家等。本书所涉及的无人机方面的基本定义和概念直接引用该标准，下面对无人机技术指标做简单阐述。

1. 无人机的分类、分级

无人机系统按飞行方式分类，主要包括以下 3 种：

➢ 固定翼无人机；
➢ 单轴旋翼无人机；
➢ 多轴无人机。

按重量分类（按民航法规）主要包括：

➢ 微型（0～7kg）；
➢ 轻型（7～116kg）；
➢ 小型（116～5700kg）；
➢ 重型（大型）（5700kg以上）。

按续航时间可分为：

➢ 短航时，续航时间在60min以内；
➢ 中航时，续航时间大于1h、不大于6h；
➢ 长航时，续航时间大于6h。

2. 无人机系统的组成

无人机系统主要由以下部分组成。

➢ 无人机：机体、动力装置、航空电子电气设备等；

➢ 任务设备：图像采集设备、中继设备、电子侦测设备、投送设备、救援和辅助设备等；

➢ 控制站分系统：无线电遥控设备、无线电遥测设备、无线电定位设备、信息传输设备、中继转发设备、飞行操纵与管理设备、综合显示系统、地图与飞行航迹显示设备、任务规划设备、记录与回放设备等；

➢ 地面保障分系统：起飞（发射）和着陆（回收）设备或装置、基层级保障维修设备、中继级保障维修设备、基地级保障维修设备等。

3. 无人机系统的技术要求

无人机系统的技术要求包括外形尺寸、外部颜色与标牌、速度与重量、任务设备要求、控制站分系统要求几个方面。

（1）外形尺寸

无人机需在产品设计规范中明确给出机长、机高尺寸。多轴无人机需增加轴距及桨叶尺寸，固定翼无人机需增加翼展尺寸。

（2）外部颜色与标牌

无人机外部的主体颜色应在产品标牌及包装上标明。标牌应标明产品的代号、名称、系列号、出厂日期和生产单位。

（3）速度与重量

无人机应在产品设计规范中明确全机重量指标，包括任务重量、能源重量和空机重量。任务重量为执行任务所需的设备，以及为保证其正常工作所需的能源和可拆卸的辅助装置的重量。对不同任务所需的任务设备及其重量应在产品设计规范中给出。能源重量按产生动力的能源不同可分为燃油重量、电池、混合和其他。燃油重量分为最大载油量（系指机内油箱满载时的燃油重量）、不可用燃油量（是指不能用于飞行的残余燃油）和任务燃油量（是执行规定任务所需的油量）。在具有外挂副油箱的情况下，还应给出带副油箱时的最大载油量。电池重量（含在能源重量中）分为最大起飞电池重量和正常起飞电池重量。空机重量包括机体重量，动力装置与动力源重量，机载传感器、回收装置机载部分以及保证无人机飞行控制所需的机载设备的重量。

最大平飞速度是指固定翼无人机、单轴旋翼无人机、多轴无人机在水平直线飞行条件下，把动力推力加到最大所能达到的最大速度，需满足表 3-13 中的要求。

表 3-13　最大平飞速度

类型	固定翼无人机	单轴旋翼无人机	多轴无人机
最大平飞速度（km/h）	≥60	≥40	≥30

巡航速度是指固定翼无人机、单轴旋翼无人机、多轴无人机采用程控巡航飞行，所能达到的最大速度，需满足表 3-14 中的要求。

表 3-14　巡航速度

类型	固定翼无人机	单轴旋翼无人机	多轴无人机
巡航速度（km/h）	≥40	≥40	≥20

固定翼无人机、单轴旋翼无人机、多轴无人机能爬升到的最大飞行高度需满足表 3-15 中的要求。

表 3-15　最大飞行高度

类型	固定翼无人机	单轴旋翼无人机	多轴无人机
最大飞行高度（m）	≥2000	≥800	≥500

固定翼无人机、单轴旋翼无人机、多轴无人机的最大续航时间需满足表 3-16 中的要求。

表 3-16　最大续航时间

类型	固定翼无人机	单轴旋翼无人机	多轴无人机
最大续航时间	1h	45min	25min

最大飞行半径是指无人机携带正常任务载荷，在不进行空中能源补给，自起飞点起飞，沿指定航线飞行，执行完任务后，返回原起飞点所能达到的最远单程距离，需满足表 3-17 中的要求。

表 3-17　最大飞行半径

类型	固定翼无人机	单轴旋翼无人机	多轴无人机
最大飞行半径（km）	≥15	≥20	≥5

无人机飞行姿态平稳度要求为：俯仰角平稳度、倾斜角平稳度误差在±3.5° 内，偏航角平稳度误差在±3° 内。航迹控制精度需满足表 3-18 中的要求。

表 3-18　航迹控制精度

类型	固定翼无人机	单轴旋翼无人机	多轴无人机
水平航迹控制精度（m）	10	10	10
垂直航迹控制精度（m）	10	10	10

地面站控制半径为地面控制站能遥控无人机的最远距离。固定翼无人机、单轴旋翼无人机、多轴无人机的地面站控制半径需满足表 3-19 中的要求。

表 3-19　地面站控制半径

类型	固定翼无人机	单轴旋翼无人机	多轴无人机
地面站控制半径（km）	15	20	5

无人机抗风等级是无人机在有风环境能起飞及相对高度 150m 空域保持正常飞行，所能承受的最大风力要求。抗风等级最低不应小于 4 级风。

（4）任务设备要求

无人机挂载的任务设备根据不同的行业应用有很大的不同，具体指标依据产品设计规范，需满足实际应用需求。高清侦察设备应按产品规范明确拍摄容量、分辨率、焦距、视场角度、重量、体积、互换性、环境适应性等要求；红外侦察设备应按产品规范明确工作波长、分辨率、拍摄容量、视场焦距、输出精度、制冷方式、启动时间、重量、体积、互换性、环境适应性等要求；微光侦察设备应按产品规范明确最低光照强度、分辨率、拍摄容量、重量、体积、互换性、环境适应性等要求。

为了减少无人机姿态运动对光电侦察设备的影响，保证侦察质量，光电侦察设备一般需要安装在云台上。云台应按产品规范明确功能、方位角和俯仰角、最大角速度、稳定精度、重量、体积、互换性、环境适应性等要求。

产品若具备数据保密功能，应在产品设计规范中注明。

（5）控制站分系统要求

控制站分系统分为车载型和便携型两种。系统功能包括飞行操纵与管理模块、综合显示系统、地图与飞行航迹显示、任务规划等，其内容可以根据任务需要来配置。

飞行操纵与管理模块的功能是完成起飞前无人机的测量与准备，以及无人机起飞、飞行、执行任务和返回等过程的操纵控制。

综合显示系统的功能是显示飞行参数和任务参数，提供无人机飞行和任务设备的状态监控，为故障处理提供依据。综合显示系统提供如下信息：飞行航迹坐标（高度，速度，航向）、飞行姿态、飞行时间、剩余电量等。

地图与飞行航迹显示的功能是提供无人机自动巡航与轨迹显示服务，主要显示无人机的预定飞行轨迹与实时飞行位置。

3.5.3 应用简介

无人机的应用领域非常广泛，这里主要对无人机在消费领域与工业领域的应用做一简要介绍。

无人机在消费领域的应用目前主要以视频拍摄为主，将随着技术的发展与普及进入快速的成长期。

在工业领域，由于性能和搭载的任务设备都有了很大的提升，无人机的应用领域非常广泛，如图 3-19 所示，包含智慧农业、智慧能源、智慧防灾、智慧林业、智慧气象、智慧警用、智慧海洋、智慧测绘等。

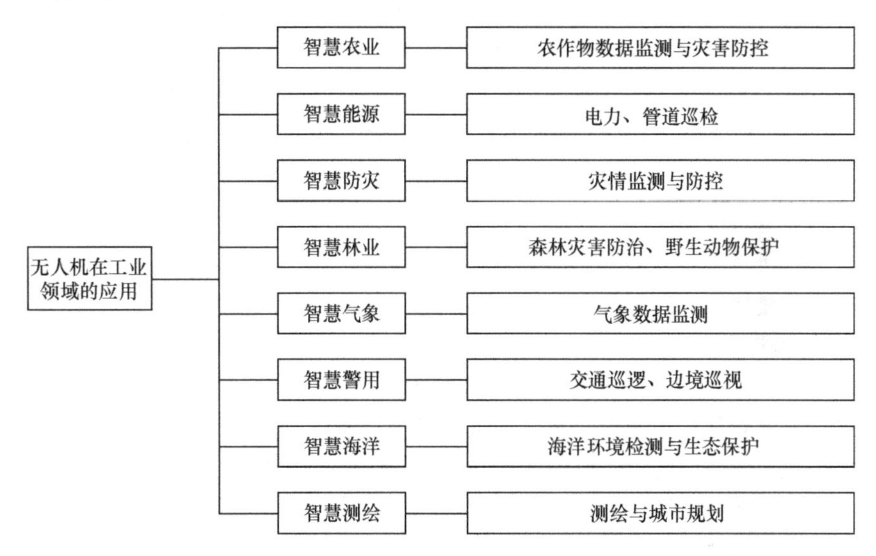

图 3-19　无人机在工业领域的应用

目前无人机的使用还有以下 4 项难题需要去克服。

- 一般需要在视距范围内进行操作，当无人机飞离视距范围后，容易失联，造成提前返航，不能完成既定任务。
- 无线频率由于采用 2.4GHz Wi-Fi 等公共频率，容易造成干扰，影响无人机作业。
- 无人机的飞行实时关键数据（如经纬度、高度、飞行速度、飞行轨迹、视频数据等）不能实时回传至数据平台，无法实时监控。
- 目前无人机由飞手操控，对人的依赖性较高，对于一些日常巡视任务，无法做到简单复制，因而造成执行该项目成本较高，制约了类似项目的发展。

通过将无人机技术与现代通信技术（包括 5G、云等技术）相结合，可解决或改善上述问题。下面就无人机在视频监控及智慧旅游方面的应用展开讨论。

1. 无人机视频监控应用方案

通过整合 5G 技术、无人机飞控平台技术以及无人机自动停机坪技术，可以形成无人机视频监控整体解决方案，应用于公共安全等领域，如图 3-20 所示。

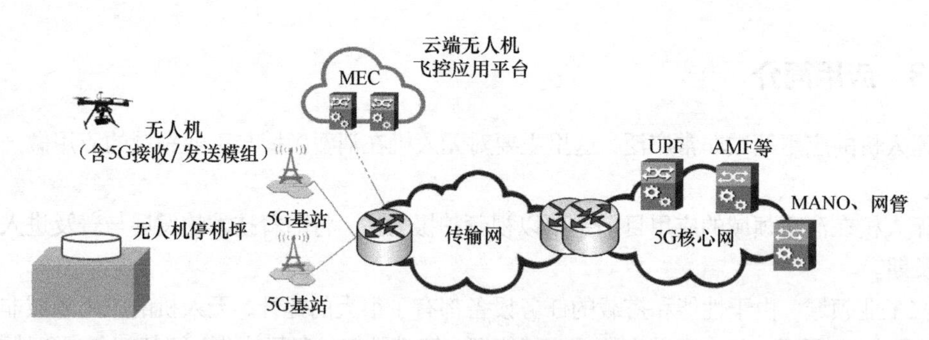

图 3-20 无人机视频监控整体解决方案

首先，在云端构建无人机飞控应用平台，实现无人机机器视觉学习、云平台命令与控制、数据接收与永久存储，以及 IoT 数据交互。

飞控应用平台秉承无人机数据即服务的崭新理念，以行业无人机和其他物联网设备为对象，以飞行安全保障和智能化飞行管理保障为两大核心能力，采用 3D 建模、图像识别、机器学习等先进技术，打造了无人机飞控应用平台，形成了无人机飞控网垂直应用服务能力，有效支撑了各类业务应用。

相比于普通无人机存在只能事后记录起降地点、时间，只能在视距范围内由飞手进行操控，无法提供定制化的业务服务等问题，飞控应用平台提供了实时监管、远程控制、智能管理、任务预设等功能。

平台的主要亮点有：具备多重飞行安全保障，实现对用户、飞机、飞行计划的端到端管理和实时飞行权限管理；实现全网实时禁飞区和电子围栏功能。后续将实现对民航飞机实时感知与实时监控下的协同避让、自动规划最优飞行计划、构建飞行路径学习模型、提供单电机故障后安全降落的算法等功能。

其次，在无人机侧通过加装 5G 接收/发送模组，通过接入 5G 网络实现与飞控应用平台的高速互联。借助 5G 网络的大带宽、低时延以及高可靠特性，可实现对无人机的远程操控、高清视频的实时回传与存储。无人机的飞行范围因而也扩大到了 5G 网络的连续覆盖范围内。

此外，考虑到目前无人机 30 分钟左右的飞行持续时间，研究利用建筑物楼顶打造满足无人机起降要求的停机坪是打造无人机飞控网的重要一环。

图 3-21 所示的停机坪案例是在评估建筑物楼顶结构的条件下，采用钢结构与玻璃钢平面材料构建 5m×5m 的无人机停机坪，同时利用室外电信机柜打造配套机库并部署监控设备。该方案解决了无人机的日常存储和充电问题，在极少的人工干预下，实现无人机的自动起降。

图 3-21 无人机停机坪

目前有不少无人机相关厂商也开始逐步推出全自动停机坪，如图 3-22 所示。利用视觉识别技术实现无人机的精准降落，利用智能机械臂实现无人机的自动收纳与自动充电，真正实现了无人机的全自动起降与存储。

图 3-22　全自动停机坪

如图 3-23 所示，无人机从停机坪起飞，飞赴需监控的场所。到达场所后，无人机下降到执行任务高度，进行监控拍摄。监控拍摄任务完成后，可以按原路或选择新的路径返回停机坪。返回停机坪后的无人机则由停机坪自动收纳并充电，等待执行下次任务。整个过程中，无人机通过优化后的 5G 基站的 MIMO 波束进行远程控制，飞行路径与监控视频信息实时回传至监控中心机房。

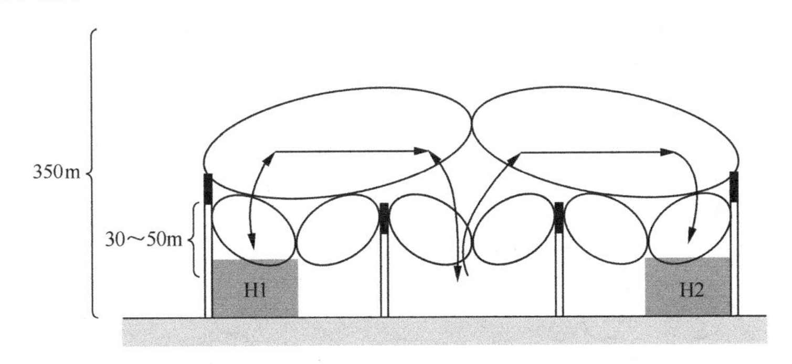

图 3-23　无人机视频监控执行任务示意

2. 无人机智慧旅游应用方案

通过整合 5G 技术和高清视频回传、剪辑、分发技术，可以形成无人机智慧旅游整体解决方案，应用于旅游拍摄等领域。

在某景区开展的 5G+无人机视频服务互动系统的应用中，利用 5G 网络的大带宽、低时延特性，为视频回传提供快速可靠的传输通道，实现实时回传视频，保证游客完成体验后便可得到视频下载链接。同时，通过视频智能剪辑与分发技术来实现“一次飞行，多人拍摄”，以此降低单次飞行成本，最终可以带给客户上帝的视角和大气磅礴的拍摄体验，如图 3-24 所示。

图 3-24　无人机智慧旅游应用方案

从组网方案来看，回传方案的技术演进可以分为 3 个阶段，如图 3-25 所示。第一阶段无须对无人机进行任何改造，利用无人机自带的 5.8GHz Wi-Fi 将视频信号回传到地面的 5G 终端，5G 终端再通过 5G 网络回传高清视频。第二阶段可在无人机上挂载 5G CPE，直接在空中通过 5G 网络进行视频回传。第三阶段则在无人机上开发 5G 相关模组，在空中直接通过 5G 网络进行回传。前两个阶段的方式目前已经实现，实现第三阶段方式需要的无人机终端，5G 相关模组厂商正在与无人机企业合作开发。

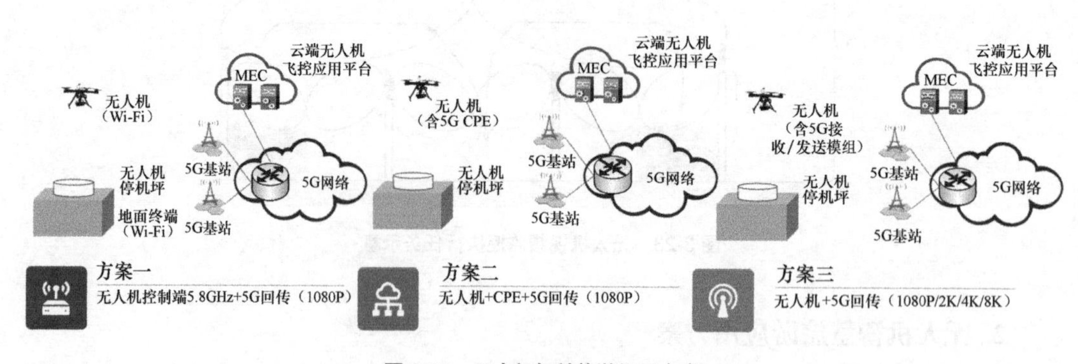

图 3-25　无人机智慧旅游组网方案

3.6　V2X

3.6.1　基本概念与简介

V2X 指车辆与万物通信，主要包括车辆与车辆（Vehicle to Vehicle，V2V）、车辆与路侧基础设施（Vehicle to Infrastructure，V2I）、车辆与行人（Vehicle to Pedestrian，V2P）、车辆与网络（Vehicle to Network，V2N）的通信 4 个方面。V2X 是利用现代通信技术和传感技术、高精度定位技术等相结合，构建智能交通系统（Intelligent Transportation System，ITS），最终目标是实现无人驾驶和远程驾驶。V2X 通信连接如图 3-26 所示。

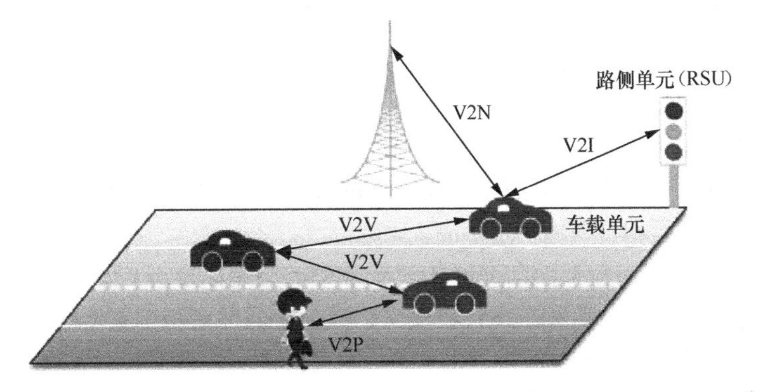

图 3-26　V2X 通信连接

（1）V2V

搭载 V2X 通信模块的汽车之间可以互相通信，而且 V2X 通信模块和汽车现有速度控制电路、刹车控制电路相结合，通过实时测量 V2V 汽车之间的距离以及计算相对速度，根据刹车安全距离提前控制车速或启动刹车，达到预防汽车碰撞的目的，提高汽车的行驶安全性能。

（2）V2I

搭载 V2X 通信模块的汽车可以和道路两侧的路侧单元（Road Side Unit，RSU）进行通信。RSU 相当于携带 V2X 通信模块的小基站，路侧基础设施相关信息可以通过 RSU 和车辆进行通信，交叉路口红绿灯信号状态、前方道路拥堵情况、交通事故信息、道路湿滑位置信息、道路养护等信息通过 RSU 及时广播给道路两侧车辆，使得车辆能够提前感知道路状况，采取绕行或减速等相应措施。此外，通过 V2I 通信也可以实现 V2I 的换道碰撞预警、V2I 的交叉口碰撞预警、V2I 的盲区碰撞预警、V2I 的行人预警、V2I 的交通信号灯状态显示、V2I 的主动交通控制、V2I 的交通标识标牌信息显示、V2I 的道路施工预警、V2I 的道路湿滑预警、V2I 的道路异常状态预警，从而避免安全事故，提高汽车的通行效率，减少二氧化碳排放量。

（3）V2N

搭载 V2X 通信模块的汽车可实现远程数据传输，车辆通过 V2X 通信模块和 RSU 或移动通信基站实现与云端信息的共享，车辆既可以将车辆状态、交通信息发送到云端交警指挥中心，云端也可以将交通拥堵、事故情况等信息通过广播发送给某一地区的相关车辆。而到了无人驾驶阶段，云端（或 MEC 服务器）通过 RSU 或基站将高精度地图实时传输给车辆导航系统，结合差分 GPS 高精度定位信息，即可实现远程驾驶和无人驾驶。

（4）V2P

搭载 V2X 通信模块的汽车和搭载 V2X 通信模块的手机、智能穿戴设备（智能手表等）之间可实现车与行人信息的交互，再根据车与人之间的速度、位置等信号判断相对位置。当可能存在碰撞隐患时，车辆通过仪表及蜂鸣器，手机通过图像及声音提示注意前方车辆或行人。行人经过正在倒车出库的汽车时，由于驾驶员的视觉盲区未能及时发现周边的人群（尤其是玩耍的儿童），很容易发生交通事故，通过 V2P 就可以避免事故发生，这与借助全景影像进行泊车的功能类似。

1. V2X 与车联网和网联汽车

借助 V2X 技术便可以构建车辆与万物之间的车联通信网。狭义的车联网通常指车载信息服务——Telematics（Telecommunications 和 Informatica 的合成词，意为“远距离通信技术和信息技术结合的网络”）。

狭义的车联网服务内容如下：车辆行驶导航、车辆行驶过程中的互联网娱乐、车辆定位信息上报，这些应用通过在车辆上安装 GPS+3G/4G/5G 数据终端，利用移动网络和互联网互通来实现，对通信时延和可靠性要求不高。

广义的车联网应用还包括面向交通的安全效率类应用以及以自动驾驶为基础的协同类服务应用，用于提升高速公路和车辆行驶安全，减少交通拥堵和二氧化碳排放，建立运营高效、便捷舒适、绿色节能、可持续发展的 ITS。无人驾驶和远程驾驶对 V2X 系统可靠性和时延的要求很高，需要基于蜂窝车联网（Cellular-Vehicle to Everything，C-V2X）技术或专用短程通信（Dedicated Short-Range Communication，DSRC）技术方能满足。总之，V2X 是车联网的基础，车联网应用建立在 V2X 通信基础之上。

根据中国汽车工程学会标准 T/CSAE 53-2017，可将车联网业务划分为 12 种安全类业务、4 类效率类业务、1 类近场支付信息服务。车联网业务指标需求见表 3-20。

表 3-20　车联网业务指标需求

分类	应用	通信类型	频率（Hz）	最大时延（ms）	定位精度（m）	通信范围（m）	适用通信技术
低时延高频率	前向碰撞预警	V2V	10	100	1.5	300	LTE-V/DSRC/5G
	盲区预警/变道辅助	V2V	10	100	1.5	150	
	紧急制动预警	V2V	10	100	1.5	150	
	逆向超车碰撞预警	V2V	10	100	1.5	300	
	闯红灯预警	I2V	10	100	1.5	150	

续表

分类	应用	通信类型	频率（Hz）	最大时延（ms）	定位精度（m）	通信范围（m）	适用通信技术
低时延高频率	交叉路口碰撞预警	V2V/I2V	10	100	1.5	150	LTE-V/DSRC/5G
	左转辅助	V2V/I2V	10	100	5	150	
	高优先级车辆让行/紧急车辆信号优先权	V2V/V2I	10	100	5	300	
	弱势交通参与者预警	V2P/I2V	10	100	5	150	
	车辆失控预警	V2V	10	100	5	150	
	异常车辆提醒	V2V	10	100	5	150	
	道路危险状况提示	I2V	10	100	5	300	
高时延低频率	基于信号灯的车速引导	I2V	2	200	1.5	150	4G/LTE-V/DSRC/5G
	限速预警	I2V	1	500	5	300	
	车内标牌	I2V	1	500	5	150	
	前方拥堵提醒	I2V	1	500	5	150	
	智能汽车近场支付	V2I	1	500	5	150	

网联汽车或智能网联汽车（Intelligent Connected Vehicle，ICV）是指搭载了传感器、控制器、执行器、V2X 通信模块的新一代汽车，可以实现车与人、车、路、后台等的智能信息交换共享，实现安全、舒适、节能、高效的行驶，并最终替代人类操作实现汽车无人驾驶。因此，V2X 是智能网联汽车的通信模块所实现的功能体系。

汽车驾驶分级有两种分类方法：一种是美国公路交通管理局（National Highway Traffic Safety Administration，NHTSA）制定的方法，另一种是美国汽车工程师学会（Society of Automotive Engineers，SAE）制定的方法。两种汽车驾驶分级情况见表 3-21。

表 3-21　两种汽车驾驶分级情况

NHTSA	L0	L1	L2	L3	L4	
SAE	L0	L1	L2	L3	L4	L5
SAE 解说	无自动化	辅助驾驶	部分自动驾驶	有条件自动驾驶	高度自动驾驶	完全自动驾驶
SAE 定义	人类驾驶汽车	通过环境信息对方向和加减速中的一项操作提供支援，其他驾驶操作都由人操作	通过环境信息对方向和加减速中的多项操作提供支援，其他驾驶操作都由人操作	由无人驾驶系统完成所有驾驶操作，根据系统请求，驾驶员需要提供适当的干预	由无人驾驶系统完成所有驾驶操作，特定环境下系统会向驾驶员提出响应请求，驾驶员可以对系统请求不响应	无人驾驶系统可以完成驾驶员能够完成的所有道路环境下的操作，不需要驾驶员介入
驾驶操作	人类驾驶者	人类驾驶者/系统	系统			
周边监控	人类驾驶者			系统		
干预	人类驾驶者				系统	

2. 高级驾驶辅助系统（ADAS）和V2X

高级驾驶辅助系统（Advanced Driver Assistance System，ADAS）属于单车智能驾驶。由于汽车产业一直致力于提升驾驶体验，减轻司机的工作强度，提高车辆行驶安全，因而开发了汽车驾驶辅助技术。初期的驾驶辅助技术包括刹车防抱死系统（Anti-lock Braking System，ABS）、电子稳定控制和牵引力控制（Electronic Stability Program，ESP）系统、自适应巡航（Adaptive Cruise Control，ACC）功能、自动泊车辅助（Auto Parking Assist，APA）系统等。随着汽车的升级换代以及传感技术、图像识别技术、计算机技术的发展，正逐步向搭载ADAS的智能汽车演进。ADAS采用摄像头、雷达（激光、毫米波、超声波）等多种传感器来收集车辆及车辆周围环境的信息数据，对即将发生的危险状态起到预警提示作用，帮助司机提高车辆的行驶安全。目前ADAS有以下功能：自动导航系统、交通信号灯监测、车道偏移报警系统（Lane Departure Warning System，LDWS）、车道保持辅助（Lane Keeping Assistance，LKA）系统、前车碰撞预警系统、夜视系统、自适应灯光控制、行人保护系统等。

ADAS的最大缺点是无法满足交叉路口和雨、雾等恶劣天气状态下的车辆碰撞预警、预防。因此只有和V2X技术结合，才能增强无人驾驶的安全性和可靠性。V2X技术是实现无人驾驶的必由之路，ADAS是无人驾驶的重要补充。

3. V2X和ITS

在V2X技术的发展过程中，政府交通主管部门利用V2X技术建设ITS，实现安全舒适、高效节能、绿色环保和可持续发展的交通。世界道路协会的《智能交通系统手册》对ITS的定义为：在交通运输领域（主要是公路交通）集成应用“自动数据感知与采集”“网络通信”“信息处理”与“智能控制”，使交通运输业变得更加安全、高效、环保和舒适的各种信息系统的统称。2005年，中国的国家智能交通系统工程技术研究中心发布的《中国的ITS体系框架》第二版包含如下内容。

- 用户服务：9个服务领域、47项服务、179项子服务；
- 逻辑框架：10个功能领域、57项功能、101项子功能、406个过程、161张数据流图；
- 物理框架：10个系统、38个子系统、150个系统模块、51张物理框架流图；
- 应用系统：目前共提出了58个应用系统。

ITS体系框架中“用户服务”的第4个领域——“智能公路与安全辅助驾驶”包含的内容如下：智能公路与车辆信息收集、安全辅助驾驶、自动驾驶、车队自动运行，其中自动驾驶和V2X车联网相关，安全辅助驾驶就是ADAS。

车联网和ITS规划发展互相融合，V2X技术是ITS的重要组成部分。

3.6.2 技术发展与标准

汽车给人类带来了便捷的交通，也带来了很多伤害，全球每年因汽车事故造成的死亡人数达125万人，而且燃油汽车产生的二氧化碳排放造成了地球温室效应。尤其是车量快速增长引起的拥堵，加剧了温室效应的进程，如不加以控制，将危及人类的生存环境。因此，提高汽车行驶安全、降低碳排放就成了当今全人类急需解决的问题。

传统汽车在行驶过程中，如果遇到紧急状态，通过驾驶员的本能反应——操作刹车来避免车辆之间或车辆与周边物体之间的碰撞所引起的安全事故。车辆行驶需要驾驶员一直保持注意力，但长时间精神高度集中，难免会出现疲劳、短暂注意力分散、视线转移等现象，这些都是导致车祸的起因。能否通过搭建 V2X 模块，依靠 V2V 和 V2I 之间的无线链路，实时测量 V2V 汽车之间的距离以及汽车和障碍物之间的相对速度，根据刹车需要的安全距离提前控制油门或启动刹车，以达到预防汽车相撞的目的，从而提高行驶安全。随着研究的深入以及通信技术的发展，通信范围已逐渐扩展到 V2N、V2P 的通信。

目前 V2X 技术主要有 DSRC 和 C-V2X 两种技术标准。

1. DSRC 技术

（1）DSRC 技术的发展历程

1992 年美国交通部启动了智能车辆公路系统（Intelligent Vehicle Highway System，IVHS）研究计划，通过构建车辆和周围物体之间的通信网络来解决车辆的行驶安全和节能等方面的问题。由于车辆处于移动状态，因此无线电波成为通信媒介的首选，初期使用 915MHz 频段无线电波，并顺带开发了电子不停车收费（Electronic Toll Collection，ETC）系统，用于车辆行驶不停车收费业务。1995 年美国交通部正式公布了“国家 ITS 项目规划”。1999 年 10 月，美国联邦通信委员会（FCC）为 DSRC 指配了 5.9GHz 频段，主要用于 V2V 和 V2I 通信。IEEE 启动了车辆环境无线接入（Wireless Access in the Vehicular Environment，WAVE）的标准制定工作。2009 年，美国交通部明确提出了车联网的建设构想。2010 年，WAVE 工作组正式发布了 IEEE 802.11p 标准作为 DSRC 的 MAC 层/物理层协议规范。2015 年美国交通部启动了互联汽车项目并发布了《美国智能交通系统（ITS）战略规划》，2016 年发布了《联邦自动驾驶汽车政策指南》，2017 年发布了《自动驾驶系统 2.0：安全愿景》，2018 年发布了《自动驾驶汽车 3.0：为未来交通做准备》。

1995 年欧洲标准委员会（European Committee for Standardazation，CEN）完成了 DSRC 标准草案，1997 年制定了“5.8GHz DSRC 物理层和数据链路层”规范，2000 年欧盟发布了 ITS 体系框架。2008 年 ETSI 在 5.8GHz 频谱为车联网划分了专用频道。2009 年欧盟开始制定统一的 ITS 标准。2011 年，欧盟启动了蜂窝车联网项目，意在打造一个安全、高效、环保的行车环境，2014 年宣布试验成功。2016 年，欧盟通过了协作式智能交通系统（Cooperative Intelligent Transport Systems，C-ITS）。2017 年，欧盟启功“AUTOPILOT”的自动化驾驶项目，该项目为期 3 年，旨在利用智能互联设备和物联网实现更安全的高度自动化驾驶，在城市中心区域实现低速自动驾驶；2020 年欧盟计划在高速公路上实现自动驾驶，2022 年欧盟的所有新车都将具备通信功能，实现 100%“车联网”。2030 年将普及完全自动驾驶。

1994 年日本启动了 ETC 系统试验。1995 年日本建成了道路交通情报通信系统（Vehicle Information and Communication System Center，VICS），司机可以通过 VICS 的车载导航器享受免费的交通信息服务。1997 年日本制定了 DSRC 标准。1999 年日本启动了智能道路“Smart Way”计划，在道路交通基础设施中部署 DSRC 通信设备。2001 年日本的 ETC 系统开始推出服务。2002 年日本的 VICS 开始向手机、PC、PAD 等终端提供交通信息。2003 年启动了高速公路辅助导航系统（Advanced cruise-assist Highway Systems，AHS）的项目，采用 DSRC

技术为驾驶人员提供安全行车服务和车路协同服务。2007 年日本初步完成了“Smart Way”智能道路的部分试验计划。2016 年启动了《道路运输车辆法》《道路交通法》等相关法规的修订工作。2018 年提出了《自动驾驶相关制度整备大纲》，确认自动驾驶汽车事故原则上由车辆所有者来承担赔偿责任。日本使用 IEEE 802.11p 作为 DSRC 的底层协议标准。

中国的 DSRC 技术起步较晚，2000 年 2 月全国 ITS 协调指导小组及办公室成立。2007 年制定了 GB/T 20851.1-5 2007 电子收费 ETC 标准。2010 年交通运输部提出了建设车联网的设想，计划 2020 年驾驶辅助/部分自动驾驶车辆占有 50%的市场；2025 年高度自动驾驶车辆占有 15%的市场；2030 年完全自动驾驶车辆占有 10%的市场。

基于 DSRC 技术有两个比较成熟的应用，一个是车辆自动识别（Auto Vehicle Identify，AVI）系统，另一个是 ETC 系统。

（2）DSRC 协议规范

DSRC 技术包含 IEEE 802.11p 和 IEEE 1609.1～4 系列协议簇，协议架构如图 3-27 所示。

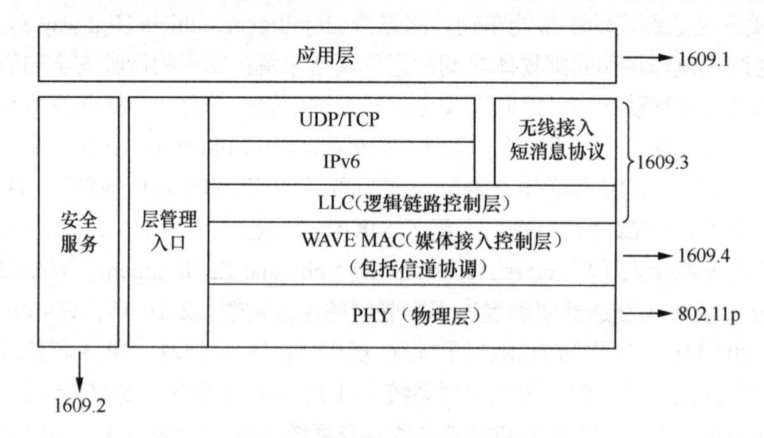

图 3-27　DSRC 各协议间的关系

IEEE 1609.1 定义车辆环境无线接入资源管理，包含资源命令处理器和资源管理器两部分，以及路侧单元和车载单元服务、接口规范，容许应用程序进行远程通信。

IEEE 1609.2 定义车辆环境无线接入服务安全，如安全消息的格式和对应的处理方法。防止通信内容被窃听、更换，及用户隐私被泄露等。

IEEE 1609.3 定义车辆环境无线接入网络服务，类似于 ISO 七层参考模型的网络层和传输层协议，提供网络寻址和传递数据服务，分为车辆环境无线接入管理实体和数据层两部分。管理实体的功能包括：系统配置和维护、分配接入信道、处理服务请求、广播服务消息、维护管理信息数据库等；数据层支持 WAVE 短消息协议和基于 IPv6 的 TCP/UDP。

IEEE 1609.4 定义车辆环境无线接入多信道操作，制定不同信道的管理操作和服务原语。管理平面包含 MAC 子层管理实体（MAC Layer Management Entity，MLME）和物理层管理实体（Physical Layer Management Entity，PLME）。MLME 的数据服务包括协调信道、信道路由选择、分配用户优先级；管理服务包括信道接入、多信道同步、供应商特定行为帧、重新定址等。在数据平面，支持 MAC 层服务数据单元（MAC Service Data Unit，MSDU）的发送，并增加了信道协调功能。

IEEE 802.11p 定义了物理层和 MAC 层规范，是专为车联网应用制定的标准规范，在 802.11a

标准的基础上进行了多项改进，使其能更好地支持移动环境，并增强了安全性能。

DSRC 的不足之处在于：V2I 通信需要部署 RSU，同时需要部署 RSU 回传路由；V2N 之间的通信需要通过 RSU 中转，即 RSU 通过有线和无线（3G/4G/5G 模块）才能实现，因此需要建设大量的 RSU。

2. C-V2X 技术

C-V2X 是以 3GPP 蜂窝通信为基础的 V2X 技术，包含 LTE-V2X、LTE-eV2X 和 5G NR-V2X 3 个阶段：第一阶段基于 LTE 技术满足 LTE-V2X 基本业务需求，对应 LTE R14；第二阶段基于 LTE 技术满足部分 5G-V2X 增强业务需求（LTE-eV2X），对应 LTE R15；第三阶段基于 5G NR 技术实现全部或大部分 5G-V2X 增强业务需求，对应 5G NR R16、R17。

（1）C-V2X 技术的起源

2006 年爱立信、沃达丰（通信企业）和 MAN Trucks、大众、宝马、福特（汽车企业）携手推进智能汽车协作通信项目（Coperative Cars，CoCar），旨在利用 3G 移动蜂窝通信技术实现车辆之间、车与道路管理系统之间信息的相互传递。2012 年，欧盟开展了 4G 蜂窝通信在 ITS 中的应用研究。2015 年 3GPP 启动了“LTE 对 V2X 服务的支持”和“基于 LTE 网络技术的 V2X 可行性服务”专题研究，开始了 LTE V2X 技术标准化的研究工作。“LTE-V2X”有时也简写为“LTE-V”，它是基于无线蜂窝通信的车联网技术，也称为“C-V2X”。国内的大唐、华为、中兴参与了 LTE-V 标准规范的编制。2016 年 9 月 3GPP 完成了“基于 LTE PC5 接口的 V2V”标准制定，引入了 D2D 的 SideLink 技术，实现了高速度、高密度行车场景下的车车之间低时延通信。D2D 不用通过蜂窝网的基站就可以实现终端之间的通信，和以往的蜂窝通信技术相比有较大的差异。2017 年 3 月，3GPP 完成了 LTE-V 的标准化制定。

C-V2X 业务涉及信息通信、交通、汽车、自动驾驶软件、应用软件等多个环节，需要更大的数据吞吐量、更低的时延、更高的安全性、更海量的连接。要想实现智慧交通和无人/远程驾驶的发展目标，“车—路—云”之间的协同是必由之路，因为即使汽车再聪明，也不可能处理所有的突发状况。这种情况下，需要云端驾驶员通过高带宽、低时延、高可靠的 V2X 网络远程控制汽车脱离紧急状态，而 LTE-V2X 技术在网络带宽、连接数、时延、可靠性等方面存在不足，能满足上述条件的只有 5G 网络。

R15 的 LTE-eV2X 在与 R14 LTE-V2X 保持兼容性的前提下，进一步提升了 V2X 的时延、速率以及可靠性等指标，增强了发送分集、载波聚合、64QAM 高阶调制、低时延、模式 3 和模式 4 资源池共享技术，以满足较高等级的 V2X 业务需求。

R16 5G NR-V2X 阶段支持 eV2X 的所有业务场景，主要研究工作包括设计 NR SideLink 和 NR Uu 接口功能增强、通过 NR Uu 调度 NR SideLink 资源、V2X 定位、无线接入技术选择机制、空口 QoS 管理技术方案、NR SideLink 与 LTE SideLink 共存机制、NR SideLink 使用频段等。

（2）C-V2X 技术介绍

为了使现有的 LTE 网络能支持车联网相关业务，无线基站新增了 D2D 功能，核心网新增了 ProSe 邻近服务网元，即新增了 ProSe 应用服务器、ProSe 功能模块、安全的用户平面位置定位平台（Secure User Plane Location Location Platform，SLP）3 个网元，以及 PC1、PC2、PC3、PC4a、PC4b、PC5、PC6（不同运营商移动网络 ProSe 功能之间的接口）、PC7（漫游地 ProSe 功能和归属地 ProSe 功能之间的接口）8 个接口。LTE-V 的无线资源和 LTE 相同，V2X 通信新增了 D2D 的 SideLink 通信，车辆之间可以通过 SideLink 通信，也可以使用现有 LTE Uu 接口进行通信。为了支持低时延，R14 新增了模式 3 和模式 4 两种新的 D2D 通信模式，具体见表 3-22。

表 3-22 D2D 通信模式

方式	调度方式	信道接入	用途	优点	缺点
模式 1	集中式	受 eNode B 控制	公共安全，VoIP	接入信道不碰撞	时延高
模式 2	分布式	随机，盲重传	公共安全，VoIP	时延低	接入信道碰撞
模式 3	集中式	受 eNode B 控制	V2X	接入信道不碰撞	时延高
模式 4	分布式	检测，半永久传输	V2X	时延低	接入信道碰撞

传统的 LTE 网络信道接入使用中心点控制（Point Control Function，PCF）方式，为了降低 C-V2X 车联网的信道接入时延，引入了分布式控制（Distribution Control Function，DCF）的信道接入方式。当终端使用 LTE Uu 接口进行通信时，在 PCF 方式下，终端接入的碰撞概率较大，且接入时延和端到端时延较大。在车辆预防碰撞的紧急状态下不适合使用 PCF 方式。使用 DCF 方式的接入控制时延较小，DCF 是基于载波侦听冲突避免的多址接入协议（Carrier Sense Multiple Access protocol with Collision-Avoidance，CSMA/CA）。利用载波侦听冲突避免技术来防止单一共享信道的冲突，同时通过四次握手机制完成信道接入。V2X LTE Uu 接口和 PC5 接口通信模式如图 3-28 所示。

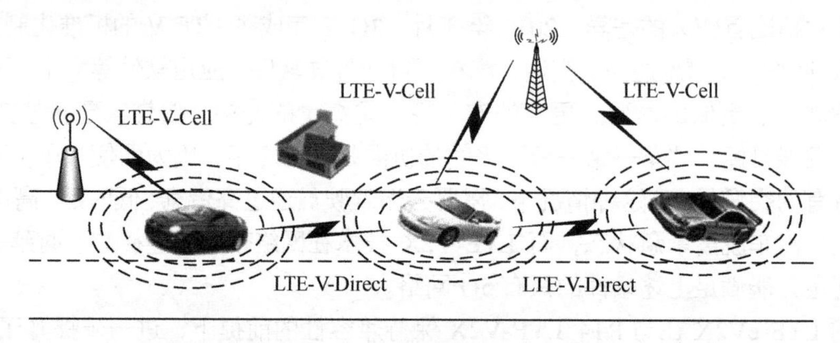

图 3-28 V2X LTE Uu 接口和 PC5 接口通信模式

V2X 通信使用的频段见表 3-23，SideLink PC5 接口通信的频段是 Band47，频率为 5.855～5.925GHz，和 DSRC 使用相同的频段。SideLink 使用 TDD（时分双工）方式。

表 3-23 V2X 通信使用的频段

V2X 频段配置	频段	接口	上行（MHz）			下行（MHz）			双工方式
			基站收/终端发			基站发/终端收			
			F_{UL_low}	～	F_{UL_high}	F_{DL_low}	～	F_{DL_high}	
V2X_3-47	3	Uu	1710	～	1785	1805	～	1880	FDD
	47	PC5	5855	～	5925	5855	～	5925	TDD

续表

V2X 频段配置	频段	接口	上行（MHz）			下行（MHz）			双工方式
			基站收/终端发			基站发/终端收			
			F_{UL_low}	～	F_{UL_high}	F_{DL_low}	～	F_{DL_high}	
V2X_7-47	7	Uu	2500	～	2570	2620	～	2690	FDD
	47	PC5	5855	～	5925	5855	～	5925	TDD
V2X_8-47	8	Uu	880	～	915	925	～	960	FDD
	47	PC5	5855	～	5925	5855	～	5925	TDD
V2X_39-47	39	Uu	1880	～	1920	1880	～	1920	TDD
	47	PC5	5855	～	5925	5855	～	5925	TDD
V2X_41-47	41	Uu	2496	～	2690	2496	～	2690	TDD
	47	PC5	5855	～	5925	5855	～	5925	TDD

V2X 使用 PC5 接口和 Uu 接口的信道带宽见表 3-24，PC5 接口的信道带宽有 10MHz 和 20MHz 两种，不同频段的 V2X 空口 Uu 所支持的带宽有所不同，但都支持 5MHz 和 10MHz 这两种带宽。

表 3-24　V2X 信道带宽

V2X 频段	1.4MHz	3MHz	5MHz	10MHz	15MHz	20MHz
47				是		是
3	是	是	是	是	是	是
7			是	是	是	是
8	是	是	是	是		
39			是	是	是	是
41			是	是	是	是

当 V2X 使用 LTE-V Uu 接口进行通信时，接口规范和 LTE 相同。当高速行驶中的车辆使用 D2D SideLink 通信时，采用 PC5 新接口规范，PC5 接口用户平面协议栈如图 3-29 所示，PC5 接口控制平面协议栈如图 3-30 所示。

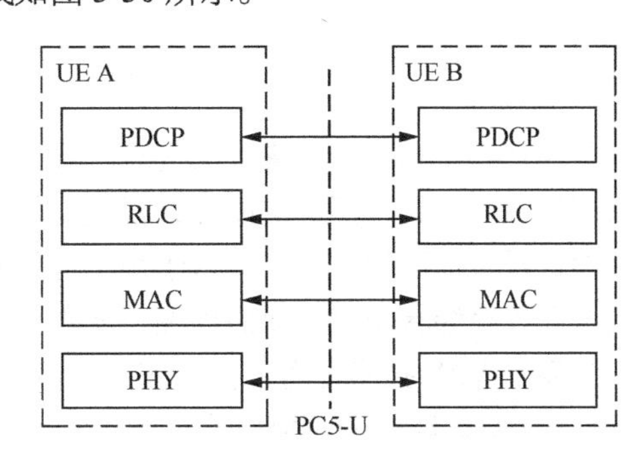

图 3-29　PC5 接口用户平面协议栈

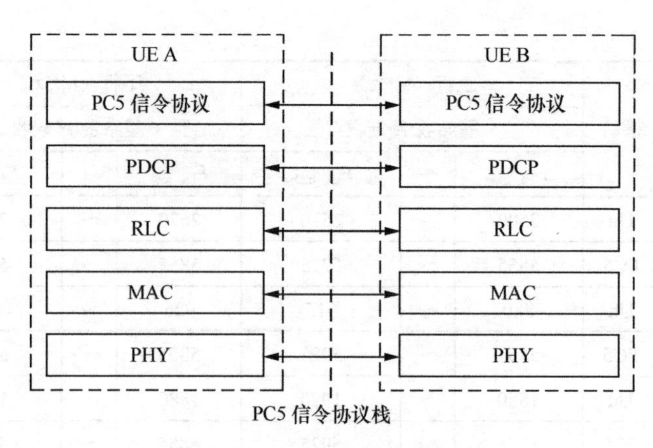

图 3-30　PC5 接口控制平面协议栈

3. DSRC 和 C–V2X 技术比较

DSRC 技术经过长期的发展标准已成熟，有欧美各大汽车厂商支撑。而由中国信科和华为牵头提出的 C-V2X 技术标准起步较晚，且尚在演进过程中，但是 C-V2X 有 3GPP 背后广泛的产业链支撑，而且在相同的测试环境下，通信距离为 400～1200m，LTE-V2X 系统的误码率明显低于 DSRC 系统，且 C-V2X 的可靠性和稳定性均明显优于 DSRC。DSRC、LTE-V、5G 技术的对比见表 3-25。

表 3-25　DSRC、LTE-V、5G 技术的对比

指标参数	DSRC	LTE-V Uu	LTE-V PC5	5G
数据速率	12/27Mbit/s	500Mbit/s	12Mbit/s	1Gbit/s
传输距离	300～500m	1000m	500m	1000m
适应车速	200km/h	350km/h	500km/h	500km/h
时延	小于 50ms	小于 100ms	50ms（15ms/模式 4）	1ms
网络部署	部署 RSU	现网基站+RSU	现网基站+RSU	新建基站+RSU
商业模式	运营方不明确	运营商建设	运营方不明确	运营商建设

3.6.3　应用简介

现在很多汽车上都安装了 ADAS 设备，包括多个传感器和激光雷达，这使得车辆的感知能力有了很大的提高，然而这依然是视距范围内的感知，视距以外还是会出现问题。相当于没有经验的司机在行车过程中只看着前面的一辆车，对于很多危险的感知可能还不够敏锐。要想让自动驾驶汽车能达到像今天有经验司机的成熟程度，就必须突破视距的障碍，把感知能力从视距扩展到非视距，依靠 C-V2X 技术即可以实现这一目标。但是有了 C-V2X 技术，并不能完全替代 ADAS，未来要想实现安全可靠的自动驾驶/无人驾驶/远程驾驶，必须将 C-V2X 技术和 ADAS 有机结合起来。图 3-31 是目前基于 LTE-V 的无人驾驶网络架构图。

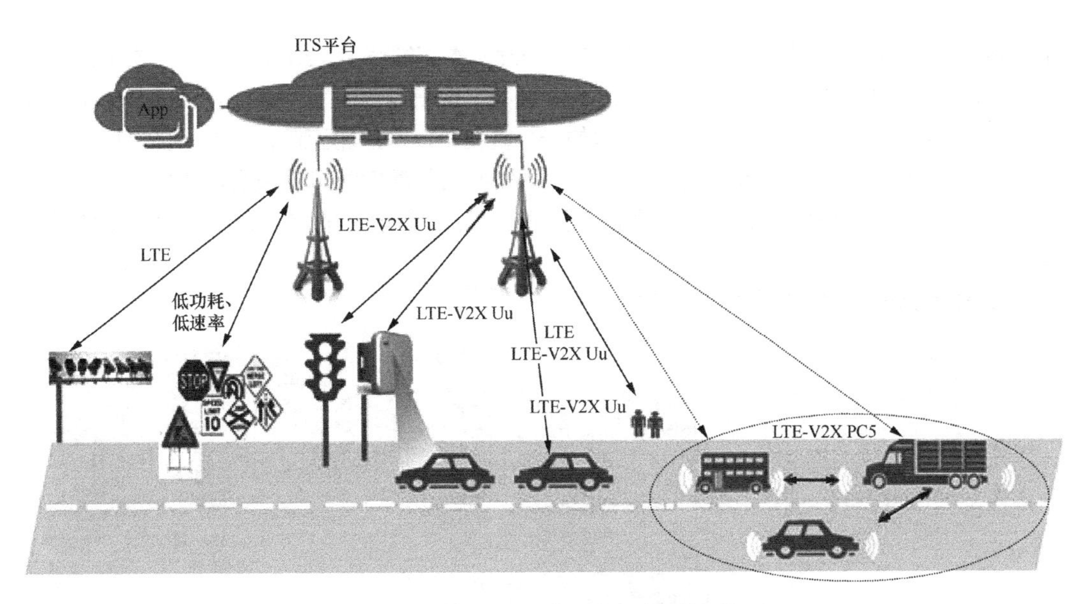

图 3-31 基于 LTE-V 的无人驾驶网络架构

V2X 技术可实现车辆与周围车辆、道路、设施和行人间的通信，通过信息交换形成完善的交互系统，精确感知和预测周边环境状态。ADAS 与 V2X 技术协同工作，有助于降低交通事故，提高交通效率和燃油经济性。要想实现高等级的完全自动驾驶，必须同时兼顾车载平台技术研发与基础设施建设，将 ADAS、V2X 技术充分融合。由于 V2X 技术需要协调交通管理部门、公安交警部门、运营商、汽车制造商等多个部门和产业链各方，且相关配套基础设施投资大、周期长，因而是一项长期的工程。

3.7 AI

3.7.1 基本概念与简介

人工智能（AI）是一门前沿交叉学科，是利用计算机模拟人类智能行为科学的统称，涵盖了训练计算机使其能够完成自主学习、判断、决策等人类行为的范畴。AI 领域处理的问题主要包括感知、挖掘、预测以及推理等。

AI 始于 20 世纪 50 年代，大致经历了 3 个发展阶段。第一阶段（20 世纪 50～80 年代）：AI 诞生，并迎来了第一段繁荣期。基于抽象数学推理的可编程数字计算机出现，并被广泛应用于数学和自然语言领域。符号主义快速发展，但由于很多事物不能形式化表达，建立的模型存在一定的局限性。计算任务的复杂性不断提升，但计算机性能不足，因而 AI 的发展也一度遭受质疑。第二阶段（20 世纪 80 年代至 90 年代末）：随着研究的深入，AI 开始进入平稳发展时期。专家系统快速发展并开始商业化，数学模型也有了重大突破，但由于专家系统在知识获取、推理能力等方面的不足，以及开发成本高等原因，AI 的发展又一次陷入低谷期。1997 年，IBM 的“深蓝”计算机系统战胜了国际象棋世界冠军卡斯帕罗夫，又一次引发了公众对 AI 的关注和讨论，这是 AI 发展的一个重要里程碑。第三阶段（21 世纪初至今）：2006 年，杰弗里・杰顿（Geoffrey Hinton）在神经网络的深度学习领域取得突破，这是标志性的技术进步。随着大数据的积聚、理论算法的革新、计算能力的提升，AI 迎来了新的繁荣时期。

AI 技术具体的发展历程如图 3-32 所示。

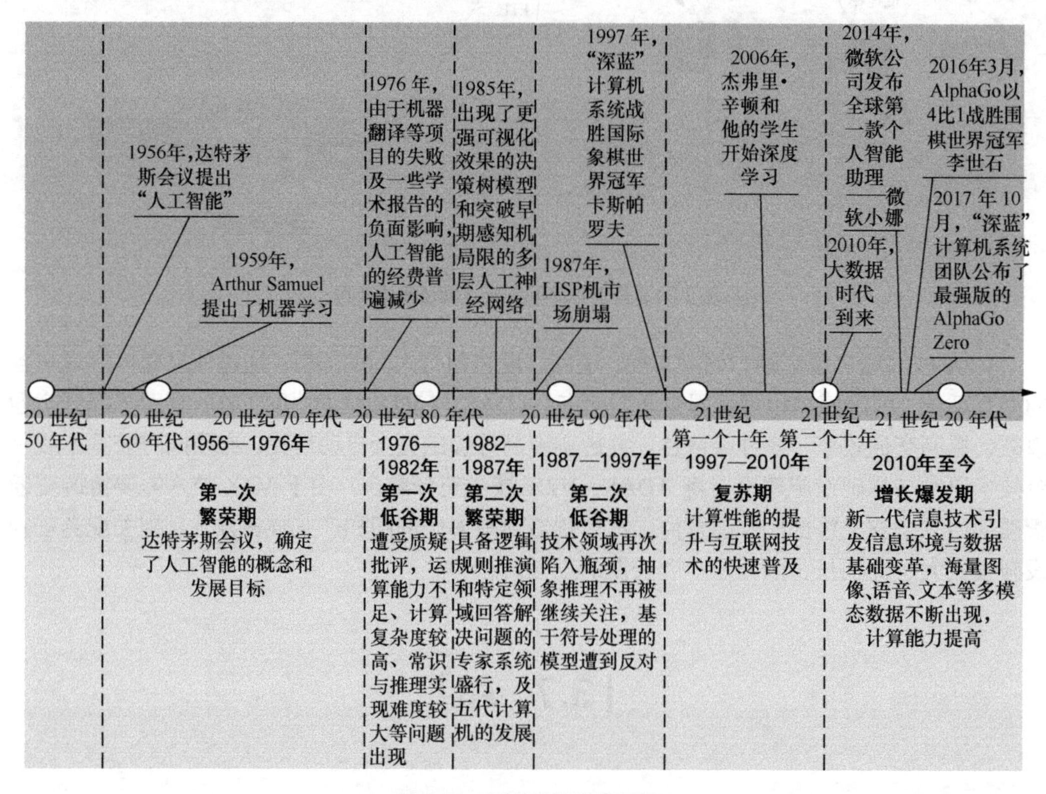

图 3-32　AI 技术的发展历程

根据 AI 实现推理、思考和解决问题的能力不同，可以将 AI 分为弱 AI、强 AI 和超 AI。

弱 AI 是指不具备推理和解决问题的能力，通常只是实现特定功能的专用智能机器。迄今为止，我们实现的几乎全是弱 AI，包括战胜围棋世界冠军的 AlphaGo。但在某些研究领域，如语音识别、图像处理和物体分割、机器翻译等，进步显著，甚至可以接近或超越人类水平。

强 AI 是指真正能思维的智能机器，并且认为这样的机器是有知觉和自我意识的，这类机器可以分为类人（机器的思考和推理类似人的思维）与非类人（机器产生了和人完全不一样的知觉和意识，使用和人完全不一样的推理方式）两大类。从一般意义来说，达到人类水平的、能够自适应地应对外界环境挑战的、具有自我意识的 AI 称为“通用 AI”“强 AI”或“类人智能”。强 AI 不仅在哲学上存在巨大争论（涉及思维与意识等根本问题的讨论），而且技术上的研究也具有极大的挑战性。

哲学家、牛津大学人类未来研究院院长尼克・波斯特罗姆（Nick Bostrom）认为超 AI

“在几乎所有领域都比最聪明的人类大脑都聪明很多，包括科技创新、通识和社交技能”。首先，超 AI 能实现与人类智能等同的功能，可以像人类智能实现生物上的进化一样，对自身进行重编程和改进，这也就是“递归自我改进功能”。其次，生物神经元 200Hz 的工作峰值速度和 120m/s 的轴突传输速度，远低于现代计算和通信的能力，这使得超 AI 的思考速度和自我改进速度将远远超过人类，人类作为生物的生理限制将统统不适用于机器智能。

目前，AI 在业界还处于弱 AI 向强 AI 过渡的阶段。随着深度学习技术的成熟，AI 逐渐从尖端技术走向公众视野，比如谷歌的 AlphaGo 机器人战胜了围棋世界冠军，就展示了 AI 的无穷潜能。

AI 是一个多学科交叉融合的产物，其在具体应用时还需要大数据、云计算、5G 等其他技术的支撑。5G 网络、5G 业务和 AI 之间可以相互赋能。5G 网络的特性，加上边缘计算等技术，将可以有效促进 AI 的发展。5G 业务可为 AI 提供落地应用并向 AI 提供大数据，同时，AI 也可赋能 5G 网络和 5G 业务。

3.7.2　标准体系与关键技术

全球各国都非常重视 AI 的标准化工作。美国发布了《国家人工智能研究与发展策略规划》，欧盟发布了“人脑计划”，日本实施了“人工智能/大数据/物联网/网络安全综合项目”，均提出围绕核心技术、顶尖人才、标准规范等强化部署，力图抢抓新一轮科技主导权。我国在《新一代人工智能发展规划》中将 AI 标准化作为重要的支撑保障，提出要“加强人工智能标准框架体系研究”。工业和信息化部在《促进新一代人工智能产业发展三年行动计划（2018—2020 年）》中指出，要建设人工智能产业标准规范体系，建立并完善基础共性、互联互通、安全隐私、行业应用等技术标准；同时构建人工智能产品评估评测体系。由于 AI 的技术、产品仍在快速发展中，AI 的概念、内涵、应用模式、智能化水平等在业界还很难达成共识，AI 的标准化工作基础目前也还是比较薄弱的。

AI 涉及跨领域的多技术融合，AI 标准之间存在着相互依存、相互制约的内在联系。中国电子技术标准化研究院发布的《人工智能标准化白皮书》中梳理了 AI 的相关技术标准，把 AI 标准体系划分为 6 个部分，包括“A 基础”“B 平台/支撑”“C 关键技术”“D 产品及服务”“E 应用”“F 安全/伦理”，如图 3-33 所示。

具体而言，“A 基础”标准包括术语、参考架构、数据和测试评估四大类，位于 AI 标准体系结构的最底层，用于支撑标准体系结构中的其他部分；“B 平台/支撑”标准是对 AI 硬件、软件、网络和数据的综合集成，在 AI 标准体系结构中起承上启下的作用；“C 关键技术”标准主要针对自然语言处理、人机交互、计算机视觉、生物特征识别和 VR/AR 等领域，为 AI 实际应用提供支撑；“D 产品及服务”标准包括在 AI 技术领域中形成的智能化产品及新服务模式的相关标准；“E 应用”标准位于 AI 标准体系结构的最顶层，面向行业具体需求，对其他部分的标准进行细化和落地，支撑各行业推进 AI 发展；“F 安全/伦理”标准位于 AI 标准体系结构的最右侧，贯穿于其他部分，用于提供安全标准，支撑 AI 发展。

依据上述体系结构中所涉及的 AI 相关技术，接下来重点介绍一下 AI 关键技术的发展状况，包括机器学习、自然语言处理、人机交互、计算机视觉、生物特征识别等。

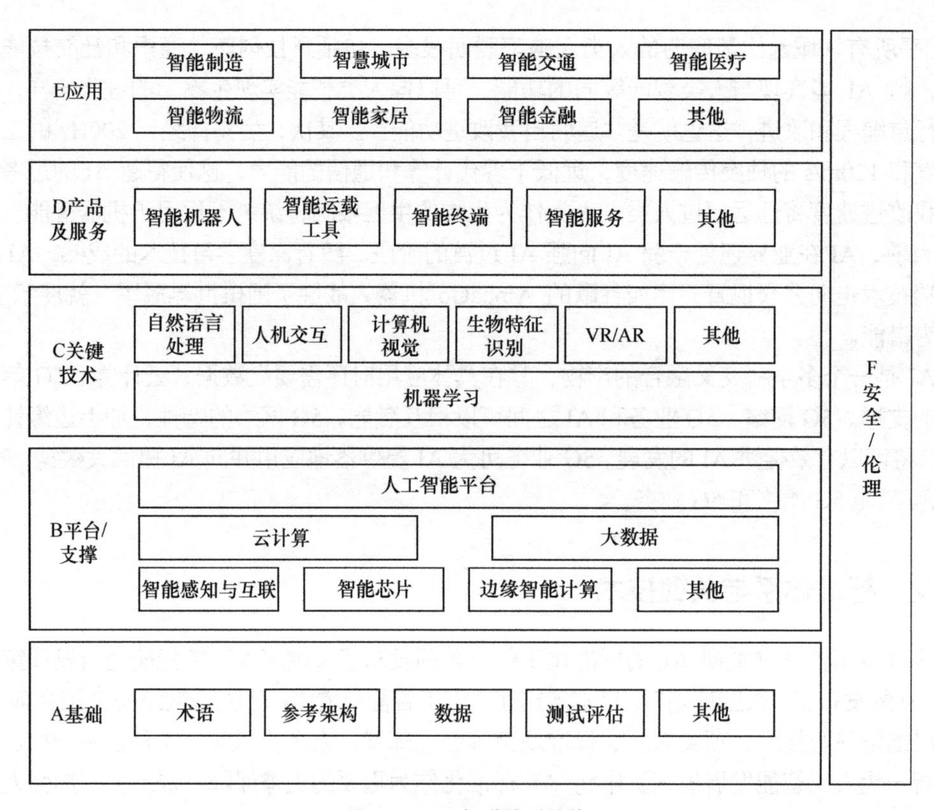

图 3-33　AI 标准体系结构

1. 机器学习

机器学习（Machine Learning，ML）是 AI 技术的核心，其本身也是一门交叉学科，涉及统计学、系统辨识、逼近理论、神经网络、优化理论、计算机科学、脑科学等诸多领域，主要研究计算机如何通过模拟或实现人类的学习行为来获取新的知识或技能，并不断迭代已有的知识结构以改善性能。基于数据的机器学习是现代智能技术中的重要方法之一，从原始数据出发寻找规律，再利用这些规律对未来的数据或无法观测到的数据进行预测和评估。机器学习的建模流程如图 3-34 所示。

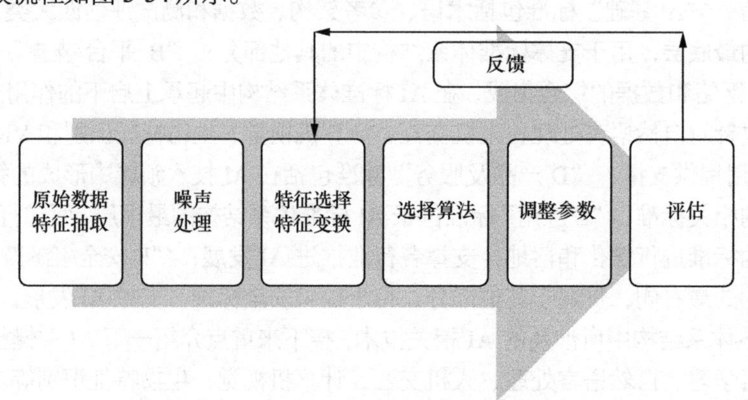

图 3-34　机器学习的建模流程

根据学习模式的不同可将机器学习分为监督学习、无监督学习和强化学习等，根据学习方法的不同还可以将机器学习分为传统机器学习和深度学习（Deep Learning，DL）。

（1）传统机器学习

传统机器学习是从一些观测或训练的样本出发，试图发现不能通过原理分析获得的规律，实现对未来数据行为或趋势的准确预测，相关算法包括逻辑回归、隐马尔可夫、支持向量机、三层人工神经网络、K 近邻、Adaboost、贝叶斯以及决策树等。传统机器学习平衡了学习结果的有效性与学习模型的可解释性，为解决有限样本的学习问题提供了一种框架，主要用于有限样本情况下的模式分类、回归分析、概率密度估计等。传统机器学习共同的重要理论基础之一是统计学，在自然语言处理、语音识别、图像识别、信息检索和生物信息等许多领域中都有广泛的应用。

（2）深度学习

深度学习是机器学习研究中的一个新兴领域，由辛顿等人于 2006 年提出，最近几年已发展成为大多数 AI 类型问题的首选技术。深度学习是指建立深层结构模型的学习方法，典型的深度学习算法包括深度置信网络、卷积神经网络、受限玻尔兹曼机和循环神经网络等。深度学习又称为深度神经网络（指层数超过 3 层的神经网络），其实质是给出了一种将特征表示和学习合二为一的方式。深度学习的特点是放弃了可解释性，单纯追求学习的有效性，经过多年的摸索尝试和研究，已经产生了诸多深度神经网络的模型，包括卷积神经网络和循环神经网络两类典型的模型。卷积神经网络常被应用于空间性分布数据；循环神经网络在神经网络中引入了记忆和反馈，常被应用于时间性分布数据。深度学习框架是进行深度学习的基础底层框架，一般包含主流的神经网络算法模型，可提供稳定的深度学习 API，支持训练模型在服务器和图形处理单元（Graphic Processing Unit，GPU）、张量处理单元（Tensor Processing Unit，TPU）间的分布式学习。部分框架还具备在移动设备、云平台等多种平台上运行的移植能力，从而能为深度学习算法带来运行速度和实用性的提升。

2. 自然语言处理

自然语言处理（Natural Language Processing，NLP）是研究实现人与计算机之间用自然语言进行有效通信的各种理论和方法，融合了语言学、计算机科学、数学等学科，是 AI 的一项重要基础技术。英国雷丁大学的演化生物学家马克 · 佩格尔（Mark Pagel）认为，人类的“语言”是最早的一种“社会科技”，语言的发明让早期的人类部落通过加强合作在进化上占有优势。自然语言处理可以简单分为输入和输出两种：一种是从人类到计算机，计算机把人类的语言转换成程序可以处理的结构；一种是从计算机反馈到人，把计算机处理的结果转换成人类可以理解的语言表达出来。自然语言处理的常规流程如图 3-35 所示。

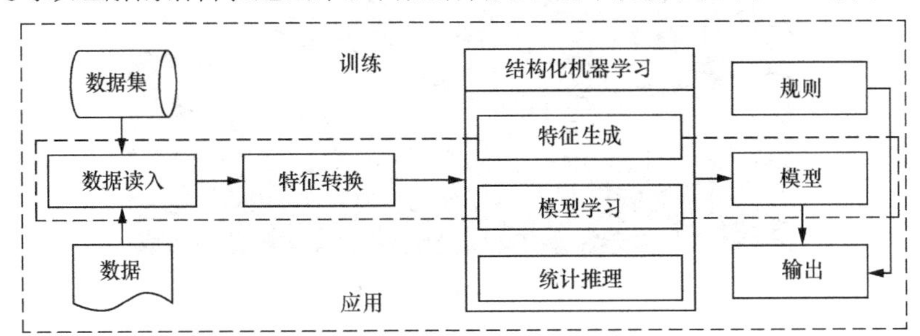

图 3-35 自然语言处理的常规流程

自然语言处理的研究领域主要包括机器翻译、语义理解和问答系统等。机器翻译主要实现从一种自然语言到另一种自然语言的翻译过程；语义理解技术可实现对文本篇章的理解，并回答与篇章相关的问题，注重对上下文的理解以及对答案精准程度的把控；问答系统技术是指让计算机像人类一样用自然语言来进行交流。

自然语言处理技术的发展要攻克四大挑战：一是在词法、句法、语义、语用和语音等维度的不确定性导致的结果偏差；二是不断出现的新词汇、术语、语义和语法导致未知语言现象的不可预测性；三是数据资源的不充分问题，数据资源有盲区，难以覆盖所有的语言现象；四是语义知识的模糊性和错综复杂的关联性难以用简单的数学模型来描述，语义计算需要参数庞大的非线性计算量。

3. 人机交互

人机交互主要研究人和计算机之间的信息交换，包括人到计算机和计算机到人两部分。人机交互是与认知心理学、人机工程学、多媒体技术、VR 技术等密切相关的综合学科，是AI 领域重要的外围技术。传统的人机交互依靠交互设备进行，主要包括键盘、鼠标、操纵杆、数据服装、眼动跟踪器、位置跟踪器、数据手套、压力笔等输入设备，以及打印机、绘图仪、显示器、头盔式显示器、音箱等输出设备。人机交互技术除了传统的基本交互和图形交互外，还包括语音交互、情感交互、体感交互及脑机交互等技术。

4. 计算机视觉

计算机视觉是使用计算机模仿人类视觉系统的科学，让计算机拥有类似人类提取、处理、理解和分析图像以及图像序列的能力。自动驾驶、机器人、智能医疗等领域均需要通过计算机视觉技术从视觉信号中提取并处理信息。在深度学习算法之前，视觉算法大致可以分为以下 5 个步骤：特征感知，图像预处理，特征提取，特征筛选，推理预测与识别。随着深度学习技术的发展，图像预处理、特征提取与算法处理渐渐融合，形成端到端的 AI 算法技术。根据解决的问题不同，计算机视觉可分为计算成像学、图像理解、三维视觉、动态视觉和视频编解码等，参考图 3-36。

图 3-36 计算机视觉

5. 生物特征识别

生物特征识别技术是指通过个体的生理特征或行为特征对个体身份进行识别认证的技术。生物特征识别流程分为注册和识别两个阶段：注册阶段是通过传感器对人体的生物表征信息进行采集，如利用图像传感器采集指纹和人脸等光学信息、利用麦克风采集说话声等声学信息、利用数据预处理及特征提取技术处理采集到的数据，得到相应的特征并进行存储；识别过程采用与注册过程一致的信息采集方式对待识别人进行信息采集、数据预处理和特征提取，然后将提取的特征与存储的特征进行比对分析，完成识别。

生物特征识别技术涉及的内容十分广泛，包括指纹、掌纹、人脸、虹膜、指静脉、声纹、步态等多种生物特征，其识别过程涉及图像处理、计算机视觉、语音识别、机器学习等多项技术，如图 3-37 所示。目前生物特征识别作为重要的智能化身份认证技术，在金融、公共安全、教育、交通等领域得到了广泛的应用。

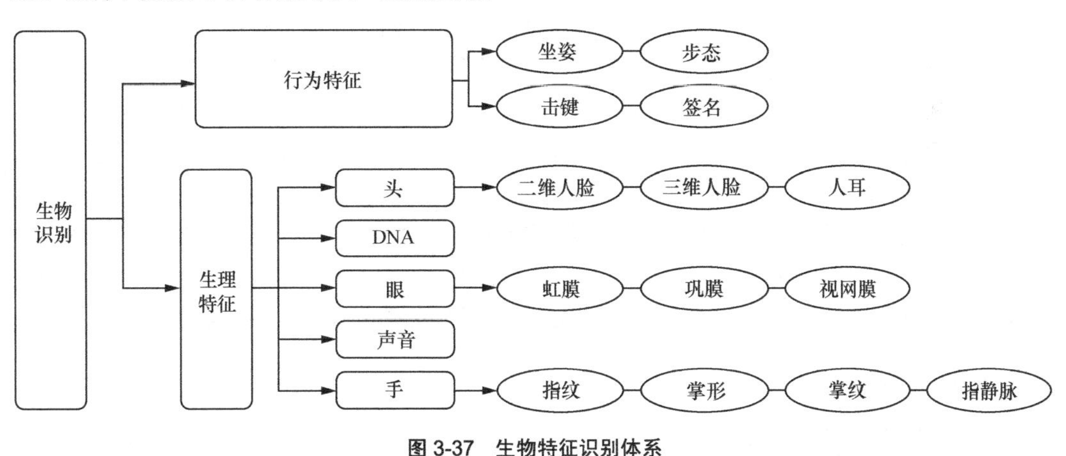

图 3-37 生物特征识别体系

3.7.3 应用简介

AI 与行业领域的深度融合将改变甚至重塑传统行业，本节重点介绍 AI 在智能制造、智能家居、智能金融、智能交通、智能安防、智能医疗、智能物流等领域的应用。

1. 智能制造

智能制造是基于新一代 ICT 与先进制造技术深度融合，贯穿于设计、生产、管理、服务等制造活动的各个环节，具有自感知、自学习、自决策、自执行、自适应等功能的新型生产方式。智能制造对 AI 的需求源于以下 3 个方面：一是智能装备，包括自动识别设备、人机交互系统、工业机器人以及数控机床等设备，涉及跨媒体分析推理、自然语言处理、VR、智能建模及自主无人系统等关键技术；二是智能工厂，包括智能设计、智能生产、智能管理以及集成优化等具体内容，涉及跨媒体分析推理、大数据智能、机器学习等关键技术；三是智能服务，包括大规模个性化定制、远程运维以及预测性维护等具体服务模式，涉及跨媒体分析推理、自然语言处理、大数据智能、高级机器学习等关键技术。例如，现有涉及智能装备故障问题的纸质化文件，可通过自然语言处理技术形成数字化资料，再通过非结构化数据向结构化数据的转换，形成深度学习所需的训练数据，从而构建设备故障分析的神经网络，为下一步故障诊断、优化参数设置提供决策依据。

5G 因为其高速率、低时延、海量连接等特性，已成为智能制造的重要通信与服务基础设施，可以支持智能制造对于工业控制、信息采集等的应用需求，并支持多业务场景、多服务质量、多用户及多行业的隔离和保护。5G+边缘计算可以解决智能工厂在异构网络融合、业务融合、数据融合、数据安全、隐私保护等方面的需求。

2. 智能家居

智能家居是智慧家庭的主要应用场景，以家庭住宅为平台，由硬件（智能家电、智能硬件、安防控制设备、家具等）、网络、软件系统、云计算平台构成家居生态圈，实现家居设备远程控制、设备间互联互通、设备自我学习等功能，并通过收集、分析用户行为数据为用户提供个性化的生活服务，使家居生活安全、节能、便捷。例如，借助智能语音技术，用户应用自然语言实现对家居系统各设备的操控，如开关窗帘（窗户）、操控家用电器和照明系统、打扫卫生等操作；借助机器学习技术，智能电视可以从用户看电视的历史数据中分析其兴趣和爱好，并将相关的节目推荐给用户，还可以应用声纹识别、脸部识别、指纹识别等技术进行开锁；通过大数据技术使智能家电实现对自身状态及环境的自我感知，具有故障诊断能力。

目前智能扫地机器人已具有自主探知障碍物和室内地形的功能，能够实现对室内的自动化清洁，在家庭中的应用已经逐渐成熟。日本软银开发的类人机器人，有学习能力，可表达情感，能看护小孩和病人，可通过网络分享数据，甚至能够发展自身的情感能力。

3. 智能金融

AI 的飞速发展给身处服务价值链高端的金融业也带来了深刻影响，AI 逐步成为金融业沟通客户、发现客户金融需求的重要工具。对金融机构的业务部门来说，AI 技术可以帮助获客，精准服务客户，提高效率；对风控部门来说，AI 技术可以用于风险防控和监督，提高风险控制，增加安全性；对用户来说，AI 技术可以帮助其优化资产配置。AI 的应用将大幅改变金融服务行业的现有格局，促使金融服务向个性化与智能化方向发展。

下面列举几个智能金融的应用场景。

智能获客：依托大数据，对金融用户进行画像，通过需求响应模型，提升金融机构的获客效率。

身份识别：以 AI 为内核，通过人脸识别、声纹识别、指静脉识别等生物识别手段，再结合各类票据、身份证、卡证票据的光学字符识别（Optical Character Recognition，OCR）技术，完成用户身份验证，不仅可大幅降低核验成本，还有助于提高过程的安全性。

大数据风控：通过大数据、算力、算法的结合，搭建反欺诈、信用风险等模型，多维度控制金融机构的信用风险和操作风险，同时避免资产损失。

智能投顾：基于大数据和算法能力，对用户与资产信息进行标签化，精准匹配用户与资产。

智能客服：基于自然语言处理能力和语音识别能力，拓展客服领域的深度和广度，大幅降低服务成本，提升服务体验。

4. 智能交通

智能交通系统（Intelligent Traffic System，ITS）是通信、信息和控制技术在交通系统中集成应用的产物。ITS 借助现代信息技术，将核心交通元素联通，实现信息互通与共享，以及交通系统的优化配置，形成人、车与交通之间的一个高效协同环境。

通过交通信息采集系统采集车辆流量、行车速度等信息，再交由信息分析处理系统生成实时路况，决策系统据此调整红绿灯时长、可变车道或潮汐车道的通行方向等，并通过信息发布系统将路况推送到导航软件和广播中，让人们可以更合理地规划行车路线。

通过 ETC 系统，可以实现对通过 ETC 入口站的车辆身份及信息的自动采集、处理、收费和放行，从而有效提高通行能力、简化收费管理、减少环境污染。

智能汽车近几年发展也很快，模式识别、机器学习、数据挖掘以及智能算法等 AI 关键技术都在智能网联汽车以及自动驾驶汽车上得到了广泛应用。

5. 智能安防

智能安防技术可以概括为利用 AI 技术对视频、图像进行存储和分析，识别安全隐患并对其进行处理的技术。与传统安防相比，智能安防能够通过机器实现智能判断，实时地安全防范和处理，减少对人的依赖。

高清视频、智能分析等技术的发展，使得安防逐渐从传统的被动防御向主动判断和预警发展，行业也从单一的安全领域向多行业应用发展，进而提升了生产效率，并提高了生活的智能化程度，能为更多的行业和人群提供可视化及智能化方案。面对海量的视频数据，已无法简单利用人海战术进行检索和分析，AI 技术作为专家系统或辅助手段，能够实时分析视频内容，探测异常信息，进行风险预测。

从技术层面来说，目前国内的智能安防分析技术主要有两类：一类是采用画面分割前景提取等方法对视频画面中的目标进行提取检测，通过不同的规则来区分不同的事件，从而实现不同的判断并产生相应的报警联动等，如区域入侵分析、打架检测、人员聚集分析、交通事件检测等；另一类是利用模式识别技术，对画面中特定的物体进行建模，并通过大量样本进行训练，从而达到对视频画面中的特定物体进行识别的目的，如车辆检测、人脸检测、人头检测（人流统计）等应用。

智能安防目前在街道社区、道路、楼宇建筑、机动车辆的监控，以及移动物监测等领域都有广泛应用。今后智能安防还要解决海量视频数据分析、存储控制及传输问题，将智能视频分析技术、云计算及云存储技术结合起来，构建智慧城市下的安防体系。

6. 智能医疗

AI 的快速发展，为医疗健康领域向更高的智能化方向发展提供了非常有利的技术条件。近几年，智能医疗在辅助诊疗、疾病预防、医疗影像辅助诊断、药物开发等方面发挥了重要作用。

在辅助诊疗方面，通过 AI 技术可以有效提高医护人员的工作效率，提升一线全科医生的诊断治疗水平。如利用智能语音技术可以实现电子病历的智能语音录入；利用智能影像识别技术可以实现医学图像自动读片；利用智能技术和大数据平台可以构建辅助诊疗系统。5G 技术则可以帮助建立更快、更稳定的辅助诊疗的通信系统，保障辅助诊疗工作各方面密切配合，比如在急救场景可以利用 5G 网络传输超高清视频和智能医疗设备数据，协助在院医生提前掌握急救车上病人的病情。

在疾病预防方面，AI 借助大数据技术可以进行疫情监测，及时有效地预测并防止疫情的进一步扩散和发展。以流感为例，很多国家都有规定，当医生发现新型流感病例时需告知疾病控制与预防中心。但由于人们可能患病不及时就医，同时信息传回疾控中心也需要一定的时间，因此通告新流感病例时往往会有一定的时间延迟，借助 AI 进行疫情监测能够有效缩短响应时间。5G 网络支持实时传输大量的人体健康数据，可协助医疗机构对智能设备穿戴者实施不间断身体监测，可以更好地支持连续监测，不断收集大量患者的实时数据，提升 AI 诊疗的及时性和准确性。

在医疗影像辅助诊断方面，影像判读系统的发展是 AI 技术的产物。早期的影像判读系统主要靠人手工编写判定规则，存在耗时长、临床应用难度大等问题，因而未能得到广泛推广。影像组学是通过医学影像对特征进行提取和分析，为患者预前和预后的诊断和治疗提供评估方法和精准的诊疗决策，这在很大程度上简化了 AI 技术的应用流程，节约了人力成本。

7. 智能物流

智能物流包括智能仓储、智能运输、智能管理等，AI 与 5G 的结合可以提升这些领域的智能化程度，提高传统物流的智能化水平。传统的物流企业已经利用条形码、射频识别、传感器、定位等技术来优化改善物流管理，AI 的智能搜索、推理规划、计算机视觉以及智能机器人等技术，将实现货物运输过程的自动化运作和高效率优化管理，提高物流效率。

例如，在仓储环节，利用 AI 分析大量历史库存数据，建立相关预测模型，实现库存商品的动态调整。AI 也可以支撑商品配送规划，实现物流供给与需求匹配、物流资源优化与配置等。在货物搬运环节，加载计算机视觉、动态路径规划等技术的智能搬运机器人（如搬运机器人、货架穿梭车、分拣机器人等）得到了广泛应用，大大减少了订单出库时间，使物流仓库的存储密度、搬运的速度、拣选的精度均有大幅度提升。

5G 可以促进智能物流应用的进一步优化。5G 网络接入的海量设备，将为物流 AI 系统带来丰富的数据资源。基于 5G 的优点，提供物流仓储园区内的无人机、无人车巡检以及人防联动系统，实现人、车、园区管理的异常预警和实时状态监控。依托 5G 定位技术，实现车辆入园路径自动计算和最优车位匹配。5G 的大带宽、低时延和抗干扰特性能够为物流机器人提供端到端定制化的网络支撑，可以为物流机器人的实时通信提供强大的支撑，使机器人运行更加安全。

3.8 边缘计算

3.8.1 基本概念与简介

2003 年，在 Akamai（阿卡迈）与 IBM 合作的研究项目中首次提出了“边缘计算”的概念，并通过 Akamai 与 IBM 在其 WebSphere 上提供基于边缘的服务，随后边缘计算得到了持续的关注和发展。随着 ETSI 对 MEC 标准化工作的推进，MEC 的概念已经从立项初期（第一阶段）以 3GPP 移动网络为目标，扩展至对非 3GPP 网络（Wi-Fi、有线网络等）以及 3GPP 后续演进网络（5G 等）的支持，ETSI 也于 2017 年将其名称从移动边缘计算（Mobile Edge Computing，MEC）调整为多接入边缘计算（Multi-Access Edge Computing，MEC）。

目前业界对边缘计算的定义和说法有很多种。ISO/IEC JTC1/SC38 给出的边缘计算的定义为“边缘计算是一种将主要处理能力和数据存放在网络的边缘节点的分布式计算形式”。边缘计算产业联盟对边缘计算的定义为“边缘计算是指在靠近物或数据源头的网络边缘侧，融合网络、计算、存储、应用核心能力的开放平台，就近提供边缘智能服务，满足行业数字化在敏捷连接、实时业务、数据优化、应用智能、安全与隐私保护等方面的关键需求”。

ETSI 对 MEC 最初的定义为“在移动网络边缘提供 IT 服务环境和计算能力，强调靠近移动用户，以减少网络操作和服务交付的时延，提高用户体验”。随着 5G 技术的逐步成熟，MEC 作为 5G 的一项关键技术成为行业上下游生态合作伙伴们共同关注的热点。目前，ETSI 对 MEC 的定义为“在网络边缘为应用开发者和内容服务商提供所需的云端计算功能和 IT 服务环境”。

在 3GPP SA2 下一代网络架构研究（TR 23.799）以及 5G 系统架构（TS 23.501）中将边缘计算作为 5G 网络架构的主要目标予以支持，其定义为“为了降低端到端时延以及回传带宽，实现业务应用内容的高效分发，5G 网络架构需要为运营商以及第三方业务应用提供更靠近用户的部署及运营环境”。

在 Gartner 2019 年十大战略性技术趋势中提出 AI、5G 将推动边缘计算快速发展，Gartner 认为边缘是指人们使用的端点设备或嵌入在我们周围的端点设备。边缘计算描述了这样一种计算拓扑结构：信息处理和内容收集及传递更靠近这些端点。它试图保持流量和处理本地化，目标是减少流量、缩短时延。

上述边缘计算的各种定义虽然表述上各有差异，但基本都在表达一个共识：在更靠近终端的网络边缘上提供服务。MEC 是部署在靠近人、物或数据源头的网络边缘侧，融合网络、计算、存储、应用核心能力的开放平台，其目的是为了降低传输时延、缓解网络拥塞，就近提供边缘智能业务。MEC 可利用无线接入网边缘云提供本地化云服务，并能连接非运营商网络（如企业网）私有云从而形成混合云。MEC 主机基于网络功能虚拟化（Network Functions Virtualization，NFV）提供虚拟化软件环境，管理第三方应用资源。第三方应用以虚拟机（Virtual Machine，VM）的形式部署于边缘云，通过统一的服务开放框架获取无线网络能力。

1. 边缘计算的表现形式

在不同的应用场景下，MEC 有着不同的表现形式。

（1）固定互联网中的边缘计算

内容分发网络（Content Delivery Network，CDN）可以下沉至承载网的宽带接入服务器（Broadband Remote Access Server，BRAS）、汇聚交换机及光线路终端（Optical Line Terminal，OLT）的任意一层，以存储换带宽，提升处理效率和用户体验。4K、VR 视频等应用的发展，给网络承载带来了较大的挑战。CDN 从传输服务演变为边缘计算，可以融合集计算、存储、网络、应用、智能于一体的边缘计算节点，如在边缘 CDN 节点部署动态路由优化能力，为用户的上行请求提供最优路径；部署分区域回源和智能排队机制，可应对高达数十倍的动态流量突发等，如图 3-38 所示。

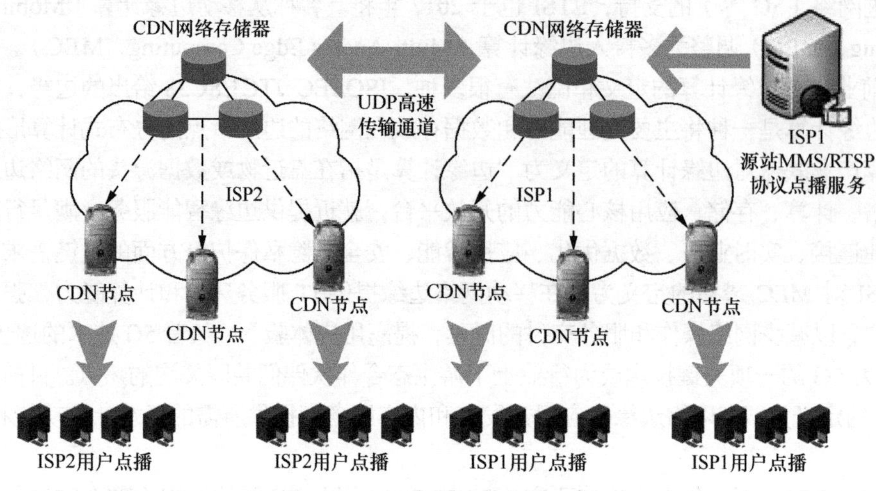

图 3-38 固定互联网中的边缘计算

（2）移动通信网络中的边缘计算

通过下沉移动通信网络中的核心网功能和资源至接入网，并将应用服务内容缓存至边缘，可节省传输资源，能够更好地支持 VR/AR、工业互联网等低时延应用；核心网功能边缘部署还有助于接入侧设备和平台能力向第三方开放，便于实现垂直行业的个性化定制、合作业务创新等，如图 3-39 所示。

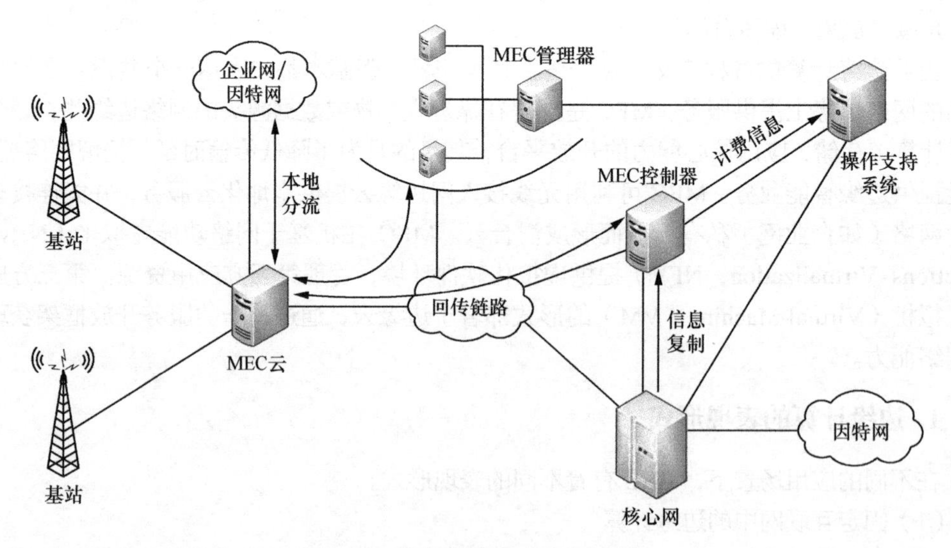

图 3-39 移动通信网络中的边缘计算

（3）工业互联网、消费物联网中的边缘计算

在敏捷连接的基础上，实现实时业务、数据优化、应用智能、安全与隐私保护，为用户

在网络边缘侧带来更多的行业创新和价值再造机会。边缘计算包括基础的传输设备（网关、路由，以及对应的通信协议等）、实时数据库、应用分析软件，如图3-40所示。

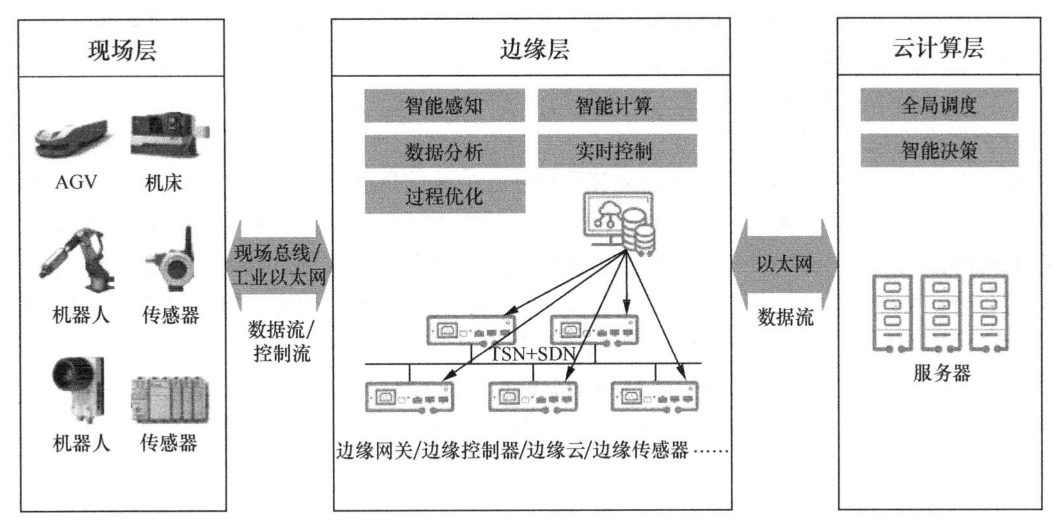

图3-40 工业互联网、消费物联网中的边缘计算

2. 边缘计算产业的应用进展

目前边缘计算的发展仍处于初期阶段，随着越来越多的设备联网，边缘计算得到了广泛认可，多方积极布局边缘计算，推动边缘计算应用落地。

（1）云计算及CDN服务商

阿里云提出了“云+边+端”三位一体的计算模式，推出了IoT边缘计算产品Link Edge，可被用于AI实践，已有多家芯片公司、设备商及多款模组和网关支持阿里云物联网操作系统和边缘计算产品。

腾讯云发布了CDN边缘计算（CDN Edge）服务，是将数据中心服务下沉至CDN边缘节点的开放平台，CDN Edge提供CDN边缘计算资源，通过灵活配置、代码编程等途径将传统的CDN服务能力从缓存分发延伸至边缘计算，既能减少大网络时延对终端用户服务体验的影响，又能够降低数据中心的计算压力和网络负载。

AWS发布了Greengrass软件，这是一款能够在互联设备上运行本地计算、进行消息收发、数据缓存、同步和机器学习推理（ML Inference）功能的软件。借助AWS Greengrass，互联设备可以运行AWS Lambda函数、同步设备数据以及与其他设备安全通信。其中，可以使用在云中构建和训练的模型在Greengrass Core本地设备上执行机器学习推理。

微软的混合云解决方案Azure Stack可以将云端能力融入终端中，数据可在本地处理，然后进行聚合分析与决策。

网宿科技利用边缘计算进一步降低了成本，实现了智能分发，并在数据分发的基础上开放计算存储安全等一系列服务。网宿通过升级现有CDN节点成为具备存储、计算、传输、安全功能的边缘计算节点，以满足万物互联时代的需求。

此外，Limelight、CloudFlare等CDN公司也相继推出了不同的边缘计算服务。

（2）设备商

边缘计算作为新兴产业，应用前景广阔，产业同时横跨运营技术（Operational Technology，OT）、信息技术（Information Technology，IT）、通信技术（Communication Technology，CT）多个领域，且涉及网络连接、数据聚合、芯片、传感、行业应用等多个产业链角色。2015年，思科、ARM、英特尔、微软、普林斯顿大学联合成立了 Open Fog 联盟。

为了全面促进产业深度协同，加速边缘计算在各行业的数字化创新和行业应用落地，华为技术有限公司、中国科学院沈阳自动化研究所、中国信息通信研究院、英特尔公司、ARM和软通动力信息技术（集团）有限公司作为创始成员，联合倡议发起边缘计算产业联盟（Edge Computing Consortium，ECC），并于 2016 年 11 月 30 日正式成立，致力于推动“政产学研用”各方产业资源合作，引领边缘计算产业的健康可持续发展。边缘计算产业联盟与工业互联网产业联盟联于 2018 年 11 月联合发布了边缘计算参考架构 3.0。

戴尔 EMC 的微模块数据中心（Micro Module Data Centers，MDC）将微型数据中心带到边缘计算中，占用空间小，具有本地计算、存储和联网功能，能快速处理附近的数据，无须将数据返回给数据中心和云服务商。

华为 MEC@CloudEdge：基于 Cloud Native 架构，采用无状态设计、软件分层解耦、跨 DC 部署、服务化架构、自动化集成运维等技术，可实现政企专网、智能工厂、智能港口、智慧场馆、VR/AR、IPTV over WTTx 等多种场景应用。

（3）电信运营商

中国电信在其《5G 技术白皮书》中明确提出要发挥已有固网资源（传输、CDN）的优势，通过构建统一的 MEC，实现固定网络、移动网络的边缘融合；根据业务应用对时延、覆盖范围等的要求部署 MEC，结合网络设施的 DC 化改造趋势，选择相应层级的数据中心，包括城域核心 DC、边缘 DC，甚至接入局所。同时，中国电信推动中心机房重构为数据中心（Central Office Re-Architected as a Data Center，CORD），构建“区域 DC+核心 DC+边缘 DC+接入局所”的网络 DC 布局架构，为边缘计算的落地提供基础支撑能力，如图 3-41 所示。

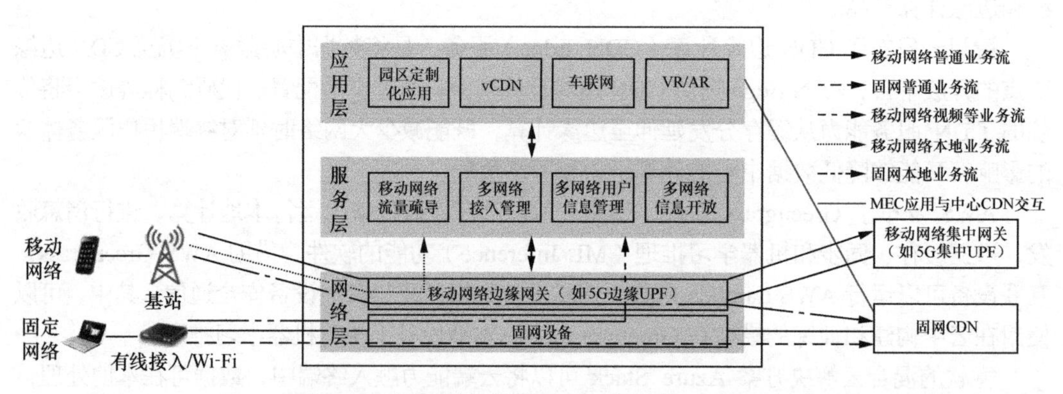

图 3-41 中国电信的多接入边缘计算（MEC）平台

中国联通在其《边缘计算技术白皮书》中提出了如图 3-42 所示的 MEC 演进愿景。随着 VR/AR、高清视频、车联网等业务的兴起，用户对时延和带宽的要求越来越高，促使业务服务向网络边缘部署，MEC 为这些业务部署提供了一个边缘计算环境。MEC 虽然是一种 5G 原生技术，但由于架构的开放性，MEC 也可以部署于 LTE 网络中。

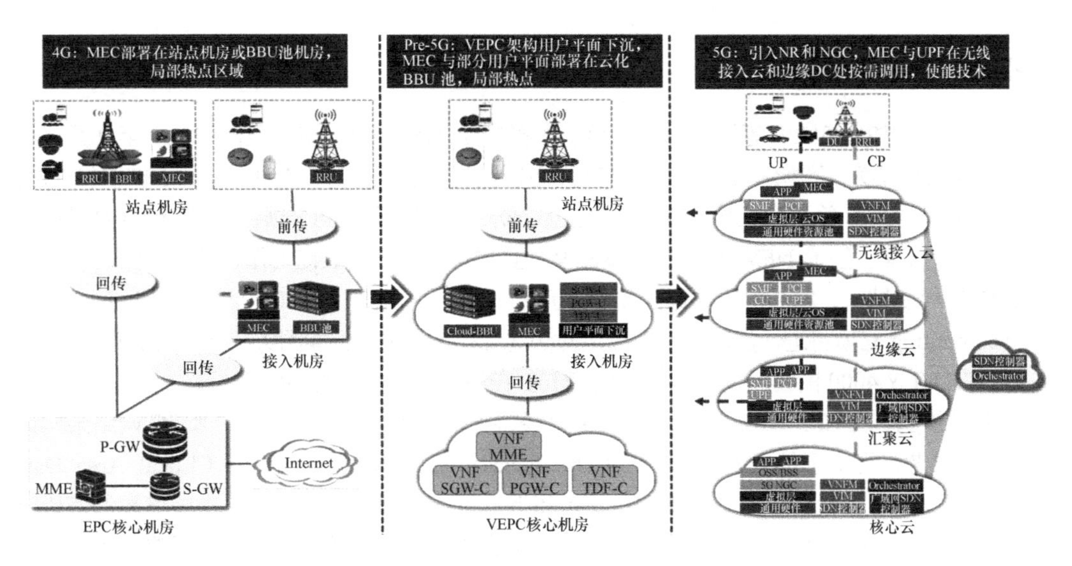

图 3-42　中国联通的 MEC 演进愿景

中国移动面向未来的工业互联网、AI 等新兴业务，需要在端到端的网络平面基础上，借助边缘计算打造一张面向全连接的算力平面，形成算力的全网覆盖，为垂直行业就近提供智能连接基础设施。在新的算力平面中，无处不在的现场级边缘计算为用户提供了智能化接入和实时数据处理能力，可实现业务的灵活接入，为数据生态赋能；触手可及的网络侧边缘计算则就近为用户提供丰富的算力，承载 AI、图像识别和视频渲染等新业务，为应用生态赋能。丰富的网络资源与算力资源将不断地融合互补，为垂直行业业务提供极致的用户体验。中国移动提出了边缘计算技术体系视图，如图 3-43 所示。边缘计算技术体系涉及多个专业领域，具体来看可以分为行业应用、平台即服务（Platform as a Service，PaaS）、基础设施即服务（Infrastructure as a Service，IaaS）、硬件设备、机房规划和网络承载几个重要领域。针对边缘计算的不同部署位置，这些专业领域均存在着更加个性化的技术选择。

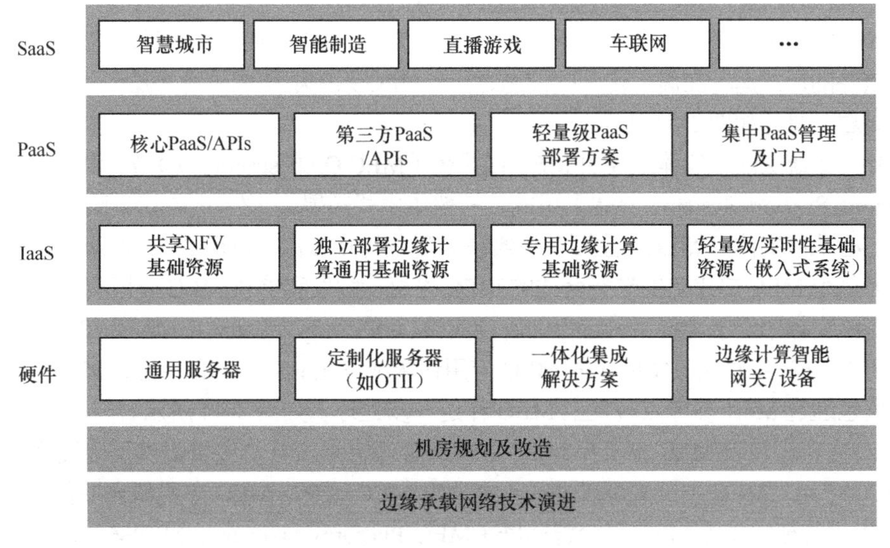

图 3-43　中国移动的边缘计算技术架构

3.8.2 技术标准体系

ITU-T、ETSI、3GPP 等国际标准化组织积极推动 MEC 的标准化工作。2014 年 9 月由沃达丰、诺基亚、华为、英特尔、NTT DoCoMo、IBM 等共同成立了 ETSI MEC 标准工作组（ISG），对于 MEC 在边缘计算平台架构、边缘计算技术需求、边缘计算 API 准则、边缘计算应用使能、边缘云平台管理、基于 NFV 的边缘云部署等方面进行了大量标准化工作，其中，第一阶段已于 2017 年年底结束，第二阶段的标准化任务正在开展中。ITU-T SG20 的 IoT requirements for Edge computing 立项将进一步研究 IoT 应用对边缘云平台、边缘智能网关、边缘控制器的需求，并基于 ITU-T Y.4000 的物联网参考架构研究 IoT 在终端模组、网关、网络、平台以及应用方面需要进行的增强。3GPP SA2 23.501 协议中已经将支持边缘计算功能作为未来 5G 网络架构设计的重要参考，提出了基于上行分类器（Uplinkclassifier）、本地数据网络（Local Area Data Network，LADN）以及 IPv6 多归属（IPv6 multi-homing）的本地分流方案。中国信息通信研究院依托工业互联网产业联盟边缘计算特设组，与联盟的多个成员单位共同开展了边缘计算应用场景、技术架构、主要技术能力等方面的深入研究，并在中国通信标准化协会（China Communications Standards Association，CCSA）工业互联网特设组（ST8）牵头开展了《物联网边缘计算　总体架构与要求》和《物联网边缘计算　边缘节点模型与要求》两项行标的立项。

1. ETSI MEC

ETSI 从 2014 年 12 月开始致力于 MEC 的研究，旨在提供多租户环境下运行第三方应用的统一规范。经过努力，ETSI 已经公布了关于 MEC 的基本技术需求和参考架构的相关规范，包括：边缘计算平台架构、边缘计算技术需求、边缘计算 API 准则、边缘计算应用使能、边缘云平台管理、基于 NFV 的边缘云部署等内容。

目前 ETSI 正推动支持 MEC App 移动性、V2X 用例、可用开放标准描述 MEC RESTful API、网络切片、容器技术等标准化工作，同时推动 MEC 对非 3GPP 网络以及 5G 网络的支持、重用 NFV 架构、产业链发展等方面的标准化工作。

ETSI 对 MEC 的网络框架和参考架构进行了定义。MEC 使能边缘计算应用实现，MEC 应用以软件的形式运行在虚拟化基础设施之上。MEC 系统框架划分为 3 层，即系统层、主机层、网络层，具体如图 3-44 所示。

其中，系统层功能实体主要由 MEC 编排器（MEC Orchestrator，MEO）和运营支撑系统（Operations Support System，OSS）组成，一般集中式部署，可位于核心网侧。MEC 系统级管理的核心功能实体是 MEO，主要负责维护全局的可用资源、可用的 MEC 服务和全局拓扑结构，为每个 MEC 应用实例选择合适的 MEC 主机，触发和终止 MEC 应用实例等。OSS 是系统级功能实体中用于支持系统运行的管理实体，OSS 从客户服务（Customer Facing Service，CFS）门户和 UE 终端接收实例化的 MEC 应用请求或终止 MEC 应用，经过 OSS 认证授权的请求数据包通过 Mm1 参考点转发至 MEO 作进一步处理，如图 3-44 所示。

MEC 主机层包含 MEC 主机和 MEC 主机层管理实体。MEC 主机提供基础设施以承载相关的 MEC 应用。MEC 主机又可以进一步划分为 MEC 平台、MEC 应用和虚拟化基础设施。MEC 主机层管理实体由 MEC 平台管理器（MEC Platform Manager，MEPM）、虚拟化基础设施管理器（Virtualized Infrastructure Manager，VIM）组成，分别提供对边缘平台的管理，以及对虚拟网络、计算、存储资源的管理。

➢ MEC 平台从 MEPM、MEC 应用或 MEC 服务处接收流量转发规则，并基于转发规则向转发平面下发指令。MEC 平台还可以通过 Mp3 参考点与其他的 MEC 平台通信。

➢ MEC 应用是运行在由 MEC 主机提供的虚拟化基础设施上的虚拟机实例，Mp1 参考点还可提供标识应用可用性、发生 MEC 切换时为用户准备或重定位应用状态等额外功能。MEC 应用可以是第三方开发的应用程序，如 VR/AR、IoT 和 V2I 应用程序。对于基础设施来说，这些应用程序可基于容器实现，因此运营商必须利用可托管和管理容器的环境。

➢ MEPM 具有 MEC 平台元素管理、MEC 应用生命周期管理（Life Cycle Management，LCM）以及 MEC 应用规则和需求管理等功能。MEC 平台和 MEPM 之间的 Mm5 参考点实现平台和流量过滤规则的配置；OSS 和 MEPM 之间的 Mm2 参考点负责 MEC 平台的配置和性能管理；MEO 和 MEPM 之间的 Mm3 参考点提供应用的 LCM 和应用相关的策略支持。

网络层实体支持 MEC 应用可通过多种固定、移动等方式接入，如 3GPP 网络、本地网络、外部网络等，如图 3-44 所示。

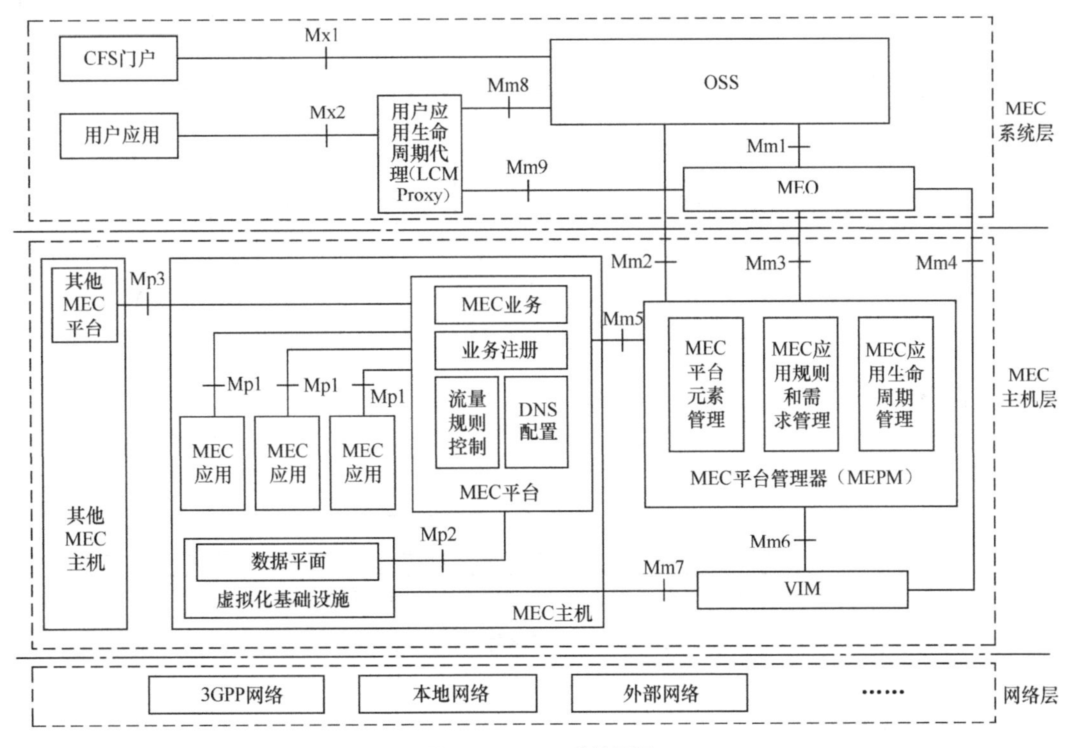

图 3-44 MEC 系统框架

进一步，ETSI 基于 NFV 环境对 MEC 通用系统架构做了调整，如图 3-45 所示。其中，引入了两个特定的功能模块，即 MEC 应用编排器（MEC Application Orchestrator，MEAO）和 MEC 平台管理器（MEC Platform Manager-NFV，MEPM-V），取代了通用体系结构中的 MEO 和 MEPM。

MEAO 起到了与 MEO 类似的作用，它依赖于 NFV 编排器（Network Functions Virtualization Orchestrator，NFVO）实现资源编排，将 MEC 应用程序集的管理授权给 NFVO，

该 NFVO 将这些应用程序作为一个或多个 NFV 网络服务的一部分进行管理。

MEPM-V 具有与 MEPM 相同的功能，主要负责 VNF 的 LCM，但本身并不执行 LCM，而是将这些授权给 VNF 管理器（Virtualized Network Function Manager，VNFM）进行管理。此外，它不会直接从 VIM 接收虚拟化资源故障报告和性能测量信息，相关信息需要通过 VNFM 路由。

VNFM（MEC 平台 LCM）采用标准 NFV LCM 程序管理 MEC 平台的生命周期。VNFM（MEC 应用 LCM）负责管理 MEC 应用的生命周期，将每个 MEC 应用实例视为 VNF 实例，在实际部署中可能有多个这样的实例，如图 3-45 所示。

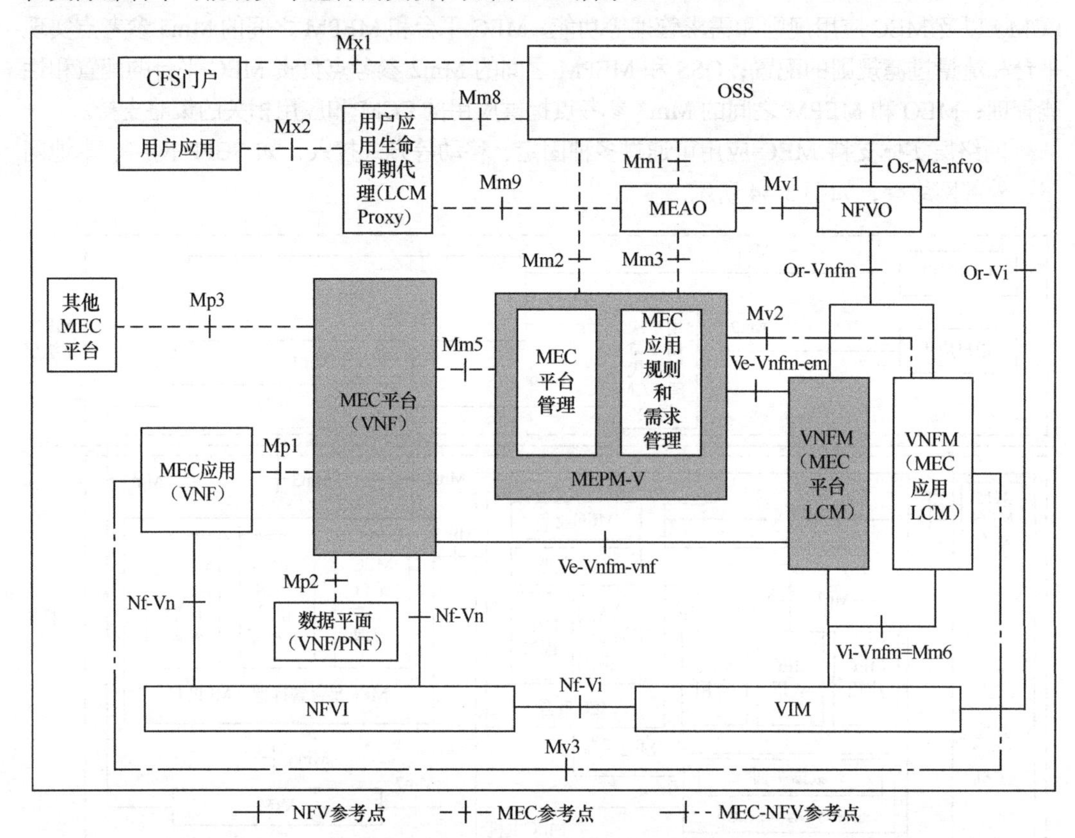

图 3-45　基于 NFV 环境的 MEC 系统架构

2. 3GPP MEC

将支持边缘计算功能作为未来 5G 网络架构设计的重要参考，移动网络为业务应用在网络边缘提供运营环境以及开放网络能力等需求也得到了 3GPP SA1 5G 网络运行需求研究的认可与采纳（TR 22.864），包括高效用户平面选择和网络能力开放。其中，高效用户平面选择是为了满足与运营商合作的第三方业务应用在时延以及带宽方面的严格要求，运营商需要将业务应用服务器部署在移动网络内更靠近用户的位置，例如工业控制领域的本地实时控制等。网络能力开放允许部署在靠近用户侧的业务应用（运营商自有或者第三方提供）通过网络能力开放提升用户体验，节省回传带宽。

3GPP 5G 核心网络架构如图 3-46 所示。

➢ 本地路由：5G 核心网选择用户平面功能（User Plane Function，UPF）路由用户流量至本地数据网。

➢ 流量定向：5G 核心网选择流量路由到目标 App（在 LADN）。

➢ 会话和服务连续性：支持 UE 和 App 移动性。

➢ 用户平面选择和重选：基于 App 功能的输入。

➢ App 功能：可能影响 UPF 的流量疏导以及 UPF 的选择。

➢ 网络功能开放：主要包括 5G 核心网和 App 的相应功能，并通过 NEF 实现网络能力开放。

➢ QoS 和计费：策略控制功能（Policy Control Function，PCF）提供 QoS 控制规则，同时对 LADN 转发的流量进行计费。

➢ 接入 LADN：5G 核心网支持连接特定区域的 LADN。

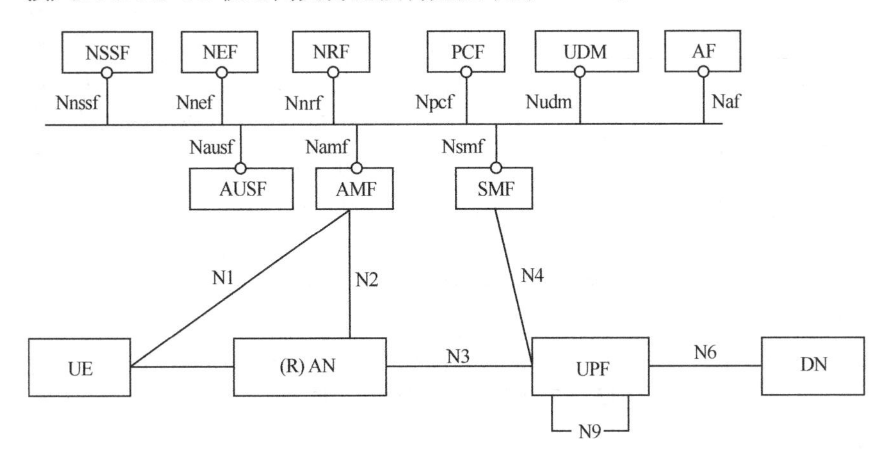

图 3-46　3GPP 5G 核心网络架构

3. ECC 边缘计算参考架构

ECC 参考架构基于模型驱动的工程方法（Model-Driven Engineering，MDE）进行设计，基于模型可以将物理世界和数字世界的知识模型化，从而能够实现物理世界和数字世界的协作、跨产业的生态协作，减少系统异构性，简化跨平台移植，有效支撑系统的全生命周期活动。基于该理念，并在边缘计算参考架构 2.0 的基础上，ECC 提出了如图 3-47 所示的边缘计算参考架构 3.0。ECC 以 ISO/IEC/IEEE 42010：2011 国际标准为指导，将产业对边缘计算的关注点进行系统性分析，并提出了解决措施和框架，通过商业视图、使用视图、功能视图和部署视图来展示边缘计算参考架构。

整个系统分为云、边缘和现场 3 层，边缘计算位于云和现场之间，边缘层向下支持各种现场设备接入，向上可以与云端对接。

边缘层包括边缘节点和边缘管理器两个主要部分，边缘节点是硬件实体，是承载边缘计算业务的核心。边缘计算节点根据业务侧重点和硬件特点的不同，包括以网络协议处理和转换为重点的边缘网关、以支持实时闭环控制业务为重点的边缘控制器、以大规模数据处理为重点的边缘云、以低功耗信息采集和处理为重点的边缘传感器等。边缘管理器的核心是软件，主要功能是对边缘节点进行统一的管理。

边缘计算节点一般具有计算、网络和存储资源，边缘计算系统对资源的使用有两种方式：一是直接将计算、网络和存储资源进行封装，提供调用接口，边缘管理器以代码下载、网络策略配置和数据库操作等方式使用边缘节点资源；二是进一步将边缘节点的资源按功能领域封装成功能模块，边缘管理器通过模型驱动的业务编排的方式组合和调用功能模块，实现边缘计算业务的一体化开发和敏捷部署。

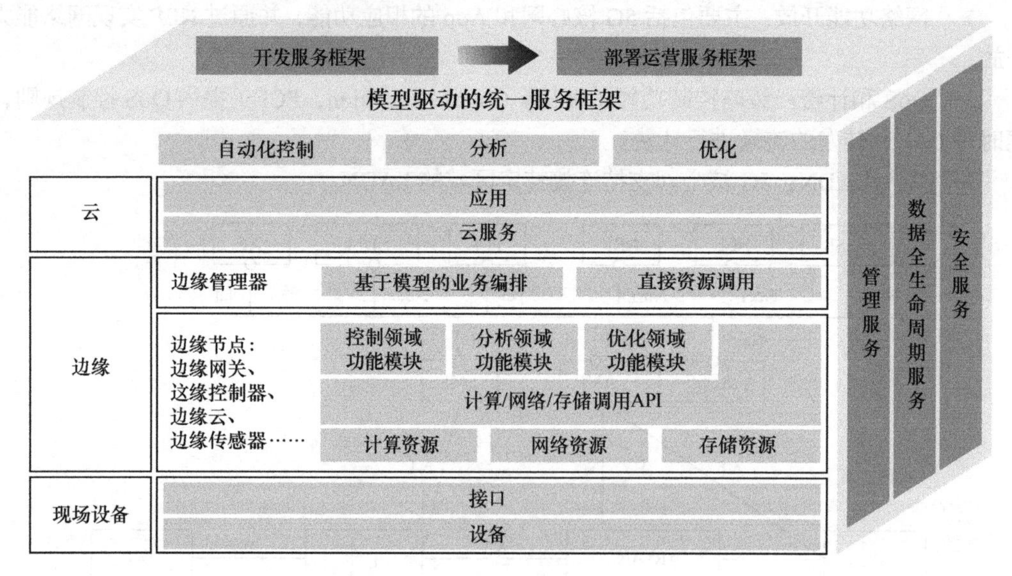

图 3-47　ECC 边缘计算参考架构 3.0

3.8.3　应用简介

边缘计算可以与 5G 相结合，在 5G 网络架构中，UPF 可提供分流功能，PCF 实现分流策略的控制。MEC 服务需要的分流规则通过接口告知 PCF，PCF 将分流策略配置给会话管理功能（Session Management Function，SMF），再由 SMF 发送给基站和 UPF，最终由 UPF 实现分流功能，如图 3-48 所示。在 5G 网络中，UPF 可按需部署于网络的各个位置，将业务分流到 MEC 服务器。比如，对于时延要求较高的 VR/AR 业务，可以将 UPF 和 MEC 部署于接入云；对于高清视频业务，部署于边缘云或者更高一级的汇聚云，以提高业务的命中率。

此外，由于 5G MEC 基于 5G 网络架构实现，其分流功能和策略功能使用了 5G 网络中标准的 UPF 和 PCF 网络功能，因此能够解决 4G MEC 中存在的计费以及策略问题，使 MEC 能够真正实现商用化。通过 5G MEC 提供的计算能力和平台架构，配合虚拟化灵活部署，构建开放的网络边缘生态环境，从而为用户提供优质体验的移动通信服务。

边缘计算通过与 5G 的结合，可用于多个应用场景。

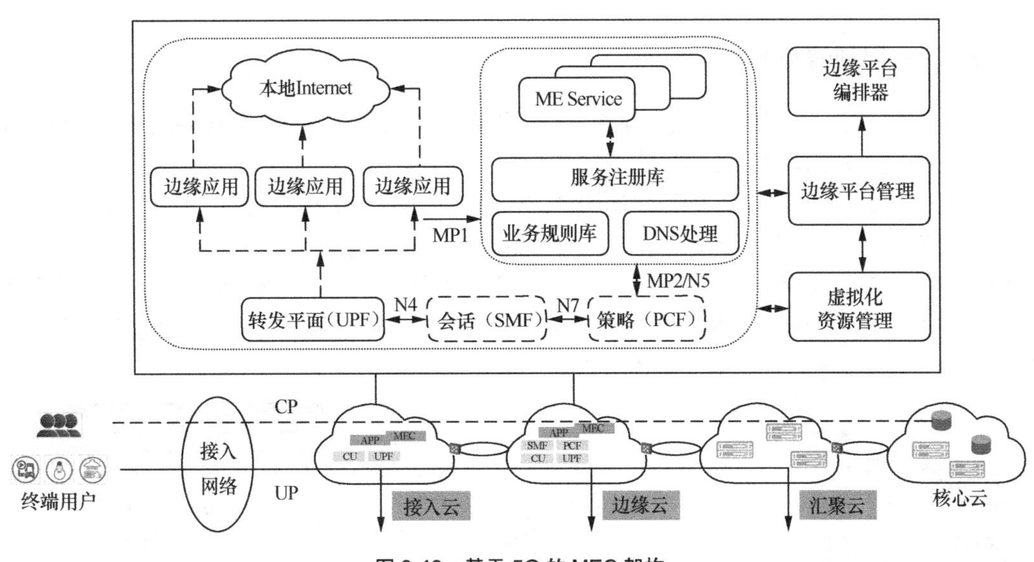

图 3-48 基于 5G 的 MEC 架构

1. 智能移动视频加速

网络拥塞是产生分组丢失和高时延的主要原因，进而降低了蜂窝网络的资源利用率、应用性能及用户体验。而这种低效性的根本原因在于传输控制协议（Transmission Control Protocol，TCP）很难实时地适应快速变化的无线网络条件——例如，在蜂窝网络中，如果底层无线信道环境发生变化（如由用户终端的快速移动引起），或者如果系统负载增大，都将导致移动终端的可用无线接入带宽快速下降。

基于边缘计算的智能移动视频加速可以改善移动内容分发效率低下的问题，通过在无线接入网边缘计算服务器上部署无线分析应用，为视频服务器提供无线下行接口的实时网络状态。移动视频服务器根据无线分析应用所提供的信息做出更优的 TCP 拥塞控制决策，包括初始窗口大小的选择、对拥塞避免期间拥塞窗口值的设置、无线链路拥塞情况恶化时对拥塞窗口大小的调整等，并确保应用层编码能与无线下行链路的预估容量相匹配，如图 3-49 所示。

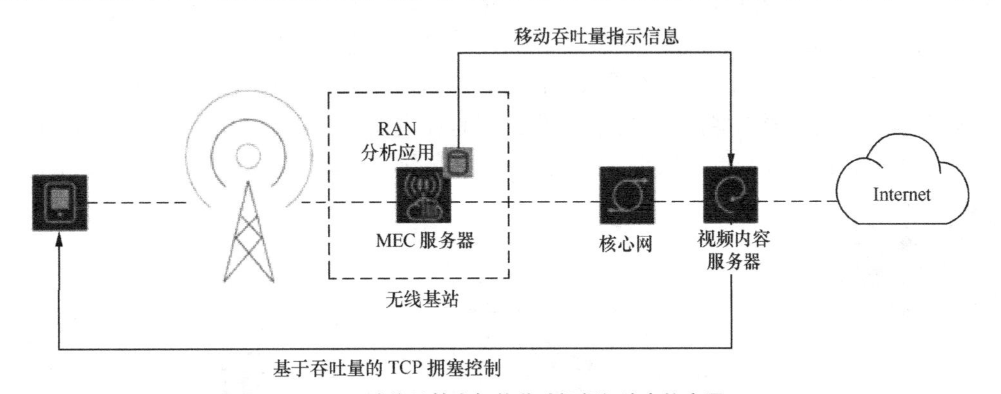

图 3-49 边缘计算在智能移动视频加速中的应用

此外，无线分析应用还可进行跨设备商部署及跨网络部署，从而进一步提高网络的资源利用效率和用户的业务体验质量。

2. 监控视频流分析

目前的视频监控业务需要把视频流全部上传至云端服务器或者在摄像头处本地处理，这两种方式的成本开销都很大，效率都较低。

通过采用边缘计算，将视频放在边缘节点处分析处理，从而根据需要回传所需的视频信息，而不必将全部的监控视频画面都上传，从而减少对核心网和骨干传送网的流量处理压力；同时也降低了对前端摄像头的处理能力要求，尤其是当需要部署大量摄像头时，可大大降低成本。例如，在基于视频监控的车牌识别中，采用边缘计算技术后，将拍摄处理的车牌识别信息上传至云端监测平台即可，如图 3-50 所示。

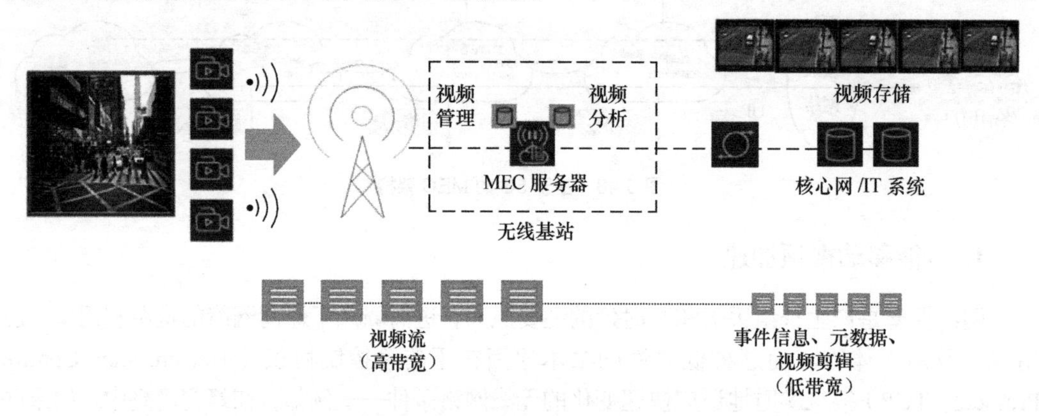

图 3-50　边缘计算在监控视频流分析中的应用

3. AR

AR 有着很广阔的应用场景（如博物馆、美术馆、城市纪念馆、体育赛事现场、音乐会等），可极大地增强人们的体验。为此，AR 就需要有一个相关的应用对摄像机输出的视频信息及所在的精确位置进行综合分析，并需要实时地感知用户所在的具体位置及所面对的方向（采取定位技术或通过摄像头视角或综合运用），再依此为用户提供一些相关的额外信息——例如用户移动位置或改变面朝的方向，这些额外信息也要及时得到更新。

通过边缘计算提供 AR 服务有很大的优势，这是由于 AR 的用户位置及摄像头视角等信息是高度本地化的，对这些信息的实时处理最好是在本地（边缘计算服务器）进行而不是在云端集中进行，以最大限度地减小 AR 的时延、提高数据处理的速度，如图 3-51 所示。

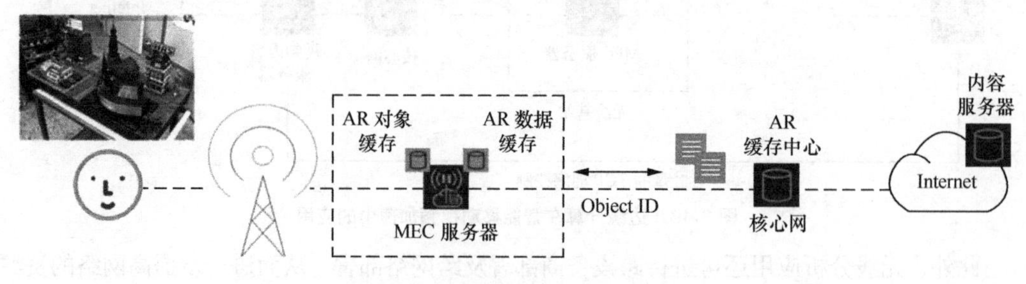

图 3-51　边缘计算在 AR 中的应用

4. 密集计算辅助

在物联网中，终端设备或传感器要做到成本尽可能低、连续（不断电）工作时长尽可能长。有些物联网设备还需要把数据上传至云端进行分析并把决策指令回传。例如，抢险机器人如果在前行时遇到障碍物，就需要以图像识别技术摄像并上传云端，由云端回传清障方式以便机器人做出正确处理。此外，在网络游戏、环境传感器、某些安全应用等方面都有这种需求。

显然，要降低终端设备的成本，就需要“牺牲”掉其计算性能。而通过部署边缘计算、密集计算与决策就可从终端设备或传感器卸载/分流至网络侧，从而降低终端设备或传感器的计算能力需求，并提高其电池性能，从而提高整体性能，尤其是对于数据处理时延有较高要求的应用。

5. 企业专网应用

在企业办公方面，随着桌面电脑正被智能手机、平板电脑、笔记本电脑等便携式移动终端取代，企业业务也正转向由云平台提供，方便员工移动（云）办公，以自有设备接入企业专用网络。因此，在企业园区部署蜂窝网络，可以方便为移动企业客户提供统一通信及服务。

而如果把 IP 电话交换机（IP Private Branch eXchange，IP-PBX）与边缘计算平台集成起来，就可在运营商蜂窝网和企业 WLAN 之间提供“无缝”服务，这就需要企业 IT 部门与运营商在业务分发策略方面密切协作。通过边缘计算，能够对在网用户进行负载均衡，例如在运营商蜂窝网与企业内部 WLAN 之间进行智能选择，并对企业的各级员工和客户进行接入控制，为不同等级的用户提供差异化的服务，对员工自带设备进行高效管理，对新业务/新员工的接入进行高效配置等，如图 3-52 所示。

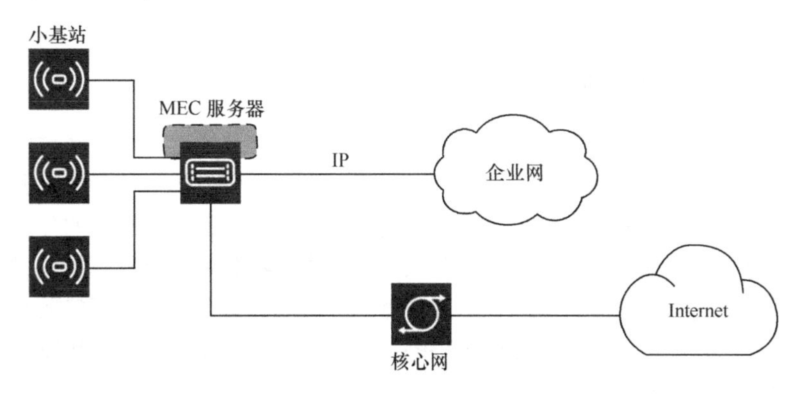

图 3-52　边缘计算在企业网中的应用

6. 车联网应用

车联网具备道路故障通知、减小交通拥堵、感知其他车辆行为/动作等能力，还可为用户提供诸如汽车找回、泊车点找寻、车内信息娱乐（如移动视频分发）等各种增值服务，从而提高交通系统的安全性、效率及便捷度。

车联网的数据传送对时延的需求较高。将边缘计算技术应用于车联网之后，可以把车联网云“下沉”至移动通信基站处。部署于基站、小基站甚至汇聚站点的 MEC 服务器通过边缘计算提供各种车联网功能。如图 3-53 所示，边缘计算应用直接从车载应用及道路传感器实时接收本地化的数据，然后进行分析，并将结论（危害报警信息）以极低的时延传送给临近区域内的其他联网车辆，整个过程可在毫秒级时间内完成，使驾驶员可以及时做出决策。

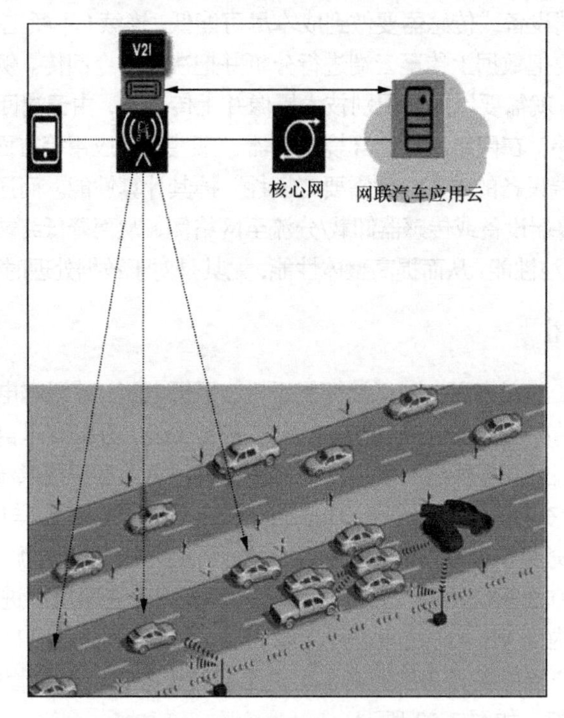

图 3-53　边缘计算在车联网中的应用

7. IoT（物联网）网关应用

当前，基于无线技术的蜂窝无线物联网设备越来越多。总体上，物联网数据基本上都是采用不同协议的加密小包。而这些由“海”量物联网设备所产生的“海”量数据需要更大的处理及存储容量，同时还需要有汇聚节点来实现对不同协议的管理、消息的分发、分析处理和计算等。通过引入边缘计算，可将汇聚节点部署于靠近物联网终端设备的位置，提供传感数据分析及低时延响应。其中，边缘计算服务器的计算能力和存储能力可包括业务的汇聚及分发、设备消息的分析、基于上述分析结果的决策逻辑、数据库登录、终端设备的远程控制和接入控制等，如图 3-54 所示。

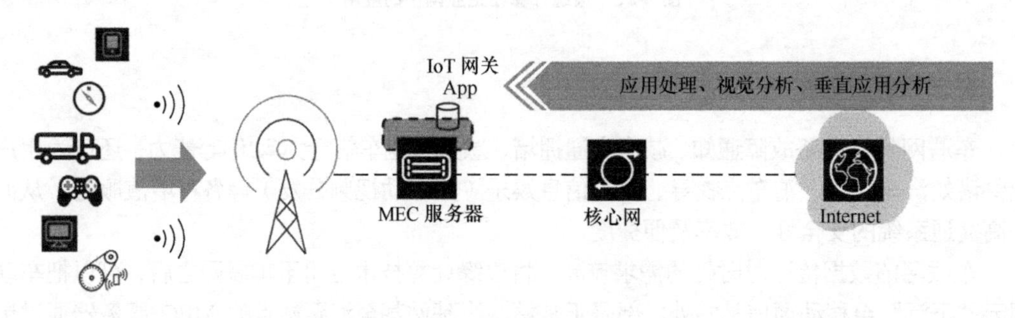

图 3-54　MEC 在 IoT 网关中的应用

| 3.9　云计算 |

3.9.1　基本概念与简介

云计算是一种商业计算模型，它将计算任务分布在由大量计算机构成的资源池上，使用户能够按需获取计算力、存储空间和信息服务。

云计算的历史可以回溯到 1956 年，在克里斯托弗・斯特雷奇（Christopher Strachey）发表的一篇论文中正式提出了虚拟化的概念，而虚拟化正是云计算基础架构的核心和基础。20 世纪 90 年代，随着计算机网络的爆炸式增长，互联网泡沫出现。2004 年，在一场头脑风暴论坛中，“Web2.0”概念诞生，标志着互联网泡沫破灭，计算机网络发展进入了一个新阶段。此时，让更多的用户方便快捷地使用网络服务成为互联网发展亟待解决的问题。

2006 年 8 月 9 日，谷歌首席执行官埃里克・施密特（Eric Schmidt）在搜索引擎大会（SES San Jose 2006）上首次提出了“云计算”（Cloud Computing）的概念。云计算概念一经提出，立刻引发了业界的广泛关注。谷歌、微软、IBM、亚马逊等 IT 巨头们以前所未有的速度和规模推动云计算技术和产品的普及，谷歌的搜索引擎、IBM 的蓝云、微软的 Azure、亚马逊的 AWS 均是当时引领先锋的云计算实践。

同样，云计算在国内也掀起了一股热潮，许多大型网络公司纷纷加入云计算的阵列。阿里巴巴、百度、世纪互联、华为都在积极推进相关应用。三大运营商也纷纷启动各自的云计算发展计划，中国移动的“大云”、中国电信的“天翼云”、中国联通的“沃云”竞相上线。

云服务的主要模式包括：公有云（Public Cloud）、私有云（Private Cloud）以及混合云（Hybrid Cloud）。

公有云是最基础的服务，成本较低，是指多个客户可共享一个服务提供商的系统资源，他们毋须架设任何设备及配备管理人员，便可享有专业的 IT 服务，这对一般创业者、中小企业来说，无疑是降低成本的好方法。

私有云是企业的另一方面考量，虽然公有云成本低，但是大企业（如金融、保险行业）为了兼顾行业、客户隐私，不可能将重要数据存放到公共网络上，故倾向于架设私有云端网络。总体来看，私有云的运作形式与公有云类似。然而，架设私有云却是一项重大投资，企业需自行设计数据中心、网络、存储设备，并拥有专业的顾问团队。企业管理层必须充分考虑使用私有云的必要性，以及是否拥有足够资源来确保私有云正常运作。

混合云可称为公有云和私有云的结合体，它结合了公有云和私有云的各自优势，可以在私有云上运行关键业务，在公有云上进行开发与测试，操作灵活性较高，安全性介于公有云和私有云之间。混合云也是未来云服务的发展趋势之一，一方面既可以尽可能多地发挥云服务的规模经济效益，同时又可以保证数据的安全性。不过就目前而言，混合云依然处于初级阶段，相关的落地场景依然较为受限。

除了上面的几种常规类别划分以外，现在还有很多云服务厂商根据云服务的产品特点和定位，推出了专有云、社区云、海外云等一系列云服务产品。

基于互联网的云计算服务，可分为 SaaS（Software as a Service）、PaaS（Platform as a Service）、IaaS（Infrastructure as a Service）3 种类型，面向不同类型的用户。它们并不是简单的继承关系，SaaS 可以基于 PaaS 或者直接部署于 IaaS 之上，PaaS 可以构建于 IaaS 之上，也可以直接构建在物理资源之上。

通常的应用系统架构自下而上包括了网络、存储、服务器、虚拟化操作系统、中间件、运行环境、数据和应用八大层次。云计算服务面向基础架构、应用平台和业务服务分别提供了相应的架构服务组合，为企业用户的应用系统提供支持。

IaaS、PaaS 和 SaaS 三者之间的界限正趋于模糊，严格区分三者的异同是次要的，因为这 3 种模式都涉及业务负载、人员开支管理、服务器及网络的软硬件维护等问题。从更高层面来看，SaaS、PaaS 和 IaaS 都是为了解决用户的问题，都是为业务提供服务。例如，它们都试图为用户降低 IT 基础设施成本，充分发挥 IT 资源的规模经济效益，提供强大的可扩展能力，如图 3-55 所示。

PaaS 面向的用户是应用系统开发和设计者，它不能为最终的业务用户所使用，然而 PaaS 提供了简化业务系统构建的组件和接口，可作为上层系统构建的基础。作为一种特殊的业务应用形式，SaaS 也可以构建在 PaaS 之上，而且这是将来的一种趋势。

SaaS 服务模式与传统的许可模式软件有很大的不同，它是未来管理软件的发展趋势。与传统的服务方式相比，SaaS 具有很多独特的特征：SaaS 减少甚至取消了传统的软件授权费用；厂商将应用软件部署在统一的服务器上，免除了最终用户的服务器硬件、网络安全设备和软件升级维护的支出；除了个人计算机和互联网连接之外，客户不需要其他的 IT 投资就可以通过互联网获得所需的软件和服务；大量的新技术，如 Web Service，提供了更简单、更灵活、更实用的 SaaS。

SaaS 供应商通常是按照客户所租用的软件模块来进行收费的，因此用户可以按需订购软件应用服务，而传统的管理软件通常是买家需要支付一笔可观的费用才能正式启动。

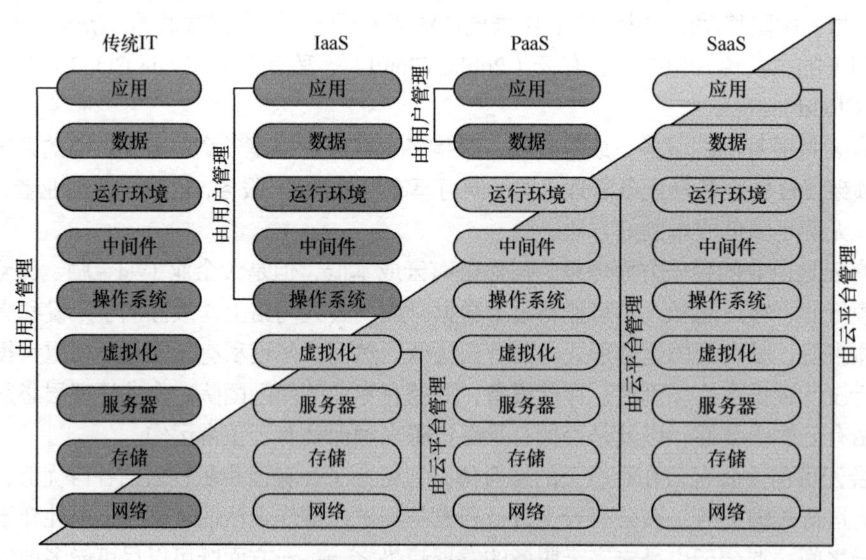

图 3-55　云计算服务类型

当前，技术产业创新不断涌现，云计算市场仍在快速发展。在产业方面，企业上云成为趋势，云管理服务、智能云、边缘云等市场迅速兴起；在技术方面，云原生概念不断普及，云边、云网技术体系不断完善；在开源方面，云服务商借助开源打造全栈能力，开源项目发展迅猛；在安全方面，智能安全成为新方向；行业方面，政务云为数字城市提供关键基础设施，电信云助力运营商网络升级，云安全产品生态正在形成。

云计算将朝着更开放、更高效、更智能的方向发展。

（1）云原生技术快速发展，将重构 IT 运维和开发模式

以容器、微服务、DevOps 为代表的云原生技术，能够构建容错性好、易于管理和便于监测的松耦合系统，让应用处于待发布状态，完美解决环境一致性问题。

（2）智能云技术体系架构初步成型，云资源池将实现从资源到机器学习使能平台的转变

AI 对算力的需求早已超过了通用 CPU 摩尔定律的发展，以 GPU、现场可编程门阵列（Field Programmable Gate Array，FPGA）、ASIC 为代表的异构计算成为发展方向。但异构计算的硬件成本和搭建部署成本巨大，使用门槛较高。通过将异构算力池化，做到弹性供给，便捷地服务于更多 AI 从业者，进而推动产业升级。

目前，在异构计算云化过程中，GPU 云主机占据主流地位，但随着 FPGA 云主机生态的建立和逐步完善以及 ASIC 芯片的逐渐成熟，未来异构计算领域将会呈现三分天下的局面。

（3）云边协同趋势

随着 5G、物联网时代的到来以及云计算应用的逐渐普及，传统的云计算技术已经无法满足终端侧“大连接、低时延、高带宽”的需求。随着边缘技术的出现，云计算必然发展到下一技术阶段，将云计算的能力拓展至距离终端最近的边缘侧，并通过云—边—端的统一管控实现云计算服务的下沉，提供端到端的云服务。

（4）云网融合服务能力体系逐渐形成

云网融合的发展和实施是一个系统性工程，实现云+网+应用的一点受理、自动开通只是迈出的第一步。随着物联网、大数据、AI、5G 等技术的发展成熟和广泛应用，终端、网络和云服务将更加紧密地融合在一起，未来将是一个智能化、移动化、万物互联的云网融合时代。

未来通过边缘计算、AI 芯片等技术的发展，智能设备（如手机、企业网关、物联网终端等）不仅计算和连接能力越来越强，而且也会变得越来越智能，通过终端与云端协同配合智能识别应用流量、分析网络质量、自主选择不同的切片网络，为企业用户提供高品质、高可靠、高安全、低成本的云网融合业务体验。

运营商可充分利用 5G 网络切片等新技术，突破固定网络的束缚，按照企业云服务需求为无人驾驶、智慧城市、智慧医疗等众多垂直领域提供端到端的按需的逻辑网络，在智能终端和云服务之间灵活地提供海量、实时、可靠的移动网络服务。同时，随着大数据、机器学习等核心 AI 技术的逐步成熟，未来网络将从自动化业务部署和动作执行，走向智能化的故障自愈、网络自我优化和自我管理，变被动响应故障处理为智能预测和自我优化，最终实现永不故障的自治网络，运营商可以大幅提升运维效率和云网资源的利用率，实现“网随云变、云随网动”。

3.9.2 关键技术

1. 服务器虚拟化技术

服务器虚拟化技术是指通过运用虚拟化技术充分发挥服务器的硬件性能，能够在确保企

业投入成本的同时，提高运营效率，节约能源，降低经济成本，减少空间浪费。对于发展迅速、成长规模大的用户来说，可以通过服务器虚拟化技术带来更多的经济效益。

通过虚拟化技术提供的服务器整合方法，可以减少服务器的数量，简化服务器的部署、管理和维护，减少初期硬件采购成本及相关管理费用；同时可提高服务器资源的利用率和服务器的计算能力；提高可用性，带来具有透明负载均衡、动态迁移、故障自动隔离、系统自动重构的高可靠服务器应用环境；支持异构操作系统的整合，以及原有应用的持续运行；在不中断用户工作的情况下进行系统更新；支持快速转移和复制虚拟服务器，提供一种简单便捷的灾难恢复解决方案。

X86 平台上虚拟化技术的实现，首次向人们展示了虚拟化应用的广阔前景，因为 X86 平台可以提供便宜的、高性能和高可靠的服务器。降低成本和提高资源利用率是计算虚拟化成为流行趋势的巨大动力。通过在主机上划分、分配计算资源，可按应用资源快速分配资源。虚拟化技术的使用不仅可最大限度地挖掘已购置设备的计算资源，节约建设成本；同时也降低了由此新购服务器的数量，降低了对机房空间、动力、空调等基础设施资源的占用，从而进一步降低总体运营成本。

虚拟化技术经过数年的发展，已经成为一个庞大的技术家族，按照实现方式来分，有全虚拟化、半虚拟化、硬件辅助虚拟化、操作系统虚拟化等；虚拟化产品更是品种繁多，其中有厂家独立研发的 VMWare、Hyper-V 等，也有开源的 KVM、Xen 等。

新一代的 AMD 和英特尔的处理器都在内核中设计了硬件辅助虚拟化功能。英特尔的 VT（Virtualization Technology）和 AMD 的 SVM（Secure Virtual Machine）使得虚拟化在硬件层面获得全面的支持。

近年来，开源 KVM 异军突起，目前 KVM 已经成为 Linux 内核的一部分，直接利用 Linux 内核实现内存、调度、设备等管理功能，当 Linux 内核更新时，KVM 就可以进行自动更新，可快速复用 Linux 的最新成果。随着近几年 KVM 的大发展，原来 KVM 欠缺的热迁移等功能也都已经实现，目前 KVM 同 VMWare/Xen 功能已基本对齐，在硬件辅助虚拟化技术的优化下，KVM 的性能优化前景更加被看好，成为主流运营商和厂商关注的重点。在 OpenStack 开源社区中，KVM 成为最受欢迎的 Hypervisor 选择，使用率达到 80%以上。

服务器虚拟化包括 3 种硬件资源的虚拟化，即 CPU、内存、设备与 I/O。为了实现动态资源整合，目前的服务器虚拟化支持虚拟机的实时迁移。

（1）CPU 虚拟化

依靠 CPU 虚拟化技术，物理 CPU 可抽象成虚拟 CPU，在任意时刻，每个物理 CPU 只能运行单个虚拟 CPU 的指令。每个客户操作系统可以运行一个或多个虚拟 CPU。在客户操作系统之间，每个虚拟 CPU 的运行相互间隔、互不影响。

X86 的操作系统被设计成在物理机器上直接运行，操作系统在设计之初假定完整拥有底层物理机硬件，特别是 CPU。在 X86 体系结构中，处理器有 4 个运行级别，即 Ring0、Ring1、Ring2 和 Ring3。其中，Ring0 享有最高权限，可以无限制地执行任何指令。运行权限的级别从 Ring0 到 Ring3 依次递减。应用程序通常运行在 Ring3 级别。操作系统内核态代码运行在 Ring0 级别，因为它需要直接控制和修改 CPU 的状态，而类似这样的操作需要运行在 Ring0 级别的特权指令才能完成。

为了在 X86 体系结构中实现虚拟化以及物理资源的共享，在客户操作系统层以下需要加入虚拟化层，该虚拟化层运行在 Ring0 级别，客户操作系统则运行在 Ring0 以上的级别。但是，对于客户操作系统中的特权指令，比如中断处理及内存管理指令，如果不运行在 Ring0 级别将会有不同的语义，并产生不同的效果，甚至根本不产生作用。由于这些指令的存在，虚拟化 X86 体系结构的实现并不是轻而易举的，关键在于：虚拟机中执行的敏感指令不能直接作用于真实硬件，而需要由虚拟机监视器接管和模拟。

为了解决 X86 体系结构下的 CPU 虚拟化问题，业界提出了全虚拟化（Full- virtualization）和半虚拟化（Para-virtualization）两种不同的软件方案。除了用软件的方式实现 CPU 虚拟化之外，业界还提出了硬件辅助虚拟化（Hardware Assisted Virtualization）方案，该方案在硬件层添加支持功能，用来处理敏感的高级别指令。

全虚拟化采用二进制代码动态翻译（Dynamic Binary Translation，DBT）技术来解决客户操作系统的特权指令问题。DBT 技术是指在虚拟机运行时，在敏感指令前插入陷入指令，使执行陷入到虚拟机监视器中。虚拟机监视器会将这些指令动态转换成可完成相同功能的指令序列后再执行。通过这种方式，全虚拟化将在客户操作系统内核态执行的敏感指令转换成可以通过虚拟机监视器执行的具有相同效果的指令序列，而对于非敏感指令，则可以直接在物理处理端上运行。形象地说，在全虚拟化中，虚拟机监视器在关键的时候"欺骗"了虚拟机，使得客户操作系统还以为自己在真实的物理环境下运行。全虚拟化的优点在于代码的转换工作是动态完成的，无须修改客户操作系统，因而可以支持多种操作系统。然而，全虚拟化中的动态转换需要一定的性能开销。Microsoft Virtual PC、Microsoft Virtual Server、VMWare WorkStation 和 VMWare ESX Server 的早期版本都采用全虚拟化技术。

半虚拟化是通过修改客户操作系统来解决虚拟机执行特权指令的问题。半虚拟化中被虚拟化平台托管的客户操作系统需要修改其操作系统，所有敏感指令需替换为对底层虚拟化平台的超级调用。虚拟化平台也为这些敏感的特权指令提供了调用接口。半虚拟化中的客户操作系统被修改后，清楚自己所处的虚拟化环境，从而主动配合虚拟机监视器，需要时对虚拟化平台进行调用，完成敏感指令的执行。半虚拟化的客户操作系统和虚拟化平台必须兼容，否则虚拟机无法有效地操作宿主物理机，因此半虚拟化对不同版本操作系统的支持是有所限制的。Citrix 的 Xen、VMWare 的 ESX Server 和 Microsoft 的 Hyper-V 的最新版本都采用了半虚拟化技术。

（2）内存虚拟化

内存虚拟化技术实现物理机的真实物理内存统一管理，多个虚拟的物理内存分别供若干个虚拟机使用，每个虚拟机拥有各自独立的内存空间。在服务器虚拟化技术中，内存是虚拟机最频繁访问的设备，内存虚拟化与 CPU 虚拟化具有同等重要的地位。

虚拟机监视器能够管理物理机上的内存，并按每个虚拟机对内存的需求来划分机器内存，同时各个虚拟机对内存的访问保持相互隔离。物理机的内存是一段连续的地址空间，上层应用对内存的访问多是随机的，虚拟机监视器需要维护物理机内存地址块和虚拟机内部内存块间的映射关系，保证虚拟机的内存访问连续性和一致性。

为了能在物理服务器上运行多个虚拟机，虚拟机监视器应具备管理虚拟机内存的机制，即具有虚拟机内存管理单元。由于新增了一个内存管理层，所以虚拟机内存管理与经典的内存管理有所区别。虚拟机中操作系统看到的物理内存不再是真正的物理内存，而是被虚拟机监视器管理的伪物理内存。与这个物理内存相对应的是新引入的概念——"机器内存"。机器内存是指物理服务器硬件上真正的内存。因此，在内存虚拟化中存在着逻辑内存、物理内存和机器内存 3 种内存类型，这 3 种内存的地址空间被称为逻辑地址、物理地址和机器地址。

（3）设备与 I/O 虚拟化

虚拟服务器都是通过网络向外界提供服务的。在服务器虚拟化中，网络接口是一个特殊的设备，具有重要的作用。在服务器虚拟化中，每一个虚拟机都变成了一个独立的逻辑服务器，它们之间的通信通过网络接口进行。服务器虚拟化的关键部件除了处理器与内存外，还包括设备与 I/O。通过设备与 I/O 虚拟化技术对物理机的真实设备进行统一管理，将其包装成多个虚拟设备供若干个虚拟机使用，响应每个虚拟机的设备访问请求和 I/O 请求。当今主流设备与 I/O 虚拟化都是通过软件的方式实现的。虚拟化平台作为共享硬件与虚拟机之间的平台，为设备与 I/O 的管理提供了便利，也为虚拟机提供了丰富的虚拟设备功能。

（4）实时迁移

通过实时迁移（Live Migration）技术，在虚拟机运行过程中，可使整个虚拟机的运行状态完整、快速地从源宿主机平台迁移到目标宿主机平台上。迁移过程中，用户几乎不会察觉到任何差异，整个迁移过程是平滑的。由于虚拟化抽象了真实的物理资源，因此可以支持源宿主机和目标宿主机硬件平台的异构性。

实时迁移需要虚拟机监视器的协助完成，客户操作系统的内存和其他状态信息的拷贝需要通过源宿主机和目标宿主机上虚拟机监视器的相互配合来实现。实时迁移开始后，内存页面不断地被源虚拟机监视器拷贝到目标虚拟机监视器，拷贝过程不会对源虚拟机的运行产生影响。当最后一部分内存页面被拷贝到目标虚拟机监视器之后，目标虚拟机开始运行，虚拟机监视器从源虚拟机切换到目标虚拟机，源虚拟机的运行被终止，实时迁移过程完成。

借助实时迁移技术，可以在不宕机的情况下，将虚拟机迁移到另一台物理机上，然后对源虚拟机所在的物理机进行硬件维护。实时迁移技术多被用作资源整合，通过优化的虚拟机动态调度方法，数据中心的资源利用率得以不断提升。

2. 高性能计算技术

摩尔定律已成明日黄花，异构计算正在兴起。传统的 CPU 计算已无法满足当前的计算力需求，而且目前数据中心的成本中，散热已经成了最大的成本之一。传统通用架构设计方法的能效比已经达到极限，处理器架构必须改善。异构计算的基于特定领域架构（Domain-Specific Architecture，DSA）设计的处理单元，成为未来的发展趋势。

CPU 本身无法满足高性能计算应用软件的性能需求，导致需求和性能之间出现了缺口。在新的芯片材料等基础技术没有取得突破前，一种有效的解决方法就是采用专用协处理器的异构计算方式来提升处理性能。目前常用的用于研究和实现数据计算和分析的专用器件包括 CPU、GPU、DSP 和 FPGA。

CPU 是传统计算机运行管理和计算的主要设备，擅长复杂运算，内部拥有丰富的指令集和计算资源，相关的算法开发完善，用户友好度高。但是对于大量多发简单处理的数据，运算能力相较并行设备还有很大差距。

GPU 具有超高的运算速度，擅长图像处理、浮点计算和并行计算。另外，OpenCL 的提出也为 GPU 相应的软件开发提供了便利。但 GPU 开发也面临着负载均衡、功耗和任务划分等问题。

DSP 是专用的数字信号处理工具，对数字信号采集、处理的效率极高，同时可通过汇编或高级语言进行编程，实时实现方案。但受指令集的时钟周期的限制，DSP 适用于较低采样速率、低数据率的信号，不能处理频率太高的信号。

FPGA 的集成度很高，可以完成极其复杂的时序与组合逻辑电路功能。一般情况下，FPGA 可以反复地编程、擦除。在不改变外围电路的情况下，设计不同的片内逻辑就能实现不同的电路功能。同时，新型 FPGA 内嵌 CPU 或 DSP 内核，支持软硬件协同设计。但是，FPGA 更适合用于开发时序逻辑电路，对于复杂算法的开发难度较大。

目前，云数据中心提供的高性能计算服务主要包括 GPU 云服务器和 FPGA 云服务器。

（1）GPU

GPU 加速了 AI 应用算法。机器学习聚类算法应用于以图搜图，从 CPU 迁移到 GPU，实现 180 高维数据处理，性能提升了 35 倍；深度学习 DNN（深度神经网络）算法应用于语音模型训练，采用 MPI+CUDA 单 GPU 扩展到 16GPU，支持万小时语料训练，性能提升了 13 倍；深度学习神经网络算法应用于网络流量识别，CPU 多核并行优化，从 CPU 转换到 GPU，并经 4GPU 优化实现，性能可提升 270 倍。

GPU 加速云服务器在深度学习、图形数据库、高性能数据库、计算流体动力学、计算金融、地震分析、分子建模和基因组学等的广泛应用。通用 GPU 是用于图像运算工作的微处理器，其在处理图形的时候能够执行并行指令。众多 GPU 核从接收到一组多边形图像数据到完成所有处理并输出图像可以做到完全独立运行，而 CPU 则需要处理逻辑判断，引入大量的分支跳转和中断处理，从而影响性能。GPU 适用于类型高度统一的、相互无依赖的大规模数据和不需要被打断的纯净的计算环境，这与深度学习中的大量矩阵、卷积运算的需求相吻合，因此在当前的 AI 场景中被广泛应用。

GPU 使用并行编程模型，在浮点运算和并行运算速度方面比 CPU 快很多，但在复杂指令处理方面不如 CPU。使用 GPU 虚拟化技术后，运行在数据中心服务器上的虚拟机实例可共享使用同一块或多块 GPU 进行图形运算。目前 GPU 虚拟化方案主要有基于分片虚拟化的 NVIDIA GRID vGPU 和 Intel GVT-g，以及基于 SR-IOV 的 AMD M × GPU。

GPU 服务器的典型应用场景如下。

➢ 视频智能分析

➢ 平安城市视频监控

GPU 服务器用于万路级视频训练和分析应用，进行结构化视频的检索和识别、图像智搜、人脸和车牌识别、轨迹分析等，对接边缘智能分析一体机，进行全网智能分析。

➢ 交通监控

GPU 服务器用于视频分析存储一体机应用，包括人脸抓拍、建模入库、人脸比对、人脸检索和轨迹显示；客流统计、绊线入侵和区域入侵、人员滞留、可疑物品遗留、乘客追逐监测等。

GPU 服务器可支持单机或集群深度学习训练；支持 GPU 增强数据库查询，以及百亿级记录的秒级查询。

➢ AI

AI 主要分为图像识别、语音识别、自然语言处理、机器学习等类型，应用在零售、医疗健康、农业、工业、金融等领域。

近些年 AI 可谓是火爆，从 AlphaGo 到自动驾驶，从 BAT（百度、阿里巴巴、腾讯）的疯狂投入到 NVIDIA 股价暴涨 8 倍，再到遍地开花的 AI 公司和 AI 概念。我国也顺应这一趋势，于 2017 年 7 月印发了《新一代人工智能发展规划》，正式将人工智能产业提升到国家战略。可以做这样的简单比喻：如果把打造 AI 系统比作造火箭，那么算法是引擎，数据是燃料，性能加速靠的则是硬件。可见，海量的数据、先进的算法、高效的硬件是 AI 领域的三大要素。众所周知，深度学习是当前 AI 的核心，主要分为两个阶段：首先是训练，然后是执行。训练阶段需要处理海量数据的计算，这是 GPU 最擅长的工作（得益于超强并行计算能力）；而在执行阶段，则需要一颗能够处理复杂程序的 CPU（以应对各种模型）。所以强劲的 GPU 性能加 CPU 性能是 AI 应用的基石。

➢ 高性能计算（High Performance Computing，HPC）异构计算加速

HPC 的主要场景包括：CAE 仿真、物理化学、生命科学、气象环境、石油勘探、动漫渲染，主要应用于科学研究、气象预报、计算模拟、CFD/CAE、生物制药、基因测序、图像处理等领域。

（2）FPGA

FPGA 通过软件重新配置芯片内部的资源形成不同的功能硬件。FPGA 不仅具有软件的可编程性和灵活性，又有 ASIC 的高吞吐率和低时延特性。而且，FPGA 具有丰富的 I/O，非常适合用作协议和接口转换的芯片。

FPGA 是一种可编程的专用处理器，其动态可重构技术能够在更新 FPGA 的一部分资源配置的同时确保内部未改变的部分继续工作。通过 FPGA 的动态重新配置，可实现在不同的时间执行不同的功能。FPGA 的动态可重构技术可实现系统的自诊断，对不同的运行环境产生重新配置的系统能力，对给定的应用实现多用途的硬件，通过远程重构实现产品的升级和维护。上述都能够保证拟态计算服务器在资源调度及应用分析层面的重构需求。此外，FPGA 可在不同逻辑下执行多个线程，具有较强的并行处理能力，且相较于 GPU 具有更低的功耗，可实现更高效的计算加速。

由于 FPGA 具备低功耗、低时延的特点，适合用于存在密集计算、高并发和高带宽需求的视频处理、机器学习、基因组学研究和金融风险分析等领域。

FPGA 与其他专用处理器相比具有如下优势。

第一，FPGA 内部资源可以重配置，易于实现数据并行和流水并行，而且易于在数据并行和流水并行之间进行平衡。而 GPU 几乎只能做数据并行。因此，FPGA 在数据中心应用最大的优势就在于高吞吐的同时能做到低时延。

第二，FPGA 与 ASIC（Application Specific Integrated Circuit）相比，在可编程性上体现出了优势。ASIC 是一种专用的芯片，是为某种特定的需求而专门定制的芯片。ASIC 与通用芯片相比，体积小、功耗低、计算效率高、芯片出货量越大成本越低。但明显的缺点是：开发周期很长，算法是固定的，一旦算法变化就可能无法重用。现在数据中心的各种算法每时每刻都在更新变化，没有足够稳定的时间让 ASIC 完成长周期的开发。比如，在一种神经网络模型出来之后开始把它做成 ASIC，也许还未投产，这个神经网络模型就已经被另一种神经网络模型所替代。不同的是，FPGA 可以在不同的业务需求之间进行平衡。比如说，白天用于为搜索业务排序的机器，在晚上请求很少的情况下，可以将这些 FPGA 重新配置成离线

数据分析的功能，提供对离线数据进行分析的服务。

第三，FPGA 具有较高的运行能效，CPU/GPU 属于冯·诺依曼结构，执行任务需要经历取指、解码、执行、访存以及写回等过程。CPU 为达到足够高的通用性，使用 SIMD（单指令多数据流并行）等方式进行计算加速，其指令流的控制逻辑十分复杂。FPGA/ASIC 的硬件功能模块已固定，无需分支判断等复杂控制逻辑，同时大大降低了访存次数，在能效上可以比 CPU 高出 1 ~ 2 个数量级。

第四，FPGA 具有丰富的高速 SERDES 接口，能灵活控制实现的粒度和操作数据，非常适合协议处理和数据格式的转换。

第五，FPGA 是软硬件一体的架构，是在芯片内集成大量的数字门电路以及存储器，用户可以通过烧入 FPGA 配置文件来定义这些门电路以及存储器之间的连线，进而得到不同的硬件功能。

就开发难度而言：ASIC>FPGA>GPU>CPU。当今主流的 FPGA 开发语言是硬件描述语言（Hardware Description Language，HDL），对开发者相关技能有一定的要求。随着 OpenCL、HLS 等类 C 高级语言的不断推进，FPGA 的开发难度和周期将有所改善。针对开发者，FPGA 云平台不仅可以提供 FPGA 的底层硬件支撑平台，还可以提供类似操作系统的部分功能，使开发者更聚焦到业务功能的开发上，简化了开发者对底层通用设备的访问。

当前 AI 的迅猛发展也得益于 FPGA 的高密度计算能力以及低功耗的特性，FPGA 率先在深度学习在线预测（如广告推荐、图片识别、语音识别等）方面得到了规模部署。用户也经常将 FPGA 与 GPU 进行对比，GPU 的易编程、高吞吐与 FPGA 的低功耗、易部署等特性各有千秋。但相较于 GPU 以及 ASIC，FPGA 的低时延以及可编程性是其核心竞争能力。

FPGA 行业也存在着一些问题，比如 FPGA 用户较少，属于一个相对较为封闭的圈子，芯片价格昂贵等问题一直为大家所诟病，大容量的 FPGA 芯片价格比较昂贵，FPGA 开发门槛高，开源的优质 IP 比较缺乏。

对于广大行业来说，云是一种共享服务，用户不以占有的方式使用硬件和软件，而是共享复用，因而大大降低了使用成本，提升了资源的使用效率。而 FPGA 云服务可以让行业获得明显的价值。

➢ 芯片原厂：降低成本，通过云提供硬件板卡复用的服务，避免层层代理，硬件统一采购和维护大大提升了稳定性和可靠性。设计和开发：通过云提供框架方式，封装了常用的系统级操作（DDR 内存的访问、DMA、PCIE 设备控制等），可支持 HDL，也支持 OpenCL 以及类似 C 的高级语言；提供通用的驱动和调用库，不需要用户编程；对高阶用户而言，可以使用 OpenCL 或 HDL 实现自己的功能。

➢ IP 提供商：可以把 IP 放到云平台的市场中去，最终用户使用时，云平台完成部署和交付，用户不需要接触可执行文件（网表文件），因此不存在产权泄露的风险。这将鼓励 IP 提供商改进服务方式，可以提供按时长计费、买断计费，乃至试用版免费等方式，用户也可以迅速验证。

FPGA 具备高通信带宽以及实时性处理的优点，最初的应用场景是在通信行业。当前，FPGA 在低时延网络架构、网络虚拟化、高性能存储以及网络安全等领域比较多地应用于云数据中心，借助 FPGA，现代数据中心将更加绿色、高效。

3.9.3 应用简介

如今云网融合已成为网络和应用融合发展的基础：网络是连接移动和固定终端与应用云的通道；云是IT资源的提供者，为应用提供计算、存储和网络3种能力。通过构建云网的一体化基础设施，使5G网络的能力极大地支撑了云计算的发展，同时用云计算的理念优化5G网络资源，助力各种资源按照用户的需求，动态、弹性地得以调度和分配。

NFV是网络云化实现的关键技术。NFV是利用虚拟化技术，采用标准化的通用IT设备来实现各种专用的网络功能，目标是替代通信网中私有和封闭的网元，实现统一的硬件平台加业务逻辑软件的开放架构。SDN使网络的控制平面与数据转发平面分离，采用集中式控制替代了分布式控制，通过开放和可编程接口实现了软件定义的网络架构。使用SDN/NFV等技术，使网络具备编程能力，资源具备弹性可伸缩能力，从而能主动适应当今互联网和物联网应用的众多所需。

5G核心网部署在基于云的基础架构上，以支持灵活和自动的网络部署以及可扩展性。基于云的5G网络基础架构是一组相互关联的多层数据中心（如边缘数据中心、核心数据中心），可采用通用标准化硬件进行集中式管理和编排。5G核心网可以支持以云原生方式设计的网络功能。

通过引入SDN/NFV技术，5G核心网实现了服务化架构的云化部署，其目标架构包含转发平面和控制平面：控制平面实现网络控制功能集中，网元功能虚拟化、软件化、可重构，支持网络能力开放；转发平面则实现剥离控制功能，使转发功能靠近基站，以支持业务能力与转发能力的融合实现。

为了应对5G的需求，更好地满足网络演进及业务发展需求，5G网络将更加灵活、智能、融合和开放，将是一个可依据业务场景灵活部署的融合网络。5G目标网络逻辑架构包括控制云、接入云和转发云3个逻辑域，实现了核心网控制平面与数据平面的彻底分离，转发云聚焦于数据流的高速转发与处理，如图3-56所示。

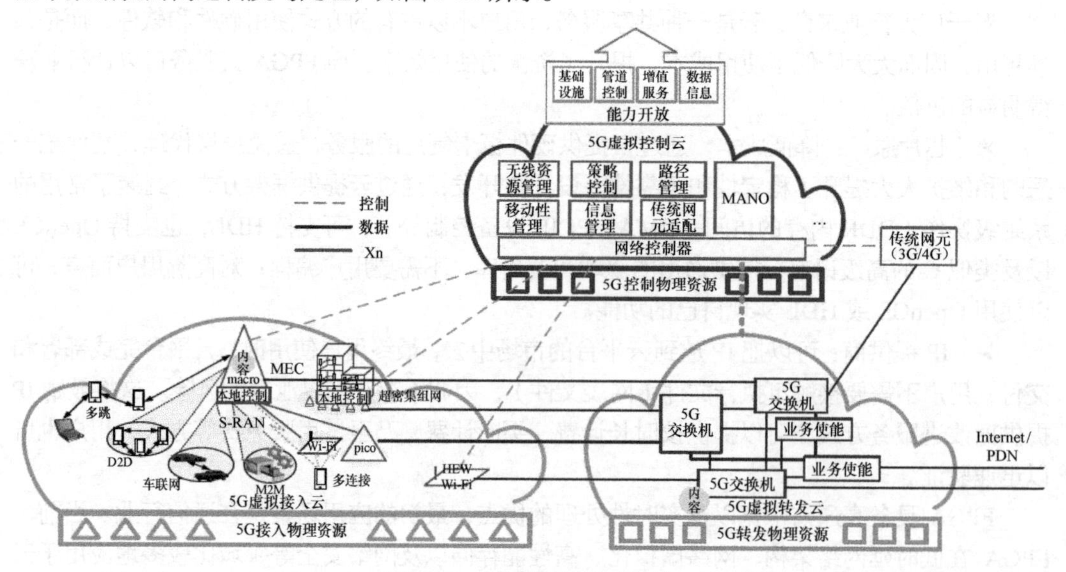

图3-56 5G目标网络逻辑架构

控制云完成全局的策略控制、会话管理、移动性管理、信息管理等，并支持面向业务的网络能力开放功能，实现定制网络与服务，满足不同新业务的差异化需求，并扩展新的网络服务能力。控制云在逻辑上作为 5G 网络的集中控制核心，其主要功能是控制接入云与转发云。控制云由多个虚拟化网络控制功能模块组成，包括：接入控制管理模块、移动性管理模块、策略管理模块、用户信息管理模块、路径管理模块、SDN 控制器模块、安全模块、切片选择模块、传统网元适配模块、能力开放模块，以及对应的网络资源编排模块等。这些功能模块从逻辑功能上可类比之前移动网络的控制网元，完成移动通信过程和业务控制；控制云以虚拟化技术为基础，通过模块化技术重新优化了网络功能之间的关系，实现了网络控制与承载分离、网络切片化和网络组件功能服务化等，整个架构可以根据业务场景进行定制化裁剪和灵活部署。转发云在逻辑上包括了单纯的高速转发单元以及各种业务使能单元。

在 5G 网络的转发之中，业务使能单元与转发单元呈网状部署，接受控制云的路径管理控制，根据控制云的集中控制，基于用户业务需求，软件定义业务流转发路径，实现转发网元与业务使能网元的灵活选择。转发云可以根据控制云下发的缓存策略实现热点内容的缓存，从而缩短业务时延，减少移动网对外出口流量，改善用户体验。

转发云在控制云的路径管理与资源调度下，实现增强移动宽带、海量连接、高可靠低时延等不同业务数据流的高效转发与传输，保证业务的端到端质量要求。转发云配合接入云和控制云，实现业务汇聚转发功能。

接入云支持用户在多种应用场景和业务需求下的智能无线接入。无线组网可基于不同的部署条件要求，实现灵活组网及多种无线接入技术的高效融合，并提供边缘计算能力。控制云、接入云和转发云共同组成 5G 网络架构，不可分割，协同配合，并可基于 SDN/NFV 技术实现。

第4章
5G应用

5G融合应用体系包括三大应用方向、四大通用应用和X类行业应用。随着商用进程全面开启和网络建设加速推进，5G与垂直行业的融合应用成为未来发展的关键所在。从应用方向来看，5G应用包括产业数字化、智慧化生活和数字化治理三大方向；5G通用应用（即未来可能在各行业各种5G场景中的应用）包括4K/8K超高清视频、VR/AR、无人机/车/船、机器人四大类；5G应用到工业、医疗、教育、安防等领域，还将产生X类创新型行业应用（如图4-1所示）。

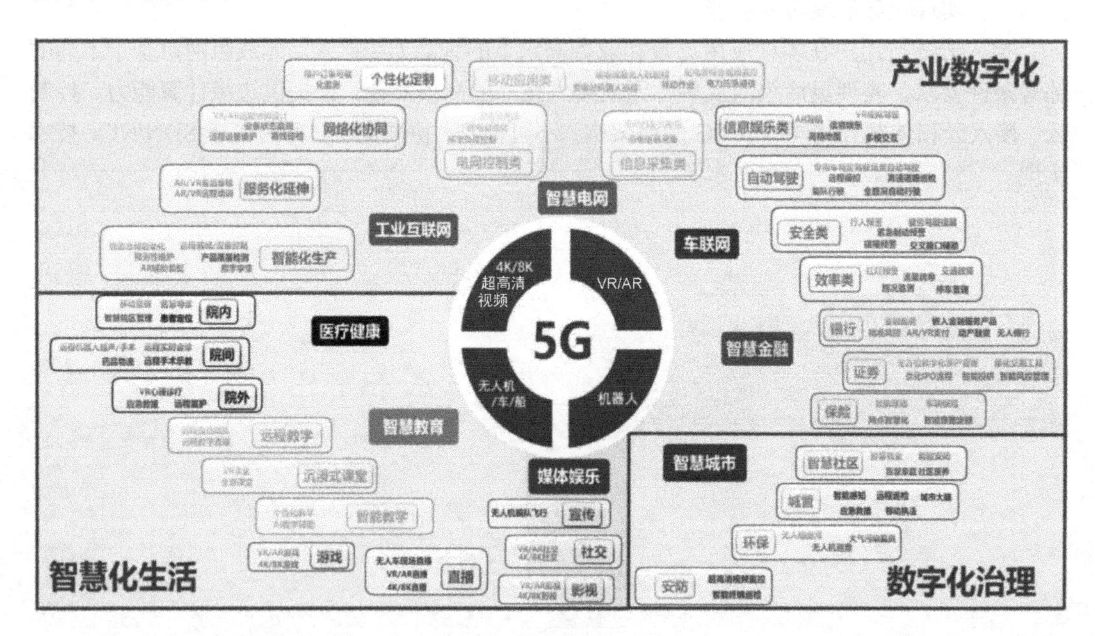

资料来源：中国信息通信研究院《5G应用创新发展白皮书》。

图4-1　5G应用分布

4.1 工业互联网

4.1.1 概述

1. 工业互联网的概念

智能制造被认为是当前新一轮产业变革的重要驱动力与战略高地，它通过将互联网、云计算、大数据、人工智能等新兴信息技术应用在产品设计、生产制造、企业管理、售后服务等关键环节，使制造过程具备信息数据自动感知的功能，从而使得企业决策更加智慧、控制执行更加精准。智能制造的实施载体一般为智能工厂的建设，核心诉求是实现生产制造关键环节的智能化。

实现智能制造需要升级两方面的关键性能：一是制造技术与生产工艺的提升，主要体现为先进装备、先进材料以及先进工艺等，这是决定制造业的边界与能力的根本；二是工业互联网的建设，它是新兴信息技术在工业领域的融合应用，主要体现为企业内网、企业上云、工业大数据、工业应用、网络信息安全等。工业互联网能够促使先进装备、先进材料和先进工艺充分发挥潜能，从而提高生产效率，实现资源的柔性配置以及产品服务的增值。因此，实现人、机、物全面互联的工业互联网被广泛认为是实现智能制造的关键性基础设施，是第四次工业革命的重要基石。

工业互联网从本质上说是在实现机器设备、生产材料、工业控制系统、信息系统、制成品以及人之间的网络互通的基础上，通过对工业数据的全面感知、实时传输、快速计算、高级建模、智能分析，实现制造过程的智能控制、企业管理的运营优化以及生产组织方式的变革。工业互联网的关键要素包括网络、数据和安全。

“网络”是实现工业全要素互联互通与工业数据传输交换的基础设施，由网络互联体系、标识解析体系及应用支撑体系等构成，以实现信息数据在产业链的上下游之间、企业生产系统的各单元之间、生产环节与商业环节的各主体之间的顺畅流转。

“数据”是信息时代背景下工业企业的战略性、关键性资产，泛指数据感知、数据归集、数据清洗、数据分析、决策优化及反馈控制等功能，具体表现为通过海量数据的感知收集、异构数据的清洗处理、机器数据的智能计算、工业模型的固化迭代、工业云端的大数据分析，实现对生产制造实时状况信息、产业链协作信息、市场需求信息的快速计算和精确分析，为市场营销活动的精准策划、企业运营管理的智能决策、机器设备运转的自动控制提供支撑。

“安全”是有效使用工业数据、工业平台与工业应用的安全保障，由环境安全、网络安全、设备安全、控制安全、数据安全、应用安全及安全管理等组成，具体表现为通过覆盖工业互联网架构的安全体系建设，保障网络、系统以及设备等能够抵御内外部攻击，降低数据被泄露、篡改的风险，实现对生产环节和商业环节的全方位保护。

工业互联网能为制造业带来的价值主要体现在以下 4 个方面。

① 智能化生产。通过实现机器、产线、车间乃至整个企业的智能化决策和动态优化，达到提升生产效率、提高产品质量、降低企业成本的目的。

② 网络化协同。通过应用众包众创、设计协作、敏捷制造、垂直电商等新模式，达到显著降低产品设计制造成本、加快产品上市迭代的目的。

③ 个性化定制。通过获取用户的个性化需求，结合灵活化、柔性化的设计生产流程，达到低成本大规模的个性化定制的目的。

④ 服务化转型。通过对产品状态信息的实时监测，为用户提供故障预测、精准维护、性能优化等服务，并为优化产品设计提供支撑，达到企业服务化转型的目的。

工业互联网是多种新兴信息技术在工业领域的综合应用，已然是构建工业生态系统、实现工业智能化发展的必由之路，其发展受到越来越多国家以及企业的重视，成为竞相抢夺的科技高地。美国、日本、德国等制造业发达国家积极布局，通过制定战略、企业联盟、投资项目、科研投入、减免税收等方式，引领工业互联网发展。美国通过“先进制造业领导力战略”加强对制造业创新的引导，提升竞争力；德国通过“工业 4.0”战略聚焦智能工厂和智能生产的构建，同时在“工业战略 2030”中提出加大对数字化创新的支持力度；日本通过“互联工业”战略提出构建基于物联网、人工智能以及工业价值链的顶层体系；英国、法国等在工业互联网领域也加大了投资力度。由此可见，各国的战略焦点不尽相同，但都是基于对自身优劣势的判断而做出的前瞻性、体系化的发展布局，这在一定程度上反映了各国对未来全球制造业竞争格局的剖析与理解。

近年来，国内关于工业互联网发展的相关政策密集出台。

2015 年《国务院关于积极推进“互联网+”行动的指导意见》发布，提出推动互联网与制造业融合，提升制造业数字化、网络化、智能化水平，加强产业链协作，发展基于互联网的协同制造新模式。

2016 年《国务院关于深化制造业与互联网融合发展的指导意见》发布，提出充分释放“互联网+”的力量，改造提升传统动能，培育新的经济增长点，发展新经济，加快推动“中国制造”提质增效升级，实现从工业大国向工业强国迈进。

2017 年，《国务院关于深化“互联网+先进制造业” 发展工业互联网的指导意见》发布，提出增强工业互联网产业供给能力，持续提升我国工业互联网发展水平，形成实体经济与网络相互促进、同步提升的良好格局。

2018 年 7 月，工业和信息化部印发了《工业互联网平台建设及推广指南》和《工业互联网平台评价方法》。指南提出，到 2020 年，培育十家左右的跨行业、跨领域工业互联网平台和一批面向特定行业、特定区域的企业级工业互联网平台。

2019 年 1 月，工业和信息化部印发了《工业互联网网络建设及推广指南》。指南提出，初步建成工业互联网基础设施和技术产业体系，包括建设满足试验和商用需求的工业互联网企业外网标杆网络，建设一批工业互联网企业内网标杆网络，建成一批关键技术和重点行业的工业互联网网络实验环境，建设 20 个以上网络技术创新和行业应用测试床，形成先进、系统的工业互联网网络技术体系和标准体系等。

2019 年 3 月，“工业互联网”被写入《2019 年国务院政府工作报告》中。报告提出，围绕推动制造业高质量发展，强化工业基础和技术创新能力，促进先进制造业和现代服务业融合发展，加快建设制造强国。打造工业互联网平台，拓展“智能+”，为制造业转型升级赋能。

2020 年 3 月 20 日，工业和信息化部发布了《关于推动工业互联网加快发展的通知》，提出了 6 个方面 20 项举措，旨在推动工业互联网在更广范围、更深程度、更高水平上融合创新，落实中央关于推动工业互联网加快发展的决策部署。

庞大的制造业规模和市场规模，以及快速提升的科技实力，使我国在工业互联网的全球竞争格局中与制造业发达国家基本同步。

2. “5G+工业互联网”融合发展

工业互联网是第四次工业革命的重要基石，5G 是新一代 ICT，二者都是推动经济社会实现数字化转型的重要科学技术。5G 技术凭借其在超高可靠低时延通信、海量机器类通信、增强移动宽带等方面的优异表现，能够很好地满足工业互联网各类应用场景的通信需求。对于制造业来说，“5G+工业互联网”将推动制造业从单点、局部的信息技术应用向数字化、网络化和智能化转变；对于 5G 产业来说，“5G+工业互联网”将为 5G 提供广阔的市场应用空间。

（1）全球“5G+工业互联网”的发展现状

目前世界各国都在以制定政策和成立联盟的方式加快推动 5G 与工业互联网的融合发展，并已开展了“5G+工业互联网”应用的初步探索。

从 2017 年开始，美国就着手推动 5G 应用的发展，FCC 设立了 5G 基金，探索 5G 在农业、医疗、交通等领域的应用。同时，领先的电信服务提供商和制造商组成了工业贸易组织——“5G 美洲”，通过发布 5G 工业应用相关的白皮书推动 5G 技术在美洲制造业领域的创新试验与应用发展，如 2018 年第四季度发布了在垂直行业内应用于自动化领域的《5G 通信白皮书》及《5G 高可靠低时延通信支持的新业务和应用》。另外，美国电信运营商正加快推进 5G 与制造业融合的应用实践，比如 AT&T 与三星电子在得克萨斯州构建了美国第一个专用于制造业领域的 5G 应用测试平台，并已在工业设备状态监测、员工培训等领域开展 5G 应用探索。

早在 2016 年欧盟就发布了“5G Action Plan”，并在 2018 年启动了 5G 大规模试验。2018 年 4 月，欧盟成立了工业互联与自动化 5G 联盟（5G-ACIA），该组织集合了 OT 与 ICT 领域的龙头企业及学术界的相关研究院所等，共同研究如何准确理解工业需求并向 3GPP 标准中导入，同时探讨 5G 技术应用于制造业所涉及的焦点问题，如组网架构、商业模式、频谱分配等。2018 年 7 月，欧盟 5G 公私合作伙伴关系（5GPPP）正式启动第三阶段的研究，其中 5G Verticals 创新基础设施项目希望通过研发端到端（End to End，E2E）设备为制造业、港口等行业应用的端到端试验提供支撑。作为“工业 4.0”概念的发起者，德国则通过“5G Strategy for Germany”和“Digital Strategy 2025”等战略计划推进 5G 技术在德国的普及应用，特别是在制造业领域，西门子、博世等 OT 领域的代表性企业正积极进行 5G 服务制造业的应用研究与探索，并在汉诺威工业博览会上展现了基于 5G 技术的 AGV 应用等研发成果。欧盟各国的电信运营商积极地与制造企业进行合作，开展 5G 应用实践，如英国伍斯特郡的 5G 工厂探索基于 5G 技术实现预防性维护、维护作业远程指导等应用。

日本确定将在 2020 年东京奥运会举办之前实现 5G 技术的大规模商用部署，5GMF 组织实施了5G规模试验。此外，日本还发布了“White Paper on Manufacturing Industries”，推进5G在制造业领域的应用。

2018年年底，韩国成为第一个向公众提供5G商用服务的国家，与此同时，韩国发布了“Manufacturing Industry Innovation 3.0”，旨在推进制造业创新发展。2019年4月，韩国正式发布“5G+战略”，确定了五项核心服务和十大应用产业，智慧工厂则是五项核心服务之一。韩国三大电信运营商的5G网络的首批客户均为制造厂商，这也表明了制造厂商对于5G应用于制造业的关注。韩国SK电信的首个5G客户是汽车配件商——明化工业，SK电信为其提供了基于“5G+机器视觉”的质检服务且该服务的资费模式也是为客户量身定制的。LGU+的首个5G客户是从事工业机械和先进零件制造的公司——斗山工程机械，LGU+与该公司共同研发了基于5G技术的远程控制挖掘机。

此外，加拿大（“Digital Canada 150”）、澳大利亚（“Digital Economy Strategy”）、俄罗斯（“Digital Economy Strategy”）、巴西（“Efficient Brazil Strategy”）、新加坡（“Smart Nation 2025”）、沙特阿拉伯（“'Vision 2030' supports digital economy growth”）、泰国（“Thailand 4.0”）、马来西亚（“Digital Malaysia”）、印度（“Made in India” and “Digital India” for the future）等国家也纷纷制定了各自的数字化发展战略，为5G服务于制造业提供了国家层面的政策支持。

（2）我国“5G+工业互联网”的发展现状

我国十分重视5G与工业互联网的融合发展，各省（自治区、直辖市）相继推出了政策、措施以推进“5G+工业互联网”的应用示范落地。

2017年11月，《国务院关于深化“互联网+先进制造业” 发展工业互联网的指导意见》发布，明确将5G技术列为工业互联网的网络基础设施，并开展了基于5G技术的工业互联网应用场景的创新试验，协同推动5G技术在制造业企业的应用部署。

在工业和信息化部2019年年初发布的《工业互联网网络建设及推广指南》中明确提出，到2020年，形成相对完善的工业互联网网络顶层设计，初步建成工业互联网基础设施和技术产业体系。5G作为工厂内外网构建时的重要技术，在标准规范、标杆网络、工业互联网平台、测试床等方面将获得国家的政策与资金支持。工业和信息化部在2019年工业互联网创新发展工程中设置了工业互联网企业内5G网络化改造及推广服务平台项目，将支持5家国内制造业企业及联合体在5G内网部署模式、应用孵化推广、对外公共服务等方面进行探索。2019年8月，工业和信息化部在上海中国商用飞机有限责任公司召开“5G+工业互联网”全国现场工作会议，提出要加快5G商用步伐，加强工业互联网新型基础设施建设，大力推进5G+工业互联网融合创新发展。

同时，我国已有十多个省、市相继发布了5G产业规划，其中北京、上海、浙江、福建、广东等地把“5G+工业互联网”列为规划的重点，如浙江省在规划中明确提出开展“5G+工业互联网”的试点示范，推动5G与物联网、人工智能在制造业领域的融合应用。

在应用方面，我国以联盟作为跨界合作交流的平台。5G方面以5G应用产业方阵为主要组织，工业互联网方面以工业互联网产业联盟为主要组织，并通过“绽放杯”5G应用征集大赛作为抓手，推动“5G+工业互联网”的应用创新。大赛中已涌现出了众多优秀的“5G+工业互联网”创新应用示范企业，如南方电网、中国商飞、青岛港、精功科技等。基于5G网络部署，中国上海飞机制造有限公司构建了飞机制造领域的智慧园区，青岛港成为全世界首个 5G 试点智慧港口，南方电网则实现了电力场景中采集类和控制类关键性业务的智能化建设。

我国三大电信运营商——中国移动、中国电信、中国联通也都制定了计划，推进“5G+工业互联网”的落地发展。中国移动正着力实施“5G+”计划，希望通过推进 5G+4G 的协同发展、5G+AICDE 的融合创新、5G+Ecology 的生态共建，推动“5G+工业互联网”融合发展，目前已与十四大行业的头部企业开展合作，计划在 2020 年打造 100 个标杆示范应用。中国电信正在积极推动“5G+工业互联网”的创新研发工作，通过工业互联网平台、行业 MEC、5G 网络切片等研发成果，助力企业实现数字化转型。中国联通则通过成立中国联通 5G 应用创新联盟、中国联通工业互联网联盟，积极开展面向制造业的应用研究与探索，结合自身的通信线路、云平台服务等资源优势为工业企业的创新转型升级赋能，已在港口、钢铁、电子家电等细分行业开展了“5G+工业互联网”技术验证与应用，获得了较好的试点示范效果。

（3）“5G+工业互联网”发展态势

目前，5G 与工业互联网的融合应用尚处于孵化探索初期，其中部分应用正逐步走向成熟。在应用发展节奏方面，受场景设备与 5G 融合的难易度、5G 相关终端模组研发的进展、应用场景相关的生产制造环节等因素的影响，各类应用目前正处于不同的发展阶段，如图 4-2 所示。其中，面向制造业的改造中，5G+超高清视频的改造难度相对较低，将成为 5G 在工业互联网领域的首批应用；5G+机器视觉、5G+远程运维、5G+移动巡检等应用处于高速发展期，其经济价值将逐渐显现，未来两年或将成为主流；5G+智能物流、5G+设备状态检测、5G+预测性维护等由于 5G 与工业设备的深度融合以及 5G 模组相关产品正逐渐成熟，未来三年有望较快发展；5G+移动控制、5G+远程控制等工控相关业务则需要更加深入到制造业的核心环节，目前仍处于探索期，还有待进一步的试验验证。

“未来 80%的 5G 应用场景在工业互联网领域”已成为行业共识，可以说，5G 与工业互联网融合发展已然成为当下科技浪潮的最前沿。

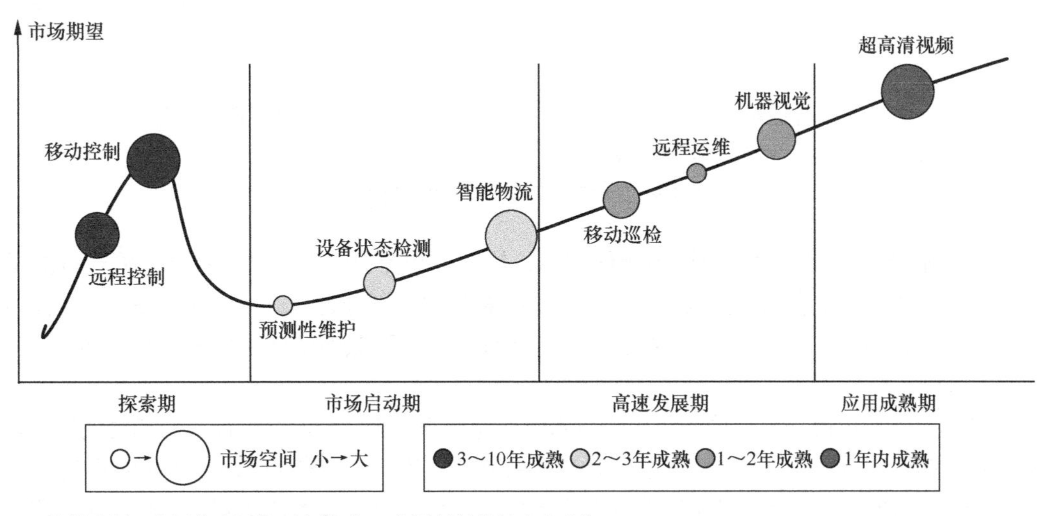

资料来源：中国信息通信研究院《5G 应用创新发展白皮书》。

图 4-2 “5G+工业互联网”应用成熟度曲线

4.1.2 总体架构

我国工业互联网快速发展，正从技术研究与验证逐步走向规模化应用推广。为了适应发展需要，基于“业务需求—功能定义—实施部署”的方法论，中国工业互联网产业联盟组织行业内企业以及研究机构共同设计了工业互联网体系架构，通过业务视图、功能架构、实施框架三大板块，描述了企业该如何以商业目标和业务需求为导向，明确系统功能以及实施部署方式，并由上至下逐步细化和深入，最终实现工业互联网的规划与部署。

业务视图在商业层面为企业明确了工业互联网的定位和作用，使企业能够清晰数字化转型的目标、方向、愿景、路径和举措，并最终细化落实到若干的数字化转型策略以及关键能力建设。功能架构则体现了企业实现业务应具备的核心功能、基本原理和关键要素。工业互联网的核心功能原理是基于数据驱动的工业物理系统与数字空间全面互联与深度协同，在过程中实现智能分析与决策优化。业务视图以及功能原理如图 4-3 所示。

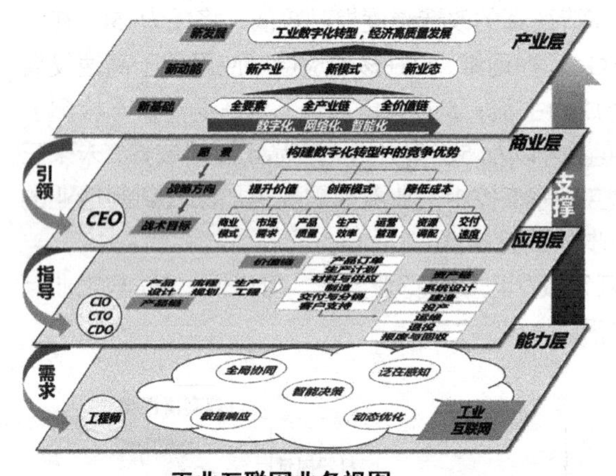

工业互联网业务视图

工业互联网功能原理

资料来源：《工业互联网体系架构（版本 2.0）》。

图 4-3 工业互联网业务视图及功能原理

实施框架是工业互联网建设的操作方案，体现了在企业落地实施时各项功能建设的层级结构、软硬件系统和部署方式。以传统制造体系的层级划分为依据，工业互联网实施按照“设备、边缘、企业、产业”等层级进行部署建设。工业互联网实施框架总体视图如图 4-4 所示。

从网络实施层面来说，传统的网络技术难以完全满足工业对网络性能和可靠性的要求。5G 技术在时延、带宽、可靠性、连接能力等性能指标上有了极大的提升，结合网络切片技术，能够弥补传统网络的短板，满足工业互联网的要求。因此，5G 技术被普遍认为是工业互联网建设实施的关键技术之一。

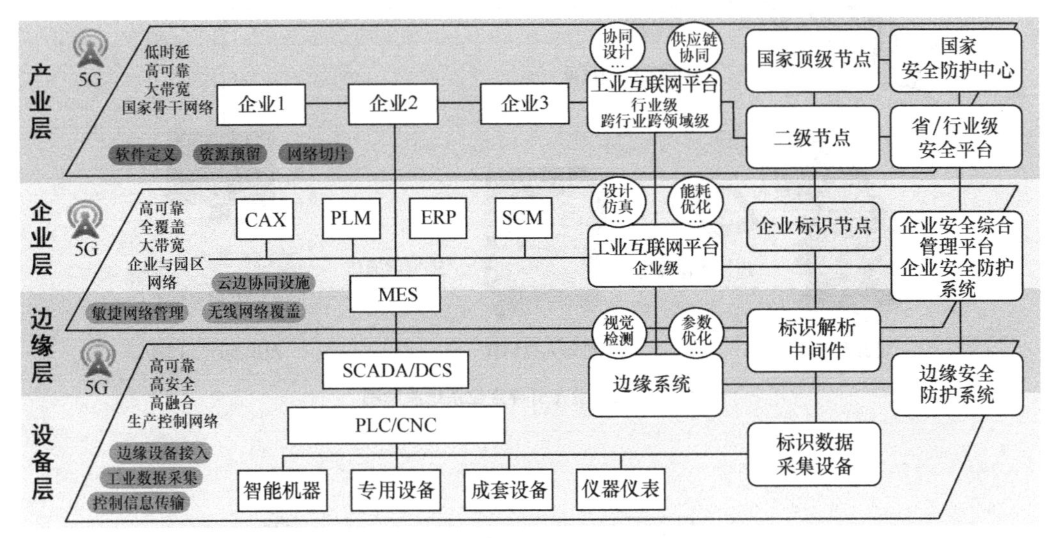

资料来源：《工业互联网体系架构（版本2.0）》。

图4-4 工业互联网实施框架总体视图

4.1.3 应用场景及案例

1. 应用场景一：基于5G的3D高速跟随视觉检测

基于5G的3D高速跟随视觉检测系统借助5G技术与工业互联网融合，实现海量图片的瞬时传输。详细来说，通过引入视觉检测系统，应用在涂胶机器人作业和零部件外检作业方面，智能相机捕捉零部件的外观质量、器具位置、胶线缺陷等信息，指导机器人更高效地作业。

随着汽车自动化和信息化的深化应用，汽车自动化水平不断提升，以自动化设备代替传统人工作业，提升作业效率的同时也提升了产品品质。涂胶机器人在汽车的涂装工艺、总装工艺中广泛应用，但因零部件曲率变形、器具安装偏离、胶泵异常等情况导致的断胶、漏胶等情况偶有发生，因此需在涂胶工位之后设定质检工位，人工判定涂胶质量，进行补胶作业，这就会影响生产节拍。

3D高速跟随视觉检测系统是一套视觉辅助系统，通过3D激光引导定位系统，识别车身置件的位置偏差，再利用5G网络将扫描的3D成型图像传送给服务器，由服务器对车身置件的位置偏差进行计算补正，然后将补正后的坐标信息通过5G网络传递给涂胶机器人，指导机器人依据车身置件的差异，精准定位涂胶位置（如图4-5所示）。3D激光引导定位系统定位如图4-6所示。

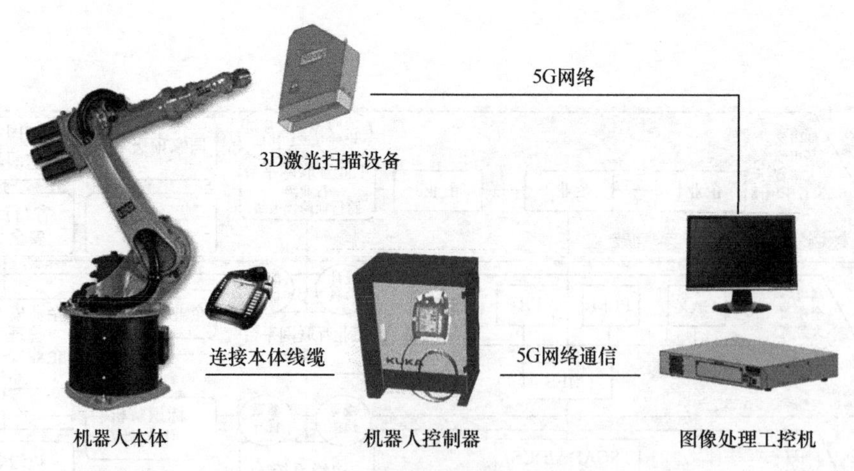

图 4-5　3D 激光引导定位系统原理图

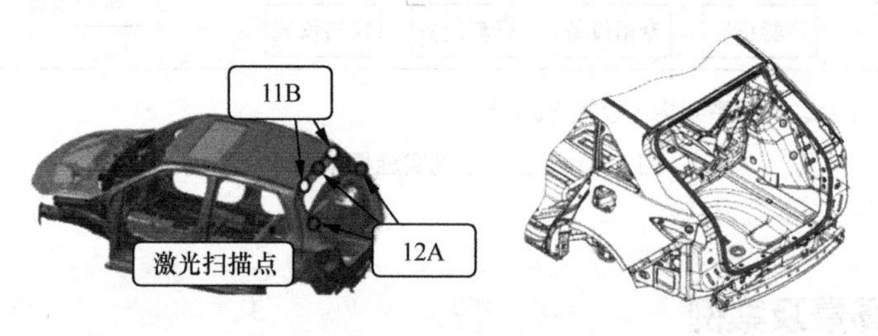

图 4-6　3D 激光引导定位系统定位

在涂胶机器人手臂加装 3D 激光扫描设备、智能相机和补光设备，由于机器人手臂需进行灵活作业，因而数据通信不能采用传统的网线接入的方式，同时因 3D 扫描数据是动态数据传输，需实时传输且数据量较大，需借助 5G 网络实现大数据同步传输，使得图像处理系统能够依据数据实时成像，其架设示例如图 4-7 中圆框标注部分（3D 激光扫描设备和智能相机）所示。

图 4-7　3D 激光引导定位系统架设图

高速跟拍的 3D 摄像头跟随涂胶机器人的胶枪，以 200 张图片/分钟的速度，对涂胶线进行高速跟随拍摄，并将图片实时传送给图像处理系统进行图像识别处理，再结合检验标准对涂胶位置、高度、偏差进行判断，对断胶、拉丝、溢胶等情况进行实时检测和报警，如图 4-8 所示。

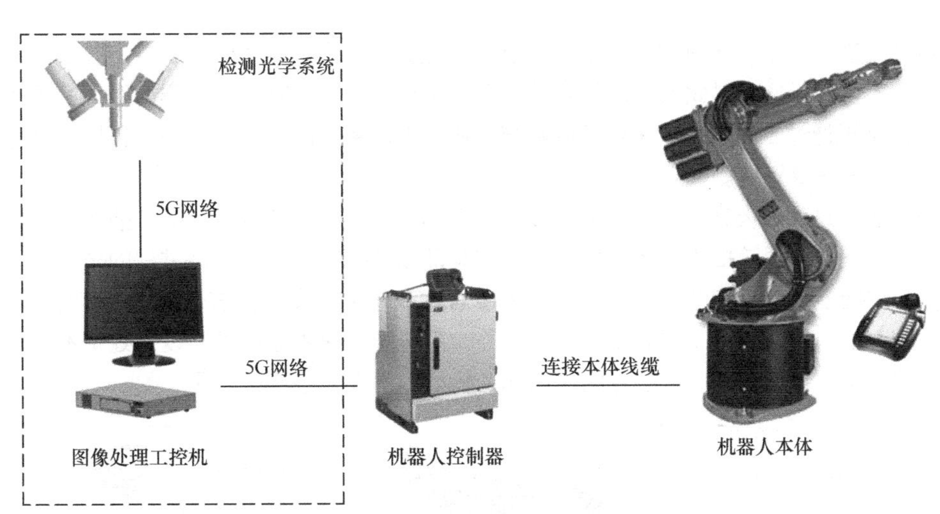

图 4-8　3D 高速跟随视觉检测系统原理图

在涂胶机器人手臂加装双摄像头，并配置补光设备，摄像头设置在胶枪两侧跟随胶枪移动拍摄，将海量图片通过 5G 网络传送给图像处理系统，如图 4-9 所示。

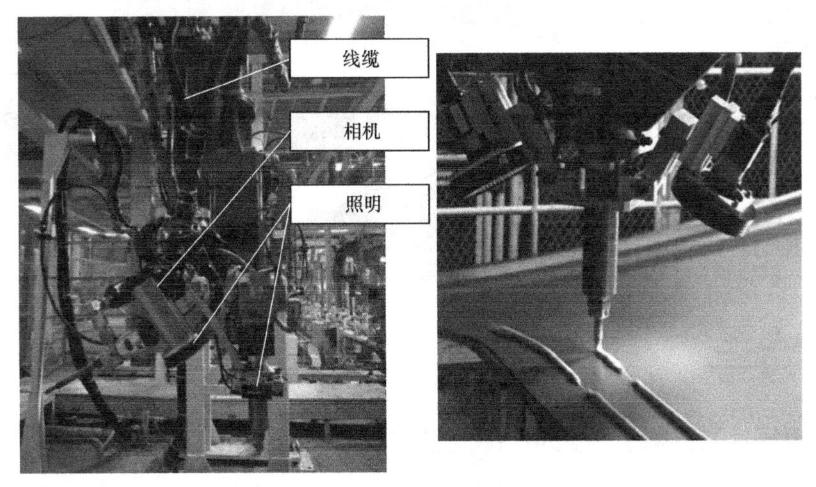

图 4-9　3D 高速跟随视觉检测系统架设图

图片传送给图像处理系统后，图像处理系统首先对图片进行处理，确保胶线能够清晰地在图片中标识出来，如图 4-10 所示。

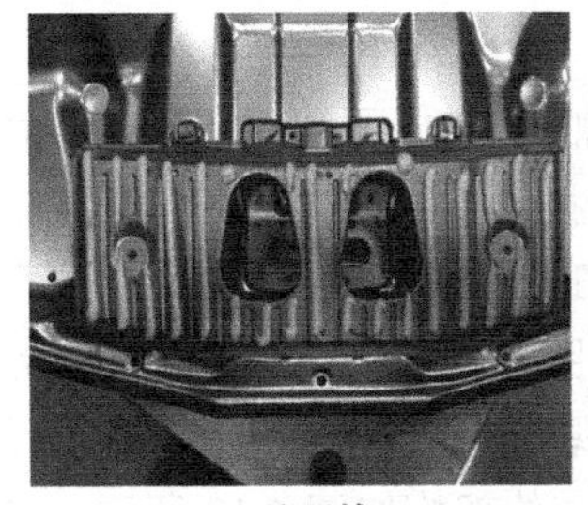
处理前

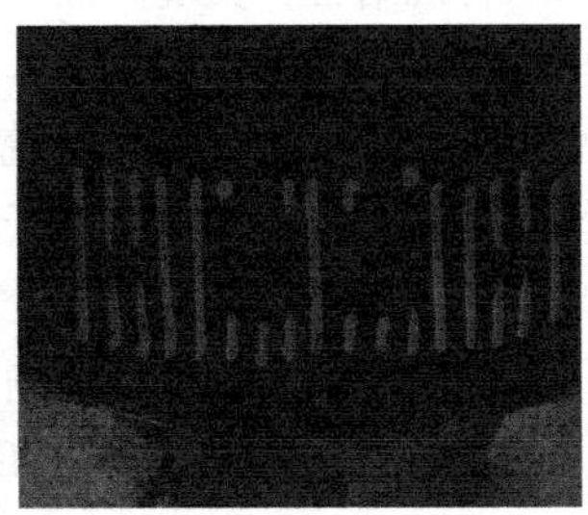
处理后

图 4-10　图片处理

图片处理后，系统会对图片中的胶线进行定位分析，识别胶线位置，测定胶线的各项参数，并按工艺指标要求对此次涂胶作业的检测结果进行判定，其检测过程如图 4-11 所示。

检测结果通过 5G 网络传递给机运系统，通知机运系统此工位加工完毕且检验合格，并开始加工下一车身置件。

整个涂胶过程需要在一个节拍内完成，因此需要在 4 分钟内完成 3D 扫描成型、激光引导定位、涂胶高速跟随拍照、图片处理、检测验证和结果判定作业。该过程的技术难点是数据的实时扫描及大量高清图片的实时传递（通信速率一般要求大于 50Mbit/s，通信时延小于 10ms），现有 4G 技术等无法满足需求。此外，系统为高速跟随拍摄，设备处于不间断的高速移动的状态，也不宜采用有线专网。因此，需要借助 5G 网络来实现。

1．在拍到的图像中，对胶的位置进行定位。

2．根据胶的定位结果确定涂胶检查的范围，以加快处理速度和精度。

3．根据胶的边界图像，提取胶的特征数据。

4．对胶的特征数据进行处理，测量出胶的宽度。

5．根据设定的检查上下限数据，判断检查结果（OK/NG）。

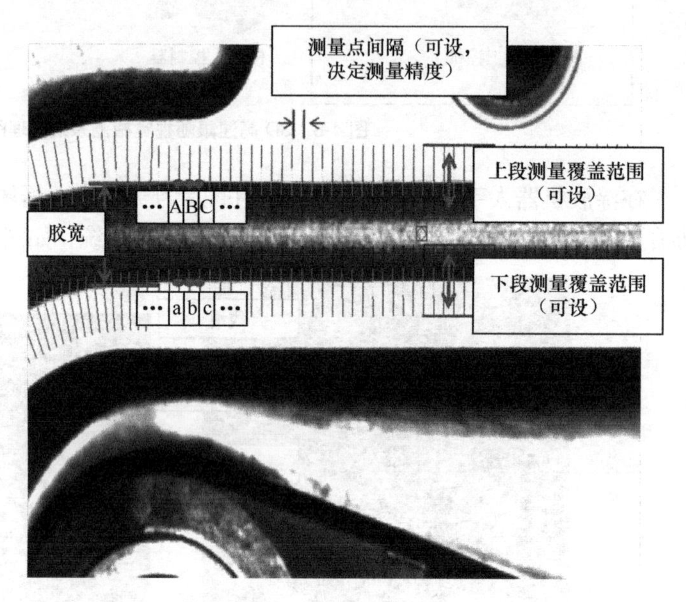

图 4-11　检测过程

2. 应用场景二：基于 5G 的产品质量实时检测与优化

产品质量是企业的生命线，如何提高产品质量的检测效率和精度是企业一直关注的重点。当前产品质量缺陷检测技术主要依赖于产品检测图像与预定义的缺陷类型库之间的对比分析，缺乏一定的学习能力和检测弹性，检测精度和效率较低。本方案通过机器视觉、5G、AI、边缘计算等技术的有机结合，实现产品实时在线高精度检测，并通过工业云平台实现检测模型的迭代、提高和共享。

基于 5G 的产品质量实时检测与优化系统的优势主要体现在两个方面。一是采用 5G 边缘云对图像数据进行实时分析。与现有中心云技术相比，边缘云可以按需部署，可部署在汇聚、综合接入等边缘机房，实现业务本地化处理，在实时性、安全性方面更好地满足工业应用的需要。二是采用 5G 技术，实现质量检测图像数据实时上传到云服务器端，云服务器端基于实时和历史检测图像数据的 AI 学习，实现算法的自我进化。

基于 5G 的产品质量实时检测与优化系统整体架构如图 4-12 所示，共分为 3 层。

一是设备层。通过工业机器视觉实现产品质量的图像实时检测，并将实时图像数据传输至边缘层进行智能分析决策，同时根据反馈结果实时操作。

二是边缘层。边缘层接收来自工业视觉形成的产品图像数据，基于 AI 算法模型进行实时分析决策，将数据经过聚合后上传到中心云；同时接收经过训练的数据处理模型并进行更新，以提高检测精度。

三是云平台。中心云接收来自边缘云聚合的数据信息、训练模型，将新模型的参数输出到边缘云端来完成数据的分析和处理，并根据周期数据流完成模型迭代。通过 API，中心云上的基于 AI 的检测模型可被第三方调用，实现模型的共享。

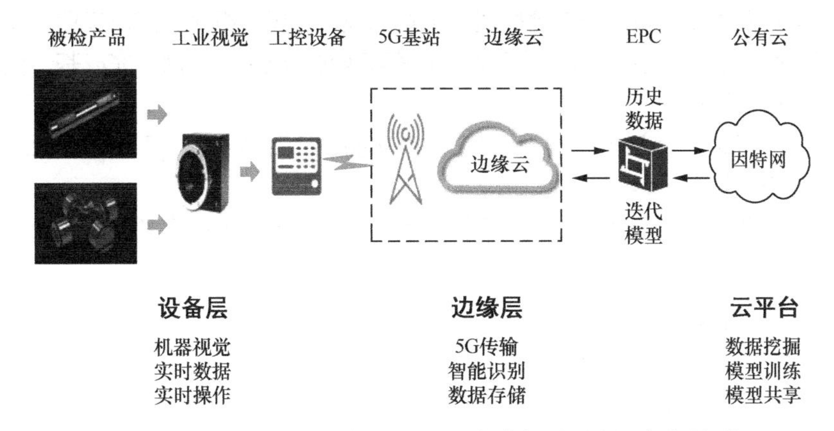

图 4-12 基于 5G 和 AI 技术的产品质量实时检测与优化方案整体架构

该架构具有以下特征。

➢ 实时性：采用 5G 边缘云技术使图像数据在靠近设备的边缘侧被分析处理并即时反馈给应用方，满足了工业应用的实时性要求。

➢ 精确性：在云端基于历史数据完成对模型的训练，训练后的算法模型在边缘层持续完成迭代更新，识别精度随模型的训练逐步提高。

➢ 数据安全：数据在本地边缘层进行实时分析和处理，在满足实时性的同时更大限度地保障产品数据的安全。

➢ 模型共享：训练模型可在云端通过 API 调用的方式进行共享，以提升行业整体水平。

在产品质量实时检测与优化的应用场景中，主要试验 MEC 边缘云与工控机的准实时性业务对接及与物联网设备管理平台的对接。

为降低开销和时延，解决自适应响应等问题，需要一种新的网络资源模型为边缘节点配置计算和存储能力，让其在更接近高数量增长的终端设备的同时，降低云端的计算负载，降低服务时延，同时降低整个网络的带宽开销。

5G 网络中，MEC 可作为独立设备进行灵活部署，可部署的位置包括边缘级、区域级、地区级。

（1）边缘级 MEC 部署于靠近基站侧（基站或 BBU 集中放置的机房），此方案时延最小，但是覆盖的基站数相对较少，适用于本地分流场景。

（2）区域级 MEC 部署于接入环与汇聚环之间（边缘 DC），此方案时延也较小，覆盖范围相对较大，比较适合较大场馆的场景。

（3）地区级 MEC 部署在核心侧（核心 DC），此方案覆盖面积最大，时延也最大。因为能够解决跨地域传输覆盖的问题，可以用于公众业务和行业业务场景。

在实际部署中，需要根据业务类型、处理能力、网络规划等要求，将 MEC 部署于网络中合适的位置。在基于 5G 的产品质量实时检测与优化系统中，MEC 部署在边缘级，位于接入局房内，为客户提供业务本地处理能力。

基于 5G 的产品质量实时检测与优化系统网络为两级星形拓扑结构，第一级为工业视觉设备和工控机之间的星形组网，第二级为工控机和蜂窝基站间的星形组网（如图 4-13 所示）。首先，多个工业视觉设备和一个工控机通过工业总线形成星形组网，完成工业产品图像数据的传输和工业残次品的剔除；其次，工控机和蜂窝基站形成星形组网，完成基于模型图像的实时决策和数据的传输。

基于 5G 的产品质量实时检测与优化系统的功能包括数据采集、工控机、边缘云和中心云 4 个功能模块，如图 4-14 所示。

➢ 数据采集：在生产设备处完成产品图像的数据采集，采用蜂窝网络将产品图像数据传输到边缘云。

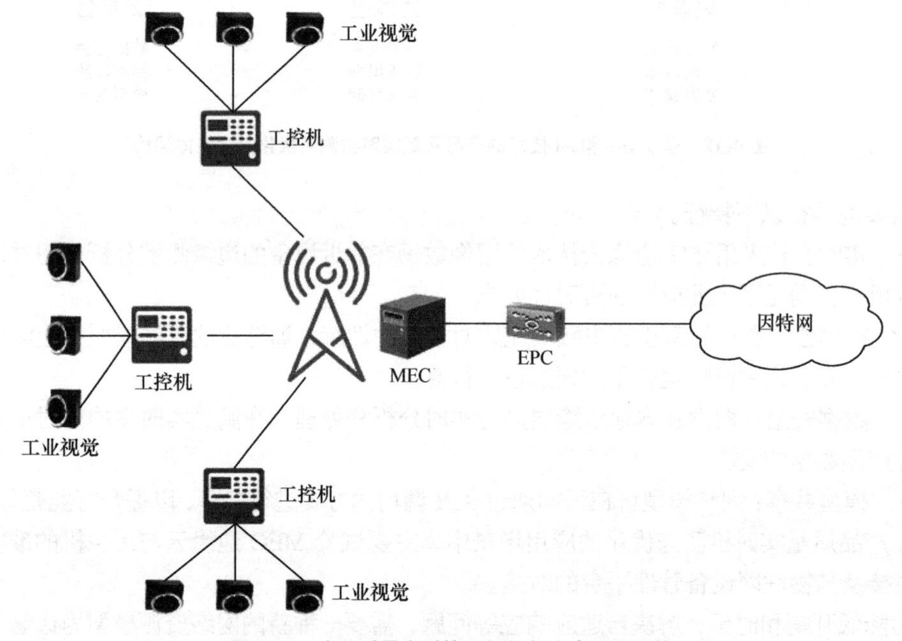

图 4-13　产品质量实时检测与优化方案网络拓扑

➢ 工控机：通过产品的图像数据与模型数据的实时智能分析，完成智能控制，剔除残次品。

➢ 边缘云：主要完成产品图像数据的存储，数据聚合后向中心云的上传，边缘侧任务的编排，边缘云资源的调度，接收来自中心云的模型数据等。

➢ 中心云：主要完成数据存储、数据挖掘、模型训练、模型共享等。中心云接收边缘云聚合的产品数据，经过机器学习，完成模型训练，并将模型周期性地发送到边缘云端。同时，该模型可在中心云通过 API 调用，实现共享。

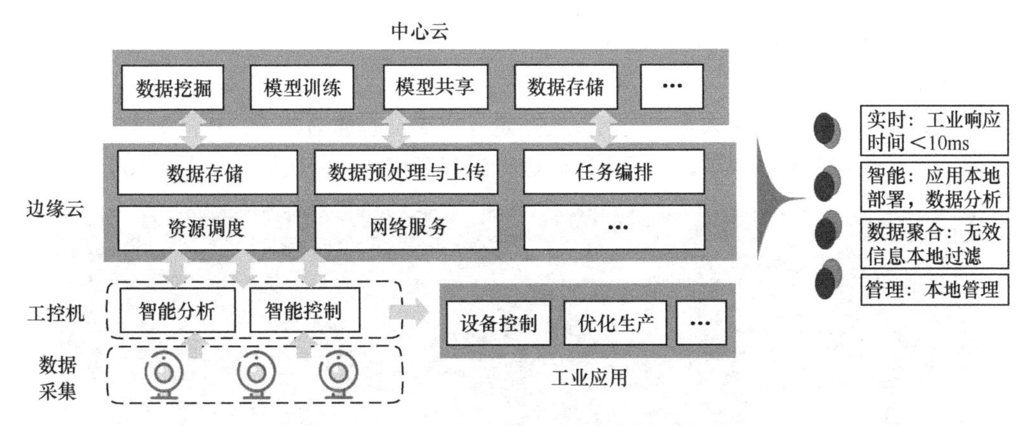

图 4-14　产品质量实时检测与优化方案功能架构

基于5G的产品质量实时检测与优化系统的安全性及可靠性体现在以下3个方面。

第一，数据接入采用蜂窝网络代替传统的Wi-Fi接入方案，在抗干扰、安全认证、QoS保证方面提供运营商级的保障。

第二，采用MEC边缘云技术，利用MEC边缘云的分流功能，将从装备采集来的原始数据在本地进行处理，数据无须经过核心网，大大缩短了数据在网络中的传输路径，提高了安全性。

第三，设备、应用与平台数据交互均采用SSL安全加密机制，支持128位AES、64位DES、3DES等算法，支持设备认证鉴权，提供电信级安全保障体系。

3. 应用场景三：基于5G的AR远程专家指导系统

如今，越来越多复杂的机器进入到工作场所，设备维护和故障排除时有发生，工作场所的工人明明有操作能力，但身边却没有那么多专家来指导。如果专家在外地甚至国外，问题将更加严重，不仅等待周期较长，业务损失较大，而且还要额外付出高昂的差旅费用，既费时又增加业务成本。

利用AR与远程通信技术结合的AR远程专家指导系统如图4-15所示，专为满足以上需求而设计，可以大大提高技术指导效率，缩短指导周期，节约业务成本。

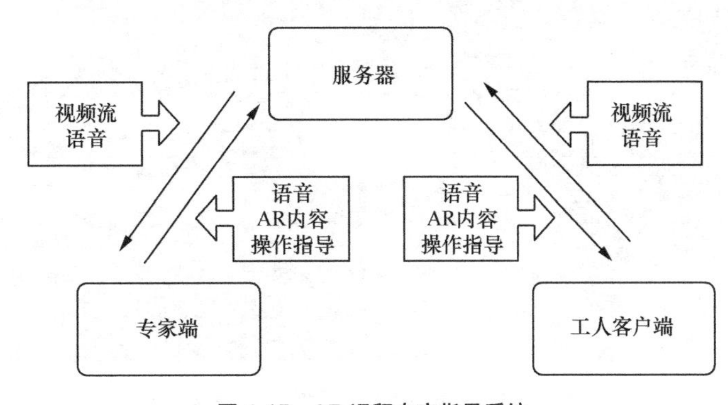

图 4-15　AR远程专家指导系统

AR 远程专家指导系统的功能如下。

（1）即时通信

通过即时通信技术，工人客户端可以向指定专家端发起通话请求，并将工人客户端的拍摄画面通过网络与专家端共享，还可以即时进行语音交流，方便快捷（如图 4-16 所示）。

图 4-16　AR 远程专家指导系统功能：即时通信

（2）手动标注

专家端可以在观看工人客户端画面的过程中，通过手指在画面上进行圈选等动作手动标注出需要查看或操作的部位，工人客户端也可以通过同样的方式向专家确认其口述的操作位置（如图 4-17 所示）。

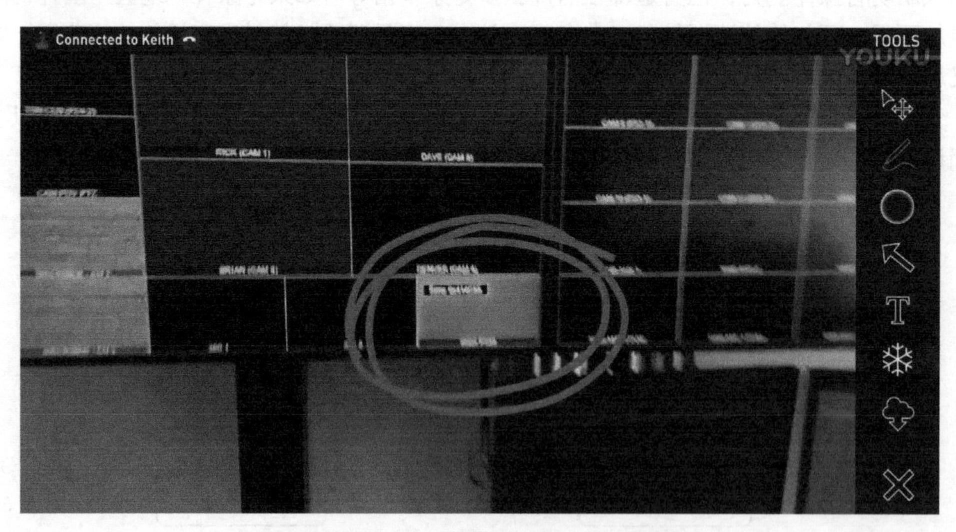

图 4-17　AR 远程专家指导系统功能：手动标注

（3）位置标注

专家端可以在工具中快速选择指示箭头，指向需要操作的准确位置，工人客户端可以实时看到专家标注的位置，找到正确的操作点（如图 4-18 所示）。

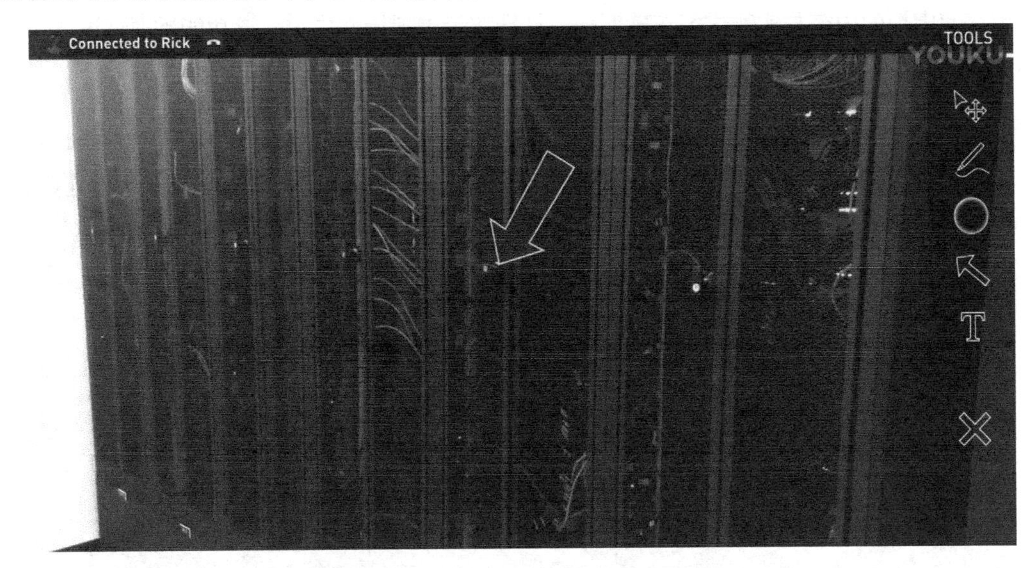

图 4-18　AR 远程专家指导系统功能：位置标注

（4）顺序标注

在进行一些需要按照一定顺序且连续的操作时，可以一次性标明操作的正确顺序，让工人在操作时无须反复询问（如图 4-19 所示）。

图 4-19　AR 远程专家指导系统功能：顺序标注

（5）文字标注

在进行一些关键的或者需要特别注意细节的操作时，专家端可以选择预设好的文字标注或者自行输入文字，工人客户端可以根据文字提示操作，以避免误操作。

（6）实物识别

AR 实物识别可以识别现场实物设备外观的空间形态，让 AR 内容与实物内容产生无缝联系，使虚拟的内容与实物进行正确匹配，精准演示虚拟操作内容。该功能需要通过 5G 技术承载超高清视频交互所带来的高带宽以及低时延通信需求（如图 4-20 所示）。

图 4-20 AR 远程专家指导系统功能：实物识别

（7）操作演示

可以通过虚拟的形式反复演示操作的动画，形象直观。辅以专家从旁的语音指导，工人在实际操作中可以轻松地完成操作步骤（如图 4-21 所示）。

图 4-21 AR 远程专家指导系统功能：操作演示

（8）静止观察

当专家需要对某一位置进行仔细观察时，可以冻结当前显示的画面，自行观察画面的细节内容，此时工人客户端无须保持姿势，可待专家端观察完毕后再恢复拍摄角度（如图 4-22 所示）。

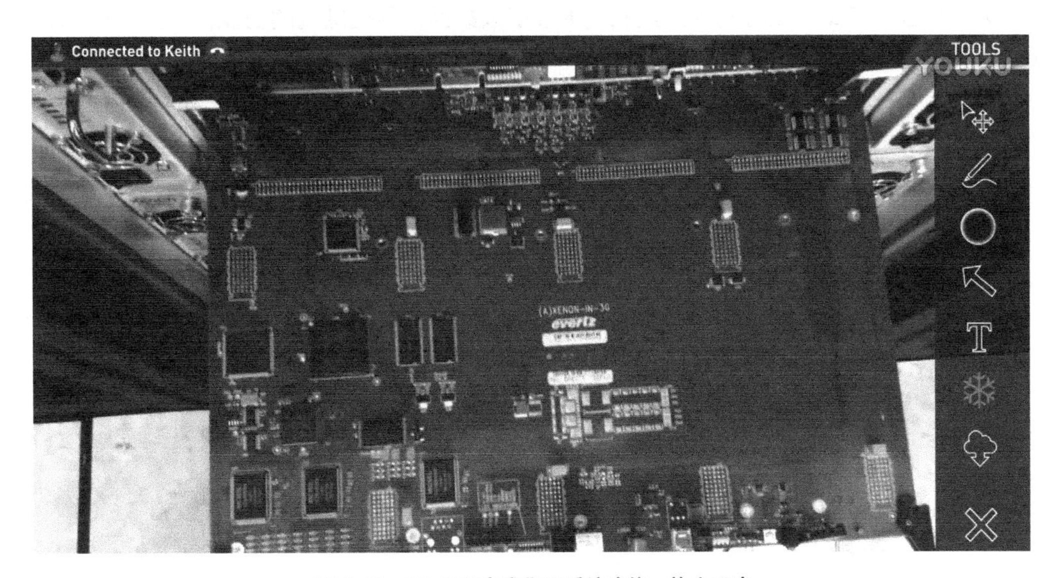

图 4-22 AR 远程专家指导系统功能：静止观察

4. 应用场景四：基于 5G 的工业智能化巡检

设备的定期巡检与故障排查对于 7×24 小时产线的安全生产至关重要，而传统的设备巡检存在诸多弊端，如人员误操作、假巡检、专业技能较低等，给企业的生产埋下了安全隐患。随着 5G、机器人、AR 等技术的逐步成熟，可实现设备的智能化巡检。

工业智能化巡检的具体应用场景如下。

（1）工业 AR 设备点检

如图 4-23 所示，通过让点检人员佩戴 AR 眼镜，可以将 AR 眼镜所见的实时视频通过 5G SDN 网关组建的工业虚拟专网回传至平台，平台通过对画面进行智能分析，将点检人员需要了解的关键信息（如厂区环境参数、设备运行状况、耗损情况等）发回至 AR 眼镜，叠加在现实画面上，以帮助点检人员准确判断点检设备是否出现异常。当出现异常时，后台技术人员可通过 AR 眼镜摄像头拍摄的实时画面了解异常状况，并向厂区人员下达实时指令及现场操作指导等信息。在 4G、Wi-Fi 等现有无线通信技术下，无法消除 AR 实时高清视频画面叠加至现实景象所带来的眩晕感。基于 5G 的工业智能化巡检系统通过 5G MEC 技术的应用，可满足高带宽、低时延的通信需求，消除眩晕感。

通过平台，主要可实现以下功能：

➢ 智能识别生产设备，通过 AR 终端管理设备信息，包括维修、保养、点检记录、设备状态等；

➢ 点检人员与后端技术人员的实时音视频交互；

➢ 可作为教学直播平台，利用实际点检及维修过程培训新技师；

➢ 平台可存储一段时间内的点检及维修视频数据，并提供调阅功能，作为后期事故分析及追责的主要依据。

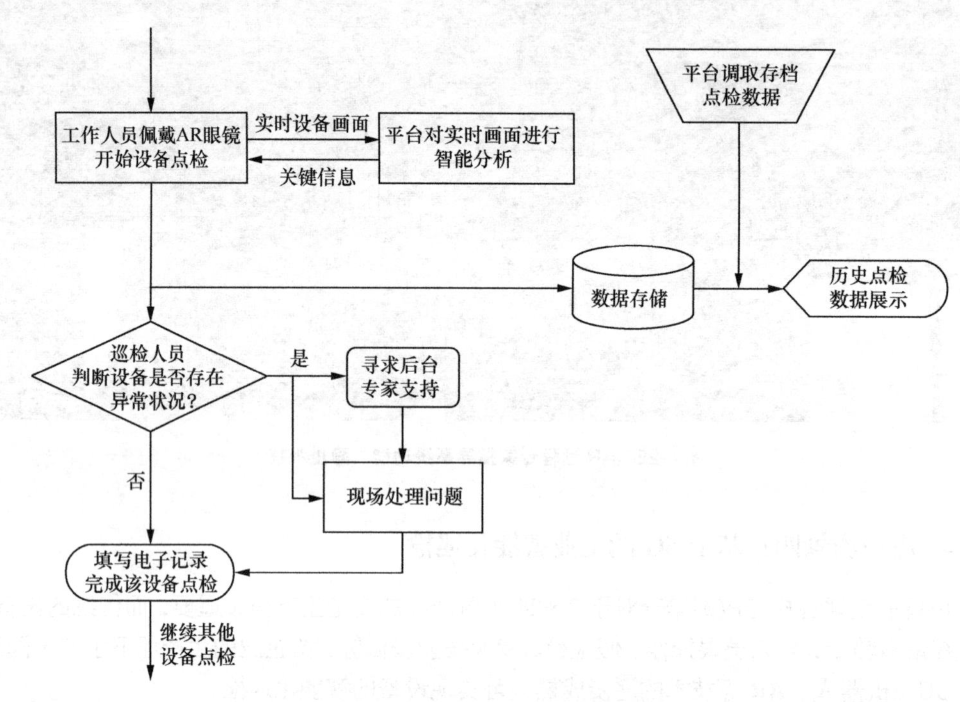

图 4-23 工业 AR 设备点检业务流程

（2）智能机器人巡检

如图 4-24 所示，智能机器人通过搭配各类传感器、红外传感技术、音视频识别技术等，可安全、高效地完成巡检任务，是未来巡检的重要方式。智能机器人可定时、定点、定路径巡检，并根据不同的场景，按需制定巡检方案。巡检过程中，通过 5G 网络回传实时高清巡检画面、设备信息、环境信息等，由系统对收集到的数据进行 AI 分析，判断厂区设备或环境是否存在异常。后台人员可对机器人进行远程实时控制，以对厂区的某些地点进行重点巡查，节省大量人力、物力。通过 5G MEC 技术降低机器人指令的传输时延，满足对机器人进行远程实时控制的要求。

智能机器人巡检应用的主要功能有：

➢ 机器人可搭载多种传感器和高清摄像头，可对巡检对象的温度、声音、震动等环境参数进行检测；

➢ 机器人可拍摄高清的现场画面并进行无线回传；

➢ 平台可对设备及仪表画面进行智能分析，识别仪表数据及设备的异常状况；

➢ 平台可对人脸、行为、物体摆放等进行智能识别，对异常环境状况或人员行为进行实时告警；

➢ 机器人具备自主移动、自我管理、自动避障、自动充电等功能，同时通过平台，可对机器人进行人工远程操控。

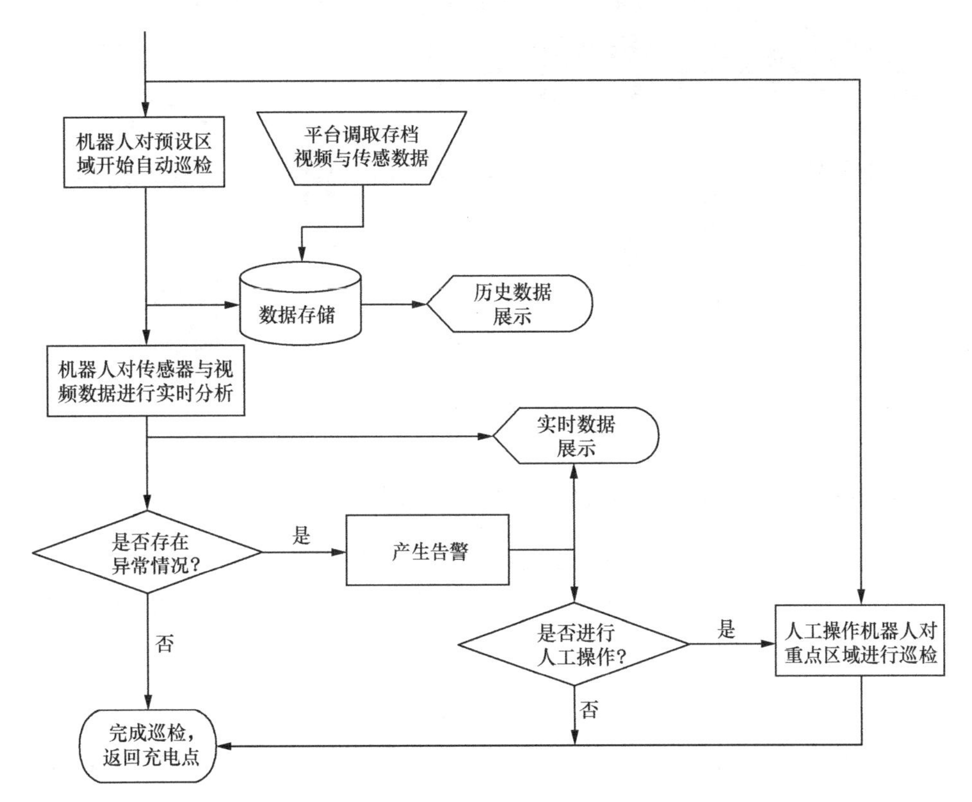

图 4-24　智能机器人巡检业务流程

5. 应用场景五：基于 5G 的远程操控作业

5G 远程操控广泛应用于采煤、采矿、建筑、工业制造、园区物流等工业领域，可以显著提升工业生产企业的生产效率，降低人力成本，提高生产环境的安全性。

利用 5G 网络及视频、毫米波雷达、惯性测量单元、工业环境等数据采集与传感设备，对采矿运输车、AGV、采煤设备、挖掘机、工业机器人、建筑机械等工业生产设备进行远程操控，实现远程采矿、远程施工、远程制造、物流运输调度等应用（如图 4-25 所示）。

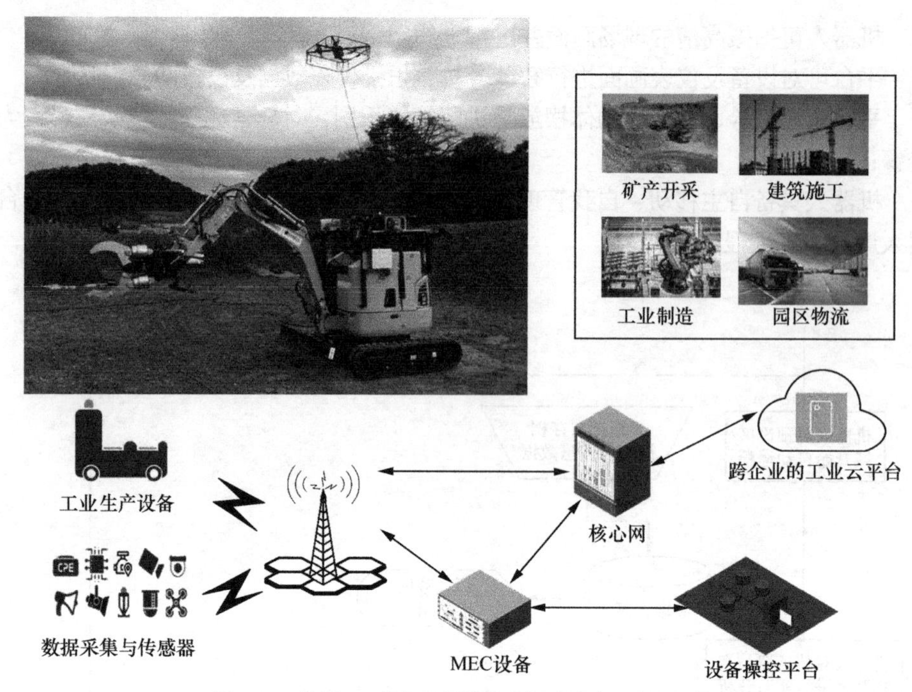

图 4-25　基于 5G 的远程操控作业解决方案及应用场景

6. 应用场景六：基于 5G 的云化 AGV 智能仓储

目前物流仓储 AGV 一般采用分布式控制，导航方式主要有磁条导航、电磁导航、视觉导航和激光导航。其中，磁条导航和电磁导航均需花费较高成本对 AGV 的工作环境进行改造，并且灵活性较差，适用于流程和场景固定的场合；而激光导航成本较高，不利于工厂降低成本。

随着视觉识别定位技术的发展，视觉导航逐渐成为一种可行的方法，这种方法能够基于较低成本的传感器实现 AGV 的定位与控制，但是其需要较大的计算量，传统低成本嵌入式计算无法满足其运算需要。

通过在 5G 网络环境下对 AGV 在仓储和生产线进行试验应用，借助 5G 网络低时延、大带宽的技术特性，将 AGV 所需的计算资源通过 5G 网络进行云化，在园区实行层级部署；并借助 5G 网络无缝切换的移动性，实现在线实时协同调度，大幅度提高人机信息交互和反馈处理速度，降低仓储 AGV 的掉线率，提升 AGV 的运行效率，提高仓储物流管理、运送的灵活性。应用场景案例如图 4-26 所示。

在该项目中,落地的 5G 云化 AGV 智能仓储系统包含了一个中小规模的集中式云化 AGV 集群和相应的控制系统，在一个扇区内可包含 10～20 辆中小型 AGV。集群的规划与控制由 5G MEC 云端统一执行。MEC 通过 AGV 上传的图像及传感器信息，能够实现对所有 AGV 的全局定位和实时控制；同时，仓储管理人员能够通过云端系统直接介入操作，实时远程驾驶其中一台 AGV。单台 AGV 小车均只带有基本的低成本图像传感器、惯性测量单元、执行机构以及 5G 移动终端，具有较为明显的成本优势，有利于仓储物流园区的大规模部署。

图 4-26　基于 5G 的云化 AGV 智能仓储

7. 行业应用案例一：5G+电子制造

电子制造是典型离散生产模式的行业，柔性化、自动化、智能化生产是增强企业竞争优势、提高生产效率的必然选择。

中兴通讯长沙工厂是工业和信息化部的智能制造示范基地，主要生产机顶盒、CPE 等家庭信息终端等产品。中兴通讯长沙工厂构建了 5G 工业物联、5G+MEC 的视觉导航+云化 AGV 调度、基于 5G 机器视觉的产品质量检测、5G+AR 远程辅助指导等多个生产场景，实现了基于 5G 的电子产品制造业务智能工厂的应用示范，具体如下。

（1）5G 工业物联

通过 5G 网络重塑工业物联，实时采集并监控工厂车间内的温度、湿度、工位静电、粉尘、气压等参数，进而提升制造合规率，促进节能降耗，减少静电释放及粉尘危害，保障产品质量。

（2）5G+MEC 视觉导航+云化 AGV 调度

这一环节采用视觉及低成本激光融合导航，利用 5G 网络进行调度以及视觉、传感信息的传输；在 MEC 进行视觉 SLAM（Simultaneous Localization And Mapping，即时定位与地图构建）及指挥调度。目前基于 5G+MEC 视觉导航的 AGV 已经投入实际生产，这种 AGV 有两方面的优势：一是与传统磁条 AGV 相比灵活度具有很大的提升；二是相对激光导航 AGV，单台成本可节省 10%以上。

（3）基于 5G 机器视觉的产品质量检测

这一环节基于 5G+MEC 技术将机顶盒上盖检测、装配检测、包装盒体检测等工位采集到的机器视觉图片传送到 MEC 侧进行集中处理，随后将检测结果下传到各个工位。此模式与传统的单工位自动光学检测设备相比，不仅单台成本至少节省了 50%，还较大地增强了部署产品换线生产算法处理的灵活性。

（4）5G+AR 远程辅助指导

在生产、运维等环节，当一线人员遇到困难时，可使用 AR 眼镜呼叫后方专家远程指导。

该技术的优势是可以在解放双手的情况下通过远程高清音视频进行沟通。此外，这一技术可以实现基于电子白板的图像共享，可快速提升现场作业效率。

8. 行业应用案例二：5G+家电制造

随着竞争的加剧以及人们对美好生活的向往，家电制造业在面临较大用工成本压力的同时，也面临着越来越多的用户定制化等新需求。家电制造工厂涉及的生产流程较多且监管复杂，亟须通过工厂智能化来提升生产效率并增强行业竞争力。5G 网络的部署可以有力促进工厂的智能化、网络化、数字化，进而为相关企业带来更好的技术和产品。

海尔作为家电制造行业的龙头企业，其在工厂智能化方面开展了相关探索，并基于 5G 网络打造了 5G 家电制造智能园区，验证了一批典型应用场景，有效提升了其天津家电制造园区的运营效率。

海尔天津园区通过 5G 网络实现的主要应用场景包括天津 5G 园区智能监控平台、AR 眼镜安保、机器人（地面）巡逻、无人机（高空）巡逻、生产线视觉检测、智能讲解机器人、成品库无人夹抱车搬运、智能物联网（井盖、垃圾桶、路灯照明、烟感、停车）等，具体如下。

（1）智能监控平台

借助 5G+MEC 就近部署了园区智能监控平台，实现了针对异构物联网设备的实时跟踪检测、大数据统计分析、告警预警等。

（2）AR 眼镜安保

借助 5G 的低时延特性实现了 AR 眼镜安保，解决了以往对重要区域内非法进入人员的辨识完全依赖于安监人员的“人眼”识别和“人脑”判断的问题，大大提高了准确性和工作效率。

（3）机器人（地面）巡逻

借助 5G 的大带宽特性实现了机器人（地面）巡逻，把园区巡逻的高清视频回传到“5G 园区智能监控平台”查看并分析，提高了巡逻效率，减轻了安保人员的劳动强度。

（4）生产线视觉检测

通过 5G 室内覆盖，实现了生产线视觉检测，解决了原来质检人员对冲压钢板的品质进行检查时易疲劳而漏检的问题。

（5）成品库无人夹抱车搬运

借助 5G 网络，用于成品洗衣机搬运的无人夹抱车可以在不同的信号覆盖区域实现无缝切换，可提高运行效率和工作区域员工的安全性。

综上，海尔天津园区在智能化提升的过程中综合运用了 5G 的大带宽、低时延等特性和 MEC、无缝切换等技术，有效改善了传统工厂运营过程中遇到的效率、安全、人工成本等问题，满足了工厂智慧运营的需求，为未来实现成品库的全程无人化、智能化奠定了网络基础。

4.1.4 挑战与展望

面向未来工厂，机器、物料的数据连接将成为刚性需求，并向“移动、柔性、可重构”的方向发展。而“5G+工业互联网”可助力工厂机器、物料基于统一的接口，实现无缝的泛在连接，使得物理工厂中的每个设备以及物料都有一个数字复制体，形成数字孪生工厂，实现智能制造（如图 4-27 所示）。

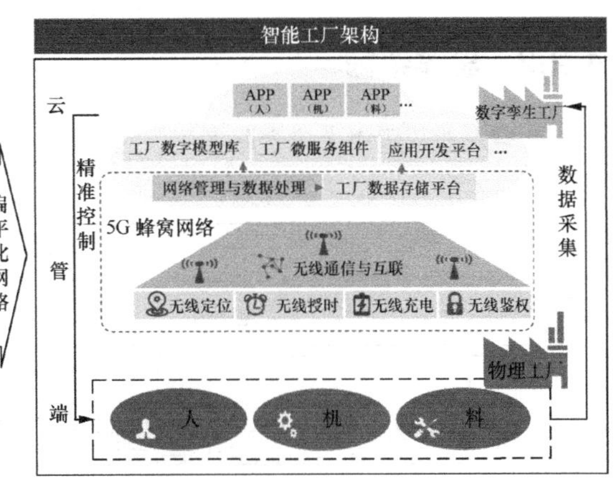

注：SCRM 即 Social Customer Relationship Management，社会客户关系管理；
MES 即 Manufacturing Execution System，制造执行系统；
APS 即 Advanced Planning and Scheduling，高级计划与排程；
WCS 即 Warehouse Control System，仓储控制系统；
SCADA 即 Supervisory Control And Data Acquisition，数据采集与监视控制。

图 4-27 “5G+工业互联网”推动实现未来工厂

2020 年 3 月，国家提出加快新型基础设施的建设进度，工业互联网与 5G 共同被列入“新基建”的七大领域。“5G+工业互联网”已然成为当下信息产业发展中最热门的领域之一，5G 与工业互联网融合发展势必为传统产业的数字化、网络化、智能化升级提供更坚实的支撑，为制造业的提质增效释放乘数效应。

4.2 智慧农业

4.2.1 概述

智慧农业是运用 5G、大数据、物联网等技术，对农业生产、销售全过程进行状态监测和生产控制，从而实现智慧化生产的过程。智慧农业是在现代信息技术革命中探索出来的农业现代化发展的新模式，是集精细化调节、远程控制、科学管理、数据分析和扁平化经营于一体的农业发展高级阶段。

我国的智慧农业起步于 20 世纪 80 年代，相比发达国家较为落后，但最近几年我国逐渐将 5G、大数据、物联网等新兴信息技术应用到智慧农业的建设中去，为实现农业农机自动化和智慧化发展奠定基础，提高农业生产的管理水平，提升生产效率。

2019 年 2 月，中央一号文件《中共中央 国务院关于坚持农业农村优先发展 做好“三农”工作的若干意见》正式发布，明确指出要加快突破农业关键核心技术，培育一批农业战略科技创新力量，推动智慧农业等领域自主创新。我国是一个农业大国，智慧农业是我国现代化农业发展、农村经济转型发展的必经之路。随着 5G、大数据、物联网、区块链等新技术的快速发展，智慧农业有望改变我国现有的农业生产方式，实现变革。

4.2.2 总体架构

智慧农业从逻辑上包含服务层、应用层、数据层、网络层、感知层及技术与标准体系、运行保障体系，如图 4-28 所示。

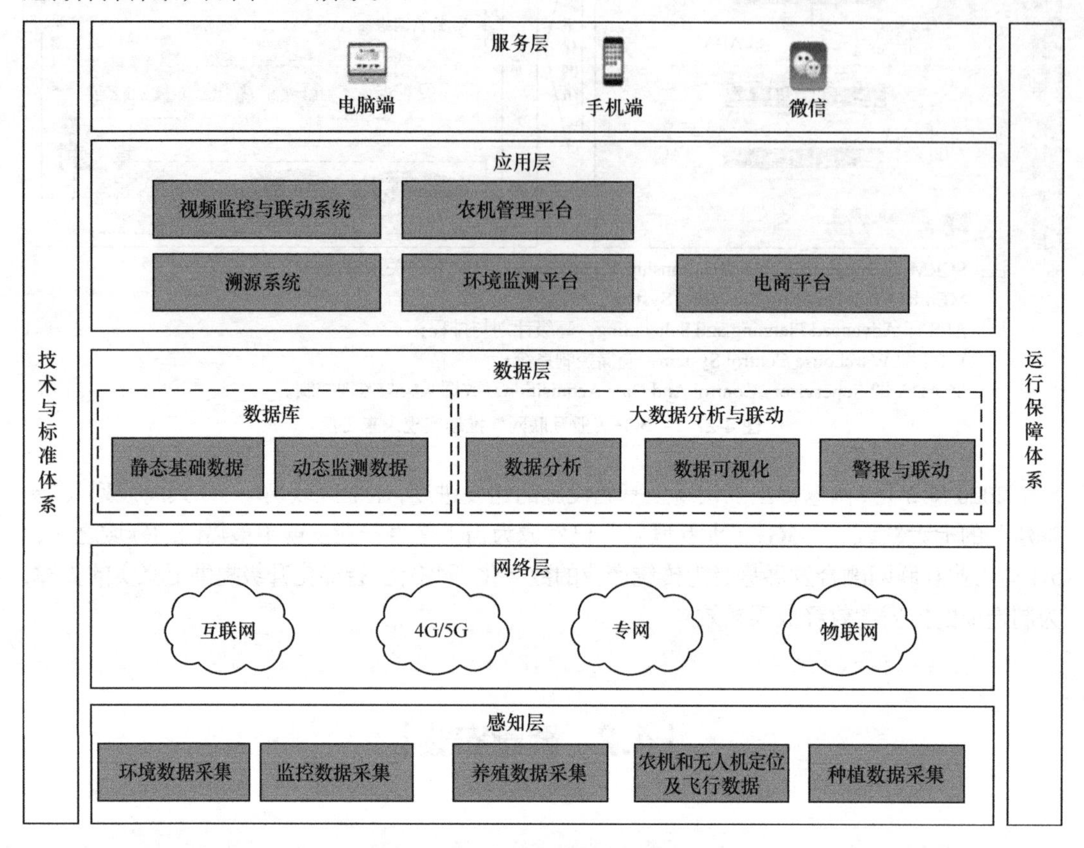

图 4-28　智慧农业逻辑功能图

（1）感知层

利用传感器和视频监控对环境数据（如养殖场内的温湿度、光照强度和氨气浓度等）、养殖数据（如生猪数量、体重、排卵时间等）、种植数据（如田野温度、湿度、酸碱度、光照、土壤肥力、土壤元素含量等）、监控数据（如生猪行为轨迹）、农机和无人机定位及飞行数据等进行监测。监测设备的无线通信模组可直接接入 5G 网络。

（2）网络层

现场布设的 5G 基站设备将采集的数据上传至云端。5G 能够实现室内和室外的连续性传输和 7×24 小时在线工作。对于智慧农业视频类业务，需要 5G eMBB 应用场景支持多路大流量高清视频。对于农机、无人机操作类业务，需要 5G uRLLC 场景提供高可靠性和毫秒级低时延功能。此外，5G mMTC 应用场景提供的超大连接能力，能够支持大量监测设备的连接。

（3）数据层

数据层的建设主要是对感知设备采集的数据进行集中处理、数据分析和可视化，为应用层提供数据支撑。

（4）应用层

应用层主要包括视频监控与联动系统、农机管理平台、溯源系统、环境监测平台、电商平台等系统，可实现实时监测、数据异常报警、统计分析、追根溯源、预测预警、排卵期和配种时间预测、疾病防疫等功能。

（5）服务层

服务层则包含手机端和电脑端，农户可以通过手机或者电脑实时了解养殖和种植的情况。

4.2.3 应用场景及案例

目前，智慧农业主要涉及如图 4-29 所示的几类应用场景。

图 4-29　5G 在农业中的应用概览

1. 精准化养殖

精准化养殖可对牲畜的繁殖、健康、精神等状况进行实时监测，确保收益最大化。农户可利用先进的技术实施持续监测，并根据监测结果做出利于提高牲畜健康状况的决策，主要体现在精准饲喂、健康繁育及疾病防疫 3 个阶段（如图 4-30 所示），具体如下。

（1）精准饲喂

采用智慧自动化设备，实现母猪的精准饲喂、保育猪的粥料智能饲喂，并利用 5G 网络将统计数据上传至信息管理系统。电子饲喂站按照天数、胎次、体况、温度 4 个维度进行精准饲喂，让母猪营养合理化，按需饲喂，发情快，不难产，产崽整齐度高，从而实现利用智能设备满足母猪饲喂需求，如图 4-31 所示。

（2）健康繁育

如图 4-32 所示，基于耳温传感器和农业大数据平台分析，提供母猪繁殖优化解决方案，降低母猪空怀率，提高 PSY（Pigs Weaned Per Sow Per Year，即每头母猪每年所能提供的断奶仔猪头数），助力养猪企业增产增收。给每头母猪测肛温的传统方式工作量大，不易操作，人为经验判断母猪发情期的误差较大，容易导致母猪空怀，使 PSY 降低。通过向母猪体内植入耳温传感器，精准测温（与直肠温差<0.13℃），建立排卵预测、体况评分等模型，加强母猪生产怀孕流程的标准管理，排卵预测准确率可高达 95%，PSY 平均提高 3 ~ 5 倍，如图 4-33 所示。

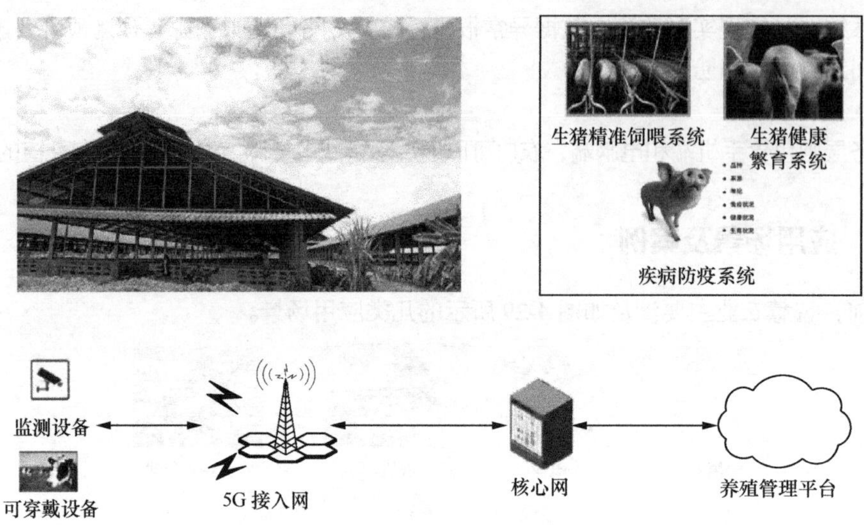

图 4-30　5G+养殖场景应用

图 4-31　精准饲喂设备

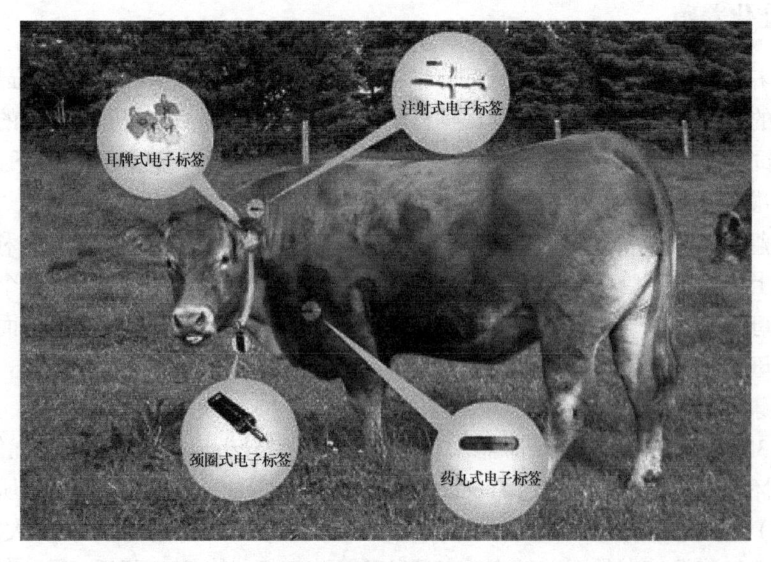

图 4-32　牲畜 RFID 电子标签

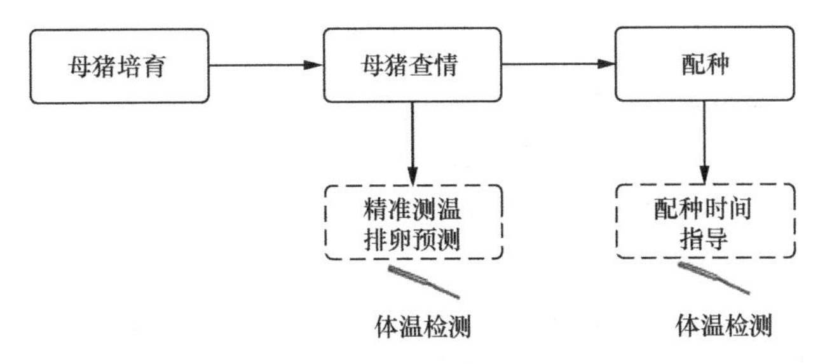

图 4-33　母猪培育流程

（3）疾病防疫

RFID 电子标签（如做成耳标或脚环）在牲畜一出生时就打在其身上，此后饲养员用一个手持设备不断地采集、存储其成长过程中的信息，从源头对生产安全进行控制，同时记录牲畜在各个时期的防疫记录、疾病信息及养殖过程中的关键信息。通过安装环境监测器和摄像头，获取养殖场内的温湿度、光照强度和氨气浓度等数据，通过 5G 网络回传至云平台，再通过深度学习算法判断牲畜的健康状况。

2. 精准种植

精准种植作为一种农业管理方式，是利用物联网及 5G 技术实现产量优化和资源保存，在保护环境的同时确保收益和实现可持续发展。如图 4-34 所示，目前精准种植主要体现在以下 6 个方面。

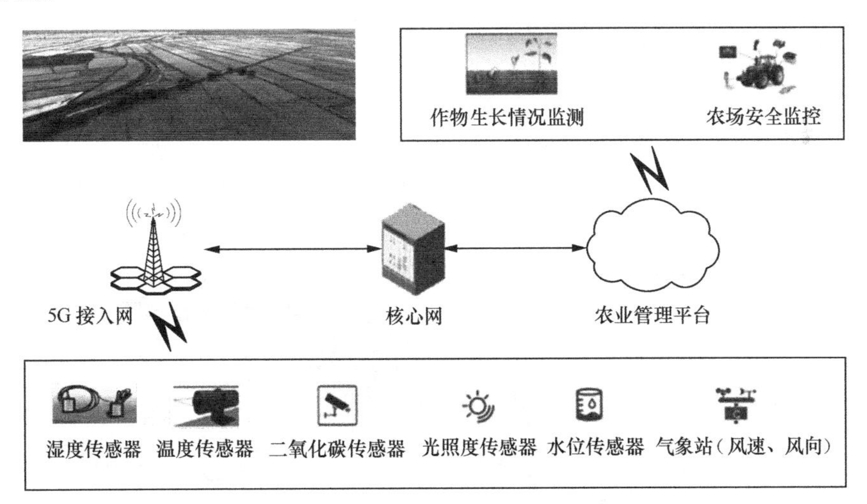

图 4-34　5G+种植场景应用

（1）数据采集

在农田里安装依靠太阳能自主发电的农田数字采集站，在其中安装传感器和摄像头，可以采集田野的温度、湿度、酸碱度、光照、土壤肥力、土壤元素含量等数据，将采集到的数据通过 5G 网络传输至云端，以保证数据传输的快速稳定，再通过大数据处理来分析植物的生长情况。同时，平台可以分析植物是否需要进行除虫，如需要，则可使用无人机对稻田进行撒药。无人机的飞行路线可人为进行设定，从而减少人力和时间成本。

（2）智能灌溉

提升灌溉效率、减少水资源浪费的需求日益增长，可通过部署可持续发展的、高效的灌溉系统以保护水资源。基于5G+物联网的智能灌溉系统对空气湿度、土壤湿度、温度、光照强度等参数进行测量，可精确计算出灌溉用水的需求量。

（3）收成监测

收成监测机制可对影响农业收成的各方面因素进行监测，包括谷物质量、流量、水量、收成总量等，监测得到的实时数据可帮助农户形成决策。该机制有助于缩减成本、提高产量。

（4）智慧农业大棚

通过智能硬件、物联网、大数据等技术对传统的农业大棚进行升级改造，构建全程智能化的高效监测控制管理体系，实现科学指导生态轮作，保证作物的高产、优质、绿色生态、安全。智能硬件数据采集作为智慧农业大棚的关键一环，为智慧农业大棚的智能控制和农业专家分析提供数据支撑服务，前端智能硬件通过5G网络实时上传数据至大棚数据中心，数据中心根据前端智能硬件上传的数据可以查看实时环境数据和植物生长分析曲线，为后续的自动控制服务。当传感器采集的环境数据超出设定值时，控制器自动（或远程手动）启动相关硬件设备对作物生长环境进行加热、施肥、浇水、通风、卷帘、加减光照辐射等操作，实现作物生长过程的智能化精确控制。基于大数据技术，可通过数据建模实现预警分析，当大棚环境数据达到标准值时，系统向专家、监控中心和手机端发出报警信息。此外，智慧农业大棚也可实现无线视频监控管理，大棚监控室通过“无线视频监控管理云平台”实现5G无线视频监控、视频采集、录像回放和智能运维等功能，如图4-35所示。

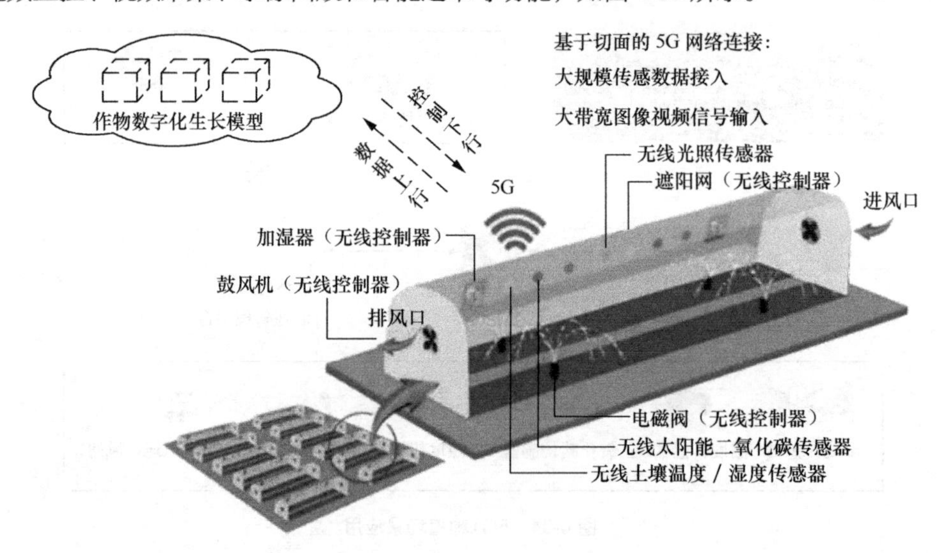

图4-35 智慧大棚应用场景

（5）多功能植保

多功能植保机在5G技术的支撑下，可以实现自动消毒、灭菌、杀虫、温控、补光、施肥、浇灌等功能。

（6）5G+8K种植环境直播

可在种植现场安装摄像头和8K高清电视机，通过高清视频可清晰地看到植物的生长过程。8K 视频需要 5G 网络高分辨率和低时延特性的支撑，使直播画面更加真实生动。

3. 农机自动驾驶

图 4-36 为 5G+农机应用场景，随着农业种植人口的减少，农机信息化、智能化是未来发展的趋势，根据《农机装备发展行动方案（2016—2025）》的要求，到 2025 年，全国主要农作物耕种收综合机械化率应达到 70%以上。智慧农机可通过全面机械化、智能避障、远程遥控、无人驾驶等方式，逐步实现对农业生产中耕、种、管、收等环节的全方位支撑。依靠 5G 技术的大带宽、低时延等优势，可帮助农机全方位、快速地探查周边环境，提升智慧农机的安全性与可操作性，实现更精准的定位服务功能，逐步实现农机的高效运行管理。

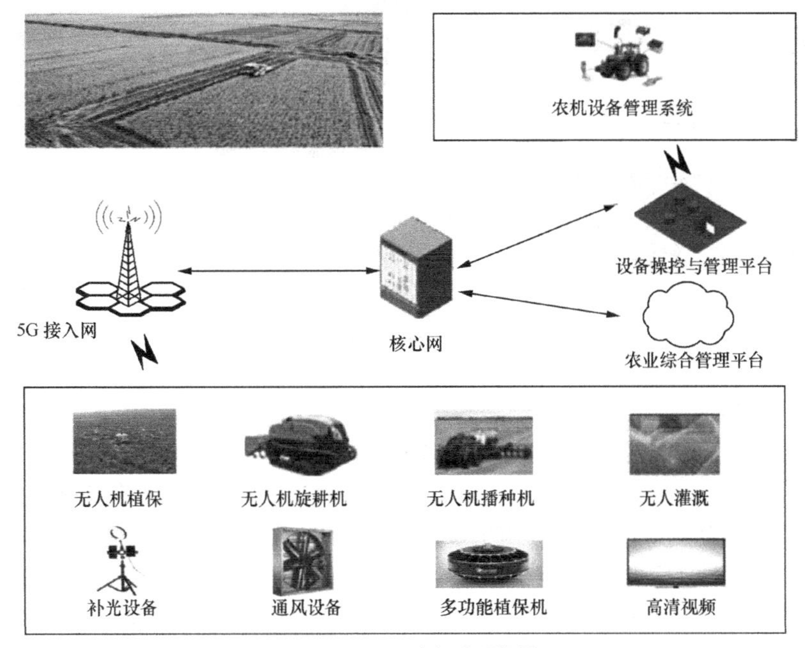

图 4-36　5G+农机应用场景

（1）无人驾驶

无人驾驶使用高精度定位导航和传感器技术，使农机按照规定的路线行驶，进行高精度作业，实现地形补偿、自动转弯、主动避障、多机协同等功能，如图 4-37 所示。利用 5G 技术的大带宽、低时延、高速率的优势，智慧农机可全方位、准确、快速地查探周边环境，以便准确躲避障碍物，实现粮食耕收环节的全面支撑。

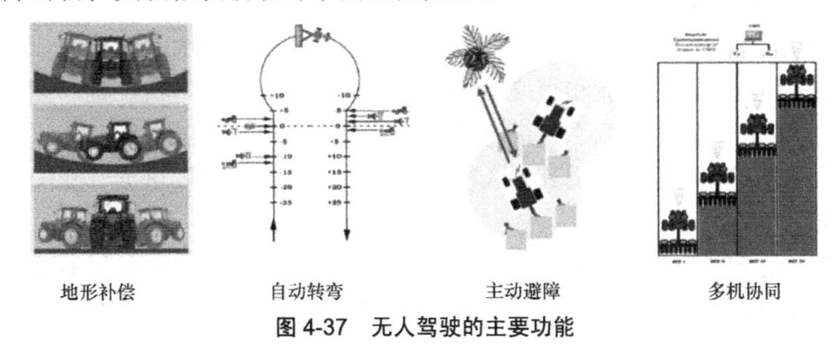

图 4-37　无人驾驶的主要功能

（2）作业质量监测

利用卫星定位、5G、卫星遥感、农机（具）控制、地块矢量图层等技术实现犁地深度监测、农机定位跟踪、作业行为控制、作业状态显示等功能，对农机作业进行矢量管理，提高农机管理效率，如图4-38所示。

图4-38　作业质量监测

（3）无人机植保

当前，行业级无人机尤其是农用无人机前景广阔，市场竞争尤为激烈。业内预测，到2025年，国内无人机市场总规模将达750亿元人民币，农林植保则约为200亿元人民币。5G技术与无人机的结合将会使无人机突破目前的局限，构建更加稳定的无人机网络控制系统。5G网络在时延、抗干扰性、下行容量等方面的特点使无人机可以解决4G网络时代存在的问题，而且5G网络可以满足无人机在绝大多数应用场景下的通信需求。有了稳定的网络，将会更好地发挥无人机响应速度快、观察视角好、覆盖面广等优点，为各个行业提供更优质的服务，做到提效降能。总体而言，5G技术在无人机领域的应用可促进无人机在农业场景实现全时化、智能化建设。如今，5G技术与无人机实现了跨界融合，加速了民用无人机的广泛普及，为市场带来了更多新的增量。具体来看，无人机植保可实现以下功能。

➢ 智能飞行：受限于成本控制因素，目前国内市场上植保无人机的飞行控制系统主要采用半自主控制技术，此类飞行控制系统集成了多种传感器，可实现自动增稳、航线飞行、自动起降等功能，其控制通常采用经典的增益调节控制方法。

➢ 智能植保无人机喷洒：农业无人机变量喷雾是实现精准植保施药的一种重要技术方式。依据作物的病虫草害、形貌和密度等喷雾对象信息，以及喷雾机位置、速度、喷雾压力等机器状态信息，控制智能喷洒系统进行压力、流量及喷洒时机的控制。美国、西欧等发达国家和地区已经在变量喷雾技术及其无人机系统集成上取得了重要进展，我国也开展了相应的探索性研究。

➢ 智能作业航线规划：在多目标约束条件下，研究基于作业方向和多架次作业能耗最小的不规则区域的智能作业航线规划算法。在不规则作业区域已知的情况下，根据指定的作业方向和作业往返总能耗，可快速规划出较优的作业航线，使整个作业过程的能耗和药液消耗最优，从而减少飞行总距离和多余的覆盖面积。

➢ 智能避障与地形跟踪：由于农田中存在电线杆、树木、人员混杂的情况，其作业环境复杂，因此必须要考虑障碍物规避的问题。基于改进人工势场的避障控制方法可将地表障碍物划分为低矮型和高杆型，并通过制定不同的避障策略，将无人机与障碍物的相对运动速度引入到人工势场中，给出基于改进人工势场的智能避障控制算法。

综上所述，无人机植保已展现出了巨大的技术优势和革命性的科技推动力，在无人机植保自主作业领域也表现出了巨大的潜力。

当前无人机植保主要是由植保队进行操作完成，飞行数据通过 5G 网络报至系统用于计费和管理，无人机植保中喷洒农药和土地勘测业务对无线网络的需求见表 4-1。

表 4-1 无人机植保对无线网络的需求

业务分类	上行速率	下行速率	业务端到端时延	控制端到端时延	定位	覆盖高度	覆盖范围
喷洒农药	300kbit/s	300kbit/s	<500ms	<100ms	<0.5m	10m	农村
土地勘测	20Mbit/s		<200ms	<20ms	<0.1m	200m	

4. 农业经营管理

农业经营管理包括农产品溯源、趣味营销、乡村旅游营销和宣传、农业保险等方面，具体如下。

（1）农产品溯源

农产品全生命周期的追溯可通过标识平台汇聚农产品各环节的数据，让农产品生产、流通、销售过程透明化，以此重建消费者对农产品的信任。消费者可扫描农产品上的二维码或者登录平台输入产品编码即可快速查看农产品的生产过程信息，包括生产者信息、生产地点、生产环境、农产品生长过程、肥料使用过程、农药使用过程、关键环境数据等，同时可以实现观看种植现场。溯源平台中的现场图片和图像都是通过 5G 网络实时上传的，可实现低时延、高速率的现场直播（如图 4-39 所示）。

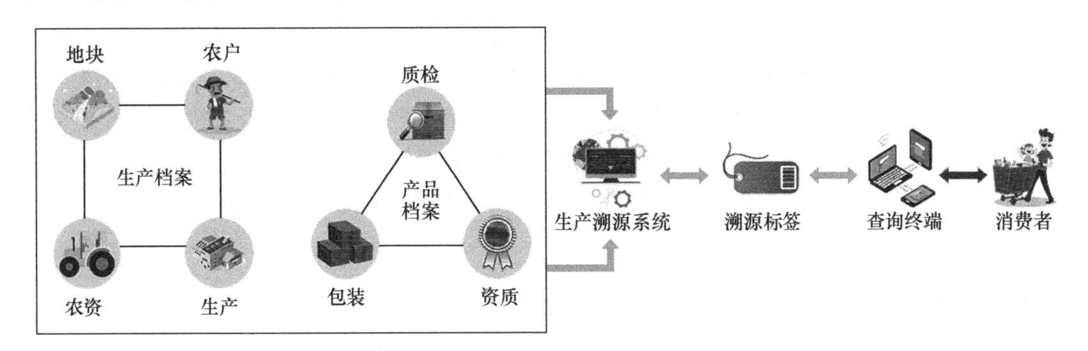

图 4-39 农产品溯源流程

（2）趣味营销

可进行网络直播来实现趣味营销，通过互动的方式吸引潜在客户。相比传统的单一模式，网络直播能更好地给农产品电商赋能，立体地展现产品优势，给买家更直观的视觉体验及更愉快的购物体验。

（3）乡村旅游营销和宣传

随着乡村旅游市场的兴起，5G+VR+乡村旅游也将成为乡村旅游宣传的重要发展方向。整合乡村图片、视频、音频并利用5G、AR和VR技术，可使游客通过VR眼镜观看乡村的地理位置、优美的风景，参与丰富多彩的乡村体验活动，提前合理安排旅游路线，降低决策的盲目性，同时可对接官方购票平台和支付平台，实现快速订票功能（如图4-40所示）。

图4-40 乡村旅游VR展示

（4）农业保险

在AI和物联网等一系列技术的加持下，保险公司的标准化和自动化水平进一步提高，尤其体现在定损查勘、客户服务和销售咨询等人力成本投入较高的业务环节。以5G大带宽、低时延和大连接的新兴网络为依托，借助无人机、智能手机等设备，文本识别、图像识别、语音情感识别等技术，以及智能语音机器人、智能保顾机器人等产品，人力投入得到有效置换，使得保险公司的运营更加高效，从而可以释放更多的资源和利润空间。例如，中国平安的"智能闪赔"将图片识别技术与风险渗漏规则模型相结合，通过系统化布置后可直接应用于理赔流程的项目，实现了从报案到赔付全流程的自助理赔服务，使得单个小额案件的处理时效由原来的1.7天左右缩短至惊人的秒级定损与赔付，执行效率大幅提升。

4.2.4 挑战与展望

我国在智慧农业的发展过程中仍然存在很多问题，具体如下。

第一，土地分散。目前我国仍处于土地分散种植的传统农业模式，种植户多为普通的种地农民或者承包土地的"中农"，土地面积较小，对于智慧农业管理的需求自然不会很强烈。在土地集约化、适度规模经营没有发展起来之前，智慧农业管理的市场规模很难进一步扩大。

第二，农业信息通信基础设施严重缺乏，5G 基站密度较低，对智慧农业的普及产生了不利的影响。

第三，成本高。智慧农业规模化程度低，导致环境监测传感器和无人机、智慧农机、植保机等智能农机以及智慧农业管理平台设计成本和服务成本较高，很多农户很难开展智慧农业管理。

第四，智慧农业发展过程中缺乏顶层设计及相关政策文件指导。政府层面需出台相关文件来指导智慧农业的发展，加强对智慧农业的统筹监管，引领智慧农业实现健康、良性发展。

第五，智慧农业的应用标准及网络标准尚未健全，应用与网络的融合也缺乏标准。传统农业向智慧农业的转变需要漫长的过程，无人机、智慧农机、高清监控、高清直播等方面的智慧应用以及不同厂家的通信标准的应用都需要建立相关标准来规范。

近年来，国家高度重视智慧农业的发展，在农业生产管理过程中运用 5G 技术将会带来颠覆性的改变，具体如下。

一是农业物联网更加智能化。蔬菜大棚利用现代信息通信技术对大棚的种植环境和植物生长状态进行监测，农户只需坐在电脑前或拿着手机，就可以查看农作物的生长数据并根据采集的数据迅速做出相应的对策。

二是农业管理更加智能化。5G 时代对农业管理的改变体现为各种先进设备和农业的结合。在农场中布置摄像头和传感器设备，将收集到的数据传输到数据中心，然后进行分析整理并反馈给各个机器，使得人对机械的命令可以立即到达并得到执行。

三是种植技术更加智能化。由于 5G 技术比 4G 技术更实时、精准，所以可以采用高精度土壤温湿度传感器和智能气象站，远程在线采集土壤墒情及气象信息等，实现旱情自动预报、灌溉用水量智能决策等功能，并将数据及时反馈给技术人员，最终实现精耕细作、准确施肥、合理灌溉。

四是种植、养殖过程更加公开化。消费者可以随时观看农产品的种植和养殖过程，查看农作物生长过程中的用药、施肥情况。

五是劳动力管理更加智能化。5G 时代的智慧农业可以用机械替代人工。例如，智能农场设备可以通过网络打开或关闭温室的窗户，并自动供水。实时监测和采集农田土壤墒情、气象和作物长势信息（叶温、叶面湿度、果实膨大、茎杆微变化传感器采集的信息等），并结合当地作物的用水需求和灌溉情况制定自动开启水泵、阀门的时间和频率，实现自动灌溉、分片控制。

六是通过 5G、VR、高清直播、线上宣传等方式推销农村旅游，促进农村经济发展。

4.3 智能电网

4.3.1 概述

智能电网是在传统电力系统的基础上，通过集成新能源、新材料、新设备和先进传感技术、信息技术、控制技术、储能技术等新技术形成的新一代电力系统，具有高度信息化、自动化、智能化等特征，可以更好地实现电网的安全、可靠、经济、高效运行。

全球能源供需矛盾和环境压力是促使人们探讨更广泛的清洁能源形式、更便捷的能源控制方式和更高效的能源使用方法的直接推动力。智能电网的概念涵盖了提高电网科技含量、能源综合利用效率、电网供电可靠性，促进节能减排、新能源利用及资源优化配置等内容，目的是最终实现电网效益和社会效益的最大化。这是一项社会联动的系统工程，代表着未来的发展方向。智能电网以包括发电、输电、配电、储能和用电的电力系统为对象，应用数字信息技术和自动控制技术，实现从发电到用电所有环节信息的双向交流，系统优化电力的生产、输送和使用。总体来看，未来的智能电网应该是一个自愈、安全、经济、清洁并且能够适应数字时代的优质电力网络。

电力通信网作为支撑智能电网发展的重要基础设施，保证了各类电力业务的安全性、实时性、准确性和可靠性。构建大容量、安全可靠的光纤骨干通信网，以及泛在多业务灵活可信接入的配电通信网，是通信网络建设的两个重要组成部分。

在骨干通信网侧，经过多年的建设，35kV 以上的主网通信网已具备完善的全光骨干网络和可靠高效的数据网络，光纤资源已实现 35kV 及以上厂站、自有物业办公场所/营业场所的全覆盖。

在配电通信网侧，由于点多面广，海量设备需要实时监测或控制，信息双向交互频繁，且现有光纤覆盖建设成本高、运维难度大，公网承载能力有限，难以有效支撑配电网各类终端的可观、可测、可控。随着大规模配电网自动化、高级计量、分布式能源接入、用户双向互动等业务的快速发展，各类电网设备、电力终端、用电客户的通信需求爆发式增长，迫切需要构建安全可信、接入灵活、双向实时互动的“泛在化、全覆盖”配电通信接入网，并采用先进、可靠、稳定、高效的新兴通信技术及系统予以支撑，这是智能电网发展对配电通信网提出的新需求。

因此，从发展趋势来看，未来智能电网的大量应用将集中在配电网侧，理应采用先进、可靠、稳定、高效的新兴通信技术及系统，丰富配电网侧的通信接入方式，从简单的业务需求的被动满足转变为业务需求的主动引领，提供更泛在的终端接入能力、面向多样化业务的强大承载能力、差异化安全隔离能力及更高效、灵活的运营管理能力。

4G 网络轻载情况下的理想时延只能达到 40ms 左右，无法满足电网控制类业务毫秒级的时延要求。同时，4G 网络的所有业务都运行在同一个网络中，业务之间相互影响，无法满足电网隔离关键业务的要求。此外，4G 网络对所有的业务提供相同的网络功能，无法匹配电网多样化的业务需求。

作为新一轮移动通信技术的发展方向，5G 把人与人之间的连接拓展到万物互联，为智能电网的发展提供了一种更优的无线解决方案。5G 时代不仅能给我们带来超大带宽、超低时延以及超大规模连接的用户体验，其丰富的垂直行业应用将为移动网络带来更多样化的业务需求，尤其是网络切片、能力开放两大创新功能的应用，将改变传统业务的运营方式和作业模式，为电力行业用户打造定制化的“行业专网”服务，更好地满足电网业务的差异化需求，进一步提升电网对自身业务的自主可控能力和运营效率。

4.3.2 总体架构

智能电网从层次上可分为物理层、信息层和应用层（如图 4-41 所示）。

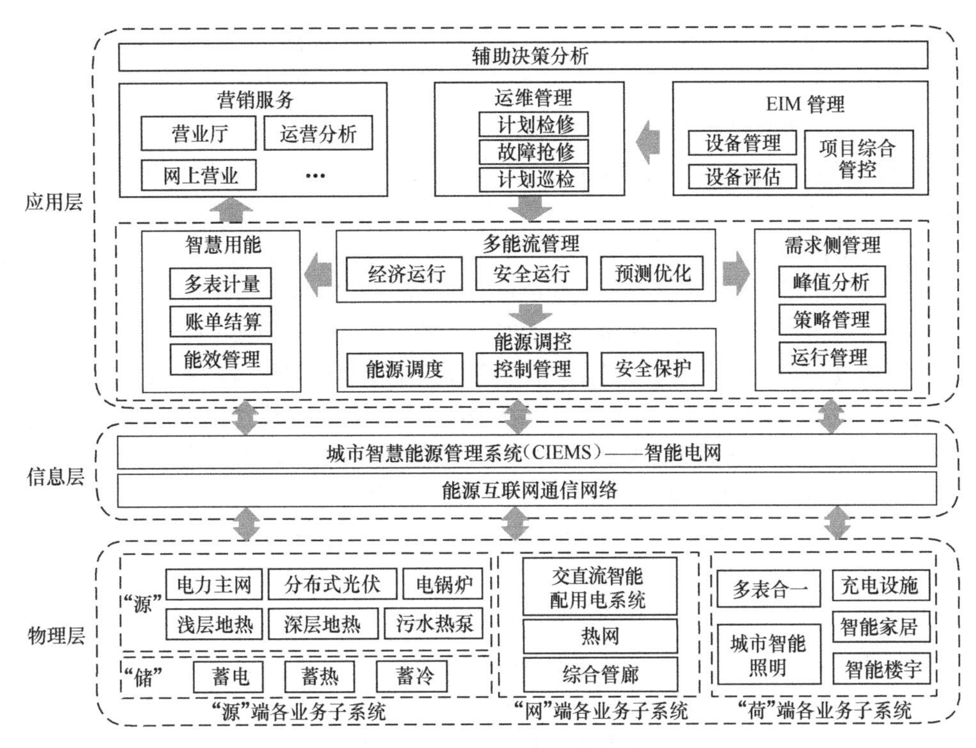

图 4-41 智能电网总体逻辑架构

➢ 物理层：“源—网—荷—储”的各环节子系统实现对分布式能源站、储能系统、交直流配电网、负荷侧各类用能系统的就地控制。

➢ 信息层：通过 4G/5G、光纤等能源互联网通信网络，各个子系统将数据汇聚到能源信息共享平台，支撑综合能源各类业务应用。

➢ 应用层：能源互联网信息系统将背靠配电自动化系统，通过多能流管理，挖掘调控潜力，实现“源—网—荷—储”协同调度策略；通过智慧用能感知用户需求，实现负荷的柔性控制，通过能源调控，实现对各能源生产机组的优化控制，通过需求侧管理，实现“源—网—荷—储”的协同运行。

4.3.3 应用场景及案例

从电流走向的视角来看，电网主要包括五大环节：发电、输电、变电、配电及用电。从业务类型来看，根据智能电网对通信的需求不同，智能电网业务又分为控制类和采集类两大类。其中，控制类业务主要包含智能分布式配电自动化、用电负荷需求侧响应、分布式电源调控等应用；采集类业务主要包括低压用电信息采集、智能电网大视频等应用。

1. 智能分布式配电自动化

配电自动化是一项集计算机技术、数据传输、控制技术、现代化设备及管理于一体的综合信息管理系统，其目的是改进电能质量，提高供电可靠性，为用户提供优质服务，降低运行费用，减轻运行人员的劳动强度。

早期的配电保护多采用简单的过流、过压方式，不依赖通信，其不足之处在于不能实现分段隔离，停电影响范围大。为了实现故障的精准隔离，需要获取相邻元件的运行信息，具体可采用集中式部署或分布式部署两种方式。

当前主流是采用集中式配电自动化方案。该方案中，通信系统主要传输数据业务。随着电力的可靠性供电要求的逐步提升,尽管高可靠性供电区域能够实现不间断持续供电的要求，但对集中式配电自动化中的主站的集中处理能力和时延等提出了更加严峻的挑战，分布式方案成为配电自动化发展的方向。分布式配电自动化的特点在于将原来主站的处理逻辑分布下沉到智能配电自动化终端，通过各终端间的对等通信，实现智能判断、分析、故障定位、故障隔离以及非故障区域恢复供电等操作。智能分布式配电自动化终端依托 5G 网络来实现对配电网的保护控制，通过继电保护自动装置检测配电网的线路或设备状态的信息，快速实现配电网线路区段或配电网设备的故障判断及准确定位，快速隔离配电网线路故障区段或故障设备，实现故障处理过程的全自动，以最大可能地减少故障的停电时间和范围，使配电网故障处理时间从分钟级提高到毫秒级。在配电网领域推广应用差动保护，可以进一步缩短故障持续时间，提高供电的可靠性。

智能分布式配电自动化对通信网络的关键需求如下。

➢ 带宽：差动保护的带宽要求为 2Mbit/s。

➢ 时延：差动保护的时延要求小于 10ms，时间同步精度为 10μs，电流差动保护装置所在变电站距离<40km，主备用通道的时延抖动要求为±50μs。同时，为达到精准控制，相邻智能分布式配电自动化终端间在信息交互时必须携带高精度时间戳。

➢ 可靠性：要求高，要求为 99.999%。

➢ 连接数量：$X\times10$ 个/km^2。

2. 用电负荷需求侧响应

用电负荷需求侧响应是指当电力批发市场价格升高或系统可靠性受威胁时，电力用户接收到供电方发出的诱导性减少负荷的直接补偿通知或者电力价格上升信号后，改变其固有的习惯用电模式，达到减少或者推移某时段的用电负荷而响应电力供应，从而保障电网稳定，并抑制电价上涨的短期行为。

用电负荷需求侧响应主要是引导非生产性空调负荷、工业负荷等柔性负荷主动参与需求侧响应，实现对用电负荷的精准控制，解决电网故障初期频率快速跌落、主干通道潮流越限、省际联络线功率超用、电网旋转备用不足等问题。未来快速负荷控制系统将达到毫秒级的时延标准。

传统的需求侧响应对负荷的控制指令在终端与主站之间交互，终端横向之间无数据交互。对负荷的控制通常只能采用整条配电线路的切除。以直流双极闭锁故障为例，若采用传统方式，以 110kV 负荷线路为对象，集中切除负荷，将达到一定的电力事故等级，造成较大的社会影响。

未来用电负荷需求侧响应将是用户、售电商、增量配电运营商、储能及微网运营商等多方参与，通过灵活多样的市场化需求侧响应交易模式，实现对客户负荷更精细化的控制，控制对象可精准到企业内部的可中断负荷，如工厂内部非连续生产的电源、电动汽车充电桩等。在负荷过载时，可及时切断非重要负荷，尽量减少经济损失，降低社会影响。

用电负荷需求侧响应对通信网络的关键需求如下。

- 带宽：负荷管理控制终端的带宽要求为 50kbit/s ~ 2Mbit/s。
- 时延：毫秒级负荷管理控制的时延要求小于 50ms。
- 可靠性：要求高，要求为 99.999%。
- 连接数量：X*10 个/km^2。

3. 分布式电源调控

风力发电、太阳能发电、电动汽车充换电站、储能设备及微网等新型分布式电源是建立在用户端的能源供应方式，可独立运行，也可并网运行。随着我国能源变革发展的深入推进，对于清洁能源的快速并网与全消纳也成为智能电网发展中不可缺少的重要环节。

我国分布式电源发展迅速，占比逐年增加，年均增加近 1 个百分点。到 2020 年，分布式电源装机容量可达 1.87 亿千瓦，占同期全国总装机量的 9.1%。分布式电源集成到电网，除了可节省对输电网的投资外，还可提高全系统的可靠性和效率，提供对电网的紧急功率和峰荷电力的支持。同时，它也可为系统运行提供巨大的灵活性。如在风暴和冰雪天气下，当大电网遭到严重破坏时，这些分布式电源可自行形成孤岛或微网向医院、交通枢纽和广播电视等重要用户提供应急供电。

但是，分布式电源并网给配电网的安全稳定运行带来了新的技术问题和挑战。由于传统配电网的设计并未考虑分布式电源的接入，在并入分布式电源后，网络的结构将发生根本变化，从原来的单电源辐射状网络变为双电源甚至多电源网络，配网侧的潮流方式将更加复杂。用户既是用电方，又是发电方，因而电流呈现出双向流动、实时动态变化的特点。

因此，配电网急需开发新的技术和工具，以增加配电网的可靠性、灵活性及效率。分布式电源监控系统是可以实现分布式电源运行监视和控制的自动化系统，具备数据采集和处理、有功功率调节、电压无功功率控制、孤岛检测、调度与协调控制及与相关业务系统互联等功能，主要由分布式电源监控主站、分布式电源监控子站、分布式电源监控终端和通信系统等部分组成。

分布式电源调控对通信网络的关键需求如下。

- 带宽：带宽要求为 2Mbit/s 以上。
- 时延：采集类业务的时延要求小于 3s，控制类业务的时延要求小于 1s。
- 连接数量：海量接入，随着屋顶分布式光伏、电动汽车充换电站、风力发电、分布式储能站的发展，连接数量将达到百万甚至千万级。

4. 低压用电信息采集

低压用电信息采集业务是对电力用户的用电信息进行采集、处理和实时监控，以实现用电信息的自动采集、计量异常监测、电能质量监测、用电分析和管理、相关信息发布、分布式能源监控、智能用电设备的信息交互等功能。

电力用户的用电信息采集业务当前主要用于计量，主要传输数据业务，包括终端上传主站的状态量采集类业务以及主站下发终端（下行方向）的常规总召命令，总体呈现出上行流量大、下行流量小的特点，现有的通信方式主要包括 230M 专网、无线公网和光纤传输，各类用户终端采用集中器方式，主站由省公司集中部署。早期的采集方式为一天 24 个计量点，而目前的采集方式则分为 5min 和 15min 两种，其中零点为统一采集。未来新业务将带来用电信息数据（准）实时上报的新需求，同时终端数量级将进一步提升。

未来的用电信息采集将进一步延伸到家庭，能够获取所有用电终端的负荷信息，更精细化地实现供需平衡，牵引合理错峰用电。例如，欧、美等国当前实行的电价阶梯报价机制就需要实时公示通知电价，以便用户能够按需预约采购。

低压用电信息采集对通信网络的关键需求如下。

➢ 带宽：带宽要求为上行 2Mbit/s，下行不小于 1Mbit/s。

➢ 时延：一般大客户管理、配变检测、低压集抄、智能电表等场景的时延要求在 3s 以内；需要精准计费控制的场景，时延要求小于 200ms。

➢ 连接数量：集抄模式要求为 X*100 个/km^2；下沉到用户后，连接数量翻 50～100 倍，要求可达千级/km^2，甚至万级/km^2。

5. 智能电网大视频

大视频的应用场景包含变电站巡检机器人、输电线路无人机巡检、应急现场自组网等，主要针对电力生产管理中的中低速率移动场景，通过现场可移动的视频回传替代人工巡检，避免人工现场作业带来的不确定性，同时减少人工成本，极大地提高运维效率，具体如下。

（1）变电站巡检机器人

该场景主要针对 110kV 及以上变电站范围内的电力系统一次性设备的状态综合监控、安防巡视等需求。目前巡检机器人主要使用 Wi-Fi 接入，所巡视的视频信息大多保留在站内本地，并未能实时地回传至远程监控中心。

未来的变电站巡检机器人主要搭载多路高清视频摄像头或环境监控传感器，用于回传相关检测数据，且数据需具备实时回传至远程监控中心的能力。在部分情况下，巡检机器人甚至可以进行简单的带电操作，如道闸开关控制等。对通信的需求主要体现在多路的高清视频回传（Mbit/s 级）及巡检机器人低时延的远程控制（毫秒级）。

（2）输电线路无人机巡检

该场景主要针对网架之间输电线路的物理特性检查，如弯曲形变、物理损坏等特征，一般用于高压输电的野外空旷场景，距离较远。两个杆塔之间的线路长度在 200～500m 范围内，巡检范围包括若干个杆塔，延绵数公里长。典型应用包括通道林木检测、覆冰监控、山火监控、外力破坏预警检测等。

目前的巡检主要是通过输电线路两端检测装置，基于复杂的电缆特性监测数据来计算判断，辅以人工现场确认。此外，亦可采用无人机巡检，在该种巡检方式中，控制台与无人机之间主要采用 2.4GHz 公共频段的 Wi-Fi 或厂家私有协议通信，有效控制半径一般小于 2km。

未来，随着无人机续航能力的增强及 5G 通信模组的成熟，结合 MEC 的应用，5G 综合承载无人机飞控、图像、视频等信息将成为可能。无人机与控制台均与就近的 5G 基站连接，在 5G 基站侧部署 MEC 服务，实现视频、图片、控制信息的本地卸载，直接回传至控制台，保障通信时延在毫秒级，通信带宽在 Mbit/s 以上。同时，还可利用 5G 网络高速移动切换的特性，使无人机在相邻基站间快速切换时也可保障业务的连续性，从而扩大巡线范围到数公里范围以外，极大地提升巡线效率。

（3）应急现场自组网

该场景主要针对地震、雨雪、洪水、故障抢修等灾害环境下的电力抢险救灾。应急现场通过应急通信车进行现场支援，5G可为现场的多种大带宽的多媒体装备提供自组网及大带宽回传能力，并结合MEC等技术，以支撑现场高清视频集群通信、指挥决策。

目前应急通信车主要采用卫星作为回传通道，配备了卫星电话等装备，现场集群通信以语音、图像为主，通过卫星回传至远端的指挥中心进行统一调度和指挥决策。

未来，应急通信车将作为现场抢险的重要信息枢纽及指挥中心，具备自组网能力，配备各种大带宽的多媒体装备，如无人机、单兵作业终端、车载摄像头、移动终端等。应急通信车可配备搭载5G基站的无人机主站，通过该无人机在灾害区域迅速形成半径为2～6km的5G网络覆盖，其余无人机、单兵作业终端等设备可通过接入该无人机主站，回传高清视频信息或进行多媒体集群通信。应急通信车一方面将作为现场的信息集中点，结合MEC技术，实现现场视频监控、调度指挥、综合决策等丰富的本地应用；另一方面，将为无人机主站提供充足的动力，使其达到24h以上的续航能力。

大视频对通信网络的关键需求如下。

- 带宽：根据场景的不同，带宽要求可持续稳定地保持在4～100Mbit/s。
- 时延：多媒体信息时延要求小于200ms，控制信息时延小于100ms。
- 连接数量：在局部区域集中（2～10个不等）。
- 移动性：移动速率相对较低（10～120km/h）。

4.3.4 挑战与展望

随着各领域新技术的快速发展，智能电网在发展建设过程中也遇到了一些新的挑战和机遇，这为智能电网的建设带来了新的内涵。

新能源：为应对全球变暖和实现可持续发展，迫切需要发展可再生能源发电。可再生能源发电的大量并网将给电网的运行、管理带来新的挑战：一方面，可再生能源发电的间歇性、随机性特点，给电网功率的平衡、运行控制带来困难；另一方面，分布式能源的深度渗透使配电网由功率单向流动的无源网络变为功率双向流动的有源网络。

新用户：随着电动车的快速发展，电动车的充电容量需求将十分可观，为更好地对需求侧进行管理（如削峰填谷），用电管理可以采用新模式。比如，充电车充电可以由传统的在设备接通时用电，变为充电时间可选的互动式用电。

新要求：新设备、新场景的出现对用电质量提出了更高的要求。比如，一些高科技数字设备要求供电的“零中断”。此外，电网运营商对资产利用效率的要求也在逐步提高，如希望提高设备利用率、降低容载比、减少线损等，因而需要对电网的负荷与供电进行更精确的调整。

如图4-42所示，5G在智能电网中的应用目前尚处于起步阶段，未来还有很大的发展空间。随着eMBB场景标准的最先完善，以及VR/AR终端产业链的不断发展，基于5G的配电房视频监视、智能巡检机器人等业务将率先成熟；输电线路无人机巡检业务则受限于无人机续航能力、野外5G覆盖等因素，目前处于高速发展期；电动汽车充电桩、用电信息采集等业务在后期会随着mMTC场景标准的完善而得到进一步发展；分布式电源接入、应急现场自组网等业务目前正处于市场启动期，预计 2~3 年后逐渐成熟；配电自动化、精准负荷控制等电网控制类业务则由于较高的安全性和可靠性要求，目前尚处于探索期。

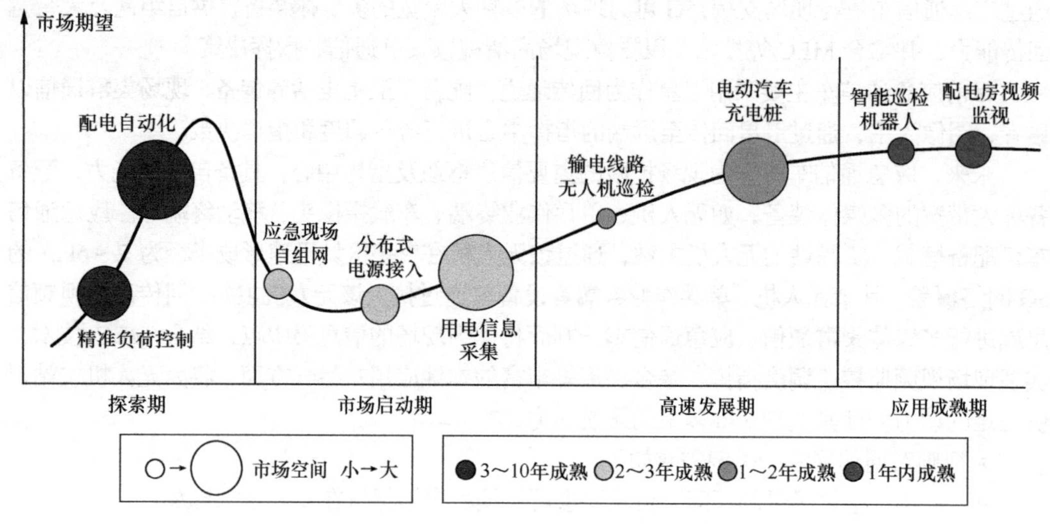

图 4-42 智能电网应用成熟度曲线

智能电网的建设也面临着困难与挑战，具体如下。

一是安全性尚待研究及验证。智能电网的应用场景呈现多样化的特点，并且不同场景下的业务对网络要求差异较大，运营企业和网络设备提供商应进一步量化网络的技术指标和架构设计，包括进一步量化 5G 网络切片安全性要求、业务隔离要求、端到端业务时延要求、协商网络能力开放要求、网络管理界面等，以提供满足电力行业多场景的差异化的完整解决方案，并进行技术验证和示范。

二是运营商对电网切片的服务模式及方式还需探索。电网业务不同于其他垂直应用行业，电网不仅需要提供端到端的质量协同和保障方案，还需要保证各区业务隔离及独立运维管理。因此，运营商如何基于电力行业独有的需求制定出可使能智能电网的整体架构，还需进一步的探索和研究。

三是 5G 与电力业务的适配性需要在更大范围内进行测试验证。目前 5G 与智能电网的融合研究及验证工作已在如火如荼地开展，但测试验证场景依然较局限，推动 5G+智能电网相关业务在更大范围内开展测试验证将是今后的工作之重。

4.4 智慧交通

4.4.1 概述

智慧交通是指在交通运输领域中，充分运用物联网、云计算、大数据、AI、自动控制、移动互联网等新一代 ICT，以全面感知、深度融合、主动服务、科学决策为目标，对交通运行、公众出行、道路流量、交通信息等进行全方位的实时感知和掌控，增强对交通系统的分析、预测、控制等能力，实现更加高效的交通管理和面向交通运输领域的智慧应用。智慧交通是智慧城市的重要组成部分，能够充分保障城市道路安全，发挥交通基础设施效能，改善城市交通运行状况，提升交通系统运行效率，以及减少交通拥堵和污染，在交通效率、出行安全、绿色环保等方面推动交通运输朝着更高效、便捷、安全、经济、环保的方向发展，带动交通运输相关产业转型、升级。

21 世纪以来，随着我国城市化进程的加快和机动车数量的快速增长，城市道路车辆剧增。截至 2020 年 6 月底，全国汽车保有量已达 2.7 亿辆，而且每年仍以新增 2000 万～2500 万辆的速度发展。由此带来的各种交通问题凸显，如交通拥堵日益严重，成为大城市居民出行的首要问题；交通事故数量逐年上升，造成大量人员伤亡和财产损失；汽油等能源消耗量不断上升，消耗过快；机动车尾气成为大城市空气污染的主要来源之一，造成严重的环境污染等。这些交通问题带来了巨大的经济损失和能源浪费，形成了严重的社会问题。

智慧交通是解决现有交通问题的重要突破口。据分析，智慧交通可使车辆的安全事故率降低 20%以上，交通事故死亡人数下降 30%～70%；可使交通堵塞减少约 60%，短途运输效率提高近 70%，现有道路网的通行能力提高 2～3 倍；车辆行驶中的停车次数可减少 30%，行车时间减少 13%～45%，车辆的使用效率提高 50%以上；汽车油耗也可降低 15%，燃料消耗量和废气排出量可大幅减少。由此可见，发展智慧交通能够提升交通安全性，降低交通事故发生率，提高车辆及道路的运营效率，有效缓解道路拥堵，减少环境污染，节约能源。智慧交通成为解决城市交通问题的必要手段，我国发展智慧交通已迫在眉睫。

物联网、云计算、大数据、移动互联网等新一代信息技术为智慧交通的发展提供了技术支撑和保障。物联网技术能够全面感知交通基础设施、交通运载工具的运行情况；云计算技术能够为海量增长的各类交通数据的存储提供新模式，如“交通云”的设立将打破信息孤岛，实现交通系统的数据资源共享互通；大数据技术可以充分挖掘和利用数据信息，助力交通部门进行评价、应用、管理决策等。

在互联网和信息技术高速发展的今天，发展建设智慧交通是行业趋势所向，也是为了更好地满足人们日益增长的出行需求。在产业数字化、智能化的背景下，新型智慧交通业务不断涌现，智能驾驶发展日新月异，智慧道路建设需求迫切。通过发展智慧交通，可以实现对交通的实时监控，获取交通事故及路段状况信息；可以对公共车辆进行管理，实现车辆与调度管理中心间的双向通信，提升运营效率；可以利用实时道路数据辅助或替代驾驶员驾驶汽车，实现车辆辅助控制及自动驾驶；也可以对外提供各种实时交通信息，方便公众出行。因此，建设新一代国家交通网，提供安全可靠、经济高效、便捷畅通、绿色低碳、智慧网联的道路交通网，是当前我国交通建设的重要任务。预计到 2020 年，我国智慧交通领域的投入将达到上千亿元，智慧交通产业将进入新一轮的快速发展轨道。

近年来，我国的智慧交通已取得了一定的成效，并逐渐向自动化、数字化、智能化方向演进。但 3G/4G 网络在传输速率、网络时延、带宽、系统容量等方面存在一定的局限性，不能完全满足智慧交通领域中车联网应用等对低时延、高可靠、大容量的传输需求，车辆定位精度也不够准确，难以实现智慧交通的大规模普及应用，且在智能感知、智能网联、智能决策和智能应用等智慧交通建设的各方面均存在一定的不足，智慧交通的发展出现了瓶颈。

4.4.2 系统架构

以车联网为主的智慧交通是 5G 时代的一个重要应用，也是 5G 低时延、高可靠场景中最为典型的应用。车联网对网络的要求主要体现在时延、带宽及可靠性 3 个方面：时延要求控制在 3 ~ 10ms 以内甚至达到 1ms，带宽要求达到 100Mbit/s，可靠性要求大于 99.99%。4G 网络的普遍时延为 25 ~ 100ms，且难以提供超稳定的网络连接。相比之下，5G 网络有望成为支撑智慧交通发展的关键通信技术。5G 网络的关键能力指标都有极大的提升：传输时延可降至毫秒级，大大提升了传输可靠性（可达 99.999%），能保证车辆在高速行驶时的安全；峰值速率可达 10 ~ 20Gbit/s，是 4G 网络的 50 ~ 100 倍；支持高移动性，满足速率在 500km/h 以下的高速移动中的车辆的联网需求；连接密度可达 100 万/km^2，可满足未来交通领域车辆与人、道路基础设施之间的通信需求。此外，5G 网络的切片特性和云化部署也将为智慧交通应用提供助力，提供智慧交通场景下的多样化业务应用，对不同应用的网络数据进行灵活切片管理。5G 的各项技术指标适用于自动驾驶、辅助驾驶、道路监控等不同的智慧交通场景，5G 技术的高速率、大带宽、高可靠、大容量和低时延特性，将满足更多车辆的接入需求及更快速的传输体验，为车联网提供强大的支撑，是实现智慧交通应用的基础。

5G 将成为未来智慧交通领域的主要连接技术。5G 的大带宽、极高的数据吞吐量、低时延特性将使车联网能提供更加丰富的信息服务应用，如车载 AR 实景导航、车载 3D 高精度地图实时下载、车载信息娱乐等业务，支持 0.1m 高精度定位和精确导航服务，提升车内乘客的体验；5G 的超低时延和高速率特性能使车辆间、车辆与行驶环境间进行实时数据传输和实时道路感知，使辅助驾驶与自动驾驶成为可能，提高道路交通安全、行人安全，降低事故发生率；设置在路边的监控摄像头能通过 5G 网络进行实时视频监控回传，交通管理部门可以提高对道路交通的管理能力及交通事故的应急处置能力；5G 的海量连接性能能使车辆与交通信号灯等道路基础设施全面联网，驾驶员及交警可以对交通动态进行实时掌控和调整，将有效提高交通运行效率，提升用户出行体验，降低汽车使用成本，减少尾气污染和交通拥堵。

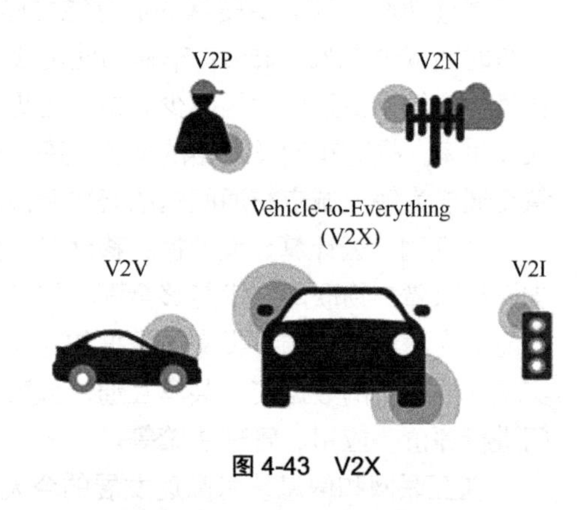

图 4-43　V2X

城市道路交通智慧化的实现，需要基于车用无线通信技术 V2X（即车辆与一切事物相连接）来实现 V2V、V2P、V2I、V2N 等万物的全方位互联（如图 4-43 所示）。V2X 是实现环境感知、信息交互与协同控制的关键技术，主要包括车载 DSRC 技术和 C-V2X 技术。从目前来看，C-V2X 技术包含 LTE-V2X 和 5G-V2X，5G 将在 LTE-V2X 的基础上，为车联网和智慧交通提供更多可能性，将单车智能变为网联智能。在车辆上加装车载无线通信模块、车载摄像头、雷达探测器、OBU（Onboard Unit，车载单元）等通信和传感设备，全面感知车辆周围环境，在路边部署 4G/5G 基站、RSU、MEC 单元、智能信号灯等设施，通过 LTE、5G 等无线通信技术将车辆与一切事物相连接，使得 "人—车—路—云" 等交通要素有机地联系在一起，构建高度协同的互联环境（如图 4-44 所示）。5G 结合云计算、大数据、MEC、AI 等技术，不仅可以使车辆感知更多的信息，实现多维高速信息传输，还有利于形成一个高效、安全、绿色的智慧交通体系，满足智慧交通领域的多样化业务需求，并通过云端智慧决策将智能化贯穿于交通建设、运行、服务、监管等各个环节，实现车载信息服务、车辆环境感知、车路协同控制、路况诊断、安全预警等功能，以及编队行驶、远程遥控操作、高级别自动驾驶、智慧交通管理等应用，对提高交通效率、降低事故发生率、保障行人安全、改善交通管理具有重要意义。

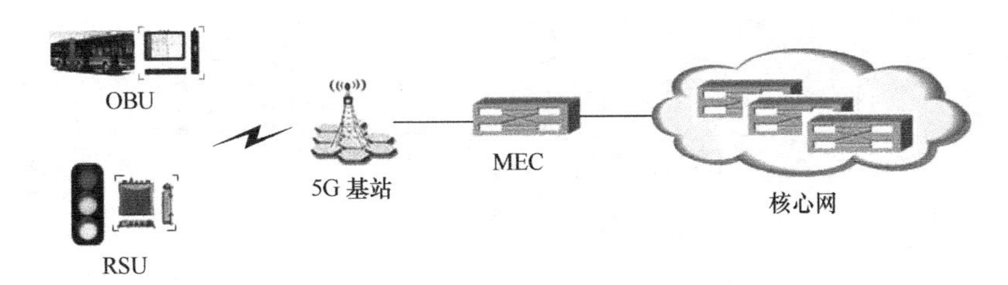

图 4-44　车联网组网架构

如图 4-45 所示，智慧交通应用的系统架构主要包括感知层、网络层、云平台、业务应用层等。其中，RSU、OBU、高清摄像头、雷达等感知设备将采集到的数据信息通过 4G/5G 网络、Wi-Fi、NB-IoT 等上传到云平台，经过云平台的分析处理，进而实现智慧交通应用。

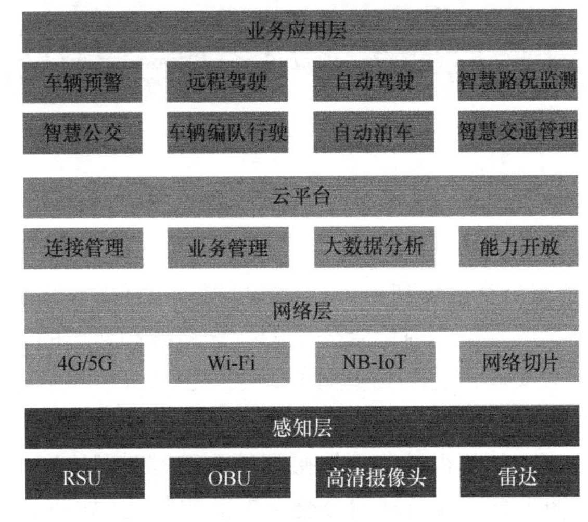

图 4-45　智慧交通系统架构

4.4.3　应用场景及案例

5G 在智慧交通领域的应用场景主要有以下几种。

1. 车辆预警

如图 4-46 所示，5G 技术的特性使其可以支持主动安全预警。该类预警主要包括车辆在行驶过程中可能出现的前车紧急刹车、后车逆向超车及近距追尾预警，提示车辆注意或减速，避免追尾或碰撞；在交叉路口自动提示的防碰撞预警，提示驾驶员注意路口车辆，当车辆探测到与路口车辆有碰撞风险时，通过预警提醒驾驶员并发送碰撞告警信息给受影响车辆，防止不同方向的车辆发生碰撞，或在出现视觉盲区时对车辆发出预警；在交通信号灯变换、道路限速、前方有交通事故时，及时通过广播告知后方车辆，提示驾驶员控制车速进行应急变换；在有行人穿行马路或通过斑马线时，对后方车辆发出预警；在车辆有违章行为时，及时做出警告或提示，提醒驾驶员注意驾驶，纠正违法行为，提高道路交通安全性。

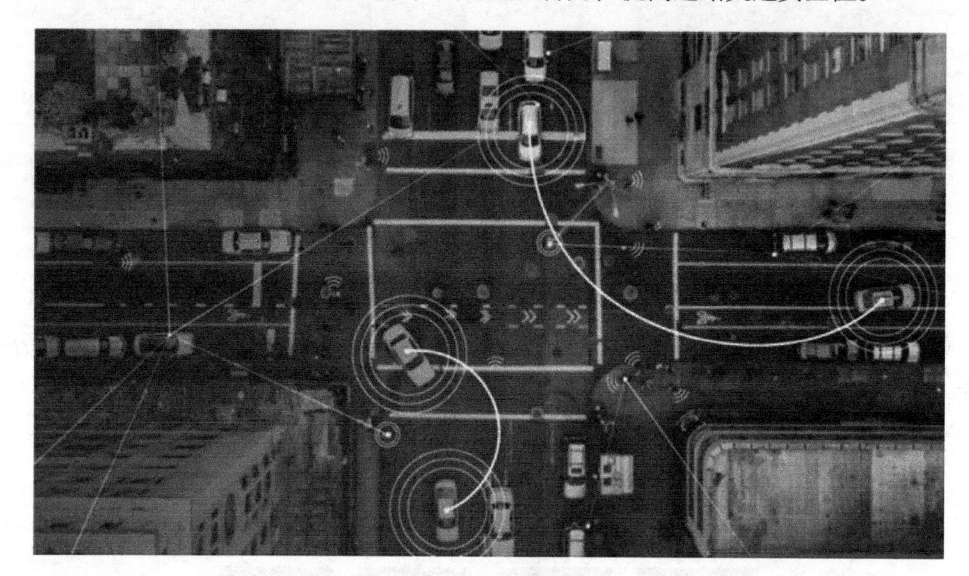

图 4-46　车辆预警

2. 智慧公交

如图 4-47 所示，智慧公交系统利用 5G 网络及视频监控等设备，对公交车辆进行全面联网。一方面，利用高精度定位实时记录公交的行进路线和通过的站点信息，在每个公交站的显示屏上显示各路公交车即将到站的时间，乘客也可在手机 App、微信公众号、网站等各类公共渠道上查询到公交线路、实时到站时间等信息，方便乘客安排出行；另一方面，将安装在公交车内、公交车站的视频监控拍摄到的画面实时回传到后端管理平台，对公交车行驶全程进行监控，便于管理人员掌握公交车内部的情况（如车内拥挤程度、人脸布控、司机违规驾驶行为等），同时实现安防监控功能，提升安全性。智慧公交解决方案便于公共交通管理部门对公交车辆进行实时调度管理，对乘客较多、等候时间较长的公交线路增派车辆，可以提升公共交通系统的运行效率、运行安全，减少乘客的等候时间，优化乘客的出行体验，推动公共交通系统向数字化、网联化、智能化方向升级发展。

2018 年 12 月，中国电信与成都公交集团合作，在长度为 28km 的成都二环高架路上实现 5G 全覆盖，率先建成了全国首条 5G 环线，推出了面向公众体验和产业应用的首辆 5G 公交车，通过“5G+AI”技术实现公交车辆的智慧调度和移动安防监控，实现人数统计、人脸布控、防护报警、体貌特征识别、司机违规驾驶监控、公交车及站台的视频监控等功能。

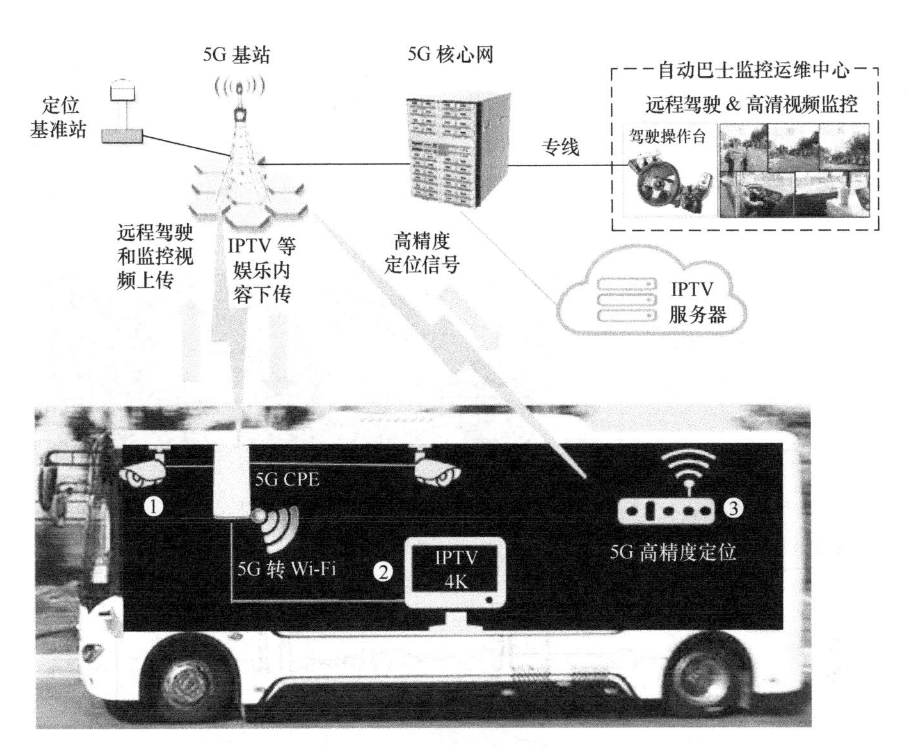

图 4-47 智慧公交

3. 远程驾驶

通过为车辆配置多个高清摄像头和高精度雷达（如激光雷达、毫米波雷达、超声波雷达）等传感器设备，记录各角度全景视频画面及道路信息，依托 5G 网络大带宽、高速率、低时延的特性，将感知到的道路环境信息和图像内容实时回传到远程驾驶端。远程驾驶端的驾驶员根据屏幕上显示的 360 度视角回传的道路环境信息或利用 VR 模拟驾驶环境对车况、路况进行判断，操控方向盘、油门、刹车制动等驾车控制组件，并通过 5G 网络将控制信息传输到车辆端，对车辆进行实时远程驾驶操控。远程驾驶网络时延需要小于 10ms，使系统接收和执行指令的速度达到人感知操控的速度，只有 5G 网络可以满足该要求（如图 4-48 所示）。

在复杂路况和环境下，远程驾驶具有重要的应用前景和意义。驾驶员通过远程驾驶车辆做出决策，能够提高车辆行驶的安全性和可靠性，减少交通事故的发生，如在灾区、高危路段进行远程驾驶，可以提高通行效率，降低人员出行成本，减少人员伤亡；在矿山、油田等生产区域，工人只需在室内进行远程驾驶操控，不需要到现场进行作业，极大地保障了工人的人身安全；当驾驶员出现特殊状况（如生病、醉酒、需开电话会议等）时，控制中心可以提供车辆接管服务，远程驾驶汽车行驶到指定地点，方便人员出行，同时保障驾驶员的人身安全；当无人驾驶车辆出现问题时，将车辆信息实时回传到远端控制平台，由远端驾驶员及时接管进行人为控制，可以消除车辆异常状况，改变车辆失控状态，避免交通事故的发生；远程驾驶还可用于机场中转、枢纽车站、医院、景区等场景，解决人工驾驶安全性低、重复低效劳动、运营成本高等问题。

2019年5月，广西移动利用5G网络将南宁园博园的模拟驾驶台与民族广场的车辆相连接，在10ms内即可将模拟驾驶台上的操控指令发送到汽车上；长城汽车在雄安新区利用5G网络远程控制20km以外的车辆，精准完成了起步、加速、刹车、转向等动作。测试人员通过车辆模拟控制器和5G网络，向长城试验车下发操作指令，网络时延控制在6ms以内，为4G网络的1/10。

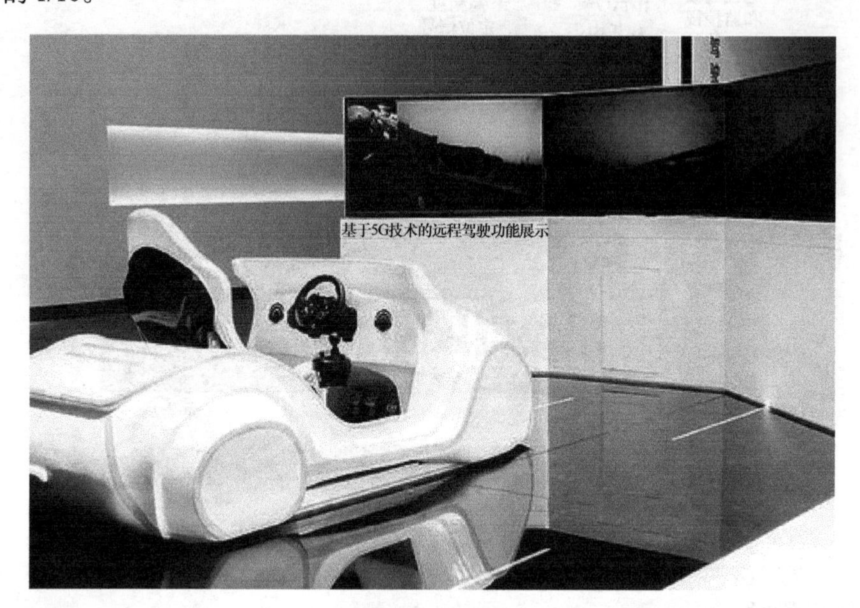

图4-48 远程驾驶

4. 车辆编队行驶

如图4-49所示，车辆编队行驶是指在一定的条件下，如高速公路、快速路、专用路、园区/港口/机场等环境，将两辆以上的多辆车编成队列行驶，领队车辆为有人驾驶或一定条件下的无人驾驶，跟随车队为无人驾驶。利用低时延、高可靠的5G网络，将第一辆车的信息传输至后面的车队，车队中的车辆间进行实时信息交互，实现车队内部车辆之间的速度、位置、状态等信息共享，使得车队中各车辆保持同一车速、同一间距顺序行驶，同步进行加速、减速、刹车、转弯。同时，车辆将采集到的路况信息、车辆状态信息实时上传至后端平台，后端平台做出决策，并将决策指令下发至车队，通过车辆与车辆、车辆与网络之间的通信，帮助车队识别路况，变换行驶速度和方向、行驶路径，使车队及时安全到达指定目的地。

车辆编队行驶可用于货物运输、旅游观光等多个场景中，能够实现多任务并行，将多个车辆视作一个车辆行驶，可以有效减少人力成本和对道路资源的占用，显著提升物流运输效率，降低油耗成本，助力绿色环保，同时保障行驶安全。

中国联通网络技术研究院和青岛慧拓智能机器有限公司实现了基于5G网络的矿车编队行驶，并在无人矿山管控中心调度、指导现场生产作业，大幅提升了驾驶安全和运营效率。

图 4-49 车辆编队行驶

5. 自动驾驶

在智慧交通应用中，自动驾驶技术对网络的要求最为严苛。要实现无人驾驶，需要车辆像人一样具有“环境感知、分析决策、行动控制”的功能，而每项功能都需要低时延、高可靠、大带宽及高速率的网络连接。自动驾驶需要依托5G网络实现车辆、信号灯、道路感应线圈、路侧装置、智能总控平台间的无缝连接和互动，需要和其他主体（包括车辆、路况、行人和互联网等）进行实时的信息交换和处理，以及车辆的高精度定位，且时延需要在毫秒级别，这些需求在高速公路和密集城市中至关重要。5G网络能在毫秒级别实现各种事务的响应，是自动驾驶达到极致安全和100%可靠性的必要手段。5G的低时延、高可靠、大带宽、高速率、安全性、海量连接等优势将有效提升对自动驾驶信息及时且准确的采集、传输、处理能力，有助于车与车、车与人、车与路的信息互通与高效协同，为无人驾驶的安全性提供了保障。

如图4-50所示，在路边部署5G基站、RSU，在车上安装OBU、摄像头、传感器、雷达、定位系统等感知设备，进行路况和环境的感知，并与周边车辆、路侧设施、云端设备等建立通信联系。通过5G网络将感知到的实时数据信息传输到云平台，利用大数据、云计算、AI等技术对信息进行分析处理并做出决策，再将决策指令通过5G网络传输至车辆终端，做出相应的行驶操作，使自动驾驶车辆能够更快地应对不断变化的各种情况。例如，车辆可以在复杂的交通环境下快速侦测和识别障碍物，然后智能选择闪避或是停下；在行车和会车时，通过5G网络进行实时信号传输，自动根据道路情况进行加速或减速；当前方车辆刹车或减速时，及时提醒后方车辆做出相应的操作，后方车辆能够接收并进行减速以保证安全车距，避免追尾等事故的发生；当路况出现预警信息时，车辆能够接收并及时处理告警信息，从而做出相应的举措；车辆还可以根据高精度地图进行路线自动规划，并在判断实时路况后进行动态路径调整，优化行进速度和路线，提高行车效率，减少拥堵和碳排放。因此，自动驾驶对于减少人工驾驶成本及大幅提升驾驶安全和道路安全方面具有重要意义。

图 4-50　自动驾驶

6. 自动泊车

如图 4-51 所示，5G 时代下的车联网还能实现自动泊车应用。依托 5G 网络实现车辆高精度定位，并将车辆位置、停车目的地等数据信息传输到云端平台和停车场系统，在获取空余车位数量、空余车位位置后，自动选择停车位并完成车辆停放，此过程中不需要驾驶员操作。在商业中心、医院、酒店、机场等区域，驾驶员及车辆人员可以提前下车，由车辆自动获知停车位信息并完成泊车，节省了寻找车位和停车的时间；取车时，通过一键召唤，车辆会自动启动并完成缴费。因此，5G 的自动泊车可以极大地提高泊车效率，节约泊车及寻找停车位的时间，提升泊车的成功率与安全性。

图 4-51　自动泊车

7. 智慧路况监测

在道路两侧部署 RSU、视频监控摄像头等，对道路施工、路面积水、路面结冰、道路基础设施、交通事故、道路拥堵、道路情况异常等进行采集，通过 5G 和 C-V2X 将路况信息上传至路况监测平台进行数据分析处理，及时发现异常并采取相应措施，同时将提示信息广播给驾驶员和行人，可实现交通流量、道路环境、基础设施故障等监测，有效减少甚至避免交通事故的发生，保障交通安全，提高交通运行效率。

8. 智能交通管理

如图 4-52 所示，通过 5G 网络可将车辆、道路、行人等多维感知数据实时传输到后端管理平台，实现全方位的智能交通管理，可根据路口不同方向的车流量调节红绿灯时间；可根据道路车辆多少、拥堵情况及时进行道路疏导以减少拥堵，或发布预警提示进行动态交通路线规划；可由路口信号灯将信息发送给周边车辆，确保周围车辆及时了解信号灯状态，提醒即将行驶至路口的车辆，并广播下次信号改变的时间；可将车辆行驶轨迹数据分析、路况监测分析作为交通管理部门进行道路规划决策的依据，实现智能化的动态交通管理；可将路况视频信息实时上传并自动分析，使管理部门及时发现交通事故或违法行为，以及路口/路段的实时状况，快速做出响应，及时调整道路管控，缓解拥堵，提高道路交通管理能力。

南宁交管部门利用 5G 网络，将路况视频数据传输到就近的 5G 边缘云端服务器上，利用云端部署的视频违法事件自动化检测应用（视觉 AI 模型），对原始交通视频流进行汇聚和计算，快速输出交通违法结果，加快响应和处理速度，减少违法事件与逃逸的发生，从源头上降低事故风险，加强交通管理。

图 4-52　智能交通管理

9. 智慧物流

智慧物流解决方案利用 5G 网络、高清摄像头、AR 眼镜、无人机等监测设备，及无人叉车、云化 AGV、智能分拣机器人、无人驾驶汽车等智能搬运设备，实现智能分拣、智能配送及物流园区与仓库的安全监控和管理（如图 4-53 所示）。在无人车配送中，利用 5G、车联网等技术，无人车与周围车辆、交通环境进行实时交互，可识别红绿灯、路障等，并按照预先设定好的路线将货物配送到指定目的地，提升物流配送的效率，降低人力使用成本。

苏宁物流在南京利用 5G 网络实现无人车配送，后端管理人员可基于 5G 网络通过安装在车上的 360度环视摄像头看到无人车的实时运行状态，遇到紧急情况（如交通障碍）时，可以对车进行人工接管和远程控制。林安物流利用 5G、无人驾驶和实时监控等技术，实现人、车、货的高效匹配、调度、监控和预警，使物流园区更加智能化、便利化。

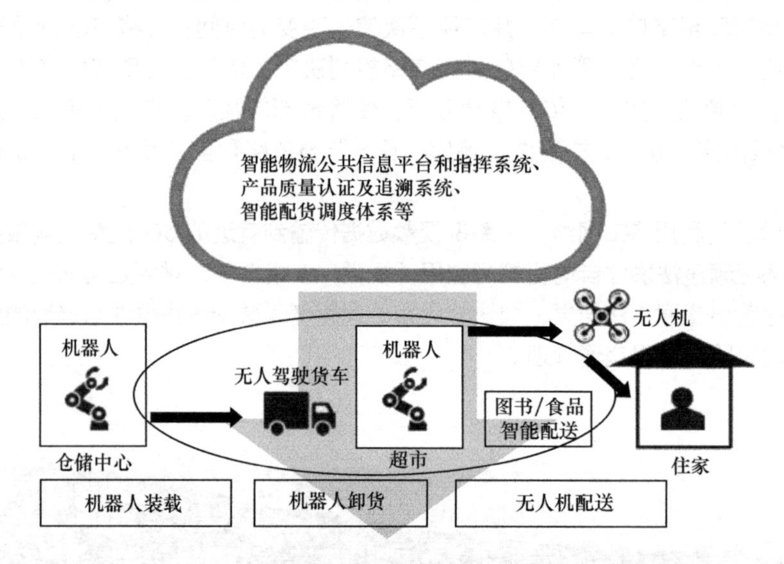

图 4-53 智慧物流

10. 智慧铁路

如图 4-54 所示，通过 5G 网络实时上传列车监控视频、铁路传感器等数据，可实现对列车及集装箱货物的管控；对铁路线路、列车车站和客流进行监控管理，可提升铁路交通系统的运行效率和运行安全；利用 5G 网络进行“智慧车站”平台的建设，可提供智能引导、智能安检、智慧旅途等服务，提升旅客的旅行体验和服务水平。

中国铁路西安局利用 5G 网络、云计算实现列车视频等监控数据的上传与存储，30GB 的视频数据在 3min 左右即可全自动完成数据转储，比之前的转储效率提升了 13 倍。广深港高铁利用 5G 网络实现铁路生产安全作业管控、铁路集装箱货物调度管理、智慧车站建设及综合安防监控管理等应用。

图 4-54　智慧铁路

11. 智慧机场

利用 5G 网络及视频监控、无人机等监测设备，在机场内部监控候机大厅客流、地面摆渡车与行李运输情况，提升机场管理水平；以 5G、AI 等技术为基础，打造“一脸通行”“行李追踪”等智慧机场服务，大大提升旅客的通行效率，优化乘客出行体验；在机场外部，利用 5G 网络和无人机等，将实时 4K/VR 高清图像传送回机场航管飞控大厅，能够实现远程超视距机群航线规划和自动化飞行管理，提升空中交通调度的管理效率和安全性（如图 4-55 所示）。

东方航空在北京大兴机场以“5G+人脸识别”为基础，结合 AR、AI 等技术，打造智慧出行服务。“一脸通行”助力旅客从值机、贵宾室到登机全过程均可刷脸通行，无须出示身份证或登机牌等证件，大大缩短了人工查验时间和旅客登机时间。

图 4-55　智慧机场

12. 智慧港口

智慧港口能够提升港口的管理水平和安全性，加强与船舶、货物运输的协同管理。港口通过 5G 网络、智能巡检机器人、无人机等对龙门吊进行安全监控、远程操控和处置调度，可提升龙门吊的工作效率；将船联网数据、货物运输数据、船舶状态感知数据实时传递回港口管理平台，可实现对船舶的监控管理；将港口信号灯接入 5G 网络，对港口园区进行交通管理与规划，可引导物流卡车运行（如图 4-56 所示）。

宁波舟山港通过 5G 网络实现对龙门吊的安全监控和远程处置调度，全方位感知港口运输的每个环节，为港口向无人化、智能化转型发展奠定基础。德国汉堡港务局利用 5G 网络将船舶的货物运输数据、船舶环境感知数据传回港口控制中心，通过 5G+3D+AR 的应用程序，对港口实施监控和规划优化。

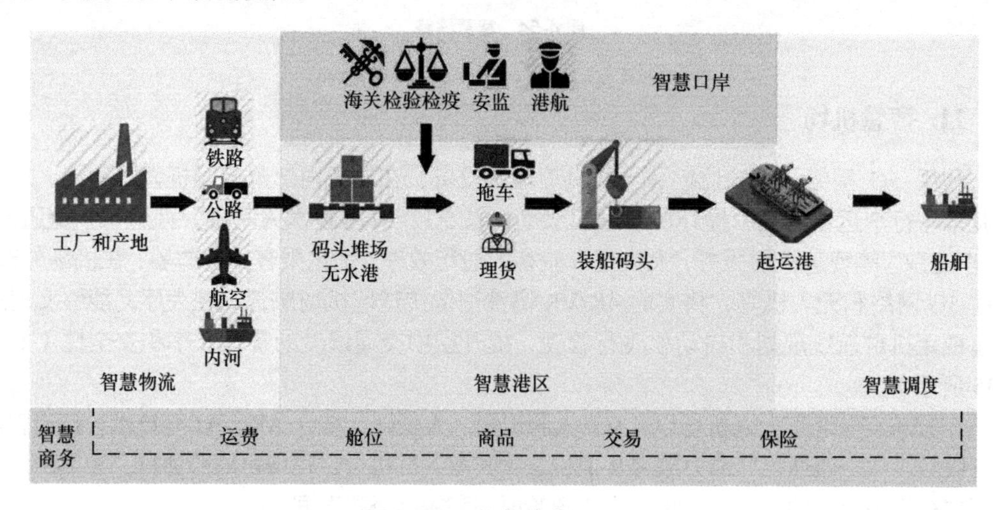

图 4-56　智慧港口

4.4.4　挑战与展望

从目前来看，智慧交通正处于高速发展期，但其应用大多处于探索阶段，距离成熟和大规模使用还有一定距离。

车联网是实现智慧交通的基础，我国的车联网主要采用蜂窝无线通信标准 C-V2X，包括 LTE-V2X 和 5G-V2X。目前已制定的车联网标准是基于 4G 网络的 LTE-V2X（含 LTE-eV2X）版本，由于 5G 刚启动商用，基于 5G 网络的 5G-V2X 标准还在制定中，预计 2020 年完成，相应的技术验证也还在进行中。因此，智慧交通与 5G 的融合创新发展还处于初级阶段，5G-V2X 商用部署仍需进行大规模测试验证，并需要协同车载终端部署、路侧基础设施建设改造的同步进行。在未来一段时间内，4G 和 5G 车联网技术将共存，协同推动智慧交通建设的发展。LTE-V2X 将支撑部分基础的安全类、效率类智慧交通应用推广，而 5G-V2X 将支撑对时延、可靠性要求更高的协同性车联网应用的实现。

在应用发展节奏方面，基于 5G 的车载信息服务类应用将最先成熟，并将逐渐融合语音交互、VR/AR、智能感知等技术，提供更为丰富的车用信息业务；当前处于市场启动期的碰撞预警、路况监测、交通疏导等，未来将成为智慧交通领域的重要应用；而更高级别的远程驾驶、自动驾驶将处于漫长的探索期，汽车制造商和运营商、设备供应商积极参与的 5G 自动驾驶的研究和试验将会随着 5G 技术的发展和 5G 网络覆盖的完善而逐渐成熟。2018 年，在上海举办的世界移动大会（MWC）上，国内首个 5G 远程驾驶诞生；2019 年，浙江萧山实现了全国首个在开放路面上商用的 5G 自动驾驶应用。根据预测，到 2025 年，5G 连接的汽车数量将达到 5030 万辆，联网汽车将在 2025—2030 年间出现大幅增长。到 2030 年，互联汽车领域的 5G 相关投资将达到 120 亿元人民币，且有望全面实现自动驾驶。

当下，智慧交通无论是在政策方面还是信息技术方面，都迎来了快速发展的机遇。未来，在 5G 实现大规模商用后，智慧交通将向着协同化、数字化、智能化方向发展，通过构建“人—车—路—云”高度协同的智慧交通体系，提供信息服务类应用、交通安全类应用、交通效率提升类应用等，实现车路协同控制、远程遥控操作、高级别自动驾驶等业务，建立人、车、路、云、环境协调运行的新一代综合交通运行体系，促进汽车和交通服务的新模式新业态发展，对于缓解交通拥堵、改善城市交通状况、提高城市交通系统的整体运行效率具有重大意义，是智慧城市建设中极其重要的一部分，将有利地提升城市管理效能。

4.5 智慧海洋

4.5.1 概述

党的十九大报告中明确要求“坚持陆海统筹，加快建设海洋强国”。21 世纪是海洋的世纪。我国是拥有 310 万平方公里管辖海域、1.8 万公里大陆海岸线的海洋大国，壮大海洋经济、加强海洋资源环境保护、维护海洋权益事关国家安全和长远发展。

海洋与国家安全、权益维护与保障、人类生存与可持续发展、全球气候变化、海上交通、渔业生产、海洋油气及矿产等战略性资源开发等方面休戚相关。智慧海洋的建设不仅有助于保障国家与人民的安全，推动可持续发展，也有利于促进海洋经济的发展。2016 年 9 月，超强台风“莫兰蒂”正面登陆厦门，风力达 17 级。利用信息化手段，厦门海洋环境监测中心站各海洋观测点获取了灾害过程的详细数据，在防灾减灾中发挥了重要作用。2015 年 8 月，两艘渔船在宁波海域搁浅，船上 8 人被困。出事海域受台风影响，海况复杂，进行救援需要非常准确的海洋预报。宁波海洋环境监测中心站利用基于信息化手段的观测网数值预报系统，及时计算出该海域逐小时的精细化风力和海浪预报，为救援工作提供了重要的决策依据。此外，海洋产业 GDP 占比由 2011 年的 9.7%下降到 2018 年的 9.3%，同时，海洋三大传统产业（交通、渔业、旅游）占比总和超过 80%。海洋产业占比下降的同时，信息产业占比快速提升。2018 年我国数字经济总量达到 31.3 万亿元，占 GDP 的比重达到

34.8%，对 GDP 增长的贡献率达到 67.9%，其中数字产业化即信息产业在数字经济中的占比为 20.49%，产业数字化在数字经济中的占比为 79.51%。由此来看，通过传统产业与数字技术融合，将会带来生产数量和生产效率的大幅提升。在数字经济蓬勃发展的时代，将新一代信息技术融合应用在海洋的各个领域，推动海洋传统产业改造提升，发展智慧海洋，将可以更好地认识海洋、经略海洋。

随着“21 世纪海上丝绸之路”战略构想的持续推进，以信息化为依托的“智慧海洋”工程获得国家的高度重视和支持。智慧海洋在一定程度上实现了信息深度融合、互联互通、信息共享，成为海洋的神经系统。智慧海洋符合“一带一路”的建设要求，具有国家战略意义，也是新一代的海洋形态、实体经济与信息技术的深度融合。

4.5.2 系统架构

图 4-57 所示为智慧海洋系统架构，基础信息网络是发展智慧海洋的基石。智慧海洋的信息覆盖范围大，空间地理位置差异大且存在数据实时变动的可能，必然要求高质量的通信传输网络，才能实现信息互联互通、共建共享。从智慧海洋系统架构来看，当前的发展瓶颈在于基础通信能力不足，形成了沙漏型结构；数据传输层能力较弱，使得数据采集层采集的数据无法快速实时传输至数据存储与分析层。

在很多人看来，目前的信息基础设施已经满足了日常生活娱乐需求，资费也在可接受范围内，但事实上，海洋、沙漠等极端环境仍是信息化盲区。这些区域人口密度小、环境复杂，难以建设传统的、普遍使用的信息基础设施。因此，卫星通信与 5G 的融合成为解决智慧海洋系统传输能力的可行方案。

2019 年 12 月 9~12 日期间，在西班牙的锡切斯（Sitges）召开的 3GPP RAN 第 86 次全会上，3GPP 标准专家对 5G 演进标准 R17 进行了规划和布局，围绕“网络智慧化、能力精细化、业务外延化”三大方向共设立了 23 个标准立项。值得一提的是，这些标准立项中涵盖了面向能力拓展的非地面网络通信（卫星通信及地空宽带通信）的内容。2020 年 2 月，我国首颗通信能力达 10Gbit/s 的低轨宽带通信首发卫星“银河航天首发星”在轨 30 天后开展了通信能力试验。这颗 5G 卫星完成了国内第一次低轨 Q/V/Ka 频段通信能力的验证，并取得了通信试验的成功。卫星是全球通信系统的关键组成部分，也是弥补信息时代“数字鸿沟”的核心工具。国际上，“太空互联网”建设也正进入快速部署阶段。美国东部时间 2020 年 2 月 17 日，SpaceX“四手”火箭发射第五批 60 颗（累计发射约 300 颗）“星链”卫星，Space X 是目前世界上部署卫星最多的私人太空公司。美国在低轨宽带卫星通信（太空互联网）方面已经进入快速建设部署阶段，SpaceX 正在加快部署由近 4.2 万颗卫星组成的低轨宽带通信卫星星座计划。截至 2020 年 6 月 17 日，SpaceX 在轨星链卫星已达到 530 颗。英国通信公司 OneWeb 在 2020 年 2 月也发射了 34 颗卫星，用于构建高速、低时延的网络连接。至此，OneWeb 近地轨道卫星数增至 40 颗。亚马逊为自己的太空互联网项目“柯伊伯”（Project Kuiper）规划了 3236 颗卫星，为无互联网地区提供宽带服务。加拿大老牌通信卫星公司 Telesat 提出了近地轨道卫星网络 Telesat LEO 项目，预计发射 298 颗卫星以覆盖加拿大及全球。2018 年 1 月，Telesat 第一阶段近地轨道卫星成功发射。

卫星通信在覆盖、可靠性及灵活性方面的优势能够弥补地面移动通信的不足，卫星通信与 5G 的融合能够为用户提供更为可靠的一致性服务体验，降低运营商的网络部署成本，连通空、天、地、海多维空间，形成一体化的泛在网络格局。卫星通信系统与 5G 相互融合，取长补短，充分发挥各自优势，共同构成全球无缝覆盖的海、陆、空、天一体化综合通信网，满足用户无处不在的多种业务需求，是未来通信发展的重要方向。

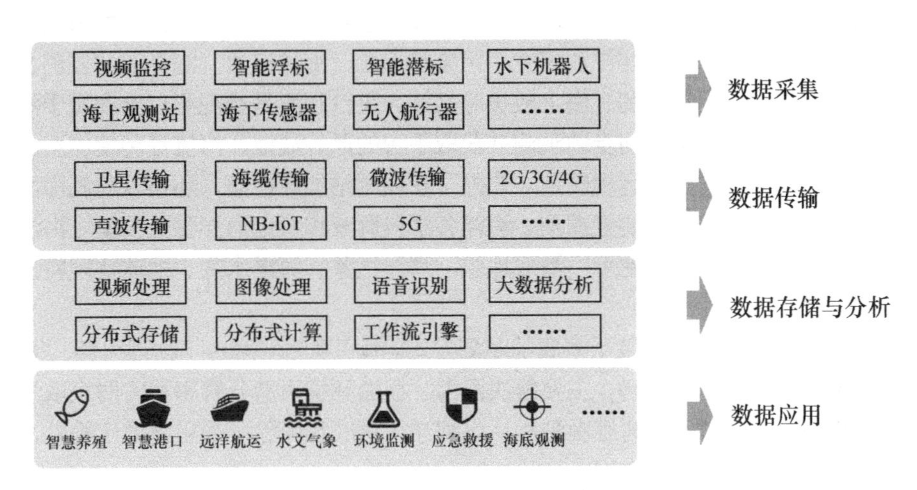

图 4-57 智慧海洋系统架构

4.5.3 应用场景

1. 海洋立体观测网

海洋立体观测网是集合海洋空间、环境、生态、资源等各类数据，整合 5G 与先进的海洋观测技术及手段，实现高密度、多要素、全天候、全自动的海洋立体观测。海洋立体观测网能在海洋防灾减灾、海洋污染防治、海洋生态环境保护、海洋科学研究和海洋经济发展等方面发挥重要作用。海洋立体观测网除了能及时提供灾害气候预警外，在蓬莱 19-3 油田溢油、天津港“8·12”爆炸、赣采 888 撞船、福建古雷 PX 项目爆炸等事故中，海洋立体观测网的观测数据都发挥了重要作用。在海洋环境保护与监测方面，海洋立体观测网也起到了重要作用：辽河入海污染源岸基在线观测网实现了辽河污染物入海量的实时监测和营养盐参数的连续稳定采集；2017 年年底，天津海洋环境监测中心站通过海洋立体观测网开展了天津海域微塑料样品的收集工作，共收集了 5 种鱼类、贝类物种，为我国掌握近岸海域代表性海洋生物体内微塑料的数量、种类及组成，评估微塑料的污染水平，以及后期的预防和治理提供了基础数据。

海洋立体观测网通过布局岸基观测、海基观测、海底观测及天基观测，实现对海洋由海底到海面的全天候、原位、长期、连续、实时、高分辨率和高精度观测，具体如下。

岸基观测是指观测仪器安装于岸上的观测方式。岸基观测站主要包括海洋气象站、验潮站、岸基雷达站、河口水文站等。其中，海洋气象站主要开展海洋气象要素、海气相互作用等的观测；验潮站主要开展港口码头的潮位观测；岸基雷达站主要开展海流、海浪、海冰和气象等的观测；河口水文站主要开展江河入海区域的水文观测，可以监测入海排污质量和总量。

海基观测是指观测仪器安装于海面与海水中的观测方式。海基观测站主要包括海洋浮标、平台、海洋调查船。其中，海洋浮标是一个无人的自动海洋观测站，它被固定在指定的海域，随波起伏，能在任何恶劣的环境下进行长期、连续、全天候的工作，每日定时测量并发出多种数据，广泛应用于海洋洋流研究、污染物追踪、海洋气象、海洋溢油监测、海洋水质监测、深海海洋动力要素监测、海上救援等领域。平台观测是将观测仪器安装于海上的海洋牧场平台和钻井平台，全面同步地观测并获取平台的风、波浪、海流等环境信息，浮体的运动行为和系泊及立管的水下运动规律。此外，在观测站加载视频，还可以观测海面情况。海洋调查船能够完成海洋环境要素探测、海洋各学科调查和特定海洋参数测量。海洋调查船从单一的水深测量拓展到海底地形、海底地貌、海洋气象、海洋水文、地球物理特性、航天遥感和极地参数测量。

海底观测是指观测仪器安装于海底的观测方式。海底观测网融合了物理海洋、海洋化学、海洋地球物理、海洋生态等学科，主要解决深海、极端环境下高分辨率和实时获取海洋观测数据的技术难题，可以深入到海底观测和认识海洋。海底观测除了采用海缆传输外，还可以通过海面平台或浮标发送传输数据。

天基观测是指观测仪器安装于天空的观测方式。天基观测具有观测范围广、重复周期短、时空分辨率高等特点，可以观测普通方法不易测量或不可观测的参量，包括卫星遥感观测与航空海洋观测。卫星遥感观测从海面移动目标特征和海洋环境特点出发，对海面移动目标的可探测性进行分析，能够对海洋中的舰艇、潜艇以及航母编队等移动目标进行有效的侦察和监视，具有极高的军事应用价值，也可用于观测浒苔、赤潮、金潮等海洋生态现象。航空海洋观测采用无人机加载观测设备对海洋进行观测，具有机动灵活、探测项目多、接近海面、分辨率高、不受轨道限制、易于海空配合等特点。

当前的海洋立体观测网数据采集手段丰富，已具备了多维度观测海洋的基础，但目前最大的问题仍是数据传输问题，需要解决全天候、原位、长期、连续、实时、高分辨率和高精度观测的数据传输需求。随着信息技术的不断发展，卫星通信与 5G 融合的传输方式在智慧海洋的应用将有助于解决海洋立体观测网的数据传输问题。可以预见，卫星通信与 5G 融合的应用将为人类认识海洋、了解海洋、经略海洋奠定有利的基础。

2. 智慧港航

智慧港航是通过将 5G、AI、数字孪生、区域精准预报等新一代信息技术应用到港口、船舶、运输服务等各个环节，最终实现港口与航运的安全、高效、绿色、经济的可持续发展形态。智慧港航工程主要包含智慧港口、智慧船舶、智慧航线，具体如下。

智慧港口需要强大的通信能力，要求更大的带宽、更低的时延、更可靠的连接能力。港口环境下，龙门吊、集装箱卡车、视频监控等关键业务系统传统上采用光纤、工业 Wi-Fi 等通信手段，存在建设和运维成本高、部署不灵活、稳定性与可靠性不高等痛点。5G 的大带宽、大容量、低时延等特性，结合 MEC、网络切片等能力，能为港口提供远程控制、自动驾驶等功能。利用 5G 的无线传输方式取代原有主控 PLC 到起吊设备 PLC 之间的有线通信方式，结合 MEC 实现远程控制。利用港口封闭式园区的特点，采用 5G-V2X 技术，可以在港口率先实现 L5 级自动驾驶。同时，基于 5G、AI 等新一代信息技术，整合港口各船舶、设备与系统，构建统一的优化调度系统，实现码头装卸自动化与智能化，并与设备和船舶入港状态监控管理系统进行实时对接，提高港务作业效率。

智慧船舶是将各类船只在统一标识的基础上，通过加装或利用已经存在的末端设备，用各种信息技术手段（卫星、船舶自动识别系统、自组网等技术）实现互联互通。通过卫星通信与 5G 融合的应用，构建船联网环境感知系统，将数以万计的船舶变为海上物联网的信息采集及网络传输节点，实时采集船舶所在海区海况，并结合摄像机、超声雷达、姿态仪等多种传感器融合算法，对信息进行集成处理并将数据汇集至船联网的数据汇集与转发终端，通过卫星通信与 5G 融合体系将数据实时回传至岸基数据中心，实现关键航道与核心海区船联网的环境感知需求。同时，智慧船舶还能为船上人员主动提供数据与智能建议服务，指导船舶精准航行，躲避台风等恶劣环境，分析船内、船上设备与航行状态，提供全方位的智能船舶服务。

智慧航线需要通过卫星通信与 5G 融合体系构建船舶数字孪生系统，结合船舶观测、气象预报等数据，根据船舶吨位与类型，以及共振摇摆情况，模拟下一时段船舶的航行安全、船舶上浪、船舶油耗等情况，从而给出最为可靠的定制化船舶航行的安全建议。如针对货船业务，根据货物、港口、海流、风向预报等信息，推送节能安全的最优航行路线，降低海运货物成本，缩短海上运输时间和海上运货物的交货期。同时，将洋流风向等环境预报与船期数据相结合，规划起航时间与航路，为规避恶劣天气、航道拥挤与逆流提出具有前瞻性的航行建议，大幅度节约航行时间与燃油成本。此外，智慧航线还可以通过异构系统的互联互通、资源共享，实现海量航运信息的采集、传输和处理，提供交通管理、交通运输、物流、应急救援等信息服务功能。

3. 智慧渔业

智慧渔业是指运用 5G、AI、云计算等现代信息技术，深入开发和利用渔业信息资源，全面提高渔业综合生产力和经营管理效率。当前，我国渔业发展的内外部环境正在发生深刻变化，面临资源与环境的双重约束趋紧、渔业资源日益衰竭、水域污染严重、濒危物种增多、渔业发展方式粗放、设施装备落后、生产成本上升、效益持续下滑、水生生物疫病增多、质量安全存在隐患等问题。这些都需要通过信息化技术，促进渔业产业的高效、可持续发展，促使渔业向信息化、智能化、现代化转型升级。智慧渔业的建设涵盖精准育种、精准养殖、精准捕捞、精准水产品加工等海洋渔业全产业链。

精准育种将海洋水产生物育种与 5G、AI 等新一代信息技术相结合，实现海洋水产生物苗种繁育整个体系的智能化与自动化，加快海洋水产生物育种的信息化与智能化进程，提高其精度与广度。如基于物联网、移动互联网等，通过水产苗种培育水质参数远程无线监控系统，使用水质传感器检测培育水质的物理参数，并利用 AI 技术对数据进行处理分析，再通过卫星通信融合 5G 网络将所获得的数据发送至物联网平台，借由手机客户端 App 读取平台上的数据。该系统提供监测数据的浏览查看、现场设备的手动远程控制、异常数据的报警。

精准养殖利用卫星通信、5G与岸基工厂化智能养殖、智能化人工渔礁、智能养殖网箱、智能养殖工船等智能化海水养殖设施的融合，依托海洋物联网与大数据等技术实现海水养殖生物、养殖基础环境、微生物环境等的精准预测、预报与预警，并实现海水养殖生物的智能化饵料投喂、养殖疫病智能检测、养殖环境智慧评价等关键技术，为渔业管理部门和海水养殖企业提供智慧监测、智慧控制、智慧评价、智慧诊断、智慧报警、大数据分析与智慧决策等一条龙服务。

精准捕捞面向海洋捕捞安全生产、渔业资源监测、智能渔具、远洋渔情与渔场预测及捕捞产品追溯等行业需求，以渔船为核心，搭载智能传感器、组网通信终端和实时分析系统，并利用卫星通信融合5G系统，全面提升渔船安全、渔业监管、应急管理、捕捞水产品追溯、渔业资源监测预警的能力，结合挖掘分析信息融合应用平台，提供全面、系统、高效的渔业生产管理、捕捞渔船安全保障及精准渔情渔场探测服务。

精准水产品加工利用5G、AI、云计算等新一代信息技术，面向海洋捕捞产品质量安全、海水养殖饵料供应、高端水产品流通溯源等需求，融合水产养殖、生产加工、流通销售等各环节，串接生产端和市场端，实现水产品的精细化管理，为各类相关用户提供服务。如构建基于卫星通信融合 5G 应用的水产养殖、生产加工、流通销售等生产环节的一体化系统，实现企业档案电子化、数据分析智慧化、产品可追溯化，提供一整套精准水产品加工流通智慧化系统。

4.5.4 挑战与展望

近年来，我国的海洋信息化建设取得了长足的进步。但与海洋发达国家相比，我国的智慧海洋建设仍存在海洋信息体系建设总体能力不强、海洋观测和开发的核心装备“硬实力”不足、海洋信息体系“软实力”不够完善等问题，目前面临的主要挑战包括：缺乏全局战略性顶层设计，海洋信息资源分散化、碎片化，难以发挥整体优势；海洋信息自主获取与通信能力严重不足，覆盖范围、传输带宽、观测要素、时效精度和数据质量都亟待提升；海洋相关标准不一、共享机制不畅，“信息孤岛”现象严重；海洋信息服务规模小、水平低，难以满足海洋综合管理、军事活动、经济发展等方面的需求；海洋核心技术装备的自主研发能力不足，关键设备依赖进口，难以有效支撑海洋信息基础设施建设。总体来看，目前我国的智慧海洋建设仍不能满足我国加快建设海洋强国的战略需求。

从5G在智慧海洋中的应用来看，卫星通信融合5G将成为主要趋势，但目前仍面临很多问题，如：受星上功率、处理能力以及星地链路长时延的制约，需要解决5G新空口在卫星系统中的适应性改造问题；星地网络全 IP 化、NFV/SDN 等技术在星地融合中将发挥重要作用，但仍需解决网络功能的星地分割问题；由于低轨星座将大面积部署，频率冲突的问题将愈发严重,探索星地频率规划及频率复用的新技术将成为实现卫星通信融合5G的当务之急。

海洋信息化建设是发展海洋经济、维护海洋战略利益的关键举措。海洋信息系统作为国家信息基础设施的重要组成部分，既是推动海洋信息化的基础支撑，也是网络强国战略与海洋强国战略协同实施的现实结合点。目前全球海洋管理已进入智慧海洋时代，随着人类对海洋开发需求的不断增长以及以物联网、5G、移动互联网、云计算、大数据等为代表的新一代信息技术的快速发展，充分利用现代信息技术提高人们“认识海洋、经略海洋、管控海洋”的能力已经成为各国推动海洋事业发展的重要抓手。而随着我国加快建设海洋强国战略的实施，智慧海洋建设将成为我国海洋信息化建设的重要抓手，为实现海洋强国奠定坚实的基础。

4.6 智慧安防

4.6.1 概述

随着我国智慧城市建设的持续推进和不断完善，各行业对安防的需求不断增长。传统的安防市场以人工监控为主，因其受制于低带宽、低速率的网络传输系统，存在监控实时性差、视频内容检索困难、缺乏进一步学习决策能力等问题。近年来，智慧城市的建设进程不断加快，海量视频监控数据不断产生，视频监控市场正加速向“高清化、网络化、智能化”方向发展，不断创新的技术激发不断增加的市场需求，但是更加高清的视频监控需要更高的码率、更大的网络流量和存储空间，而现有的通信技术无法满足智能安防所需的多节点链接、海量视频数据传输的需求。具有超高速、高可靠、低时延等特性的 5G 技术的出现，将满足智慧安防市场高清视频数据量大、实时性要求高、智能化水平高的要求，能够满足智能安防发展所提出的诉求。

万物互联的时代已经开启，5G 将为智慧安防产业带来质的改变，以往许多困扰行业发展的问题都将迎刃而解，行业的应用范围将进一步拓展。5G 技术将有效改善现有视频监控中存在的反应迟钝、监控效果差等问题。5G 所具备的海量机器类通信特性也将促成安防监控范围的进一步扩大，帮助其获取到更多维的监控数据，这将能够为智能安防云端决策中心提供更周全、更多维的参考数据，有利于进一步的分析判断，做出更有效的安全防范措施。此外，5G 网络架构在设计过程中便在软件层面采用了大量云和网络虚拟化技术，能够有效解决视频监控通信传输层面的系列问题，以及城市间亿万节点的多元数据收集与传输的难题。

如图 4-58 所示，将 5G 与智慧安防相结合，一方面可实现无线监控，摆脱线缆的束缚，提高视频监控的灵活性，降低安装的成本和难度；另一方面，可提供 4K/8K/16K 或更高清晰度视频的实时回传。除视频监控外，5G 在智慧安防行业的应用还体现在其他几个方面：一是增加了监控方式的多样性，如可以利用带有高清摄像头的无人机，在高难度、高要求等人为无法到达的场景中执行任务；二是融合 AI 等新一代信息技术，在 MEC 服务器中进行图像识别、数据分析与处理等工作，为监控中心提供预警、追踪、检索等服务，辅助决策。除上述外，未来 5G 与智慧安防的结合还会带来更广泛的行业应用和更广阔的市场需求，这将大大增加城市管理的效率，保障城市的安全。

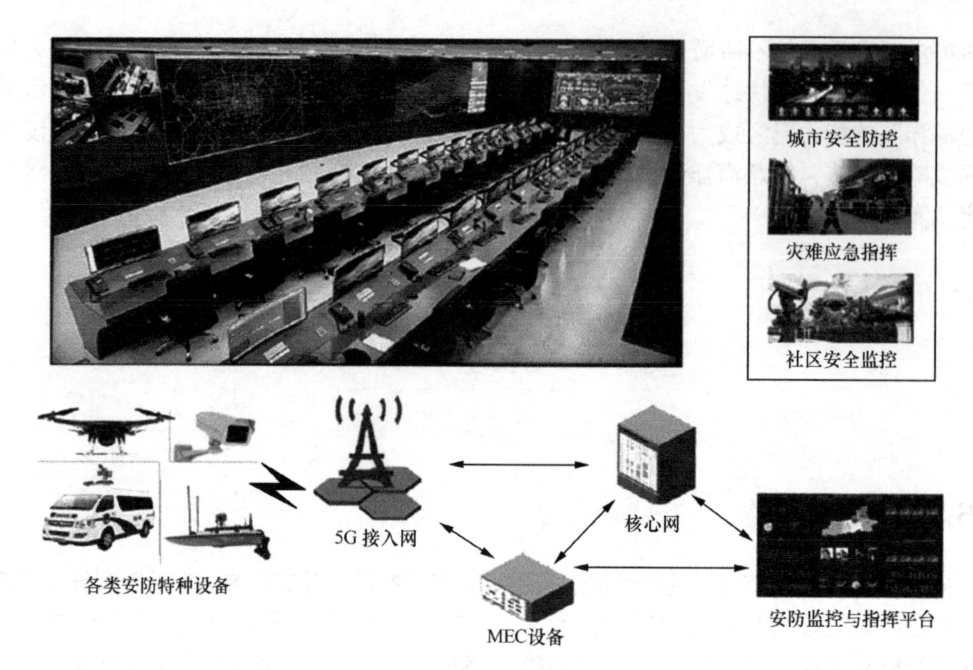

图 4-58　智慧安防应用

4.6.2　总体架构

智慧安防在 5G 网络的基础上融合了 AI、物联网、云计算、大数据和 MEC 等各类技术，服务政府、公安、行业客户等，可极大地提升城市综合治理的信息化水平。智慧安防系统由感知层、网络层、平台层和应用层四部分构成（如图 4-59 所示）。

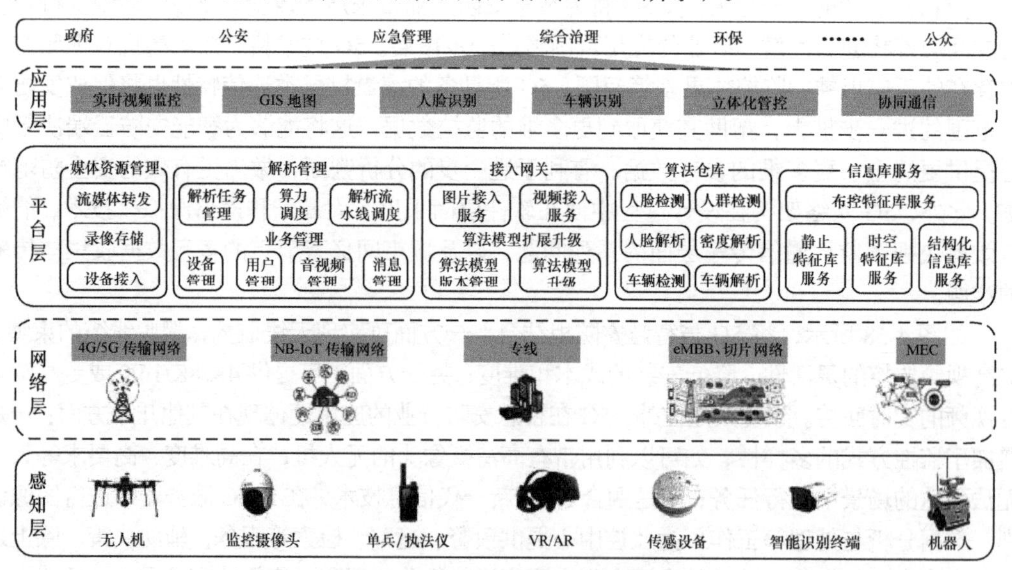

图 4-59　智慧安防总体系统架构

感知层：原有视频监控设备全面升级至全景、4K 及以上清晰度，通过海量的物联网终端接入来提供多维度的信息采集，5G 网络下的无人机和无人驾驶协助实现立体化的视频监控和信息监测，各类 MEC 也被部署至感知层。

网络层：依托 5G eMBB 实现高速率、低时延、海量连接的网络接入和承载，同时 5G 网络切片可为客户建立专用可靠的虚拟通道，保障客户视频大数据传输的安全及效率。

平台层：统一平台、云端部署、数据融通。云端实现大数据的深度处理和分析，为各管理部门提供数据共享并支撑决策，同时支持向公众的进一步开放，服务民生。

应用层：依托统一的云端大数据，应用将更丰富、更智能化。以城市综合治理应用管理平台为依托，服务政府、公安、行业客户等，提供城市应急管理、立体布防、移动执法、环境监测等智能化应用，助力城市综合治理和智慧安防。

4.6.3 应用场景及案例

1. 视频监控

视频监控在城市管理中扮演了非常重要的角色，不仅可以提高整座城市的安全感，还可以大大提高企业和机构的工作效率。视频监控广泛应用于以下场景：繁忙的公共场所如广场、活动中心、学校、医院等；商业领域如银行、购物广场等；交通中心如机场、车站、码头等；主要十字路口；高犯罪率地区；园区和居民居住区；关键基础设施如机房、电力、水利等。

5G 作为一门新兴的通信技术，其与智慧安防之间的结合是必然的，也是必要的。智慧安防行业中，主要以视频监控为主，涉及整个监控过程中的数据采集、传输、存储、分析、控制以及应用。5G 作为下一代移动通信技术，首先保障的是通信传输的问题，而在整个智慧安防环节，以视频监控为主的监控系统环节涵盖了整个安防产业中最主要的数据传输环节，同时也是整个安防领域中市场份额最大且最核心的环节，所以伴随着 5G 技术不断深入融合到智慧安防产业中，最先受到影响并引起变革的领域必然是视频监控。

视频监控技术的发展趋势为高帧率、超高清和宽动态。目前主导市场的是 4M、6M 和 8M 像素的 IP 摄像头，未来将更多地采用 4K 甚至 8K 分辨率的监控摄像，这将产生大量的数据流量。如高清交通监控需要 50Mbit/s 带宽，未来 8K 60fps 视频的带宽将会超过 120Mbit/s。此外，新的应用需求正不断涌现，如突发事件处理人员的可穿戴摄像头和车载摄像头。基于边缘的视频分析和基于服务器的视频分析也是发展的方向，即基础的视频算法和软件部署在摄像机侧，如人脸识别、运动检测、火警预警等，而服务器则进行元数据提取，AI 根据数据进行监控和学习。

面对传统视频监控市场存在的问题和新一代视频监控技术的发展趋势，智慧安防的进一步发展对网络通信技术的信息传输带宽、速度、时延等方面都提出了更高的要求。而 5G 网络超高速、超可靠、低时延等特性恰好满足了新一代智慧安防发展所提出的诉求。视频监控的发展呈现出以下 4 个特点。

（1）视频监控迈向高清时代

5G 网络正式商用后，监控设备将走进 4K 甚至 8K 分辨率时代，这意味着清晰度更高的画面与更丰富的视频细节，将使视频监控分析的价值更高，市场机会更多。而从视频数据传输方面来看，依托于 5G 技术的大带宽和高速率，超过 10Gbit/s 的高传输速率将会有效改善现有视频监控中存在的反应迟钝、监控效果差等问题，视频监控将不再局限于固定网络，这将大大缓解移动核心网拥堵的问题。5G 技术可以提升超高清监控视频资源的传输速率以及后端智能数据的处理能力，减少网络传输和多级转发带来的时延损耗。视频监控产生的视频资源，其清晰度和传输速率都将得到大幅提升。同时，后端数据处理能力进一步提升，画面清晰度变高，视频细节经过深度学习以及智能算法的处理后，更具有利用价值。对公安机关来说，这意味着更高清的画面、更丰富的现场视频细节，因而大大提升了视频监控分析的价值，有利于维护社会治安。

（2）视频监控多维采集

5G 所具备的多连接的特性将促使安防监控范围的进一步扩大，从而可获取到更多维度的监控数据。5G 时代的视频监控，支持前端设备更多维度的数据采集，如音频、光照、风速、风向等环境指标，通过单台前端设备多维功能的挖掘，实现各类物联感知设备的集约化建设，进而提高数据的综合应用效益。这将为智慧安防提供更周全、更多维度的参考数据，有利于进一步的分析判断，以便做出更有效的安全防范措施。

（3）视频监控大量部署节点

5G 技术不仅专为移动通信而定，5G 的三大运用场景中有两个是以物联网运用为主的。物联网需要连接更多的感知节点，且所需面对的运用场景也更加复杂多变。基于此，5G 网络架构在设计过程中便在软件层面采用了大量的云和网络虚拟化技术，这一举措有效解决了物联网在面向应用过程中通信传输层面的一系列问题，使 5G 技术在设置之初就具备了面向物联网运用的特性。而智慧安防作为物联网非常重要的应用场景，其与 5G 技术的结合也成为必然。5G 时代的视频监控将大量部署监控节点，增加监控设备的分布密度，完善整体监控网络和体系，消除监控死角，提高安防监控的有效性和可靠性。

（4）视频监控无线传输

传统的视频监控以有线方式为主，随着 5G 的大规模商用，得益于 5G 技术更快的传输速率、更大的数据容量及更广的覆盖范围，视频监控将逐渐采用无线传输方式，可更快地传输视频资源，更高效、更智能地处理数据，降低建设过程中的布线和维护成本，改变依赖固定网络和租用光纤的现状（如图 4-60 所示）。

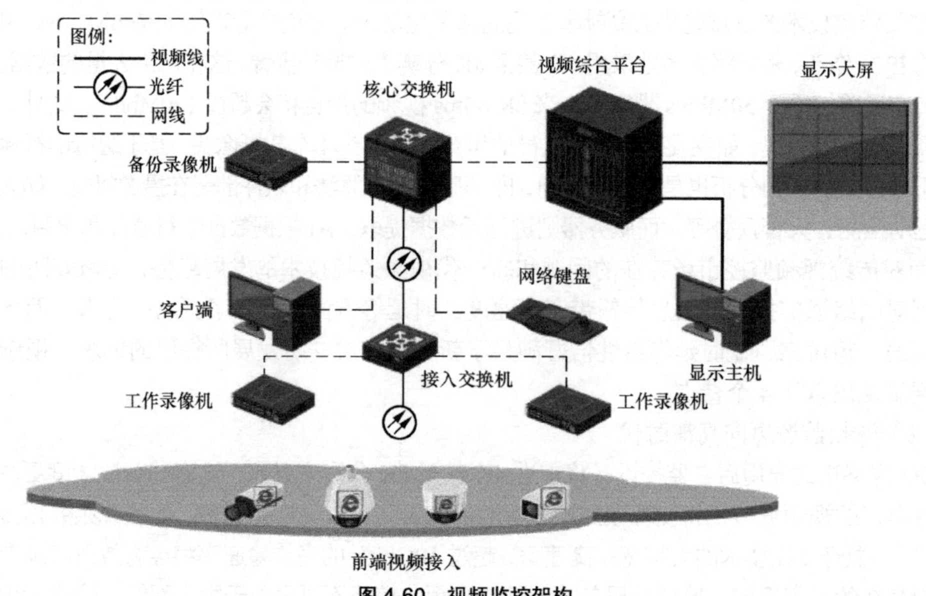

图 4-60 视频监控架构

中小规模的视频监控系统功能相对简单，以视频图像的存储、预览、回放为主，监控点数量在数百路左右。大中规模的视频监控系统前端控点数量多、接入模式复杂，监控网络视频流要求带宽高，一般需要建设视频监控专网。核心设备的部署应满足视频监控专网多业务、高负载处理的应用需要，并确保网络核心的稳定性和可靠性。

2. 人脸识别

如图 4-61 所示，人脸识别是指通过摄像机采集到的包含人脸的图像或视频，通过分析脸部的某些特征，从而进行身份识别，以及身份识别后采取的行为和决策等。传统的视频监控中，前端视频采集设备不具备人脸识别功能，往往是将图像或视频信号传输到后端再进行人脸检测、图像预处理、特征提取以及特征匹配等操作，这几个步骤需要大量的网络资源，而网络和服务器的性能也大大限制了人脸识别的效率。在 5G 网络的基础下，可以将人脸检测和图像预处理等相关功能部署在接入侧，将特征提取和特征匹配等功能部署在接入侧或汇聚侧，从而减小网络拥堵。如果可以实现统一人脸算法，则前端人脸识别摄像机也可以直接通过 5G uRLLC 切片功能将特征值信息上传到核心侧的布控服务器，实现毫秒级时延的布控。

人脸识别的主要技术过程如下。

- 利用高清摄像头拍摄人脸的图片或视频，通过 5G 网络将采集到的图片信息或视频流信息传输至图像处理系统。
- 图像处理系统对图片或视频进行处理，对人脸进行特征提取，标注重点的特征数据，为后期的信息处理提供便利。
- 将获取的特征值与数据库进行比对，解决“你是不是你”以及“你是谁”等问题，确定人脸的特征以及此人的身份等信息。
- 以对比结果为辅助做出决策，例如放行或预警等。

5G 时代下的人脸识别技术因其更高的精准度、识别速度和安全性而具有以下优势。

一是综合性能强。5G 和人脸识别技术的结合，具有很强的自动扫描和跟踪功能，能在瞬间获取人脸的特征信息数据，可以快速而精准地对人脸数据进行分析，在极短的时间内完成识别，具有很强的安全性、简洁性、可靠性和准确性。

二是应用十分便利。人脸识别过程不受外界环境的影响和干扰，信息的采集、传输、处理等全过程都十分便利。

三是具有自动化管理能力。信息获取安全可靠，信号传输快速准确，在智慧安防领域的应用广泛，可实现自动化管理。

因此，5G 与人脸识别技术的结合将广泛用于交通枢纽、学校、广场、十字路口等场所，为公安部门的决策提供辅助，为政府部门的城市管理提供有力工具，为人民群众的城市生活提供安全保障。

人脸识别系统架构如图 4-62 所示，包括采集层、数据层、支撑层、功能层及应用层。

采集层：人脸识别系统需要为人脸识别分析应用获取所需的基础图像。

数据层：与数据库（索引库、基础模板库、相片库等）进行比对。

支撑层：从静态图片中提取人脸数据，并对人脸数据进行建模和局部分析，抽取出相应的人脸特征，进而对局部特征进行结构化处理。

图 4-61　人脸识别

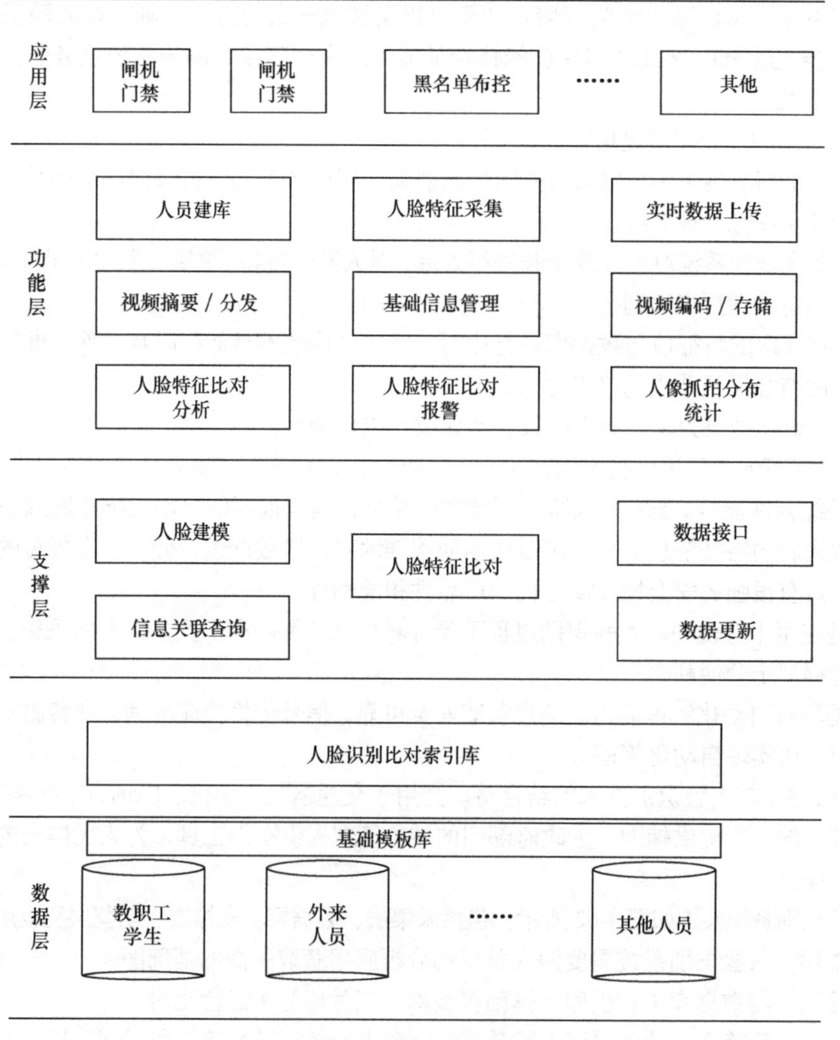

图 4-62　人脸识别系统架构

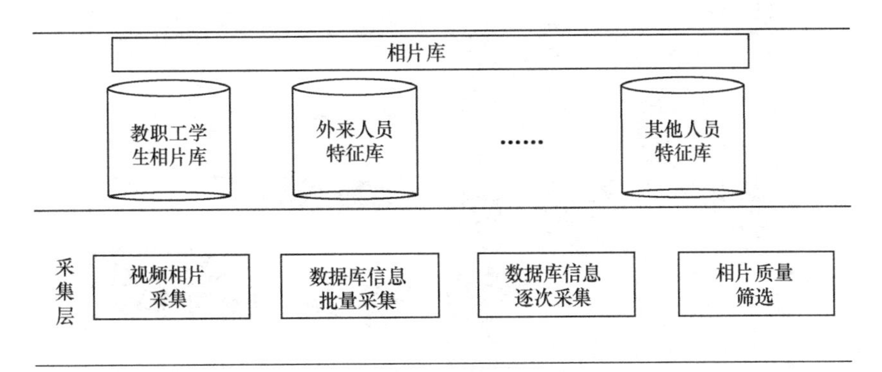

图 4-62　人脸识别系统架构（续）

功能层：包括了人脸识别系统应用的所有基础功能模块：人员建库、人脸特征采集、实时数据上传、视频摘要/分发、基础信息管理、视频编码/存储、人脸特征比对分析、人脸特征比对报警及人像抓拍分布统计等功能模块或子系统。

应用层：具有人脸识别比对相关业务需求的应用功能。

3. 车辆识别

如图 4-63 所示，车辆识别是通过前端部署的摄像机拍摄的视频和图像来识别车辆牌照等信息的各种技术。传统的车辆卡口识别系统存在很大的缺陷和不足，不能完全准确地识别出问题车辆，比如人为遮挡车牌、车辆套牌等，且无法对车辆信息进行追踪。因此，通过网络技术与新一代信息技术的结合，完成对车辆信息以及相关人员信息的识别、记录、管理，可进一步提高车辆管理的效率，做到车辆状态有案可查、有据可依，实现车辆的科学化、自动化管理，这是一种必然趋势。同时，车牌识别属于一对多识别，信息采集系统需要经过长时间的深度学习，才能实现快速识别、精准判断，这也对网络的大带宽、低时延和 AI 算法的不断升级提出了更高的要求，以应对各种复杂的识别场景。

在 5G 视频专网车辆布控场景中，只需要将前端卡口发出的车辆结构化信息通过 5G uRLLC 切片上传到核心侧的布控服务器，就可以实现毫秒级时延的布控。通过“5G+执法终端+高清视频实时回传+车牌智能识别”的方式，将路上行驶的营运车辆的车牌信息实时回传至后台，通过与后台数据库进行比对，现场执法队员即可实时获取该车辆的经营业主信息、经营范围、车辆 GPS 安装和在线情况、车辆是否正常年检、过往违规记录等相关信息，迅速发现问题车辆，同时通知前方执法单元，对问题车辆进行拦截。由此可确保客运车辆的合规运营和安全驾驶，为交警部门打击嫌疑、假牌、套牌等违法行为提供有力保障，实现精准执法，提升执法效率，广泛应用于道路、高速公路、停车场等场景。

图 4-63　车辆识别

4. 联网无人机，专业巡检和安防

无人机的应用已经非常广泛，但基本都是通过 Wi-Fi 和蓝牙连接的，只能满足基本的娱乐体验。要想从狭窄的娱乐应用空间迈向更为广阔的行业应用市场，就离不开通信的支持，而 5G 将为无人机的应用带来新的变革和机遇。

相对于目前在地面固定摄像头和配置移动的车载、单兵等的安防监控方案，无人机具有移动性强、多角度全视角监控、操作灵活等突出优点。基于 5G 的无人机城市安防系统，充分利用了 5G 网络大带宽、低时延的特点，将视频流实时回传至控制中心，融合深度学习能力，快速进行视频分析，从而实现多手段的目标锁定及实时跟踪监控。同时，控制中心能通过 5G 网络向无人机飞行控制系统发送控制指令，可极大地提升传统无人机用于安防场景的效率（如图 4-64 所示）。

警用安防无人机可通过 5G 网络采集现场数据，迅速将现场的音视频信息通过云平台传送至指挥中心，跟踪事件发展态势，供指挥者进行判断和决策。机载摄像头在到达现场之后可以迅速展开工作，还可以多角度、大范围地进行现场观察，是一般监控设备无法比拟的，因而在重大活动安保、禁毒侦查、交通巡查、高层防火、抢险救灾等方面获得了广泛应用。无人机挂载高清云台，可以让犯罪违法行为在画面中一览无余；挂载探照灯，可以让犯罪违法行为即使在黑夜也同样“无处遁形”；挂载喊话器，可以从地面端喊话，远距离穿透式地呼叫当事人及时撤离现场，恢复路面交通。

无人机与 5G 的结合极大地提高了安防巡检的灵活性，可实现多种功能，达到全方位无死角的安防布控：

➢ 控制中心人员通过 VR 眼镜实时观看与地面安防设备同步联动的 4K 高清视频，最大化安防场景能力；

➢ 控制中心人员通过 VR 眼镜、PAD 等地面控制终端经由 5G 网络远程控制无人机机载摄像头的转向、无人机的飞行状态及路线，进一步追踪锁定目标；

➢ 无人机预判突发安防场景的问题以及自动跟踪、自动识别的目标。

天地一体化协同作战以及多场景安防能力的智慧升级，必将作为一种新型的安防解决方案模式得到更加广泛的应用，从而促进传统安防服务商的智慧升级，进一步带动整个产业的发展。

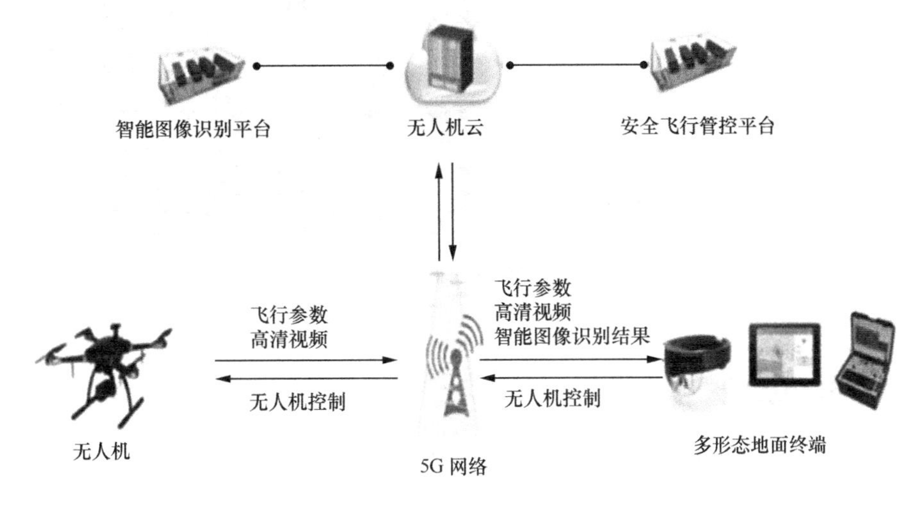

图 4-64 联网无人机

5. AR 全息城市

城市巡检、治安执法等过程中的视频多采用无线设备来拍摄。在 4G 时代，无法保证执法视频可以无损、无时延地传回到城市指挥中心的显示大屏。在 5G 时代，城市中所有设备点位组成的海量视频可实时回传，经过大数据的分析和加工，同时利用 AR 和全息投影技术，将人、道路、建筑等数据三维地呈现在指挥中心，更加直观地对车辆、人员、事件等进行分布式管理，实现城市数据室内、室外三维一体可视化，使位于指挥大厅的工作人员仍然可以身临其境，实现了更加直观、全面、精准的管理。

除了 5G+AR 在室内指挥中心的应用外，5G 时代将激发出另一创新应用，即可穿戴 AR 警用头盔，如图 4-65 所示。

警务执法人员佩戴装有高清摄像头的警用头盔，运用 AR 人像采集技术，同时通过 5G 网络进行数据的毫秒级采集、传输和比对，并综合应用人脸识别、语音识别、云计算、云存储、AR 成像等先进技术，可快速识别车辆信息和人员信息，并将结果叠加比对，为现场执法提供即时的信息支援，使安全防范由“事后取证”变为“事前防御”，让安防保障与区域管控的效率和准确性得到提高，让执法过程更加便捷、文明、高效。

搭载了第一视角方式的智能 AR 警用头盔即将占据整个智能安防产业链的前锋位置，其作用和意义已经凸显。一方面，通过 AI 加持的智慧安防不仅凭借传感器、边缘端摄像头等设备实现了智能判断，有效降低了传统安防领域中过度依赖人力、成本耗费高等问题；另一方面，通过来自第一视角的智能化手段获取安防领域中实时、鲜活、真实的数据信息，并进行精准的计算，也实现了让各项安防勤务部署、安防人力投放以及治安掌控更加科学、精准、有效。这保障了安防工作能在正确的时间做准确的事情，推动了安全防范由被动向主动、由粗放向精细的方向转变。

图 4-65　AR 警用头盔

4.6.4　挑战与展望

5G 与智慧安防产业的结合在未来的发展趋势如下。

第一，降低传输成本。视频监控对于智慧城市的建设是非常重要的，但是高昂的传输成本限制了视频监控设备的布放密度，从而影响了视频监控的有效性。而 5G 与视频监控的结合可以大大降低传输成本，使高清、大带宽、室外广域部署成为现实。

第二，解除无线带宽限制问题。传统的视频监控受带宽限制，无法实现高清和超高清视频的传输。5G 将解决带宽的限制问题，实现高清和超高清视频的无线传输。

第三，优化部署架构设计。传统的安防市场主要依托有线网络（网线或光纤），对部署距离和复杂度都有一定的限制。安防融合 5G、AI、云计算模式后，部署架构将更加灵活。

同时，5G 与智慧安防产业的结合也面临着巨大的挑战，具体如下。

第一，感知部分如何智能化。受限于稀疏和低占空比的传感器数据，以及平台的能源和功能，传统的感知设施很少具备视觉传感器。新型智能化视觉传感器具有相对完善的图像及视频获取功能，适合人机交互。但是，如何降低机器的识别难度，还需要更加智能化的视频前端设备，使安装嵌入式视频分析功能成为可能。

第二，物联网通信链接能力。可靠和自适应的物联网通信链接能力可以保证图像和视频数据在联网大环境下得到充分的应用，改变过去单一传感器、交叉路口监控只能抓取单一数据在本地存储的局限性，使得视频大数据在网络上流转得更加顺畅。

第三，集成平台设计功能。具有视频数据压缩和视频数据分析的集成平台设计才能够提供基于视频物联网应用的有效搜索和检索。

第四，网络安全和个人隐私。视频数据更加直观、敏感，网络安全和个人隐私的恰当平衡才能保障视频数据的共享和分布式处理。

第五，视频物联网标准平台建设。建设视频物联网标准平台是破解数据孤岛现象、优化全系统的必要条件。嵌入式视频处理不仅需要高可靠性，还需要自适应，可以做到搜索和检索适当平衡。视频物联网标准平台可使信息更广泛地进行共享。

未来几年不仅是我国 5G 产业发展的战略机遇期，更是安防向超高清视频发展的时机。5G 全面商用之后，现阶段的超高清视频、无线传输、物联网等应用场景将只是冰山一角，还有更多的应用有待探索。毫无疑问，这预示着真正的智慧安防时代的来临。安防行业需要抓住机会，加强顶层设计，加快产业发展和应用普及，积极拥抱新技术，助推5G与智慧安防的深度融合。

4.7 智慧家庭

4.7.1 概述

家庭是人们日常生活的基本单位，是生活的重要组成部分。“家庭”不能简单地被定义为一个物理位置，它不等同于住宅，而是指由婚姻、血缘或收养关系所组成的社会组织的基本单位，或者说“家庭是社会的细胞，文化是家庭的血液”。“家庭”是一个社会学、人文学范畴上的名词，“智慧家庭”是在数字化、网络化、信息化、智能化的时代背景下，人们维系家庭生活的基本方式。

互联网、AI、自动化、生物识别等技术的发展正转化为新动能，不断注入出行、居家和娱乐等方面，“科技改变生活”正从口号变成现实。作为人类日常生活的中心，“智慧家庭”已经成为现代家庭追求的新目标。智慧家庭是基于新一代信息技术的智慧化家庭的综合性服务平台，是家庭智能设备、物联网、高速信息网络和应用服务的有机融合，在感知消费者生活需求的基础上，实现与智慧社区、新型智慧城市服务的对接，是健康管理、居家养老、家庭娱乐、互动教育、智能家居、能源管理、社区服务及家庭安防等智慧家庭应用接入公共服务资源后的以家庭为单元的综合体。

技术革命驱动了业务的进步，智慧家庭的发展主要经历了以下3个阶段。

第一阶段（2000—2007年），典型特征是终端“数字化”革命。终端由模拟逐渐转为数字。家庭终端以影音娱乐为主，终端带动的应用呈现无序化发展。

第二阶段（2006—2014年），典型特征是互联网应用、数字家庭联盟大发展。终端完成数字化，3G和宽带网络的发展带动了互联网应用的发展，应用以“烟囱式”的孤立架构体系为主。家庭内实现多屏互动，闪联、数字生活网络联盟（Digital Living Network Alliance，DLNA）等数字家庭标准化竞争白热化。

第三阶段（2013年至今），典型特征是智能终端“引爆”智慧家庭。智能操作系统推动终端智能化革命，应用以客户端方式实现跨终端、跨操作系统的快速部署；快速、方便成为家庭内终端互联互通的新事实标准；基于大数据分析的应用在信息精准度和细分市场上得到体现；以智慧家庭应用为代表的物联网应用进入家庭生活。

随着科技的进步，智慧家庭在设计过程中可以借助物联网、云计算、5G等技术，实现人与人、人与物、物与物相连，消除信息孤岛，实现信息的互联互通、资源共享，使智慧家庭系统更加人性化、智慧化。

4.7.2 总体架构

一个完整的智慧家庭系统架构应该包括3个部分，如图4-66所示。

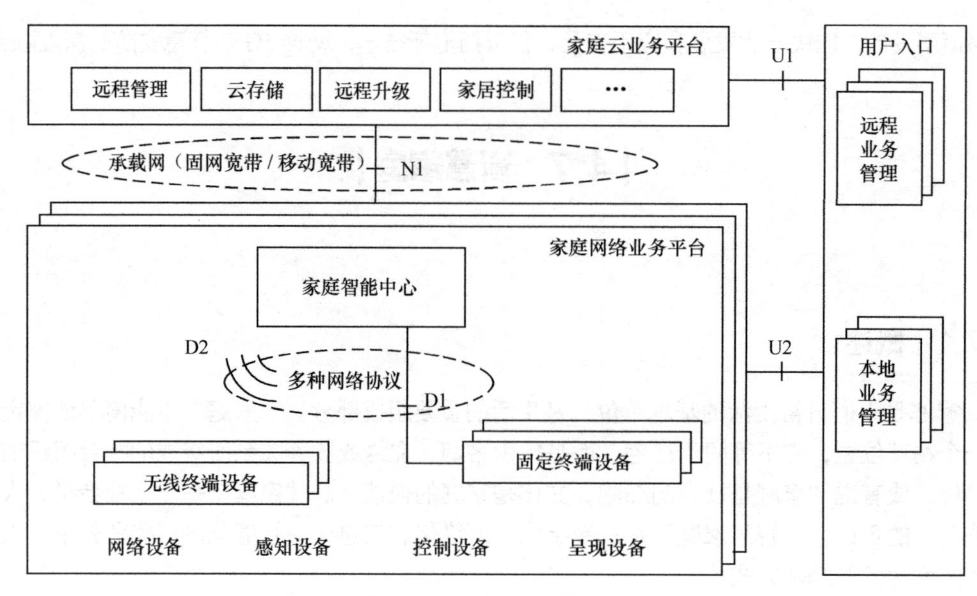

图 4-66 智慧家庭系统架构

（1）家庭网络业务平台

家庭网络业务平台是家庭网络的实际承载主体，是用户业务的实施者。丰富的家庭内部网络可以提供各种各样的业务和功能，包括数据传输、多媒体、家居自动化等，并最终实现智慧家庭。

（2）家庭云业务平台

家庭云业务平台是家庭网络向互联网的延伸，以辅助家庭内部网络完成更丰富的业务功能。

（3）用户入口

用户入口是用户体验家庭网络服务的交互点。用户入口的人性化设计是判定家庭网络好坏的重要标准。

4.7.3 应用场景及案例

智慧家庭的应用与服务是围绕家庭生活的基本职能展开的，典型应用主要包括健康管理、居家养老、家庭娱乐、互动教育、智能家居、能源管理、社区服务和家庭安防 8 个方面。

（1）健康管理

健康管理是以物联网、移动互联网和云计算等技术为依托，在健康管理信息系统的基础上，将健康管理类可穿戴设备等多层次感知智能终端作为数据采集的来源，将智能显示终端作为个人健康信息等内容的汇集终端，通过整合健康服务机构的信息来为消费者提供健康管理信息服务。健康管理服务平台可对空气、水和食品等进行安全监测和预告，并提供运动健身、食品营养和网络预约挂号等信息服务。

（2）居家养老

居家养老是充分借助互联网、物联网、云计算和大数据分析等先进技术手段，以家庭为核心、社区为依托、专业化服务为依靠的新型养老模式，为居住在家的老年人提供以解决日常生活困难和健康问题为主要内容的社会化服务，主要包括应急服务、一键式上门服务、远程健康咨询、身体状况监测、实时健康提醒和老人位置监控等。

（3）家庭娱乐

家庭娱乐是智慧家庭最广泛的应用之一，主要是指用户通过智能手机、智能电视和VR/AR可穿戴设备等智能终端产品，利用网络资源观看各种音视频影音节目，获取最新的信息资讯，进行在线游戏、互动游戏等娱乐活动。

（4）互动教育

互动教育是以云资源为基础、以网络为支撑构建的智能教育管理平台。通过网络和智能电子设备进行教学、学习及管理，主要包括远程视频授课、在线课堂讨论、个性化教学目标设置、教育资源共享、教育资源融合和突发事件指导等方面。

（5）智能家居

智慧家居是利用计算机、通信与网络、自动控制等技术，通过有效的传输网络，将多元信息服务与管理、住宅智能化系统集成在一起，构建高效的住宅设施与家庭日常事务的管理系统，提供使用便捷、安全舒适的家居环境。

（6）能源管理

能源管理是对水、电、气和新能源消费的计划、控制和监测。通过家庭能源监控、能源统计、能源消费分析、重点能耗设备和能源计量设备管理等手段，使消费者掌握能源消耗比重和发展趋势，并对相关设备进行智能化能源管理，达到家庭节能的目的，进而促进社会整体能耗的降低。

（7）社区服务

社区服务主要是为社区成员提供公共服务，以及其他物质、文化和生活等便民服务，帮助家庭与外部保持信息交流畅通，优化人们的生活方式，主要包括智慧家庭物业基础设施，提供的相关服务要求、业务流程和方案能力，以及相关的系统运营维护、服务信息接口和可靠性等要求。

（8）家庭安防

家庭安防是利用新型网络及传感技术，通过各种传感器、摄像机、门窗磁、读卡器、门禁控制器和其他安防监测设备为住宅提供环境感知、入侵报警、紧急求助、防火和防意外等安防功能的综合性服务系统，从而提升家居生活的安全性。

下面具体介绍几个5G在智慧家庭领域的应用案例。

1. 固定无线接入

在北美，5G的商业应用之一就是无线家庭宽带，或称为WTTx（Wireless To The x，固定无线接入）。目前，美国四大移动运营商全部实现5G商用，在重点城市相继推出基于5G网络的WTTx服务。随着4K/8K电视的普及率越来越高，全球超高清用户已经超过2亿户，越来越多的内容生产制造商向4K/8K聚拢。8K视频的带宽需要超过100Mbit/s，且需要5G WTTx的支持。

与光纤等其他接入技术相比，实施WTTx所需的资本支出要低得多。据澳大利亚公司NBN称，部署WTTx比光纤到户减少了30%～50%的成本。WTTx为移动运营商省去了为每户家庭铺设光纤的必要性，大大减少了在电线杆、线缆和沟槽上的资本支出。

电视、游戏和其他家庭应用将移动运营商置于智慧家庭的中心。通过 WTTx，电信运营商可以提供智慧家庭增值服务平台，并通过集成 AI 数字助理，分析汇总后的数据和开发新应用，进一步提升平台的服务品质。

在 WTTx 使能的智慧家庭生态中，运营商可以以具有竞争力的价格提供统一的家庭套餐，集成宽带和视频服务；以具有竞争力的价格提供低时延的沉浸式高清视频和游戏内容；集成第三方智慧家庭应用，从而拓展移动运营商网关业务；提供运营商级的隐私和信息安全保护。

2. 云游戏

5G+云游戏是指游戏主体在云端服务器运行，通过 5G 网络传输游戏画面、音频和控制信息，实现流畅、清晰的用户游戏体验。云端游戏对终端用户设备的要求较低，所有的处理都将在云端进行。用户的互动将被实时传送到云端进行处理，以确保高品质的游戏体验。从网络和技术层面分析，阻碍云游戏发展的原因主要有两个：一是移动通信网络的带宽有限，限制了高清画面的传输，因而无法满足即时游戏的需求，如谷歌 Project Stream 要求用户的网速达到 25Mbit/s，这个速率对于许多国家或地区而言较难实现；二是云游戏控制时延较大，尤其是在如何快速将控制器的指令转化为屏幕上的画面时，显得尤为重要。

5G 网络依靠其带宽大、时延低等特性，能满足 5G+4K 超高清云游戏的需求。5G+云游戏的高速率特性使得游戏的下载时间大幅度减少，无须等待，即点即玩；5G+云游戏的云端处理能力降低了对用户手机终端的性能要求；5G+云游戏实现云端存储，在终端的游戏大小可降至 10MB，无须占用大量的手机存储空间；5G+云游戏通过远程服务器及网络流媒体降低终端设备的性能需求，可以通过浏览器、联网终端来享受以往只能在高性能 PC 或手机上才能运行的游戏。

网络架构是实现 5G+云游戏的基础。5G+云游戏的网络架构如图 4-67 所示，该架构主要分为游戏终端、5G 网络和云端 3 部分。5G+云游戏的实现需要控制信号和视频流信号，其中控制信号通过 5G 网络从游戏终端传输到云端，而视频流信号则需通过 5G 网络从云端传回游戏终端。

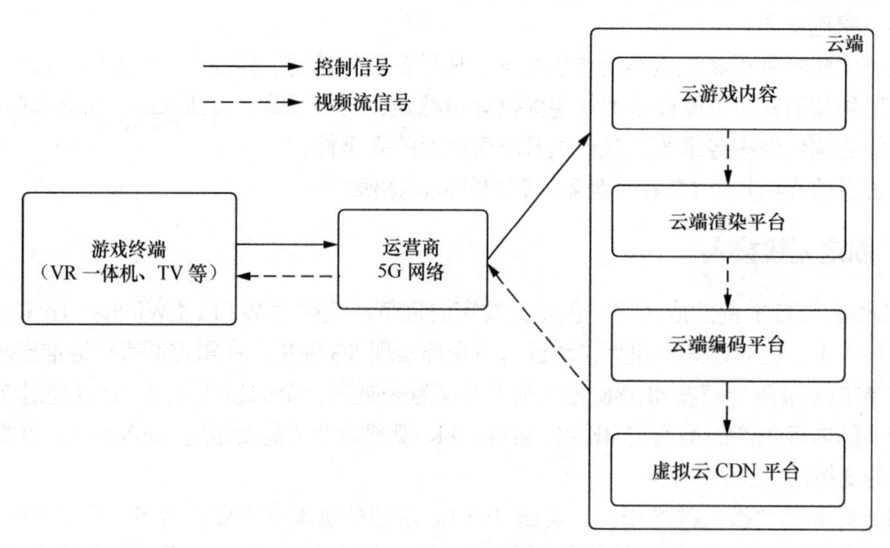

图 4-67　5G+云游戏的网络架构

3. 智能家居

5G 技术的超高速传输极大地方便了信息的检测和管理，如此一来，智能家居各部件之间的“感知”更精准和迅速，智慧化程度也会大大提高。5G 通过统一的标准体系，可以打破智能家居产业中各厂商自定私有标准的局面，智能家居的整个系统会更加稳定和安全。

在室内，无论用户走到哪里，智能家居都能有效地感知，并随之做出适合人们需求的控制，做到及时断开设备，防止资源浪费。而当住户离家或者熟睡时，安全防护系统会自动开启，如遇入侵者，系统会自动发出警报，阻止入侵者有进一步的行动，减少家庭的财务损失。

在 5G 时代的智能家居中，系统能够轻松实现对所有安全问题的控制。安全防护系统可对家中可能出现的险情进行等级布防，并以高速信息传输为依托，利用精准的逻辑判断，自动报警，发出指令，必要时强制占线。同时，监控设备的分辨率可达到 8K，视频监控分析价值高。二者相结合，可使所有可能出现的险情消失于无形，实现全宅的安全无忧（如图 4-68 所示）。

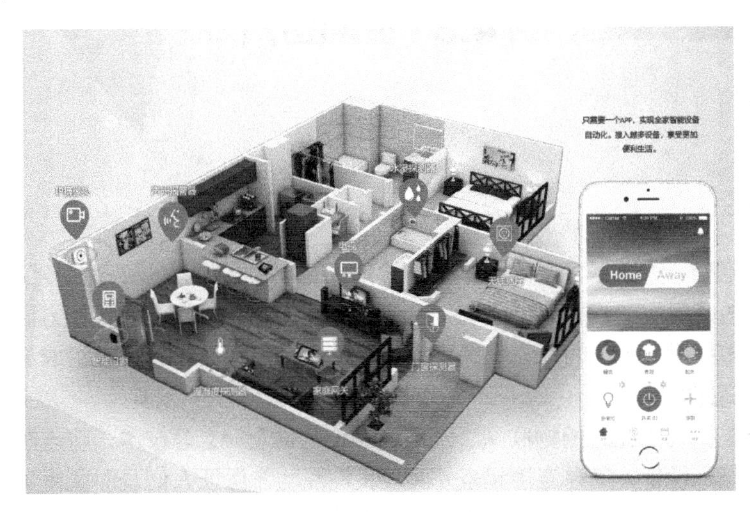

图 4-68 智能家居

4.7.4 挑战与展望

智慧家庭业务正在快速发展，但市场仍处在探索阶段。娱乐方面，视讯应用仍是主题，正向 4K 超高清、多屏互动、双向娱乐的方向发展；民生应用方面，健康、购物、教育等受到越来越多的关注；智能家居方面，物联网在家庭内部的应用得到发展，包括操控、安防、监控、家居等。无处不在的移动互联网应用已经完全渗透在家庭智能化的各个环节。

5G 技术与产业的融合已是大势所趋，智慧家庭是 5G 技术新兴的场景化规模市场，也是引爆 5G 的第一批行业。未来，5G 技术在智慧家庭中的应用主要体现在以下几个方面。

首先是设备互联。设备互联是实现智慧家庭的最基础环节，也是其重要的表现特征。智慧家庭即是通过物联网技术将家中的各种终端设备（如音视频设备、照明设备、窗帘、空调、安防产品以及智能家电等）互联，并结合网络技术和自动控制技术，实现家庭智能设备的智能控制、家庭环境感知、家人健康感知、家居安全感知以及信息消费等的结合。5G 的网络架构适合于多维感知数据的节点连接，并且具有大容量、高传输率、低时延的优势特征。

其次是基于智能手机的远程交互。关于智慧家庭的入口控制，业界已公认为是去中心化，即无论是智能锁、智能音箱还是智能电视，未来智慧家庭的控制必将呈现多元化形态，也就是说，任何一个设备都可以作为控制入口。不过，当前智能手机作为消费者必备的智能设备，其在远程交互方面的优势将在未来很长一段时期内存在。在智慧家庭领域，主要表现为通过手机端实时监控家庭内外的安全情况，远程和孩子沟通交流，了解冰箱里的菜品储备情况，控制家里的各种智能设备以及实现对老人的远程照料和监护等。

最后是高带宽应用。智慧家庭不仅仅表现在设备互联、智能控制或者远程交互上，还表现在信息交流、消费服务等方面。5G 的逐步落地可为我们带来更快速的上网体验，在线实时看电影、购物以及网络游戏和 VR/AR 可穿戴设备的娱乐体验等将更好。

4.8 智慧医疗

4.8.1 概述

随着移动通信、大数据、云计算、物联网和 AI 技术的快速发展，运用互联网+应用平台提升医疗资源的使用效率，提高救治和服务水平已成为发展新型智慧城市及推进“健康中国”战略的重要技术手段。中国的互联网医疗将步入黄金期，而作为其关键组成部分的智慧医疗产业也将进入高速发展期。

智慧医疗是指利用先进的物联网、互联网、大数据及 AI 等技术，将与医疗卫生服务相关的人员、信息、设备、资源连接起来并实现良性互动，保证人们及时获得预防性和治疗性的医疗服务，涉及医疗服务、公共卫生、医疗保障、药品供应、健康管理等多个方面。

智慧医疗对网络的需求非常大，而大带宽、低时延、安全是 5G 的典型特征，能符合并满足智慧医疗的发展需求。随着 5G 技术与医疗服务需求的融合，院内设备互联、院间医疗业务的开展以及院外应急救治和区域医疗系统有机结合等，都有望快速实现。5G 将充分发挥其大容量、大连接、低时延的优势，在急诊医疗、移动诊治、疾病预防等方面发挥巨大效能，如基于 5G 的远程急救能为脑卒中的病人争取更多的时间。5G 可打破空间、时间的限制，将优质医疗资源送到边远地区，为边远地区的人们主动“送医体检”，或到矿山为工人做职业病检查等。此外，5G 还能方便、迅速、及时地把采集到的医疗大数据传送给医疗机构和医护人员，在提高疾病预防、诊治效率的同时，释放更多的医疗资源，提高公共服务能力。

根据《2020 中国 5G 经济报告》，智慧医疗是 5G 的五大先锋行业之一，并预测到 2035 年医疗方面的应用将占全球 5G 相关经济规模的 9%。5G 发展将极大地重塑智慧医疗的发展，推动医疗大数据的收集和管理，推动医疗资源共享，提升医疗行业的生产效率，提高居民的医疗服务感知和生活质量。

4.8.2　总体架构

基于 5G 的智慧医疗整体架构可分为终端层、网络层、平台层和应用层 4 部分，如图 4-69 所示。

（1）终端层

终端层作为信息的发送端和接收端，实现持续、全面、快速的信息采集和获取。通过传感设备、可穿戴设备、感应设备、车载医疗设备等智能终端实现信息的采集和展示，包括机器人、智能手机、医疗器械、工业硬件等设备。

（2）网络层

网络层作为信息的传输媒介，实现实时、可靠、安全的信息传输。网络层是充分体现 5G 优越性的环节，通过分配于不同应用场景的独立网络或共享网络，实时高速、高可靠、超低时延地实现医院内外各类通信主体间的信息传输。

（3）平台层

平台层介于网络层和应用层之间，负责对收集到的信息进行存储、运算和分析，实现智能、准确、高效的信息处理。平台层依托 MEC、AI、云存储等新技术，对散乱无序的信息进行分析处理，为前端应用输出有价值的信息。

（4）应用层

应用层是 5G 价值的集中体现，实现成熟、多样化、人性化的信息应用，是根据 5G 的三大显著特征所支撑的智慧医疗的应用场景，如远程会诊、远程手术、AI 辅助诊疗、健康管理等。

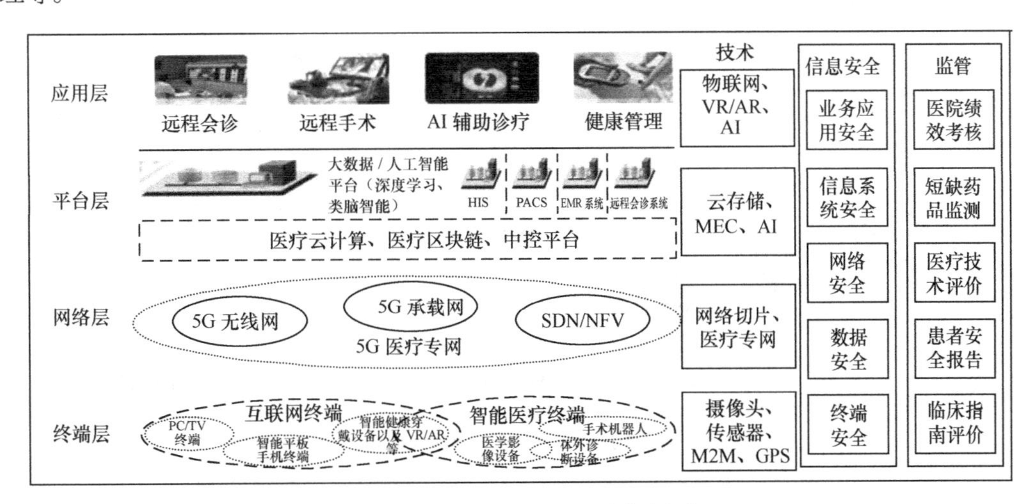

图 4-69　基于 5G 的智慧医疗整体架构

4.8.3　应用场景及案例

5G+智慧医疗应用场景众多，如图 4-70 所示。按照智慧医疗的业务特征及其对网络要求的不同，可将 5G+智慧医疗场景分成三大类。

第一类是基于医疗设备数据无线采集的医疗监测与护理类应用，如无线监护、无线输液、移动医护、基于 AI 的智慧导诊、机器人导医和患者实时位置采集与监测等。该类应用的数据量一般不大，多为高频次、低速移动的小包数据，对网络带宽的要求不高，除机器与人互动应用外，对网络时延的要求也不高，随着应用的深入发展和监测终端的增加，会要求医院内外的 5G 网络具备超大连接能力。

第二类是基于视频与图像交互的医疗诊断与指导类应用，如实时调阅患者影像诊断信息的移动查房，采用医疗服务机器人的远程查房、远程监护、远程实时会诊、无线手术示教和无线专科诊断、应急救援、远程筛查、远程病理分析、在线辅助诊疗、智能物流机器人等。由于多为视频类交互应用，对网络的上下行带宽要求均较高，一般均需支持多路高清视频，对网络时延的要求也较高。

第三类是基于视频与力反馈的远程操控类应用，如远程机器人超声检查、远程机器人内窥镜检查和远程机器人手术。由于控制和反馈信息需要低时延、高可靠的通信传输，该类应用对网络时延的要求极高，一般为毫秒级，对网络的可靠性和带宽等要求也极高。

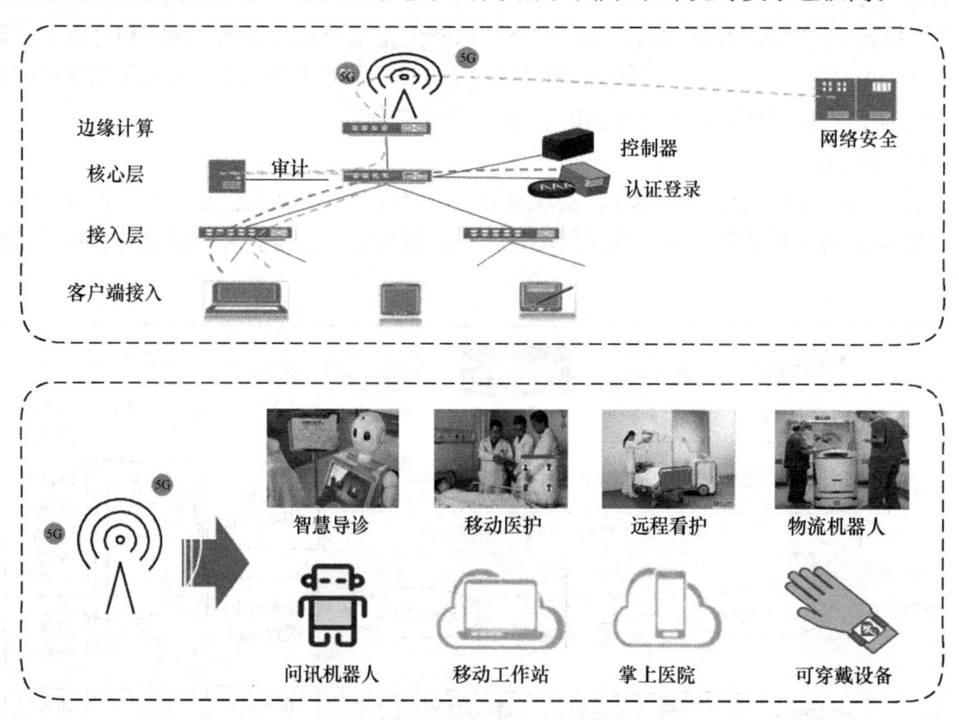

图 4-70　基于 5G 的智慧医院应用

1. 移动医护

移动医护将医生和护士的诊疗护理服务延伸至患者床边。在日常查房护理的基础上，医护人员通过 5G 网络可以实现影像数据和体征数据的移动化采集和高速传输，并进一步实现远程查房、移动高清会诊等，从而解决原先 Wi-Fi 网络不稳定、安全性差的问题，提高查房和护理服务的质量和效率，如图 4-71 所示。

此外，在放射科病房、传染科病房等特殊病房，医护人员还可以控制医疗辅助机器人使其移动到指定病床，并在保护医务人员安全的前提下，完成远程护理服务。例如，2020 年年初，新冠肺炎疫情暴发后，多台 5G 智能医护机器人在湖北、上海、山东、甘肃等地的医院投入使用。这些 5G 智能医护机器人借助高带宽的 5G 网络，能将拍摄到的周边环境图像实时上传至服务器，经深度学习后，进行障碍识别，实现在复杂的环境中按照规划路线顺利前进，代替人工完成导诊、消毒、清洁和送药等工作，减少医护人员与患者的直接接触，降低交叉感染的风险，提升病区隔离的管控水平，同时有效缓解医护人员人手不足、资源紧张的困难。

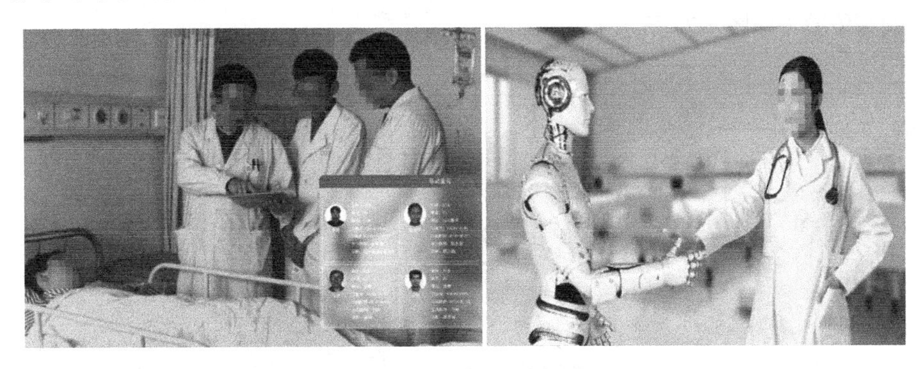

图 4-71 5G+移动医护场景

2. 智慧导诊

现有的网上导诊服务受网络制约，主要以静态导诊为主，交互方式少，导诊效果差。利用 5G、语音识别、语音合成和自然语言理解、位置信息采集等技术，智慧导诊能为患者提供院内导航、导诊导医、精准分诊、在线预约挂号、健康咨询、健康宣教等服务，支持声音、图像等多种交互方式，改善就医体验，提高医疗服务质量。特别是利用 5G 边缘计算能力，导诊机器人可在医疗海量知识库的基础上，提供基于自然语义分析的 AI 导诊，减轻导诊护士站的压力，大幅提高医院的服务效率（如图 4-72 所示）。

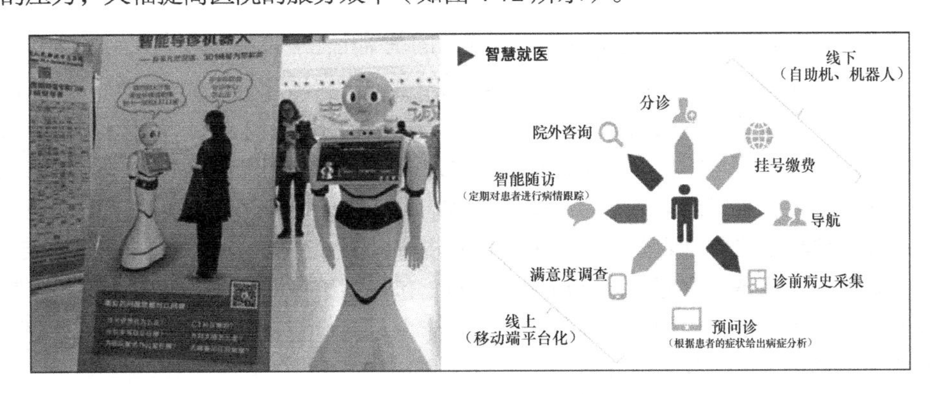

图 4-72 5G+智慧导诊场景

3. 智慧院区

针对医院原有的基于 Wi-Fi 的无线数字医疗环境，5G 能在保障数据安全性的前提下，实现跨区域的无缝切换及医疗设备的海量连接。智慧院区在原有的利用物联网感知技术进行内部资产和人员管理的基础上，利用 5G 海量连接的特性，构建院内医疗物联网，将医院的海量医疗设备、非医疗类资产、医护人员等有机连接，支持人员及物资的实时可识别、可追踪、可溯源，助力医院优化内部管理流程，实现医院资产管理、院内急救调度、医务人员管理、设备状态管理、门禁安防、患者体征实时监测、院内导航等功能，为医院打造包含“健康管理—线上问诊—院中诊疗—院后随访”的全流程闭环医疗健康服务，提升医院的管理效率和患者的就医体验（如图 4-73 所示）。

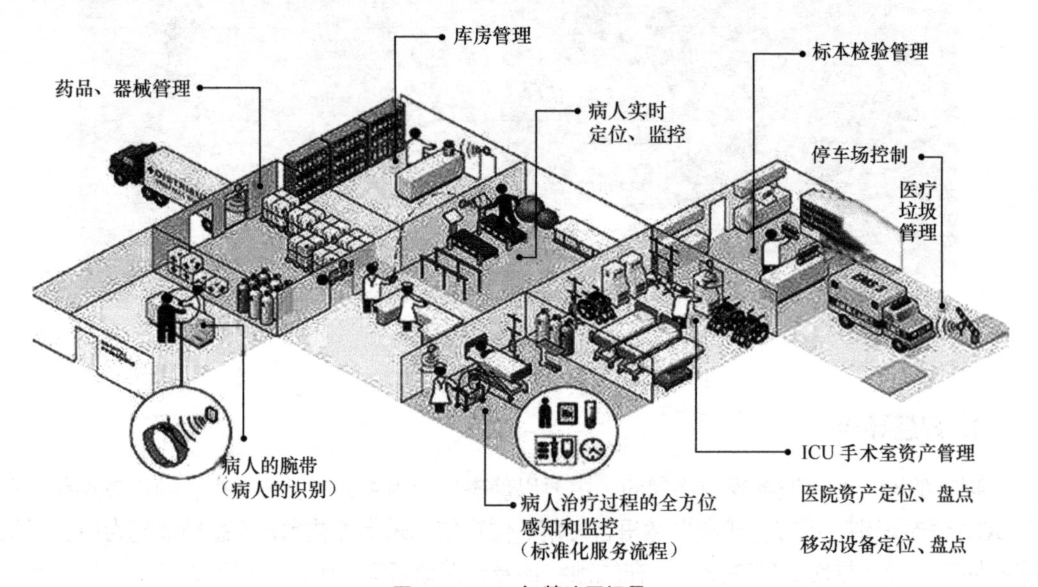

图 4-73　5G+智慧院区场景

4. 远程查房

如图 4-74 所示，远程查房是在传统视频通信的基础上融合图像识别与跟踪定位技术，使专家可以通过网络参与基层医院的现场查房，提供远程查房指导和教学，为分级诊疗提供强大的技术支撑。传统的远程查房是通过共享病人的病历、化验结果及影像资料，并借助视频会议让远程专家进一步采集信息，从而给出治疗方案建议。5G 的低时延和大带宽特性为远程专家进一步深入现场、了解病人信息提供了新的思路。基于 5G 网络，可将 AR 眼镜与智能手机、平板电脑等相结合，现场医护人员可将病患情况通过 AR 设备实时传送到远端专家处，远端专家基于 AR 设备可方便地调出病患的信息，包括病历及 CT 片、MRI 片等医疗影像资料，甚至包含病患病灶相关的 3D 模型等，远端专家可将诊断及治疗方案建议即时发送到现场医护人员穿戴的 AR 设备上进行展示。

这些快速的病患信息共享方式将大大增强远程诊断的准确性。此外，远程协助平台可以多线程连接，使身处各地的专家和领导同时远端参与指导、教学，或从后端实时观看、考察现场查房工作，并以视频形式录取整个过程，进而用于学习指导，提高工作及教学效率。

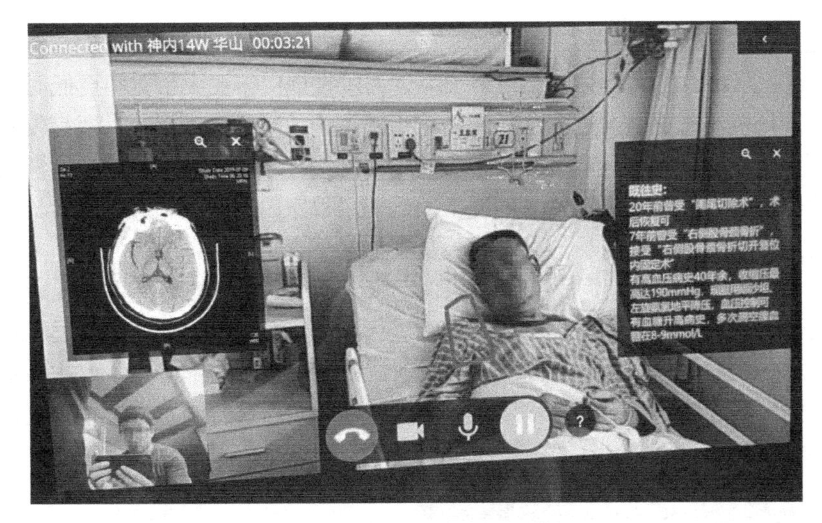

图 4-74 5G+远程查房场景案例

5. 远程监护

远程监护是利用无线通信技术辅助医疗监护，实现对患者生命体征的实时、连续和长时间监测，并将获取到的生命体征数据和危急报警信息以无线通信方式传送给医护人员的一种远程监护形式。

5G 的低时延和精准定位能力，可以支持可穿戴监护设备在使用过程中持续上报患者的位置信息，进行生命体征信息的采集、处理和计算，并传输到远端监控中心，以供远端医护人员根据患者的当前状态做出及时的病情判断和处理。

远程监护系统一般包括 3 个部分：监护中心、远端监护设备，以及联系两者的通信网络。根据监护对象和监护目的的不同，远端监护设备有多种类型，按用途不同可分为 3 类：第一类是生理参数检测和遥测监护系统，这类设备的使用范围最广泛，能帮助医生掌握监护对象的病情并提供及时的医疗指导；第二类是日常活动检测设备，如监护对象的日常生活设施使用情况，主要应用于儿童、老年人和残疾人；第三类是用于病人护理的检测设备，如瘫痪病人的尿样检测设备，可以大大降低护理人员的劳动强度。监护中心一般位于社区医院、急救中心、中心医院等医疗机构，其功能为接收附近的终端硬件监护设备传送的医疗信息，并及时地为患者提供急救、慢病管理等多种医疗服务。在 5G 的网络场景下，高速率、低时延的特性能够让患者的远程监护变得更为准确、及时。

6. 远程示教

如图 4-75 所示，按照技术和功能的不同，远程示教主要包括基于音视频会议系统的教学、基于使用场景的教学和虚拟教学 3 类。其中，基于音视频会议系统的教学主要用于病例讨论、病案分享等教学培训，其基本功能为音视频会议系统和 PPT 分享；基于使用场景的教学除了需要使用音视频设备外，还需要结合具体场景来对接相应的医学设备，如心脏导管室手术示教、神经外科手术示教、B 超示教等；虚拟教学以 VR/AR 眼镜等设备为载体，结合 3D 数字化模型进行教学培训，与传统方式相比，具备更多交互内容，使用成本相对更低，受教者的沉浸感更强。

5G 为远程示教，尤其是第二类和第三类远程示教提供了更大带宽和更低时延的网络，使受教者的现场沉浸感更强。远程示教系统将手术室内的手术过程视频、医疗仪器视频、医师讲解音频等多种音视频源同步编码，并通过 5G 网络传输给远端示教室内的学生和医生进行身临其境般的观摩体验，再通过 AR 设备使远端示教室内的学生和医生可参与到手术过程中来，从而进一步提高医护人员的案例经验及实操水平。

5G 手术示教一般还具有远程会诊功能，专家无须进入手术室，即可在观摩会议室实时观看手术的高清画面，与现场医生一同对患者进行确诊，并进行手术指导。远程示教对手术过程进行全程的实时记录，并进行高质量、长时间的存储。针对部分有争议的手术，这些视频资料可作为科学判断的依据。手术后，对照这些视频资料进行学术探讨和研究，可有效提升医生的手术水平。

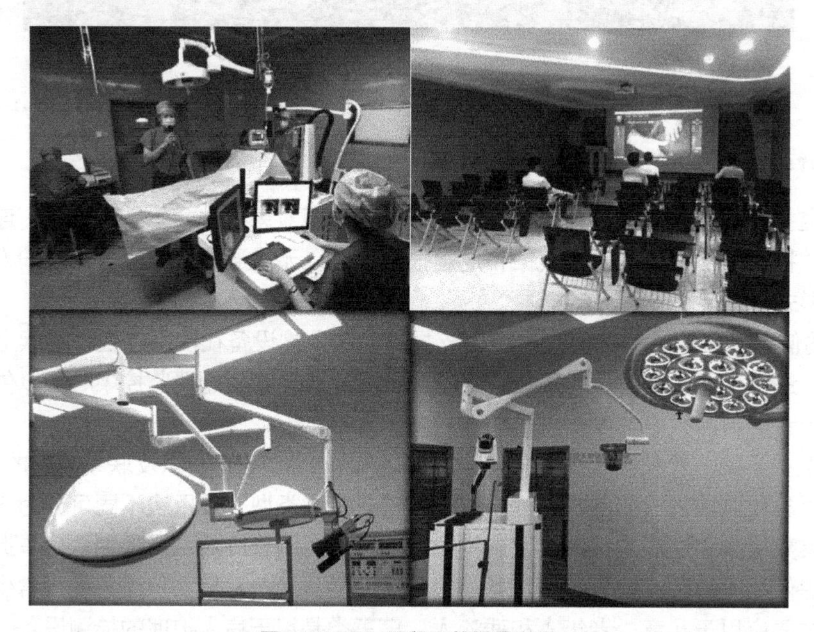

图 4-75　5G+远程示教场景案例

7. 远程会诊

如图 4-76 所示，远程会诊是指采用通信、计算机及互联网等技术远程完成医疗诊断，并提供医学信息和服务。

传统的远程会诊采用有线连接方式进行视频通信，建设和维护成本高、移动性差，后续发展到基于 4G 的远程会诊。尽管在 4G 网络中远程会诊最高可支持 1080P 的高清视频，但存在实时性差、清晰度低和卡顿等问题。5G 网络的高速率、低时延特性对于对可靠性要求极高的医疗领域非常重要，能够支持 4K/8K 的远程高清视频、VR/AR 技术会诊及医学影像数据的高速同步传输与共享，并支持专家在线开展会诊，提升诊断的准确率和指导效率，促进优质医疗资源下沉。

2018 年 4 月 14 日，在上海华山医院远程医学会诊中心，中国工程院院士周良辅、放射科耿道颖教授、感染科张文宏教授为远在2749公里之外的青海省果洛州人民医院的藏族小伙吉桑进行联合会诊、寻找病因，为远程帮扶，尤其是帮助西部边远贫困地区群众享受优质医疗资源探索了新的路径。

2020年1月26日，四川大学华西医院与成都市公共卫生临床医疗中心成功完成了两例新型冠状病毒感染肺炎急重症患者的远程会诊。2020年2月，武汉火神山医院的远程会诊平台通过辅助码流及时分享患者的 CT、心电图、超声影像等资料，降低了现场会诊交叉感染的风险。

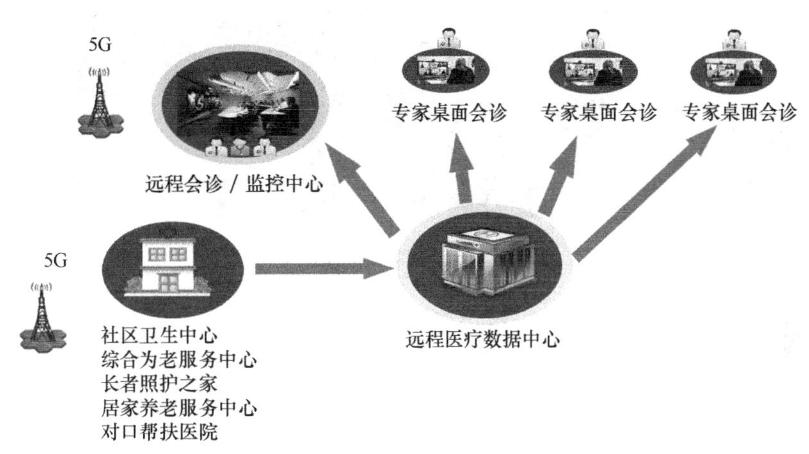

图4-76 5G+远程会诊场景

8. 应急救援

如图4-77所示，应急救援主要针对突发灾害或伤病的紧急医学救护，在现场没有专科医生或全科医生的情况下，通过无线网络能够将患者的生命体征和危急报警信息传输至远端专家侧，并获得专家远程指导，及时挽救患者生命。

通过5G网络实时传输医疗设备监测信息、车辆实时定位信息、车内外视频画面，有助于实施远程会诊和指导。对院前急救信息进行采集、处理、存储、传输、共享可充分提升管理救治效率，提高服务质量，优化服务流程和服务模式。基于大数据技术可充分挖掘和利用医疗信息数据的价值，并进行应用、评价、辅助决策，服务于急救管理与决策。5G边缘医疗云可提供安全可靠的医疗数据传输，实现信息资源共享和系统互联互通，为院前急救、智慧医疗提供强大的技术支撑。

5G+智能急救信息系统包括智慧急救云平台、车载急救管理系统、远程急救会诊指导系统和急救辅助系统4个部分。其中，智慧急救云平台主要包括急救智能指挥调度系统、一体化急救平台系统和结构化院前急救电子病历系统，实现急救调度、后台运维管理、急救质控管理等功能；车载急救管理系统主要包括车辆管理系统、医疗设备信息采集传输系统、AI智能影像决策系统和结构化院前急救电子病历系统等；远程急救会诊指导系统主要包括基于高清视频和 VR/AR 的指导系统，实现实时高清音视频、超媒体病历、急救地图的传输和大屏公告等功能；急救辅助系统包括智慧医疗背包、急救记录仪、车内移动工作站和医院移动工作站等。

2019 年 6 月，上海市第一人民医院联合上海市医疗急救中心成功完成了上海首例 5G 救护车院前—院内急救演习。在演习中，上海首辆 5G 救护车投入使用，实现了救护车与市一医院急诊“零时差”对接，预示着“5G+应急救援”智慧医疗应用场景正迈向成熟，将进一步提高生命抢救效率，探索构建城市急救新格局。

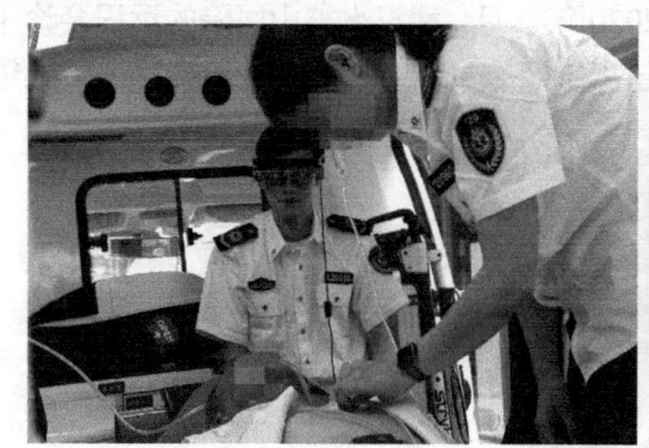

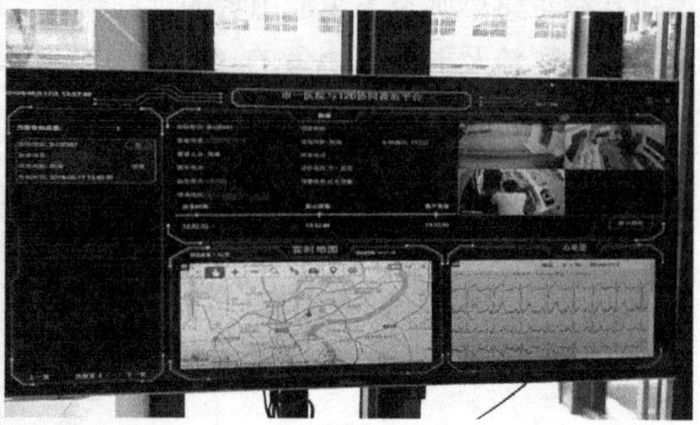

图 4-77　5G+应急救援场景案例

9. 远程病理会诊及病理 AI

近年来，数字病理技术有力促进了基于全数字病理切片的远程病理会诊的开展。远程病理会诊可大大提升基层医院病理诊断的质量和效率，有效缓解基层病理科的发展困境。然而，数字病理切片的数据量巨大，压缩后单张数字切片也可达 2 ~ 3GB，依靠传统的有线宽带或 4G 网络传输则非常耗时，极大地制约了远程病理会诊的发展。5G 网络的超高上下行带宽和超低时延，可以帮助远程专家准确高效地指导基层病理医生或技师进行精准的检查与取材，同时也可实现数字切片近乎实时的上传，大大提升远程手术中病理诊断的效率和质量（如图 4-78 所示）。

病理 AI 是利用深度学习算法自动检测数字切片中的病变区域，并给出定性或定量的评估结果，帮助病理医生做出快速、准确的病理诊断。目前，由于数字切片巨大的数据量，上传需要花费大量时间，导致无法为医生提供实时的智能诊断反馈，制约了病理 AI 的使用场景，影响医生的使用体验。5G 技术可实现数字切片的“实时”上传，从而实现实时的 AI 辅助诊断，这对提升 AI 产品的使用体验、促进病理 AI 的快速发展和应用，具有非常重要的意义。

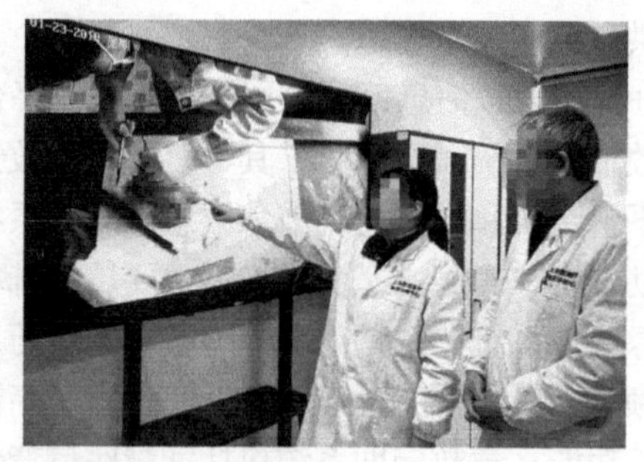

图 4-78　5G+远程病理会诊及远程冰冻取材场景案例

10. 医疗物流机器人

医疗物流机器人是无人驾驶技术在医院的应用，是利用机器视觉技术感知周边的物理世界，对地图进行三维重建，并对重建的地图进行路径规划，从而无需轨道即可进行导航。医疗物流机器人能实现及时、可靠、高频的院内物流配送，降低科室的库存储备，提高医院内部的管理效率，是目前提升医院管理、支持医院创新的一个重要方向。在新冠肺炎疫情暴发期间，利用医疗物流机器人为患者测量体温、消毒清洁、送药送物和运送医疗废物，能有效减少人员交叉感染，提升病区的隔离管控水平。

医疗物流机器人借助最高上行可达100Mbit/s的5G网络，能实时传送机器人周边环境的高清图像到服务器，运用深度学习算法进行障碍物识别和跟踪，实现在医院复杂环境中的顺利行进。同时，5G使云服务器和机器人之间的通信更加及时、稳定，可确保医院内多台机器人编队的运行更加安全，从而提升医疗物流机器人的效率。

图4-79为广州市妇女儿童医疗中心的医疗物流机器人，用于手术中心和护士站之间配送医疗物品，现已取代了部分医院运输队的工作。

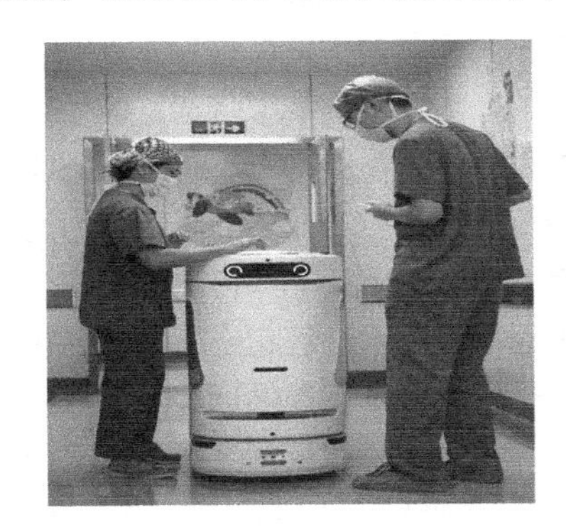
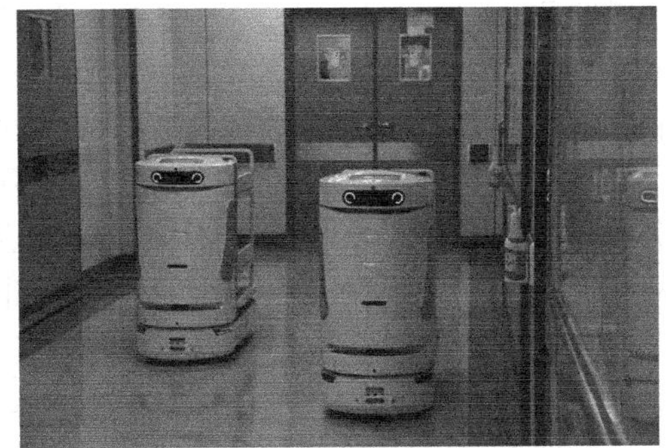

图4-79 医疗物流机器人场景案例

11. 远程超声

如图4-80所示，基于通信技术、传感器和机器人技术的远程超声，可在通信网络下实现对机械臂及超声探头的远程控制，助力远程超声检查医疗服务的开展。超声专家在医生端可利用高清音视频系统实现与下级医院的医生和患者的实时沟通，同时移动操控杆控制下级医院的超声机械臂进行超声检查。

基于5G的超高清、低时延的远程超声系统，能充分发挥优质医院专家优质诊断能力的优势，实现跨区域、跨医院之间的业务指导和质量管控，保障下级医院在进行超声工作时手法的规范性和合理性。

2018年9月20日，日喀则市人民医院—上海市第六人民医院远程超声会诊中心建设完成，并正式进行了日喀则市首例实时远程超声会诊。通过高清摄像头和互联网传输，数千公里之外的上海专家可以实时、清晰地看到日喀则市本地的超声影像、探头位置、操作者手法、患者状态等。

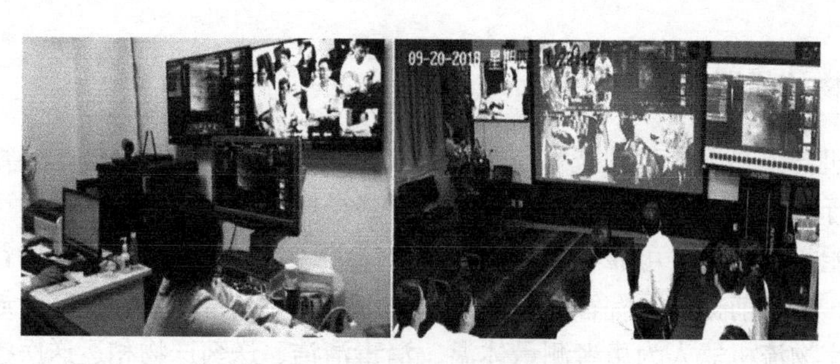

图 4-80　5G+远程超声场景案例

12. 远程手术

如图 4-81 所示，远程手术是指医生运用远程医疗手段，借助机器人异地、实时地对远端患者进行手术。这是远程医疗中最为重要和最难实现的部分，对网络传输速率要求极高。不同于诊断和辅助治疗等行为，手术为有创操作，错误或延迟的操作都将造成严重的后果，甚至危及生命。远程手术成功的关键首先取决于手术机器人主、从系统操作的一致性和实时性，其次还包括信号的稳定、抗干扰和高通量信号传输等技术问题。

现有的 4G 网络和卫星传输远不能满足远程手术的基本要求，其窄带宽、信号延迟的不确定性和数据包丢失率等问题严重制约了远程手术的发展。随着 5G 时代的到来，5G 网络的低时延、高可靠特性将打破 4G 网络下无法实现高精度远程操控类业务的限制，为远程手术操控业务的开展奠定基础。5G 网络能有效保障远程手术操控的稳定性、可靠性和安全性。4K 高清音视频以及 VR/AR 技术交互系统能帮助专家随时掌控手术进程和病人情况。它不仅能为基层医疗机构提供更好的服务，还能在急救、灾难现场等场景下提供远程医疗救助。

2019 年 6 月 27 日，北京积水潭医院在机器人远程手术中心通过远程系统控制平台与嘉兴市第二医院和烟台市烟台山医院同时连接，开启了全球首例骨科手术机器人多中心 5G 远程手术。8 月 27 日，积水潭医院运用 5G 技术同时为张家口市第二医院、新疆克拉玛依市中心医院和天津市第一中心医院内的三名患者进行了远程手术，令患者在家门口就能享受到高质量的远程医疗服务。让一位医生为多位不同地区的患者同时进行手术，既避免了患者的奔波之苦，又有效节省了医疗资源，将对提升医疗服务质量、医疗技术均质化发展产生深远影响。

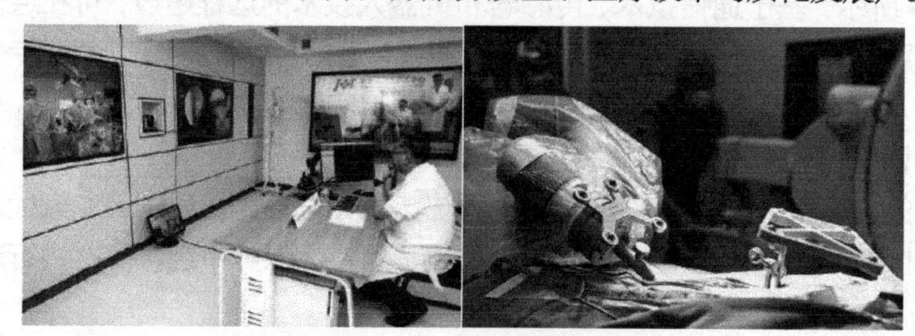

图 4-81　5G+远程手术场景案例

4.8.4　挑战与展望

2020 年年初，新冠肺炎疫情暴发，加速了 5G 与智慧医疗的结合，5G+远程医疗、5G+

远程会诊、5G+云影像、5G+移动医护、5G+智能机器人等应用从试验走向临床，在多个医院得到了实际应用，为 5G 在智慧医疗中的大发展铺就了道路。在近期工业和信息化部发布的推动 5G 加快发展的通知中提出，推动“5G+医疗健康”创新发展，开展 5G+智慧医疗系统建设，搭建 5G+智慧医疗示范网和医疗平台，加快 5G 在疫情预警、院前急救、远程诊疗、智能影像辅助诊断等方面的应用推广；进一步优化和推广 5G 在抗击新冠肺炎疫情中的优秀应用，推广远程体检、问诊、医疗辅助等服务，促进医疗资源共享。

随着 5G 网络建设的铺开，基于 5G 的智慧医疗更具用武之地，但如何利用 5G、大数据等技术，通过智慧医疗推动、深化医疗改革，切实解决“看病难、看病贵”等问题，提升医疗服务水平，提高医疗资源利用率和公平性，需要政府、医疗机构、医务人员、医疗用户和信息技术服务提供商共同的参与和努力。

据专家预测，未来基于 5G 的智慧医疗将呈现以下发展趋势。

（1）趋势一：诊断和治疗将突破地域的限制

患者的医疗服务和健康管理会更多地迁移到线上或向 O2O 模式转变，患者将享受到无边界的医疗协同服务。如医生通过 5G 网络传输的实时信息，结合 VR 和触觉感知系统，远程操作医疗机器人，实现远程手术。

（2）趋势二：健康信息将实现跨区域、跨机构的安全互联互通

在 5G 医疗专网的情景下，无论病人身在何处，被授权的医生都可以通过一体化的系统浏览病人的就诊历史、诊疗记录以及保险细节等情况，使病人在任何地方都可以得到一致的医疗和护理服务。

（3）趋势三：AI 智慧赋能，将助推医疗“高效精准”发展

在 5G 网络下，AI 在医疗健康领域的应用会更加广泛，应用场景包括语音识别、医学影像、药物挖掘、生物技术、急救室管理、医院管理、健康管理、可穿戴设备、风险管理和病理学等十几个领域，如 AI 药物挖掘大幅降低了药物研发的周期，AI 医学影像大大减轻了医生的阅片工作强度。

（4）趋势四：5G+物联网，万物互联，疾病治疗走向健康管理

5G 低时延、高可靠的特点能更好地支持连续监测和感官处理装置，支持医疗物联设备在后台进行不间断而强有力的运行，收集患者的实时数据。而数据正成为新型的医疗资本，基于大量的医疗数据资源，医院可以向健康管理服务转型，提供不同的远程服务，如日常健康监控，从而预防疾病和减少医疗支出；初步诊断，从而减少门诊次数；居家康复监测，从而减少医疗资源占用等。

（5）趋势五：传统医院将变成有思维、能感知、可执行的智慧医院

5G 网络场景下，信息化 IT 系统为智慧医院提供决策性“思维”，同时借助物联网等“感知”技术实现物与物、物与人、人与人的联接，并最终借助自动化和智能化技术完成“执行”，这是未来智慧医院的发展趋势。

4.9 智慧教育

4.9.1 概述

教育是民族振兴、社会进步的基石。中国未来发展、中华民族伟大复兴的关键在人才，

基础在教育。党的十九大报告中强调，必须把教育事业放在优先位置，加快教育现代化。未来的教育，应该是更加开放的教育，突破时空界限和教育群体的限制，人人、时时、处处可学；是更加适合的教育，重视学生的个性化和多样性，实现因材施教、有教无类；是更加人本的教育，关注学生的心灵和幸福；是更加平等的教育，让所有孩子都能享受到优质教育资源；是更加可持续的教育，强调学习能力的养成和终身教育的需求。因此，伴随着互联网和智能终端的普及，未来的学习方式正逐渐转为“网络化、数字化、个性化”，智能化的学习环境及自主学习活动将成为未来学习的新形态。

智慧教育即教育信息化，是教育现代化的核心动力，是指在教育领域（教育管理、教育教学和教育科研）全面深入地运用新一代信息技术（如物联网、云计算、5G等）来促进教育改革与发展的过程，其技术特点是数字化、网络化、智能化和多媒体化，基本特征是开放、共享、交互、协作、泛在。

当前，智慧教育作为教育信息化发展的一个重要方向，其发展使教学过程更加自主、灵活，在优化教师教学能力和学生学习效果的同时，构建未来的学习环境。智慧教育改变了传统的教学方式，着重体现了“以学习者为中心”的教育思想，并以教育信息化来促进教育现代化，把信息技术与教学模式相融合。

而随着5G时代的到来，智慧教育将借助5G网络的大带宽、低时延、大连接等特性，为师生提供一个更加多元的教育教学环境，实现教育的智能化、融合化、泛在化、个性化。

智慧教育的应用主要有远程互动课堂、AI+教育教学评测、校园智能管理等，他们借助5G的超大带宽、超高可靠低时延以及超大连接低功耗的特性，通过多元接入的云化网络来实现5G+智慧教育的应用，最终实现教育资源和信息的共享（如图4-82所示）。

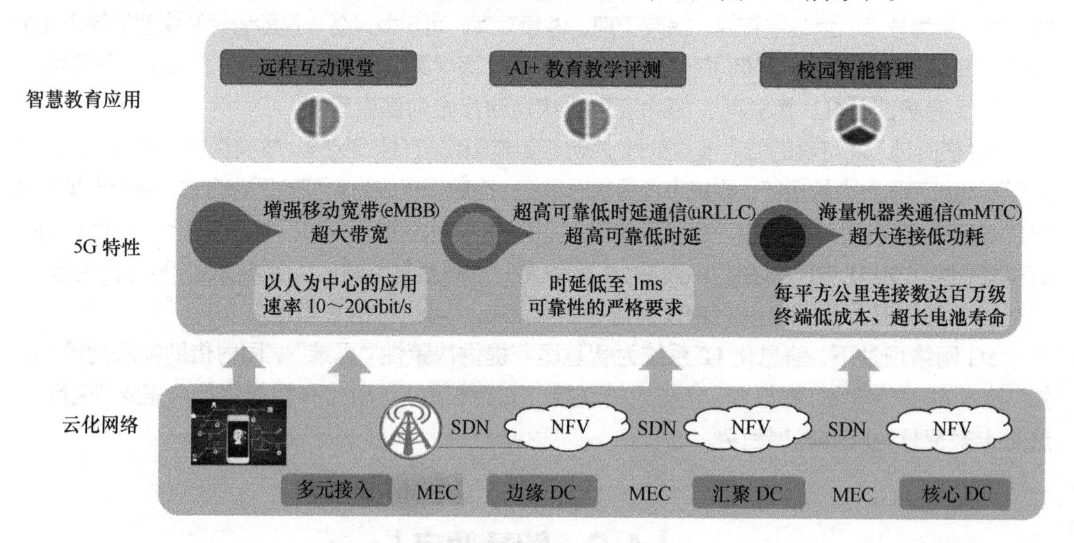

图4-82 基于5G的智慧教育应用框架

4.9.2 总体架构

5G时代要实现智慧教育，需要整合各类智能技术建立“基础设施层、数据支撑层、平台能力层、业务应用层、用户层”的五位一体式基础架构（如图 4-83 所示）。通过一套多种技术制式的泛在基础网络、基于物联网和感知终端设备的基础设施层，汇聚校园基础数据库和教育大数据的数据支撑层，五大能力的平台能力层，覆盖教学、教研、教育管理、评价、家校共育、区域治理、终身学习以及公共服务等的业务应用层，从而为学生、教师、家长、教育管理人员、技术人员等用户提供智能化的支持服务和解决方案。

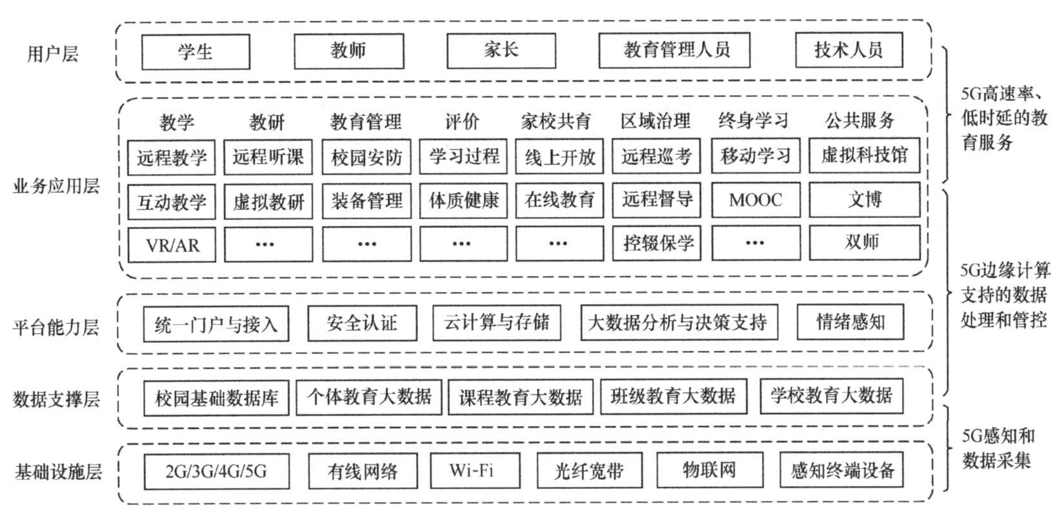

图 4-83 智慧教育框架

智慧教育框架具体如下。

基础设施层：5G 网络环境因其大带宽、低时延以及边缘计算和管控的能力将成为未来智慧教育环境的基础，而传统的 2G/3G/4G、宽带、Wi-Fi 等网络仍然存在。因此，以 5G 为基础，打造多网融合的泛在基础网络接入层，实现对感知数据和信息的无缝、高效、实时传输，同时通过电脑、手机、平板电脑、传感器、摄像头、可穿戴设备等进行全体系的物联网终端布局，实现对校园“人—物—景”的全方位感知，是基础设施层的主要功能。

数据支撑层：主要通过对教育教学过程中规律的分析、模式的总结来建立校园基础数据库、个体教育大数据、课程教育大数据、班级教育管理大数据以及学校教育大数据等。以此为基础，可以为教育变革过程中的缺乏路径、模式、理念等问题提供客观的支持。与传统的数据支撑不同，本层依赖 5G 网络的高速传播和边缘计算，可对采集到的教育领域各类主体（如教师、学习者、管理决策者）进行快速、无偏的建模，进而为用户层的智能服务提供精准的支持。

平台能力层：依赖 5G 融合网络和各类智能技术来实现面向智慧校园物联网应用的平台能力支撑服务的构建，包括统一门户与接入、安全认证、云计算与云存储、大数据分析与决策支持、情境感知等能力。与此同时，基于 5G 边缘端可计算的特性可进行基于安全协议和规范的信息处理，打造强有力的安全认证能力，并通过大数据能力对数据信息进行智能分析，以提供决策支撑及预警预判。

业务应用层：基于 5G 网络技术，本架构可以从根本上变革传统通信网络环境下的教育业务。在高速率、低时延的 5G 网络的支持下，教学、教研、教育管理、评价、家校共育、区域治理、终身学习、公共服务等各类业务可以通过实施感知设备来采集更加全面的数据，通过建设在各个网络节点的5G私有基站，可以实现快速的数据处理和计算，进而提供更加优质和安全的服务。

用户层：涵盖了对不同情境、终端设备下不同角色的智能支持，如针对学习者的个性化学习服务、针对教师的精准教学教研服务、针对管理者的数据驱动管理服务以及教育治理服务等。

4.9.3 应用场景及案例

智慧教育的应用是发挥智能技术在教育行业中的价值，打造新型教育模式的必由路径。5G与AI、VR/AR、超高清视频、云计算、大数据等技术的融合，将为教育变革提供强大的动力。智慧教育涵盖教、研、测、评、管等各个环节，结合教育行业的特性，智慧教育的应用场景可分为如下几类。

1. 智慧教学

（1）智慧教学应用场景

教学是教育最重要的场景之一，智慧教学涵盖了沉浸式教学、远程互动教学、虚拟实验室等场景，通过5G与VR/AR等技术相结合，使师生能身临其境地进行个性化、互动性的课堂教学。

➢ 沉浸式教学

作为5G+智慧教育的主战场，VR/AR与教育结合所呈现的全新的教学体验，可极大地提升学生的学习兴趣及对知识的快速吸收，为师生提供互动性、个性化、沉浸式课堂教学体验。

采用VR/AR和云计算技术，有针对性地定制开发集文字、图像、动画于一体的教学内容，可使学生带上AR眼镜在互动教室里通过5G网络观看教学直播。AR眼镜识别的内容可通过5G网络回传，并与设置在5G基站后MEC平台上的AR服务器内的3D模型内容相结合，同屏输出到学生的AR眼镜上进行增强呈现。如果赶不上直播，学生还可以课后通过点播的方式观看课堂视频。

➢ 远程互动教学

作为5G+智慧教育"最后一公里"的关键环节，以学生为中心的多种形式的互动教学，能更好地激发学生的学习兴趣，提升教学质量，促进有质量的教育目标的实现。

利用VR远程摄像头/8K高清摄像头，可采集教育现场360度全景图像/高清影像，并通过5G网络回传到采集媒体处理平台，经实时处理后，将所有师生映射到同一间虚拟"教室"，实现云端授课及课堂互动。5G网络下的VR教学，不仅能实现对教师动作的自动跟踪，还能实现远端教室的直播反馈，使得与教师对话、观察课堂细节成为可能。

➢ 虚拟实验室

在一般学校现有的条件下，许多实验是不可能完成的，并且许多昂贵的实验、培训器材因受价格的限制而无法普及。利用VR技术，并在多媒体计算机上采用3D、AR、VR、全息等现代化计算机图形图像技术，可建设虚拟交互体验实验室。该实验室可基于5G网络实时传输实验场景画面。学生可以走进这个虚拟实验室，并通过VR设备进入多种复杂的实验虚拟场景，进行远程控制，身临其境般地操作虚拟仪器，操作结果可以通过仪表显示身体的感受来反馈给学生，学生以此来判断操作的正确与否。这种实验既不消耗器材，也不受场地等外界条件的限制，可重复操作且绝对安全，更不会因操作失误而造成人身事故。

（2）智慧教学对5G网络的要求

智慧教学的实现需要强大的网络支撑，而5G所拥有的高带宽、低时延、大连接的特性能够很好地支撑智慧教学，使学生能够在不同的时间、不同的地点都能如同在教室中上课般共享教学资源，与教师进行互动，促进优质教育资源的均衡分配。而虚拟实验室的实现，则需要依靠5G网络的大带宽、低时延特性，使学生可以身临其境般地进行难度高、危险性大的科学实验。部分智慧教学场景对网络的承载需求见表4-2。

表4-2 智慧教学场景网络需求

业务类型	参数	接入带宽	时延	丢包率
视频终端接入	3～4个/教室	每终端≥8Mbit/s	≤150ms	≤5%
教学终端接入	30～50个/教室	每终端≥2Mbit/s	≤200ms	≤5%
教室网关接入	1个/教室	≥50Mbit/s		
互联网终端接入		≥50Mbit/s		≤5%
教室互动课堂接入云专线		≥50Mbit/s，根据具体学校情况	≤100ms	≤0.5%
云服务接入能力		每堂课≥50Mbit/s，并发支持100节以上课程； 每人4Mbit/s，并发支持3万人		
VR/AR	30～50个/教室	≥80Mbit/s	≤20ms	
沉浸式体验	8K	100Mbit/s	≤20ms	
	16K～32K	100Mbit/s～1Gbit/s	≤10ms	

（3）智慧教学应用案例

➢ 双师课堂

双师课堂是远程教学的主要场景，主要解决乡村教学点缺师少教、课程开设不齐等难题，以促进城乡教育均衡发展。

针对现有双师课堂采用有线网络承载业务存在的建设工期长、成本高、灵活性差等问题，以及采用Wi-Fi网络承载业务导致的音视频延迟、卡顿等问题，5G网络的大带宽、低时延等特性可以实现可移动性地灵活开课，随需随用，同时可以支撑4K高清视频传输以及低时延互动的沉浸式双师课堂应用，有效解决传统双师课堂的交互体验问题，为其长远发展提供有力保障（如图4-84所示）。

为了进一步提升双师课堂的沉浸式用户体验并保障网络服务质量的稳定性，5G双师课堂解决方案将采用5G边缘计算技术实现低时延互动，并通过5G网络切片技术提供双师专网服务，真正将远端听课学生打造为名师侧的近端模块。

双师课堂的关键技术主要包含两点。一是高带宽、低时延。按照35人一个班来测算基于4K高清的双师课堂的通信需求，其上行速率将达到150Mbit/s，下行速率将达到430Mbit/s，传输时延小于20ms。二是移动性。传统的双师课堂大多采用有线或Wi-Fi联网，存在建设周期长、成本高等问题。5G时代，双师课堂部署的终端设备只需嵌入5G通信模块，即可随时随地接入5G网络，大大缩短了开通业务的时间。

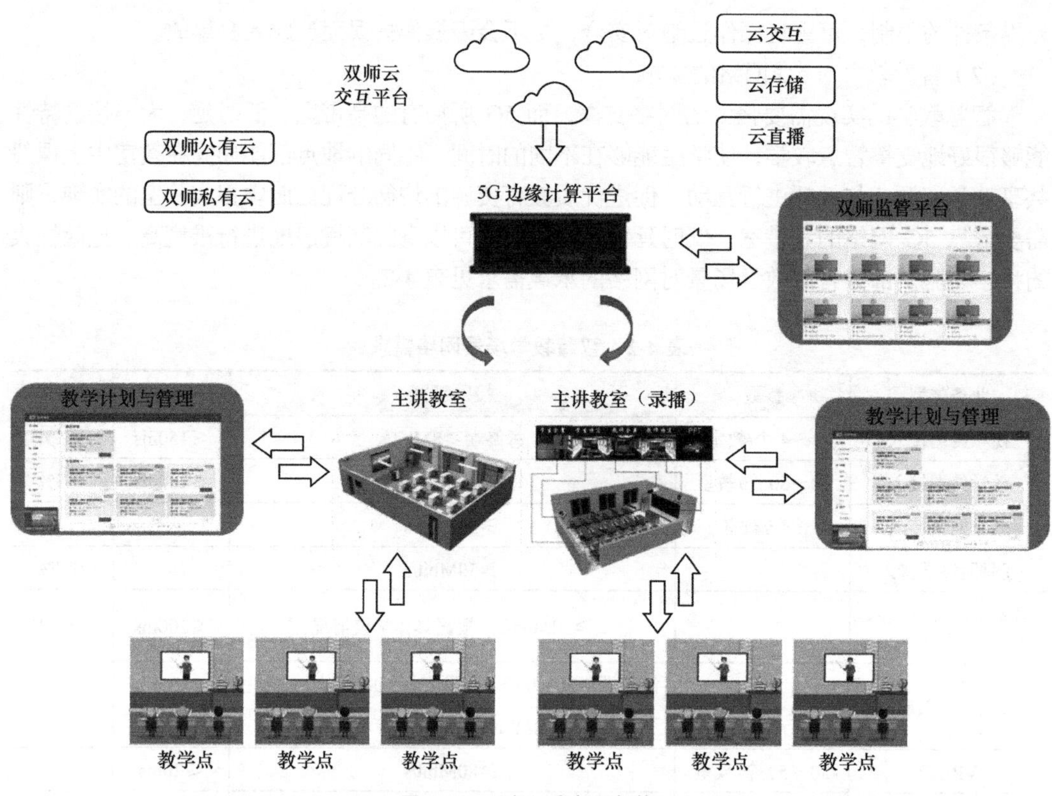

图 4-84　双师课堂部署架构

➢　5G+MR 全息教室

5G+MR 全息教室是 5G 云化 VR 教育的典型场景，可实现以下三大功能：

一是异地多人加入，异地师生可即时加入课堂，无人数上限；

二是多人同时交互，针对教学环境中的所有内容（包括人、物、场）进行交互，同步反馈，直观高效；

三是多端无缝衔接，无论当下的终端是智能眼镜、手机或 PC，皆可实时连接，且内容呈现和交互协作无缝衔接。

考虑到 MR 对网络带宽和时延的双敏感性，5G+MR 全息教室通过接入高速率、低时延的 5G 网络，并引入边缘计算和网络切片技术，可实现云端渲染，为教学提供优秀的显示画质和更低的渲染时延。5G 的超大带宽、超低时延及超强移动性可确保整个全息教学系统的沉浸式体验效果。5G+MR 全息教室的教学系统可改变传统的教学模式，通过虚实结合的全新教学方式辅助课堂教学，营造场景化教学新体验（如图 4-85 和图 4-86 所示）。

图 4-85　5G+MR 全息教室特性

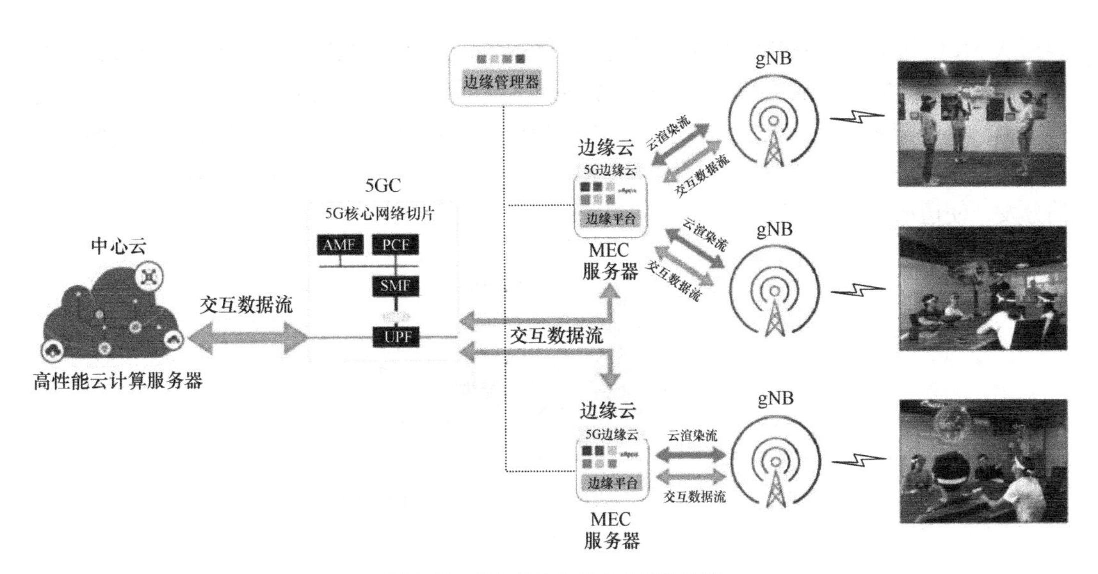

图 4-86 5G+MR 全息教室网络架构

伴随着 5G 技术的发展，异地多人的教学模式可能成为未来主流。2019 年 6 月，首个 5G+MR 教室在上海徐汇中学落成，并通过 5G+MR 教学系统，顺利与远在云南的红河州云阳中学实现异地双向同步教学。同时，青岛萃英中学、上海建平中学等多地的重点中学将先后建成 5G+MR 教室，帮助异地师生更好地交流、探索和学习，用新一代信息技术推动教育公平化进程。

➢ VR/AR 教学

基于 5G 的大带宽、低时延等特性，将 VR/AR 教学内容上云端，利用云端的计算能力实现 VR/AR 应用的运行、渲染、展现和控制，并将 VR/AR 的画面和声音高效地编码成音视频流，通过 5G 网络实时传输至终端。通过建设 VR/AR 云平台，开展 VR/AR 云化应用，包括虚拟实验课、虚拟科普课、虚拟创课等寓教于乐的教学体验，将知识转化为数字化的、可以观察和交互的虚拟事物，让学习者可以在现实空间中去深入地了解所要学习的内容，并对数字化内容进行可操作的系统学习（如图 4-87 所示）。

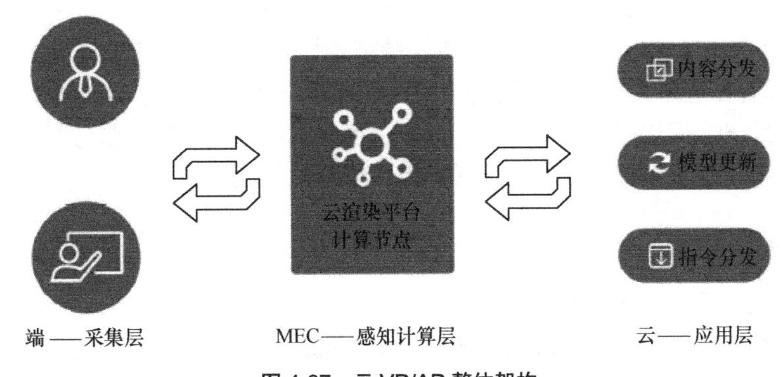

图 4-87 云 VR/AR 整体架构

在采集层，交互终端采集原始视频并将其传输到就近的 MEC 边缘节点；终端直接通过网络从 MEC 边缘节点获取渲染之后的内容。在感知计算层，MEC 汇聚节点内置来自云端下发的 VR/AR 渲染模型及参数，完成对原始 VR/AR 流的汇聚和模型计算，并获取结构化特征信息。在应用层，中心控制平台可根据 VR/AR 边缘节点上报的特征信息，全面统筹规划形成决策，还可按需实时调取原始 VR/AR 流来进行模型的训练优化，并通过内容和指令的分发，使边缘计算节点获取渲染所需的模型或原始素材。

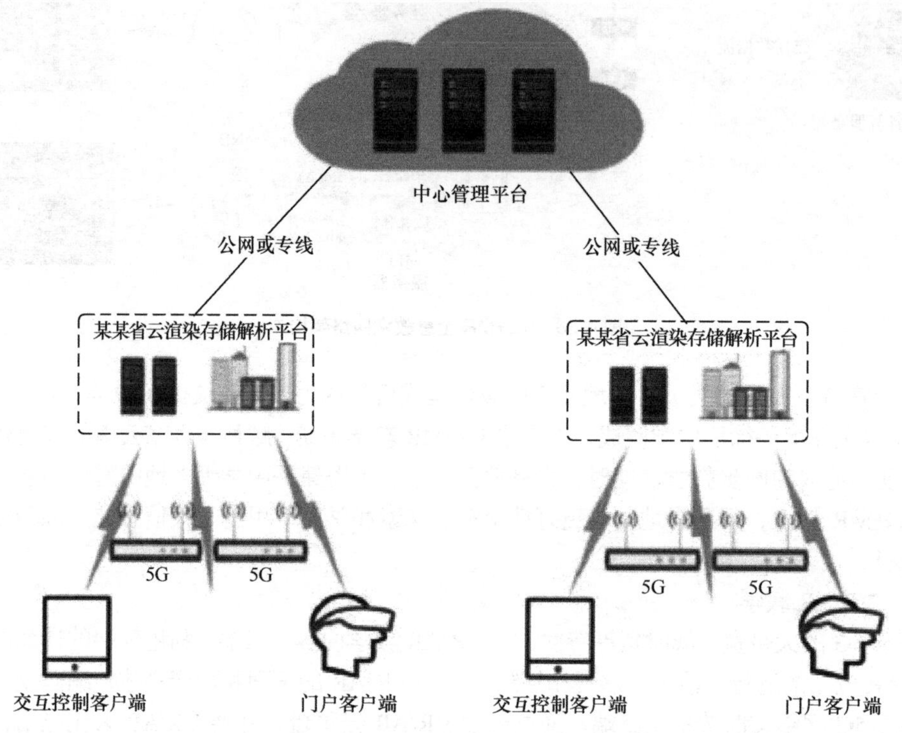

图 4-88　基于边缘云的云 VR/AR 部署架构

如图 4-88 所示，整体网络结构形成“云—管—端”协同的端到端的技术架构，通过将网络转发、存储、计算及智能化数据分析等工作进行分端管控，可降低响应时延、减轻云端压力、节约带宽成本，并提供全网调度、算力分发等云服务。

基于 5G 网络的 VR/AR 内容的边缘云端渲染技术是本方案的关键技术点。该技术将 VR/AR 内容部署在边缘云服务器中进行渲染，使得用户终端可通过 Web 软件或者直接在本地的程序中借助 5G 网络接入访问资源。指令从用户终端中发出后，服务器将根据指令执行对应的渲染任务，并将渲染结果画面传送回用户终端进行显示。

2. 智能教学评测

（1）智能教学评测应用场景

基于大数据和 AI 技术，对课堂、学习、运动和教学等行为进行智能分析和可视管理，可以更好地指导和促进智能教学评测的发展。智能教学评测具有以下应用场景。

课堂情感识别与分析：通过摄像头收集视频数据，采用 AI 技术统计课堂情感占比，识别情感典型的学生，分析学生的情感变化，将统计后的数据通过可视化的形式形象地展示出来，使得课堂中学生的情感变化一目了然，老师可以看出自己的授课内容对学生的吸引力，并且关注到每个学生的学习状态，从而调整教学进度和授课方式，提高教学实效。

课堂行为识别与分析：通过检测在教室中布置的摄像头所回传的视频中的头、颈、肩、肘、手、臀、膝、脚等多处人体骨骼关键点的组合和移动，识别学生上课举手、站立、侧身、趴桌、端坐等多种课堂行为。根据检测的数据对学生的学习专注度和活跃度进行分析，最终帮助老师了解课堂的关键活跃环节、学生的活跃区域分布等信息，统计课堂行为占比，分析课堂行为趋势，并通过行为分析学生的学习态度，帮助学校进行更细致的教学评估和更合理的教学管理工作。

课堂互动识别与分析：通过语音识别技术，收集课堂中师生互动的数据，将学生的发言及老师的授课内容通过文本的形式记录下来，并通过文本技术转化为结构化的数据，提取互动的关键词，通过课堂气氛的改变自动为这些词进行标记，提取出有助于活跃课堂氛围的正面词汇。同时，也可针对每个学生的互动情况提取有助于调动学生学习积极性的正面词汇，帮助教师及家长提高教学互动效果和学生的学习效率。

课堂活跃度与专注度：通过教室中的摄像头收集上课数据，并在后台分析上课情况。当后台程序发现课堂上的气氛较为活跃、学生专注度较高、学生上课效果较好，或者气氛较为沉闷、学生专注度较差时，就会将此段视频提取出来，老师下课回到办公室后，即可通过观看这些视频来分析自己教学的得失。

课堂考勤：通过 AI 技术，对出席课堂的学生进行面部识别，识别出勤的学生，统计课堂的出勤率，有效代替了传统的点名方式，节省了老师上课的时间，提高了学生的出勤率。

学业诊断：依托 AI 技术，通过线上线下相结合的测试手段，针对每一位同学输出评测结果、学业报告和个性化的智能提升计划，实现因材施教，帮助教师全面督导和辅助决策。

多维度教学报告和个人成长档案：针对不同的用户群体（如主管、校长、教师、家长、学生等）输出多维度、多层次的报告，同时通过分析历史数据，针对每一位学生，形成其个性化的个人成长档案。

智能考试与评价：考试与评价是衡量学生学习效果、促进学生全面发展的重要方法之一，也是学校教育教学的重要环节，涉及出卷、监考、阅卷、考试分析、评价等多项内容，会占用教师较多的时间和精力。基于智能技术的智能考试与评价可以辅助教师进行科学、高效的考试与评价工作，减轻教师的工作负担，同时为教师布置下一步的教学任务提供了较大的帮助。

远程巡考：基于 5G 大带宽、低时延的特性，采集考试的 4K/8K 巡查超高清视频数据，利用 5G 的边缘计算技术，对采集的海量视频信息资源进行视频数据的结构化分析，以实现相关目标的检测和跟踪、人物识别、动作识别等功能，提升考试中利用 AI 判断行为的核心能力，通过监控视频实现作弊行为的智能判断。

（2）智能教学评测对 5G 网络的要求

智能教学质量的评测需要借助 5G 网络大带宽、大连接的特性，同时依靠 AI、大数据、云计算等新一代信息技术。部分智能教学评测场景对网络的承载需求见表 4-3。

表 4-3　智能教学评测场景网络需求

业务类型	终端数量	接入带宽	时延	丢包率
视频终端接入	3～4 个/教室	每终端≥8Mbit/s	≤150ms	≤5%
课题学习信息采集云专线接入		≥50Mbit/s，根据具体学校情况	≤100ms	≤0.5%
云服务接入能力		1000 个摄像头并发接入		

（3）智能教学评测应用案例

➢ 远程听评课

如图 4-89 所示，5G+远程听评课是在传统的基于录播的远程听评课系统下，将录播终端 5G 化，基于 5G 网络来实现近端教室的名师授课，以及远端教室的互动、旁听、点评，促进教学反思，提升教学水平。

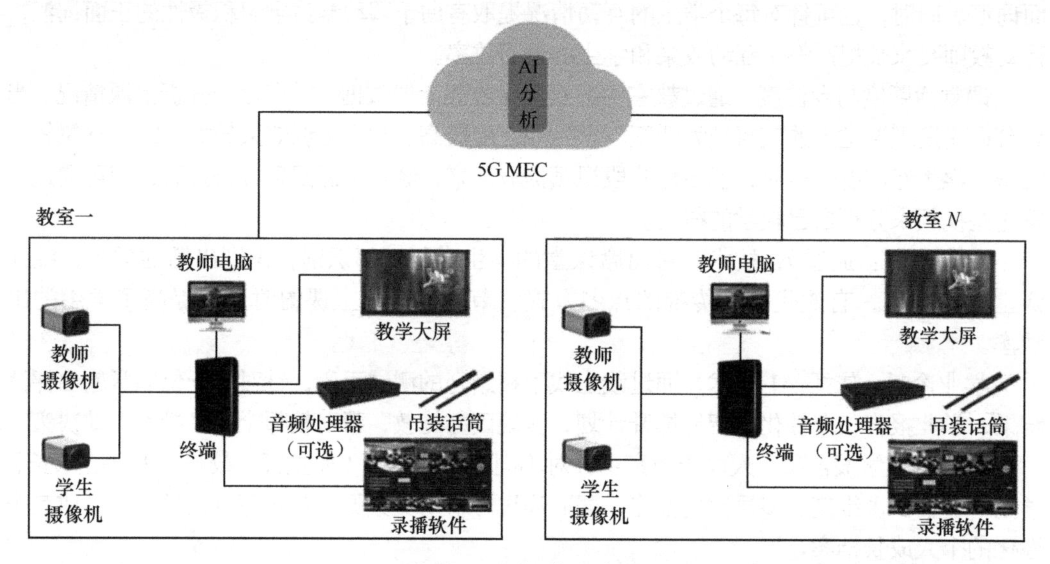

图 4-89　远程听评课部署

远程听评课系统的架构主要分为两部分，如图 4-90 所示，底层为教学录播系统的建设，用于采集优质的教学音视频资源，上层为平台建设，用于远程在线听评课，完成教学教研任务。

5G+远程听评课在 5G 常态化录播终端的支撑下，在远程录播课堂、双师课堂、智慧课堂专递等校园场景下，实现如下功能。

流畅听课：基于课表操作，教师只需要点击课表即可方便快捷地开启远程听课。操作充分尊重教师的既有使用习惯，同时支持多方参与下的高清实时课堂互动。

自由评课：支持将动态视频和电子课件二合一的听课资源进行切片打点处理，并支持教师和学生有针对性地进行精确评价。

完美对接班级文化授课的动态视频，可及时输出给班牌，实现无感巡课。

集中控制：通过构建“云—管—端”的远程听评课一体化解决方案，对听评课业务的所有 5G 终端设备进行远程统一接入控制，对设备状态、业务应用、日志数据等进行集中统一管理，并进行可视化呈现，为听评课的稳定、安全、高效运行提供支撑。

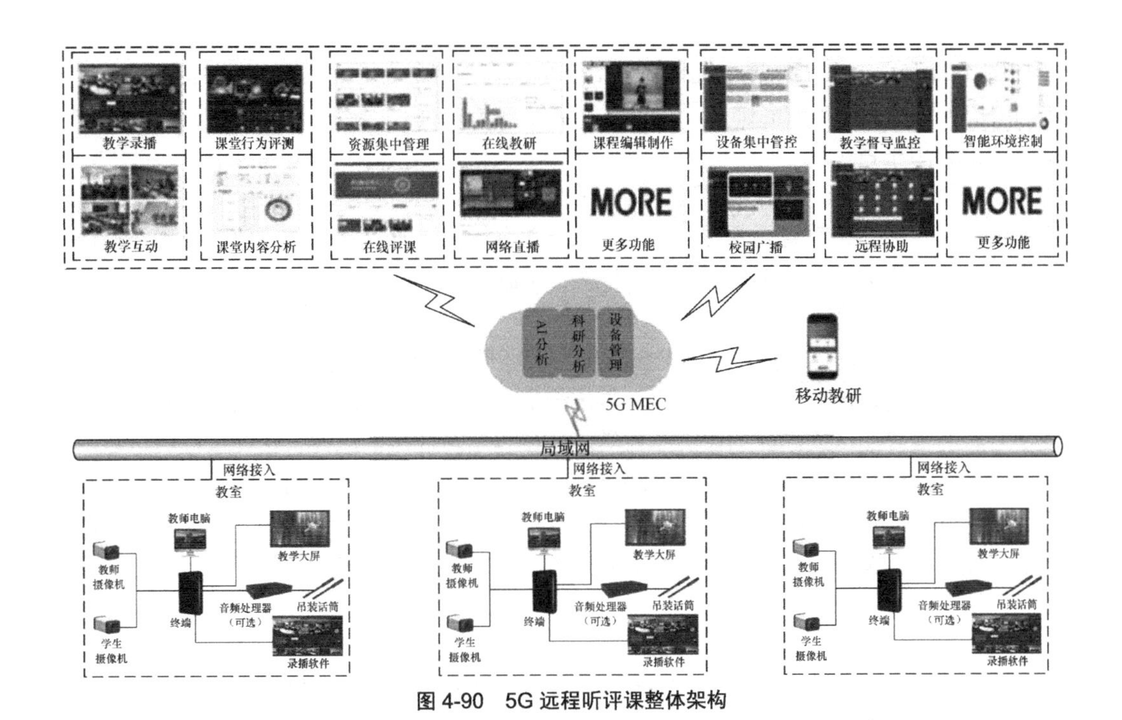

图 4-90 5G 远程听评课整体架构

远程听评课依托 5G 网络的大带宽、低时延、大连接等特性，实现万物互联，打造智慧化教学环境，支撑听评课业务的开展。

➢ 在线巡课

多媒体技术、网络技术、音视频处理等新技术的不断更新，推动了教学手段的现代化进程。基于网络的音视频录制、点播、管理成为学校多媒体教学应用的一项重要需求，在网络已经普及到每个班级的情况下，如何通过教室内的音视频设备完成远程巡课及在线教研已成为学校网络普及之后一项新的需求。

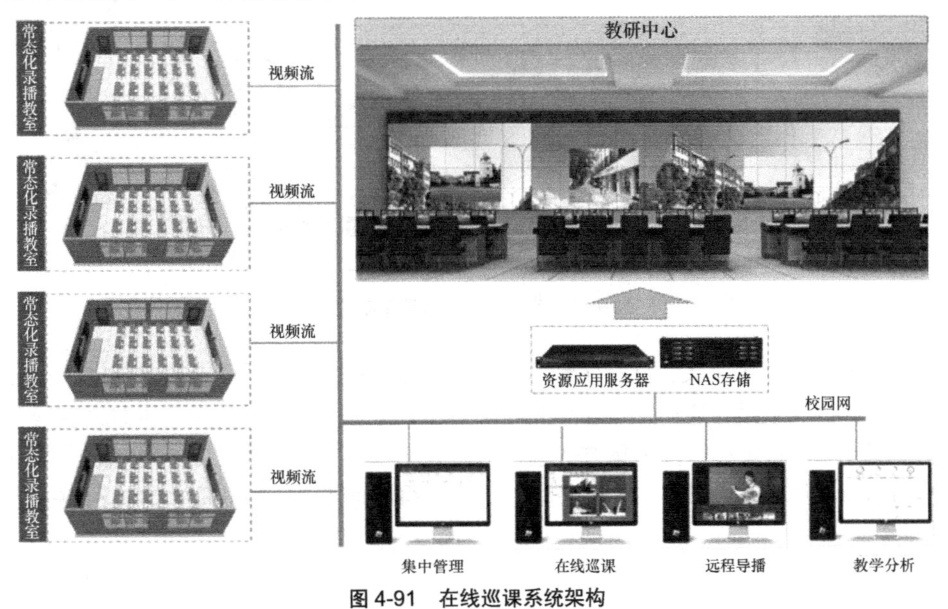

图 4-91 在线巡课系统架构

如图 4-91 所示，在线巡课系统架构包括 3 个部分：常态化录播教室（巡课音视频信号来源），用户（管理者、电教老师、普通老师、学生、家长等），应用平台（资源存储服务器、巡课及资源应用平台）。

在线巡课系统利用 5G 的大带宽、低延时特性，打造 4K 高清的在线巡课体验。基于 5G 网络的边缘计算能力，教育局领导、校长、校务可随时通过移动终端进行流畅的在线巡课体验，解决 4G 时代画面清晰度不足、视频卡顿的问题。

➢ 学习过程评价

学习过程评价是对学习者在教学或者自主学习开展过程中表现出的对学习结果产生影响的环节或行为进行评价。学习过程评价与传统的总结性评价相对应，总结性评价以学习者完成学习后的最终测试或作品的评价作为学习者参与学习任务的总评，在此过程中可能忽略了学习者个体的参与性信息，造成评价缺乏全面性。而学习过程评价则是通过对学习者在线或线下学习过程的观察，采集全方位的数据，发现其参与学习的行为模式，挖掘其完成任务的思维过程，实时发现问题并解决过程中遇到的问题，进而通过多元、多样的形式对其进行即时的、精准的评价和干预。

5G 支持的学习过程评价的基本架构如图 4-92 所示，主要包括 4 个层次，运用 5G 网络传输、AI 智能识别、VR/AR/全息成像等技术，实现多模态学习数据的采集、数据的处理与融合、需求分析和评价报告的呈现、沉浸式的干预和诊断，具体如下。

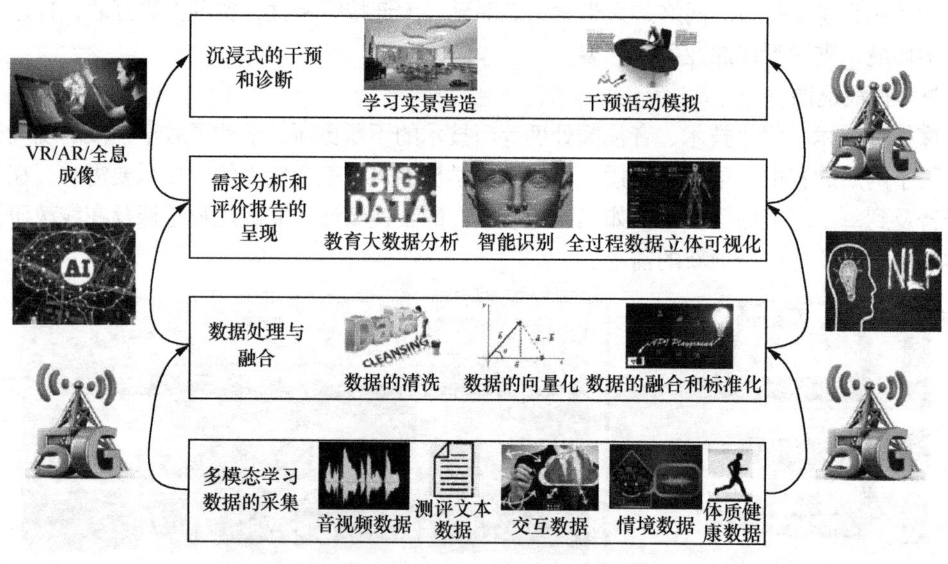

图 4-92 学习过程评价的基本架构

多模态学习数据的采集：5G 时代，学习者学习过程数据的采集更加多样化，不仅包括传统的测试、操作数据，还包括音视频数据、交互数据、情境数据以及体质健康数据。上述数据由于形态和特征不同，其采集方式也不同，因此本层主要实现在 5G 网络的支持下，基于数据的不同特征为其设计多通道的采集方式，使得数据可以高效获取并传输到数据处理与融合层。

数据的处理与融合：由于采集的多模态数据是学习者学习特征的体现，为将这些表面化的特征转换为学习者的学习规律和评价数据，需要对上述数据进行处理与融合，主要包括数据的清洗、向量化以及标准化。基于上述操作，实现了对不同类型数据的统一分析。

需求分析和评价报告的呈现：首先分析学习者所在的情境信息和体质信息，确定支持其学习的基础特征；其次利用智能识别和分析技术对学习者的测评数据、音视频数据以及交互数据进行诊断和识别，确定其发生行为的原因、诊断其学习规律，进而利用可视化技术将数据以多维的、立体化的形式进行深度展现，使得学习者能够对个体学习情况有更清晰的认识。

沉浸式的干预和诊断：通过前述评价报告，为学习者汇聚学习素材和干预活动，一方面通过 VR/AR/全息成像技术营造沉浸式的学习实景，另一方面将各类干预活动以交互式任务的形式进行呈现，实现基于学习评价结果的引导和改进。

3. 智慧校园管理

（1）智慧校园管理应用场景

作为智慧教育的服务平台，智慧校园管理提供面向学校、教师、学生和家长的智慧管理服务，提供交流平台和教学空间，主要应用场景如下。

通过高清智能、高度集成的 AI 安防平台，实现校园统一的安防资源管理，对视频监控、人脸识别、门禁管理、车辆管理、报警管理、消防报警、访客预约管理等安全模块进行统一管理，满足多用户的监控管理需求。

视频监控：通过云平台对监控数据进行本地的存储与分发，能够有效提升业务质量，保证视频的私密性。同时在边缘服务器上搭载 AI 视频分析，并利用 5G 网络低时延的特性，对智能安防、人脸识别、行为分析等场景进行分析，提升应急事件的反应速度。

门禁管理：与校园智能管理系统平台进行对接，实现对门禁系统的统一、远程、精准的管理。实验室、教学楼的门禁配合电源管理系统，可对何时、何地、何人使用房间或房间内的设备尽在掌握。宿舍门禁可以掌握学生归寝的实时动态，提升宿舍的科学管理水平。

车辆管理：建设校园车辆管理平台，联动闸机、重点区域的车牌识别，实现校园内车辆的轨迹分析，识别违停车辆与其他违章行为。在道闸设施互联互通的基础上，打通车行、人行的线下放行与线上管理审批流程。建设校园停车智能化管理平台，提供停车引导、规划停车路线、提前告知空缺车位等功能，同时与道闸系统对接，实时获取车辆出入照片等信息。

室内外环境监测：依托监控平台，利用与 5G 网络结合的相关环境监测传感器，对室内外的空气质量、污染物、校园景观水体等进行实时监测与分析，实现报警以及设备联动，保障师生的身体健康及校园安全。

能耗监控：通过智能电表、智能水表、智能插座等智能设备，实现对用电、用水等情况的精准管控，准确获取每个端口的数据信息，并实现远程控制。同时通过大数据分析，不断优化节能策略。

实验室管理：实验室一直是各大学校的管理重点和难点。贵重设备管理、有毒气体管理、实验环境维护等，对实验室的管理人员提出了较高的维护和管理要求，通过物联网技术的应用，有效降低了相关管理成本，可以实现实验室门禁管理、设备管理、实验原料监控管理、安全报警等。

机房/网络管理：通过机房内的能耗管理设备实现对用电状态、UPS 状态等的实时监测以及对机房能耗的分析，同时对机房动力设备进行实时、集中监控，实现智能感知、独立运行；通过机房环境监测管理设备实现对烟雾、精密空调、新风机、温湿度、消防等的实时监测，为机房打造无忧环境；通过安防系统及门禁管理设备，实现对门禁系统开关监测、视频监控联动抓拍、智能照明等系统的整体联动，打造安全智慧机房；通过对接网络安全设备厂商的设备，实时调用相关 API 或端口，对网络流量进行实时查看，同时查看异常网络应用情况，获取相关网络分析数据以及网络攻击检测报警等，实现对校园网络安全信息的及时掌握、及时发现、及时处理，建立全面“可管、可控、可用”的网络安全环境。

多媒体设备管理：通过整合教室里的电脑、投影仪、幕布等多媒体设备，实现系统设备的安全关机和远程监管，实现更高效、节能的校园管理。

会议室/报告厅管理：传统的会议室或报告厅需要安排专人来对预约登记、人员签到、照明空调调节、投影仪准备等事项进行管理，通过管理平台可以实现对门禁、电源、考勤、多媒体设备的远程、精准管理，同时运用无纸化、在线预约的管理方式，不但可以实现专人管理的全部功能，还可以通过系统平台实时了解会议室或报告厅的使用情况，提供在线预约指导，提高会议室以及报告厅的使用效率。

室内照明管理：系统可根据室内的光照情况进行色温调节，维持健康光照，使室内的平均光照度恒定、均匀，有利于保护师生的视力，为学生提供健康舒适的学习环境，同时可以根据不同的教学情况（如读写、视频播放等）设置多种不同的光照模式。通过接入后台平台，可以有效延长设备的使用寿命且维护便捷，维护成本低。

公共照明管理：利用智能断路器改造配电箱的电源接入，利用单灯控制器对单个路灯进行智能化供电改造，使校园的公共照明系统实现智能控制，并具备一体化控制、远程单独控制、智能联动控制等功能。当发生安全隐患和事故时，可直接将告警信息推送到监控中心及相关管理者的移动终端上，实现实时监控、准确定位和快速响应。

智慧校园管理需采集不同系统的数据来进行分析、控制，需要较大的带宽及连接数，对于需要实时监测预警的数据，还需要依靠低时延的网络来实现及时的告警，以保障校园安全。

（2）智慧校园管理应用案例

智慧校园管理的应用案例之一为校园智能监控。围绕学生的学习生活轨迹，对离/到家轨迹跟踪、校车人脸识别、到/离校门口无感人脸考勤、校园边界视频监控预/告警、学生校内活动监控、食堂“明厨亮灶”监控等学生出行、活动、饮食安全的各环节进行跟踪、视频监控、AI 分析、预警服务等，为学生提供 360 度全方位、全过程、全天候的安全保障服务，让家长及时了解孩子所在位置、在校表现；为学校管理提供强有力的安全管理手段，使得安全隐患前置化、隐患排查精细化、隐患处置数据化，从而打造安全的学习环境；为教育主管部门的日常监管提供直观、可视的监督工具（如图 4-93 所示）。

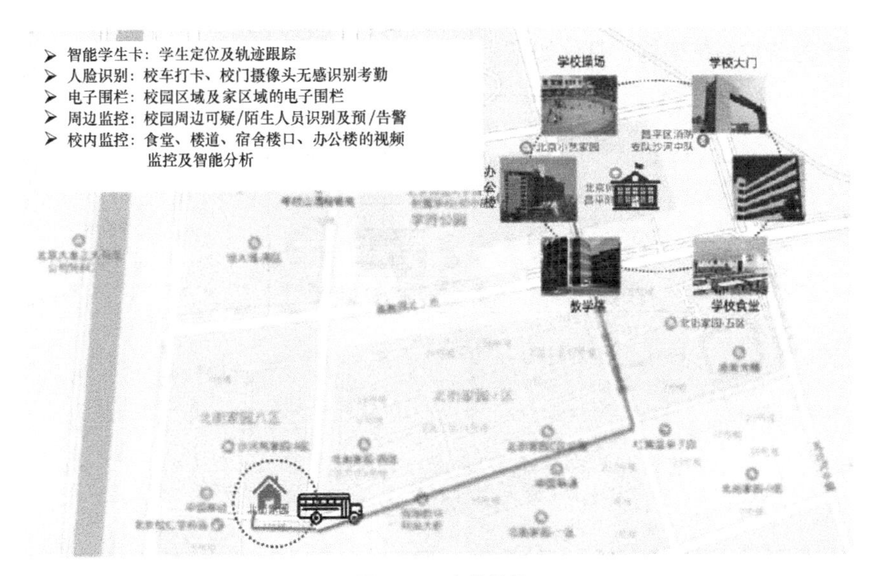

图 4-93 路线监控

基于学校的行政级别构建学校、区县、地市、省的多级平安校园管控平台，按地域将各县市的校园监控视频统一接入，采用分级权限方式管控，按用户孩子所在学校、班级提供 App、H5 多渠道业务订购及监控视频高清直播等服务。

图 4-94 为视频监控的系统架构，具体如下。

学校：校内监控大屏、客户端观看本校所有摄像头的视频。

家长：根据孩子的电子学生证实时跟踪其活动轨迹；在系统中订购孩子所在学校中各场所（如教室、操场、厨房等）的视频直播业务。

各级教育主管部门：调取并观看各区域内所有学校的高清监控视频。

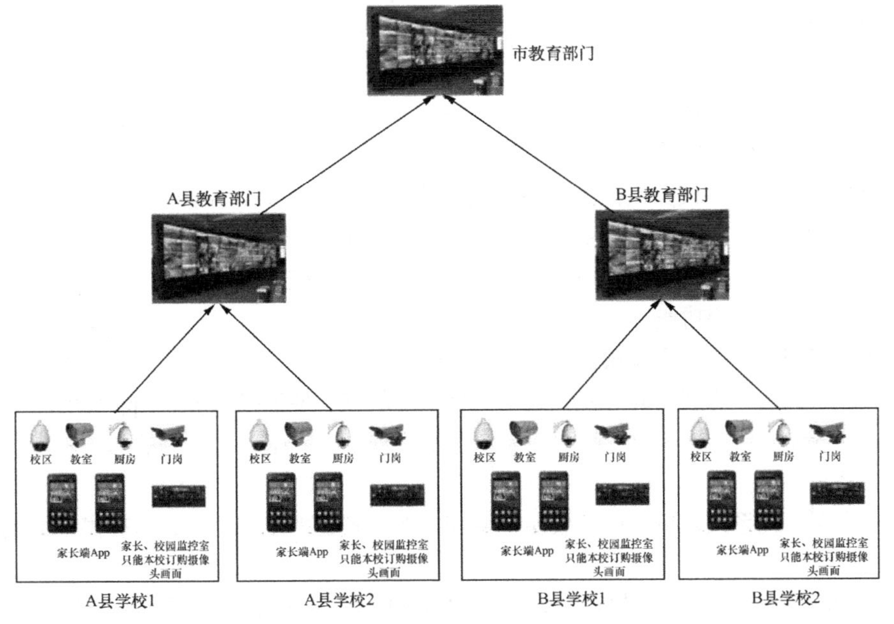

图 4-94 视频监控

图 4-95 为监控系统架构，具体如下。

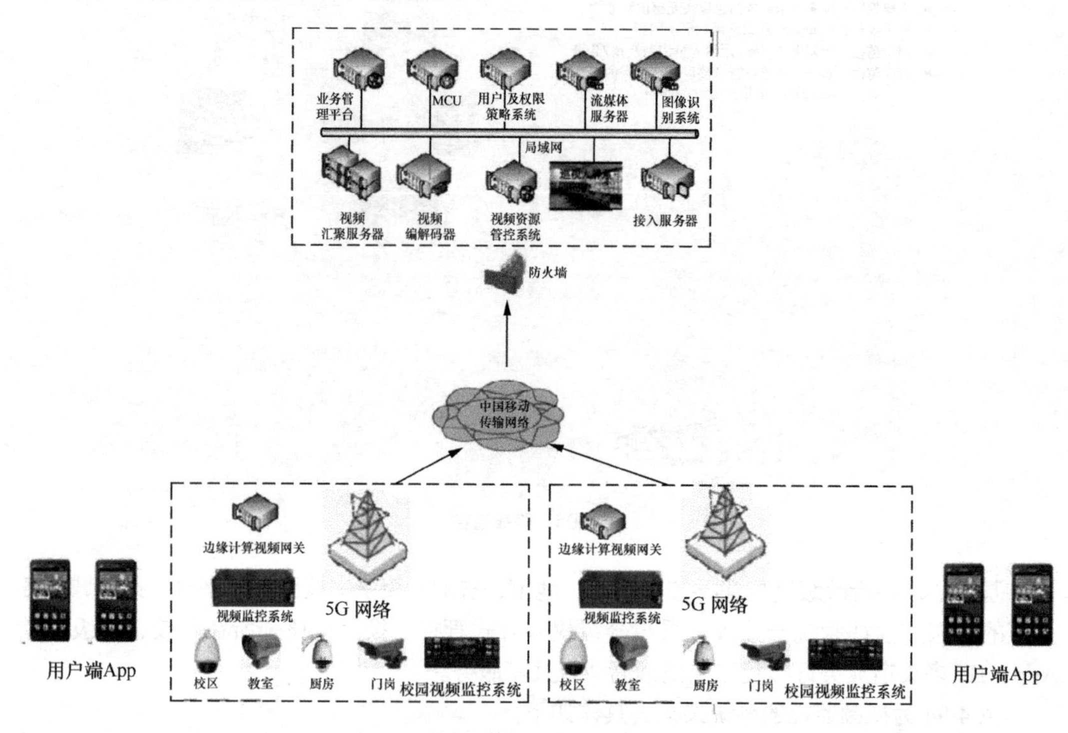

图 4-95　监控系统架构

业务管理平台：是整个系统的核心模块，负责其他各个子模块、子系统的接入、资源协调、管理、监控，以及业务流程处理等。

边缘计算网关：基于边缘计算的校园监控视频汇聚处理网关，将校园内监控摄像头采集到的视频汇聚、预处理、识别并转发到集中平台，同时提供给校园内的播放客户端。

MCU：将多路视频按照用户的布局需求合成到一路视频，并在大屏上显示。

用户及权限策略系统：系统用户账号（注册、审批、权限管理、角色管理）、用户及摄像头对应关系、计费管理等。

流媒体服务器：将校园监控摄像头的视频转发给 App、H5、监控大屏等客户端。

图像识别系统：基于 AI 的图像视频系统，采用深度学习与机器学习技术，对摄像头采集到的图像进行分析、识别，可基于视频技术提供人脸布控、内外部人员监测、风险预警、智能门禁、车牌识别等功能。

视频汇聚服务器：将所有摄像头的视频统一接入。

视频编解码器：实现不同音视频编解码格式的转换，使监控大屏、App 等终端可使用相同的格式进行播放；根据客户端的网络需求，实现视频分辨率、码率等的动态调整，使客户端能流畅播放。

视频资源管控系统：负责所有校园中监控摄像头资源的统一管理，包括摄像头的添加、删除、账号管理、参数配置。

监控大屏系统：实现各级教育主管部门、学校的大屏展示功能，包括多路视频同屏显示、切换。

接入服务器：负责客户端 App、H5 业务、孩子定位终端设备的统一接入等。

4.9.4 挑战与展望

近年来，国家对教育信息化的目标不断升级，相关政策层出不穷，但也暴露出了一些问题，比如 5G+智慧教育应用标准尚不健全，应用与网络的融合缺乏标准，教育应用缺乏标准，适配教学内容的资源匮乏。新的教学方式需要全新的教学内容，而这些内容的制作者不是老师，而是专业人员。此外，超高清内容制作成本高、周期长，且需要个性化定制，投入产出比不高。

5G 的正式商用将从根本上冲击当前的教育模式，进而变革教育，具体体现在如下几点。

（1）沉浸式教育走向课堂

5G 时代，高速的移动互联网可以提升 VR/AR 设备的工作效率，同时超低的时延可以有效降低 VR 设备成像的眩晕感，所以在众多充满期待的智慧教育应用场景中，VR/AR 将是首先爆发的。依托 5G 终端以及芯片的支持，VR/AR 技术将得到实质性的提升，其所提供的教育服务也将从网络传输等方面得到大幅度完善，学生可以完全沉浸式地在具有强现场感的虚拟环境中学习，可以与环境产生交互，并获得环境的实时反馈，就像置身于真实的场景中。这种全新的视觉体验视角将激发学生的想象力和创造力，促进学生对知识的全面理解和掌握。

5G 时代，沉浸式教育将走出科技馆，走入普通的学校，走向真实的课堂，服务于广大师生。借助沉浸式科技，学生将拥有看待世界的全新视角，将所学变为所感、所见，甚至所做，走向深度学习。

（2）教育系统将互联互通、融为一体

在大带宽、低时延的 5G 网络的支持下，人与人之间将真正走向互联互通并融为一体。5G 不仅解决了人与人的通信问题，同时还解决了人与物、物与物的互联问题。因此，教育系统将发生根本性变化，教师、教学媒体、教学资源、教学内容等构成要素将彼此联通、互相助力，教育系统将借助技术的手段实现真正的融合。

5G 时代，我们享受的不仅是更低的通信资费，而且是更便捷的生活方式、更高效的教学效率、更有效的学习效果。5G 网络下，学生之间、师生之间、教师之间的交流都将变得更为方便和快捷，问题的即时沟通将在 5G 技术的助力下成为可能。

（3）教育公平将成为现实

地区差异带来的资源配置差异是社会发展的必然结果，由此带来的教育不公平是教育方面的头等难题。设备、教师、资源的匮乏是追求教育公平道路上的艰难石阶，破解这些难题将为教育公平奠定基础。5G 时代的低资费、高容量、快传输等特征将为教育公平提供可能。5G 网络使得网络传输体量增大，通过有限的设备，更多的教育资源将被传送到贫困地区和偏远地区。同时，5G 网络使得接触资源的速度加快，可以帮助学生高效地选择适合的资源。高速的传输速率将大大节省学生预览资源、筛选资源的时间，并避免由于长时间等待而造成学生厌烦的心态。5G 时代，即使是普通家庭的孩子，也会和其他少数能够上清华、北大的学生一样，实时获取到最优质的教育资源。

今后，5G 与超高清视频的融合应用将率先进入应用成熟期。基于超高清视频的课堂直播、安防监控将首先应用于远程教育和智慧校园的应用场景。远程巡考、督导需要网络、音视频、多媒体技术融合应用及统一的通信标准，预计在一两年内成熟。标准化考点、学生状态评价系统主要依托云端/边缘端的 AI 计算，对于学生状态的识别算法还需加强训练和学习以提高准确度。另外，对学生进行实时监控及收集个人信息的做法缺乏标准规范，尚需要被大众讨论和接受，预计在两三年内成熟。基于 VR/AR/MR 的远程课堂和全息课堂是在线教育提供沉浸式教学体验的有效手段，受限于设备、网络建设、内容制作等短板，这两项应用尚处于探索期（如图 4-96 所示）。

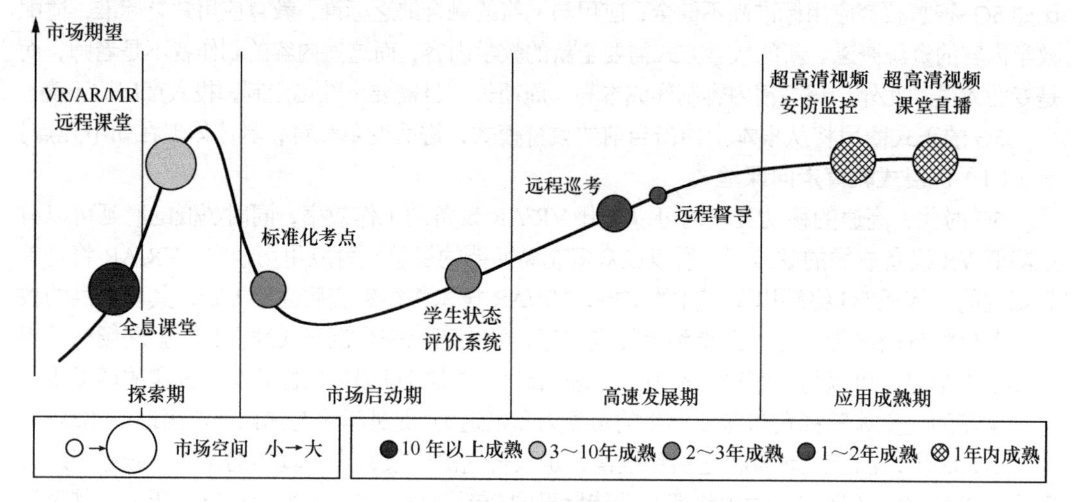

图 4-96 智慧教育应用成熟度曲线

4.10 智慧旅游

4.10.1 概述

“智慧旅游”亦称智能旅游，是基于物联网、云计算、下一代通信网络、高性能信息处理、数据挖掘等技术，助力旅游体验、产业发展、行政管理的一种新模式，是一种使旅游物理资源和信息资源得到高度系统化整合和深度开发激活，并服务于公众、企业、政府等，从而面向未来的全新旅游形态。智慧旅游的本质是信息通信技术等智能技术在旅游业中的应用，通过技术与旅游业的完美融合，实现“高效率+低成本”的社会资源共享。智慧旅游的建设与发展最终将体现在旅游体验、旅游服务、旅游管理和旅游营销 4 个层面。旅游业作为第三产业的重要支柱，已成为国民经济的重要组成，对我国 GDP 的综合贡献率逐年提高。旅游市场蓬勃发展的同时，信息服务的需求提高，旅游市场日趋散客化，游客服务日趋个性化，消费注重智慧化、个性化与体验化等变革也在不断促进技术与旅游行业的深度应用。以万物智联为特征的 5G 技术将推动旅游行业在全面物联、充分整合、协同运作、激励创新等方面取得新变革。

智慧旅游的建设需以移动通信技术为依托，技术的突飞猛进，促使未来信息化呈现出新的发展方向和发展模式，使旅游信息的精确采集、旅游信息资源化应用成为可能。以“服务游客与旅游管理部门，促进旅游营销”为核心应用的智慧旅游系统也迎来了快速发展时期。旅游行业的智慧化发展将成为常态，全国“智慧旅游”试点工程项目建设正快速推进，远程导览、景区信息化管理、自助旅游、旅游数据中心、游客服务中心等模块及应用正广泛被接受，在此基础上，5G 技术可为智慧旅游系统提供贯穿终端层、网络层、中台服务、平台层、应用层的智能化服务。5G 网络的高速率、低时延、大连接等特性以及与 AI、超高清视频、VR/AR 等先进技术的融合，将为旅游目的地文化内涵的彰显、体验、传播和创新提供强有力的支撑，在提升旅游管理能力、丰富旅游营销手段、提高旅游服务水平、提升旅游出行体验等方面起到关键作用。

5G 的出现将为各国旅游行业的发展提供新的机遇和空间，智慧旅游的建设也将是 5G 技术应用的新方向。基于大数据、VR/AR 和 AI 等技术，西班牙、英国、美国、克罗地亚共和国等在旅游基础设施建设、游客公共服务、旅游创新体验、智慧化旅游管理方面不断探索基于 5G 技术的新应用，为旅游设施和旅游服务带来新的附加价值。当前我国 5G 技术在智慧旅游中的应用发展正处于起步阶段，在顶层架构、系统设计和落地模式上还需要不断完善。目前部分地区已在智慧旅游领域探索 5G 应用，并取得了良好的示范作用，实现了 5G 在智慧旅游领域（包括智慧酒店、基于 AR 的智慧导游导览、景区视频直播等）的广泛应用。

4.10.2 总体架构

智慧旅游属于高技术产业领域，不仅包括与旅游相关的硬件设备的换代更新，还包括智慧旅游体验、智慧旅游服务、智慧旅游管理和智慧旅游营销等技术领域的软件创新。5G 技术的 eMBB、uRLLC、mMTC 三大应用场景将在智慧旅游领域拓展新的发展空间。

5G 技术可在终端层、网络层、中台服务、平台层、应用层为旅游行业提供旅游大数据分析、游客服务、旅游管理以及旅游营销（如图 4-97 所示）。

图 4-97 智慧旅游的 5G 应用技术架构

终端层是所有服务的入口，主要用于信息的输入以及处理结果的输出等。5G 将开启万物互联时代，通过传感设备、可穿戴设备、感应设备等智能终端实现信息的快速采集和展示。高速通信和单片机等技术的发展将会催生出多种形态的旅游行业的专用终端，除了支持智能手机、平板电脑等终端外还能支持多种无线终端设备，如基于物联网的智能感知设施、景区操控移动终端、大屏、无人机、景区自动驾驶车辆、VR 自拍手机等。mMTC 即低功耗、大连接，此应用场景下的景区终端设备将以更低功耗、更低成本运行，同时便于景区内智能设备的数据联网和统一管理。

网络层承载着所有信息化应用业务间的实时信息传输。网络能力的长足发展是更多样的业务存在的基础。5G 引入了大规模多天线网络、无线传感器网络、可见光通信等技术，能够为用户提供强大的通信带宽资源，其在网络传输方面明显的优越性将为众多的智能化服务减少终端重量，增加续航能力，有效打通云端到终端的信息通道，提高终端业务的处理能力。eMBB 具备超大带宽和超高速率，可用于连续广域覆盖和热点高容量的场景，因此能够满足高密度人群的景区集中上网的需求，同时为景区人员移动办公提供高速网络支撑，实现真正意义上的景区信号全覆盖。uRLLC 即超高可靠、低时延，支持高速移动场景下可靠性达 99.999% 的连接，将适用于景区内的无线监测、远程调度等低时延应用，如无线监测通过收集景区内的车流、客流信息以便于景区运营人员进行及时调度。此外，基于 5G 网络切片技术，可为传输流量较大的车流、客流等监测设备开设专网支撑，保障传输稳定顺畅，由此可以远程使用大量的视频监控传感器终端和视频相关设备，实时感知、测量、捕获和传递热门景区及景点信息，实现全方位感知，打破时间、空间限制，实现对景区信息的连续、准确监测。

中台服务为游客服务平台、大数据分析平台、旅游管理平台和旅游营销平台提供公共组件支撑服务，包含人脸识别、地图服务、图片服务、视频服务、直播服务、物联服务、数据分析、智能推荐等服务。借助 5G 技术，中台服务将为上层应用提供更快速的业务响应，提高业务的上线服务效率。在将来 5G 联网的大环境中，人脸识别将更加迅速、完善；5G 强大的通信带宽资源将实现视频数据、图像数据、语音数据的高速传输，业务中台的图片服务、视频服务、直播服务等将更加高效；在数据分析方面，5G 将突破传统技术环境中有限的计算资源对复杂的分析方法和模型建设的制约，为机器学习乃至深度学习的普及提供发展空间。

平台层为应用服务提供开发、运行和管控环境，具备数据的接入、存储、清洗、实时计算、分析等功能。在 5G 时代，大数据技术使全量数据的采集、分析、挖掘成为可能，数据分析的结果更具普遍性和通用性。而且大数据开放平台通过对涉旅数据的聚合和共享，形成开放共享的大数据应用生态环境，推动旅游数据产生更大的价值。数据可视化相关技术的崛起促使数据形成了从采集、处理、分析到展现的完整生态链。5G 与云计算、大数据、AI、控制技术、视觉技术、传感技术等基础技术的结合有助于构造旅游“智慧大脑”，汇聚感知、互联、管理和决策等功能。在游客服务方面，5G 网络条件下的智能导览、快速响应咨询、精细化信息提供、个性化讲解、即时旅行记录和针对性产品推送等服务将更便捷地贯穿游客的游前、游中、游后。5G 技术与 AI 技术的融合应用将为游客提供更全面的个性化服务，如基于提升人脸识别、光学字符识别、智能鉴黄、图片标签、语音识别等 AI 能力，更高效地服务刷脸入园、景区识花识景、直播内容审核、语音投诉等大量场景，极大地提升游客吃、住、行、游、购、娱的旅游体验；在旅游管理方面，5G 网络为大数据提供更广泛、更开放的系统数据，通过实时多维分析实现旅游趋势分析、智能推荐、舆情控制等多种大数据应用场景，为旅游管理部门的高效服务和监管提供平台。对旅游管理部门而言，这将为集旅游资源综合运营、监测预警和资源调度于一体的高集成度远程监管打开技术瓶颈；在旅游营销方面，5G 技术依托大数据分析，形成更精准的客源地和游客画像，采取更具针对性的旅游营销手段，实现对游客消费行为的精准对接，提升旅游目的地的营销水平和效率。5G 技术通过与关键技术的结合，将有助于旅游信息化平台的改造升级，提升平台的现代化、信息化、智慧化、精准化服务水平。

应用层通过多样化的信息应用连通供求、凝聚资源、提升价值。5G 的三大应用场景特征可以加速智慧旅游服务场景的升级换代，在满足游客、各级旅游管理部门、旅游企业需求的同时，发现旅游产业生态链上的潜在需求，并挖掘新需求。如 eMBB 场景下的 VR/AR 技术应用将打破以往硬件设备的计算能力、分辨率的束缚，通过画质的提升及计算速度的提高，增强 VR 和 AR 融入旅游行业的热度。景区的全景视频直播业务也将得到深入应用，从而丰富旅游体验。uRLLC 场景下的远程游览设施控制和 mMTC 场景下的景区设备移动智能监控对于景区运营、公共安全、应急救援意义重大。通过将景区内的检查设备以及运营设备进行一体化集成，可实现移动化的无线检验、检查，对车船、人流、娱乐设施、厕所、停车场等进行实时不间断的监测，并将获取到的运营数据和预警信息快速传送给景区运营人员，使其实时获悉景区当前的状态，及时采取措施，为游客提供服务。未来，各热门景区随着运营压力的增大，迫切需要转变运营方式，对类似的移动智能监控的需求将不断涌现。在各式各样的场景需求下，5G 技术将结合现代化基础技术不断推动旅游产业走向数字化、无线化、移动化。

4.10.3 应用场景及案例

5G 将推动整个旅游产业链上各个旅游参与主体的数字化建设，加速旅游产业在需求侧、供给侧和管理侧的全面变革。5G 开启了万物互联时代，将与大数据、云计算、AI 等技术一起带动旅游体验产品的创新、游客智慧服务的优化、旅游管理的升级以及旅游营销的拓展。根据腾讯和中国联通发布的《2019 中国智慧文旅 5G 应用白皮书》以及我国 5G 技术在智慧旅游领域应用的实际情况，5G 在智慧旅游行业的应用场景及案例主要包括智慧体验应用、智慧服务应用、智慧管理应用以及智慧营销应用。

1. 智慧体验应用

（1）5G+智慧酒店应用

在 5G 万物互联场景下的酒店服务将更具智能化、人性化。在酒店大厅，游客直接用自己的手机接入 5G 网络，既能体验 5G 下载、上传的高速率，还能体验智能机器人提供的信息查询、目的地指引、机器人送货等服务。覆盖了 5G 网络的房间可为游客提供云 VR 划船机、云游戏、云电脑、4K 电影等 5G 酒店服务，还可为度假旅客提供高端、浸入式文娱体验，增强游客的智慧体验。同时，通过 5G 网络与酒店内各个传感器的配合，可以精密地感知酒店每一处设施的实时信息，维护酒店不同种类的经营设备，及时预警并便于快速制定公共场所的人流管控方案，全面提升酒店的精细化管理水平（如图 4-98 所示）。

图 4-98 5G+智慧酒店应用

（2）5G+4K/8K+VR 全景视频旅游应用

5G+VR 将突破空间限制，实现现实与数字空间的交错，提升游客体验。5G 网络能够支撑低时延和大带宽的 VR 应用，可以解决 VR 设备的计算能力和信息传输能力问题，提升游览体验。可以在固定位置利用 5G+VR，进行线上线下交互。通过 5G+VR 可以直观地参观景区建筑内部，结合线下现实体验，能够更好地了解景区建筑的内外详情和历史故事。

如图 4-99 所示，5G+4K/8K+VR 全景视频旅游应用可进一步满足游客远程体验和全方位欣赏景区景色的需求。通过高清晰度的 720 度全景技术，可让游客游前就浏览景区实景，帮助游客随时随地进行无时延的沉浸式现场体验。游客在旅游过程中也可借助此产品体验景区最佳视角下的整体景观效果，并能对一些无法亲临的景点体验“身临其境，触手可及”的感觉。5G+4K/8K+VR 高清直播具备移动性，可解决传统直播卫星传输或微波传输的带宽瓶颈，增加直播的便利性，大幅提升直播视频的清晰度。VR 直播通过摄像头 360 度取景，直播点通过拼接、调色、推流将数据通过 5G 上行传输。在显示端，通过服务器做好视频拉流，并通过高清屏幕输出。4K/8K 直播将摄像机采集到的风景通过 5G 网络实时传输到演播室、客户端或大屏幕，游客戴上 VR 眼镜即可“身临其境”地看风景。

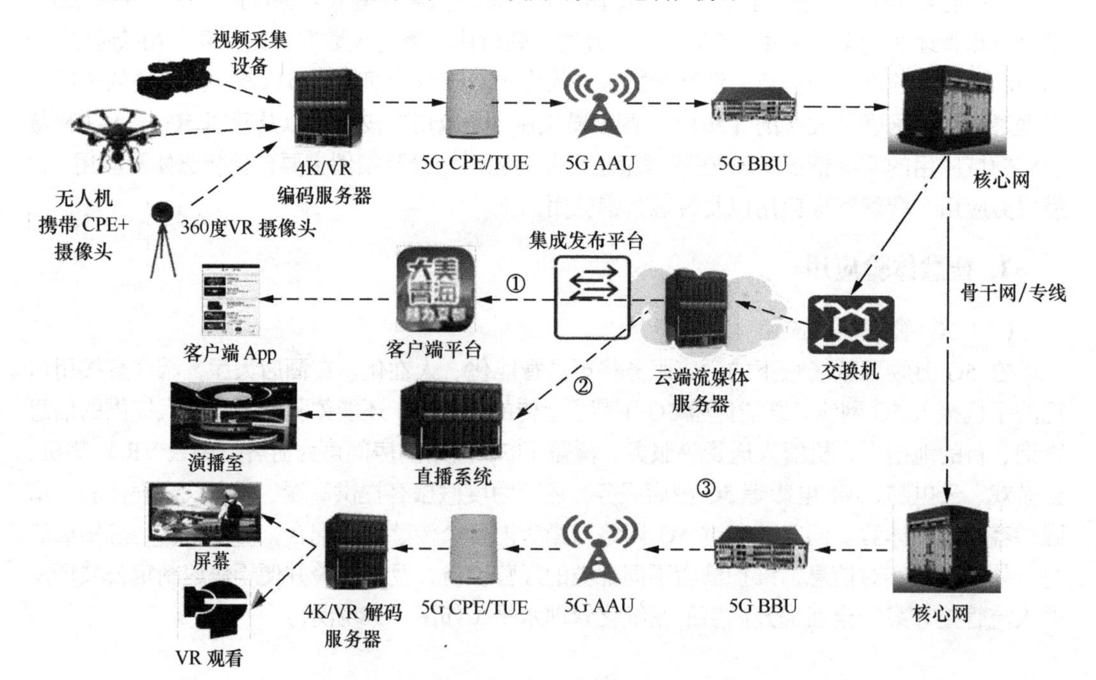

图 4-99 5G+4K/8K+VR 全景视频旅游应用

（3）5G+无人驾驶出行应用

5G 的低时延、超大带宽、超大容量和强大的网络可靠性可助力景区汽车无人驾驶。在景区内部署无人摆渡车，一方面用于景点之间固定线路的人员和物资运输，有效缓解景区内客流高峰期的运输压力；另一方面可提升景区的知名度和科技感，丰富游客的出行新体验。此外，无人驾驶车辆在景区的运营，将有助于打造景区的特色品牌效应，如在无人车内部署 AI 科技设施来增加与游客的互动，为游客提供远程驾驶的操作体验（如图 4-100 所示）。

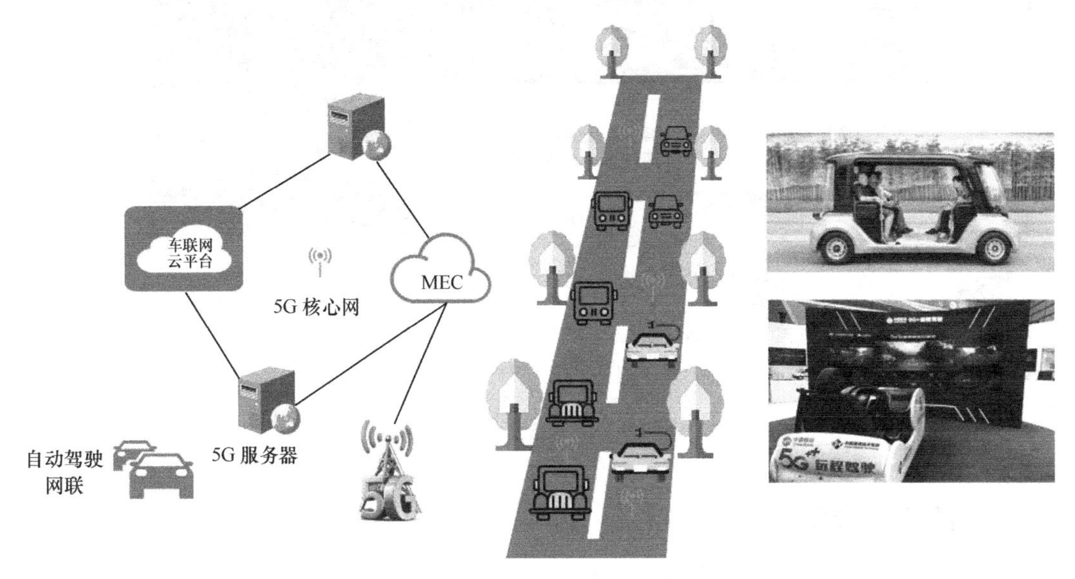

图 4-100 5G+无人驾驶出行应用

（4）5G+AI 深度文旅互动服务应用

通过设置现场活动、5G 虚拟历史体验等互动环节，便于游客进行深度的文化体验，增强游客的文化参与感、临场感。在历史场景再现的 5G 互动体验中，系统预设了多种体验主线情境，游客可根据系统匹配结果或自身喜好选择不同的主线，从不同的维度进行文化的深入了解。通过 5G+边缘计算+AI 对游客的参与过程进行数字化处理，形成景区现场展示素材，并通过 5G 网络以全景视频的方式让游客观看参与的全过程，为游客文化互动中的情景再现提供展示渠道。此外，5G 应用结合全息投影技术，可提供数字展品鉴赏、虚拟博物馆、展品辅助讲解、展品复原修复等体验业务，打破时空界限，通过虚拟历史和虚拟人物的再现，使游客可以亲身体验到对方或虚拟角色站在面前的感觉，甚至可以清楚地看见角色的细节并与其进行互动。此外，动态的三维重建可给体验者带来强烈的立体空间视觉冲击（如图 4-101 所示）。

5G 将优化旅游产品供给，推动新的智慧旅游业态、产品和服务的出现，其与 VR、AR、AI 的结合，将推动沉浸式体验产品的快速发展。VR 景区、VR 娱乐、VR 旅游直播等有望成为全新的旅游业态，打造新的商业模式，推动博物馆、美术馆、艺术馆等文化场所以及红色旅游景区、特色小镇、主题公园、主题酒店等沉浸式体验型产品的开发，增强游客的智慧化体验，对旅游品质以及文化传播等起到积极作用。

图 4-101　5G+AI 深度文旅互动服务应用

2. 智慧服务应用

（1）5G+AR 智慧导航及辅助讲解应用

5G 网络结合多种技术，为游客在旅游全程提供丰富且个性化的服务。在游览途中，5G 应用基于实时数据为游客提供智能导航功能，如提供实时人流密度、交通路况、停车场位置及车位等信息，并通过对游客的喜好分析推荐最佳游览路线，为景区实现游客预分流。在参观景点或展品时，结合 AR 技术，利用 AR 眼镜或其他便携终端为游客提供展品辅助讲解服务。利用 5G MEC 部署业务可大幅缩短业务处理时延，为游客提供个性化的语音、文字、图片、视频、3D 模型等辅助信息。借助 5G 网络快速下载大视频素材文件，可快速再现景物原貌。此外，丰富且个性化的辅助讲解服务可加深游客对景点和景点文化的理解，帮助游客尽可能较全面地了解景点的背景，使游客对景点或展品有全面而深刻的体会和思考。通过技术之间的相互赋能，可为游客打造贴身讲解员，满足其个性化的服务需求，并节省人力成本。如图 4-102 所示，游客进入景点可启用智能导览，智能规划旅游路线。按照语音提示和电子引导接近某景物时，终端将自动播放相关的语音讲解，游客可选择播放视频了解景物的历史背景，也可搜索游乐项目并通过实时视频观看排队情况。根据智能导览的推荐，游客还可以选择进入附近的纪念品商店购物。

5G 网络能够支撑大规模用户连接，且单个手机用户的网速将大大超过 4G 时代，这为手机用户的 AR 使用提供了最重要的支撑。云网协同技术是 AR 体验的重要保障手段，AR 的内容将覆盖建筑、藏品等并存储于云端，可通过云平台对其进行调度和使用。5G+AR 能够帮助游客通过更加形象、生动的方式了解景区的历史和故事（如图 4-102 所示）。

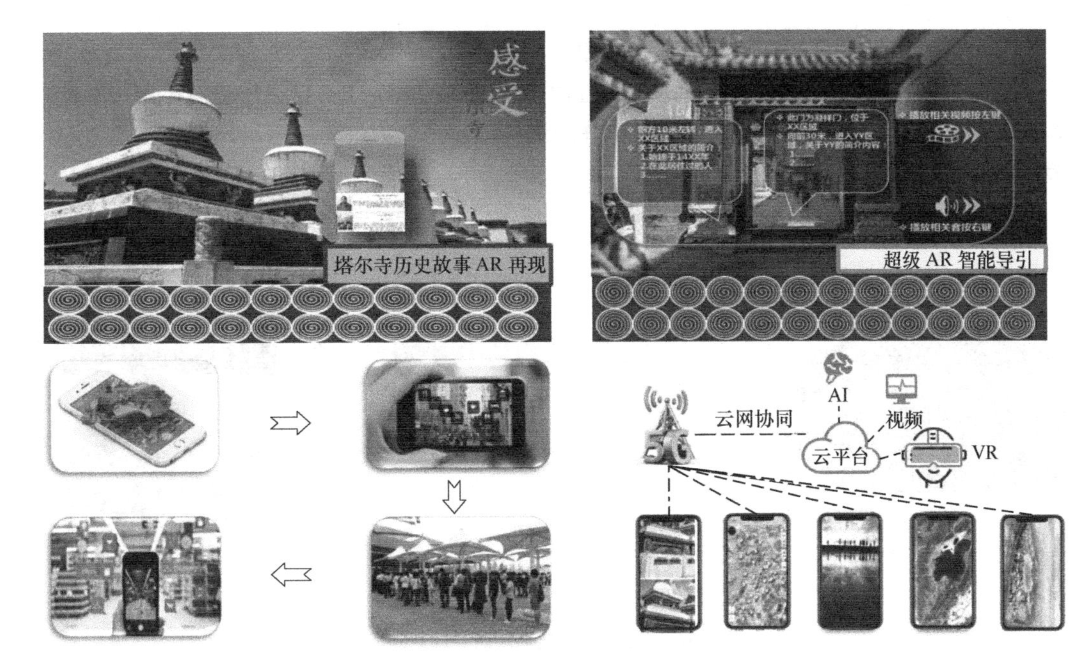

图4-102　5G+AR智慧导航及辅助讲解应用

（2）多语种在线翻译应用业务

5G与语音技术的结合为外籍游客在游览过程中提供多语种的在线翻译服务。利用5G低时延的特点并结合5G+MEC+AI语音翻译技术，提供智能讲解服务，实现导游与游客间语音互动的实时翻译。此外，手机端的拍照翻译应用可帮助外籍游客自动将其欣赏的作品翻译成本国语言，缓解外籍游客在欣赏中国传统文化作品时由于语言不通而无法理解作品含义的困难（如图4-103所示）。

图4-103　多语种在线翻译应用

（3）5G+AI 游客游玩路线规划应用场景

在游览游乐场或主题公园类目的地的过程中，5G 结合 AI 技术可通过摄像机等传感器设备获取各个游玩项目的排队人数和时长，并通过移动应用、大屏幕等多种途径，为游客安排游玩参考和路线规则（如图 4-104 所示）。

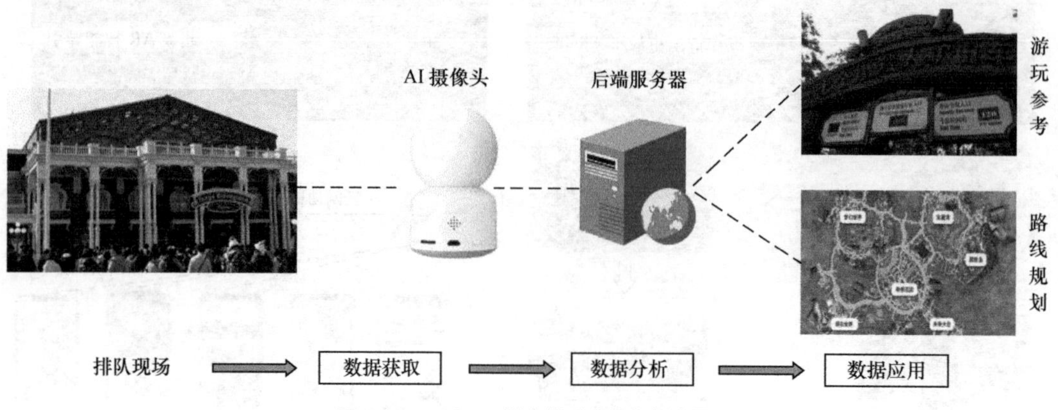

图 4-104　5G+AI 游客游玩路线规划应用

（4）5G+无人机景区应用场景

如图 4-105 所示，5G 网络将推动旅游行业无人机应用的创新发展。通过网联无人机，景区可为游客提供更多个性化的体验服务，如编队灯光秀、个性化航拍服务等。结合无人机的使用，5G 环境下的 VR 体验效果也将更明显。游客在千里之外，可通过高清镜头 720 度清晰俯瞰景点，大幅升级体验感。5G 大带宽应用场景下的流畅直播、低时延场景下的防眩晕以及网络切片技术均保障了直播的质量。

一方面，无人机可用于 4K 或 VR 直播，使得游客在机场等门户可同步观看无人机在多地景区实时拍摄的高空画面。在网络或机场等门户布设大屏实时直播，使得游客在未到达目的地便可提前体验，体现了全域旅游的理念。另外，景区为游客个人提供高空视频留念服务，利用 5G 的大带宽将无人机实时拍摄视频推送给游客，使游客下载后便可在朋友圈、抖音等社交平台进行互动。

图 4-105　5G+无人机景区个性化航拍服务应用

另一方面，无人机可用于人流跟踪、景点跟踪、环境巡检，并可进行人流定位。此外，无人机采集的信息实时传输给景区云或 MEC，可作为游客游园的信息指导，同时有助于实现景区交通、气象、安防等信息的联动（如图 4-106 所示）。

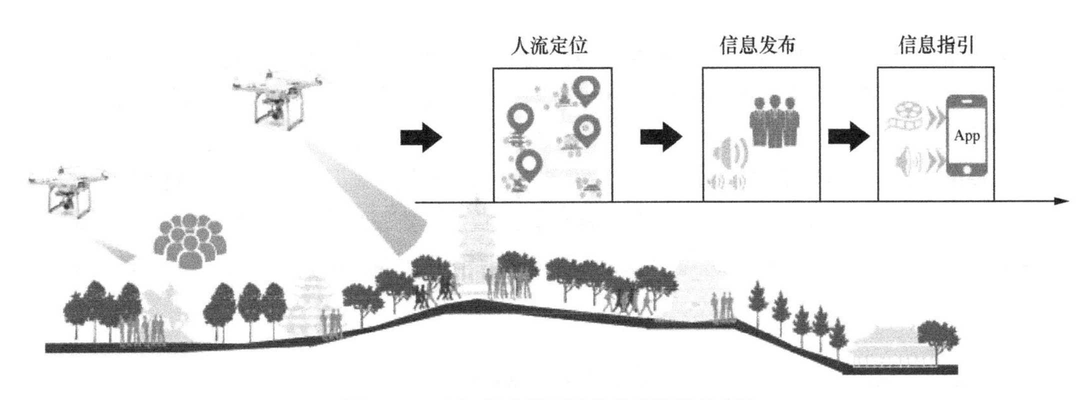

图 4-106 5G+无人机景区信息跟踪服务应用

（5）5G+AI 游记助手服务应用场景

5G 结合 AI 技术为游客在游后提供游记助手服务。一方面，相关专项应用系统通过大范围、多维度、全方位的素材收集（包括游客个人上传的该景区内自拍、分享的评论文字以及在游览过程中景区提供的游客游览痕迹等相关素材），根据游客喜好，实时生成全轨迹的游记。另一方面，大带宽的 5G 网络便于游客即时将包含高质量的大视频内容的游记进行分享，便于游客及时、快速地与好友们分享旅行的点点滴滴（如图 4-107 所示）。

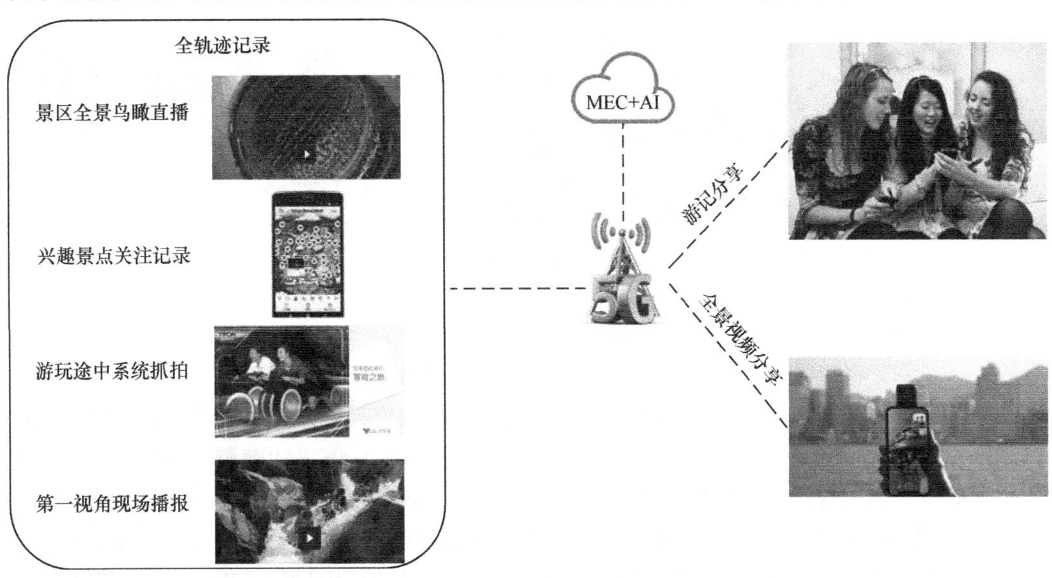

图 4-107 5G+AI 游记助手服务应用

综合以上应用场景，5G 与 AI、VR/AR、无人机、无人驾驶等技术的结合将进一步创新智慧旅游服务模式和景区运营管理模式，便于景区主动服务游客，迅速响应游客的需求。通过边缘计算技术以及 AI 分析功能，可在景区形成一张无形的防护网，实现对游客的无感知服务，全面提升旅游服务的品质。

3. 智慧管理应用

对景区管理者而言，在未来 5G 万物互联的应用场景下，景区内人员、车辆、资产、环境、能源等设备的检测数据和景区各类业务的运营数据都将通过 5G 网络全面汇聚到景区管控平台，包括游客智慧体验相关的统计数据、景区智慧服务相关的统计数据以及智慧营销相关的统计数据等。借助 5G 网络与 AI 技术，可衍生出各种智慧辅助管理业务，如针对人员、车辆管理的 5G+AI 鹰眼业务，及时进行安全疏导；基于能源数据分析的 5G+AI 能源管理，实时提供预警信息；基于业务内容运营的素材管理业务，智能进行信息推送等。随着 5G 网络承载的物联数据类型的不断丰富，与之对应的智慧辅助管理应用也将不断增加（如图 4-108 所示）。

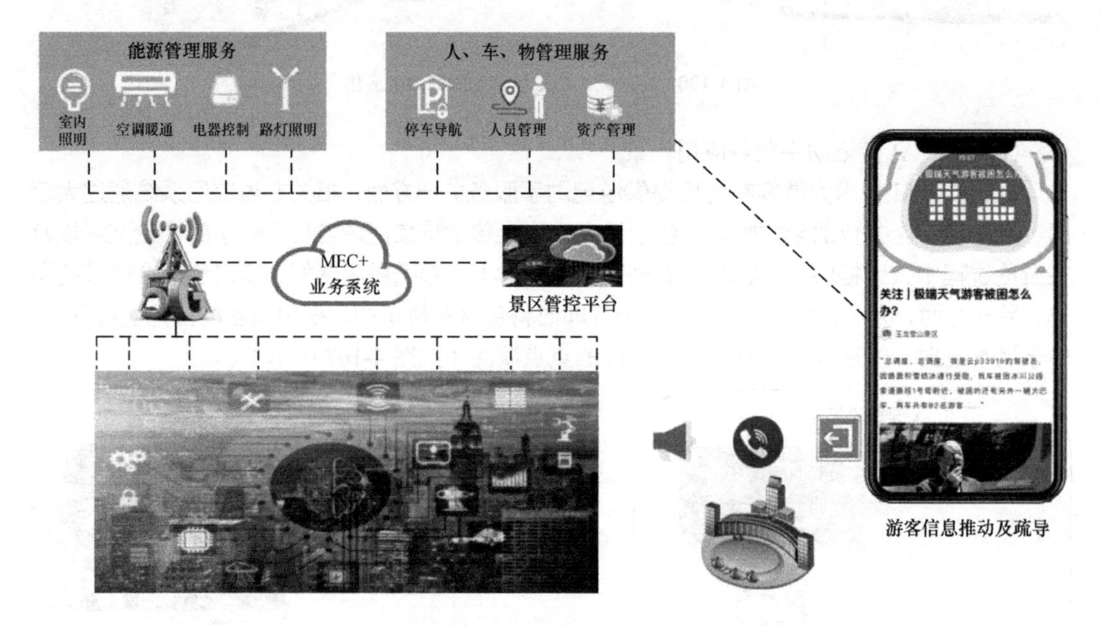

图 4-108　景区智慧管理应用

对旅游行政管理部门而言，5G 应用业务将会完全覆盖游客的旅行全过程，对 5G 应用业务的统一规划，将有效避免常见的系统拼凑、原生信息孤岛、智慧化技术不均衡等问题。通过各项应用的统筹规划，可实现数据流动、应用相通，建立起整体技术业务体系，实现全流程业务数据的有序沉淀，让旅游目的地智能化管理有“数”可依，让旅游目的地行政管理部门科学决策，实现对目的地核心节点的车辆、停车场、客流、游客密度等的快速响应管理。5G 的发展将进一步便于政府的集成化运营管理，在旅游产业监测、数据分析、决策辅助、公共服务、资源调度等方面发挥更大的作用，形成灵活、规范的全网范围的网络协作运营环境，打造满足实战要求的旅游资源监测调度中心，开创全新的工作模式。通过旅游 AI 大脑、旅游大数据平台、旅游 AI 应急处理平台等，让旅游目的地主管部门实时掌握各旅游业态的运营状态，从而有效提升旅游管理的精细化水平。

4. 智慧营销应用

（1）5G 助力旅游地品牌宣传

5G 本身自带宣传效应，如通过 5G 技术全景、全程直播云南大理三月街开幕式及赛马活动，这种新颖的直播方式能让全国观众实时且全方位地了解并观看白州人民欢度三月街的盛况，有效地进行了旅游目的地的宣传。随着5G+旅游应用在行业中的不断落地，借助5G的宣传将有效提升所在企业或景区的热度，通过领先的科技打造一流的旅游目的地，通过数字化、个性化服务协助提升景区的发展优势，从而吸引更多的游客。

（2）5G助力旅游商家精准营销

在5G的支持下，依托大数据分析来建立消费者画像，明确特定的营销用户群。通过收集与分析游客的人口属性、社会交往、行为偏好等主要信息，将游客所有的标签综合起来，勾勒出该用户的整体特征与轮廓。了解游客/消费者的来源地，进行客源分析，从而进行精准营销与推广。此外，随着5G终端设备的推广，游客消费等游购路线数据的获取将更为便利，并将用于分析消费者的停驻时间、习惯旅游线路，还可用于分析关联景区，从而进行深度服务与营销。除基于用户画像的精准营销之外，还可基于人脸识别进行精准营销。以往的商家营销时常会出现数据资源有限、产品推荐不准、客户画像不清、备货不够科学等问题，随着5G网络的建设，基于人脸识别的精准客流分析系统、精确营销系统以及专业的运营分析报告将实现入驻商家的精准匹配、精准运营以及效益提升。

（3）5G助力游客口碑宣传

旅游体验产品的创新、游客智慧服务的优化、旅游智慧管理的升级将会极大地满足游客的智能化、个性化需求，5G+社交分享将帮助游客自动编写游记，并根据游客拍摄的照片和视频，生成相应的720度VR交互式视频和8K超高清视频的全景游记，立体化地再现美好回忆，全面记录所见所悟。智能化、个性化、人性化的5G+智慧旅游应用让旅行更加便捷，体验更加生动丰富，使产品推广与信息传播融为一体。5G时代的沟通渠道、流通渠道、传播渠道等的全面融合将极大地促进游客口碑宣传，进而扩大旅游品牌效应。

5. 典型案例

（1）机场5G+4K超高清视频旅游景区展示案例

针对所选择的业务演示区域，根据华为基于室内数字化理念推出的无线多频多模深度覆盖解决方案（LampSite）整体规划原则，对现网的部分4G LampSite进行5G演进，部署光电混合缆和预埋模块点位，开启光纤架构的演进（如图4-109所示）。

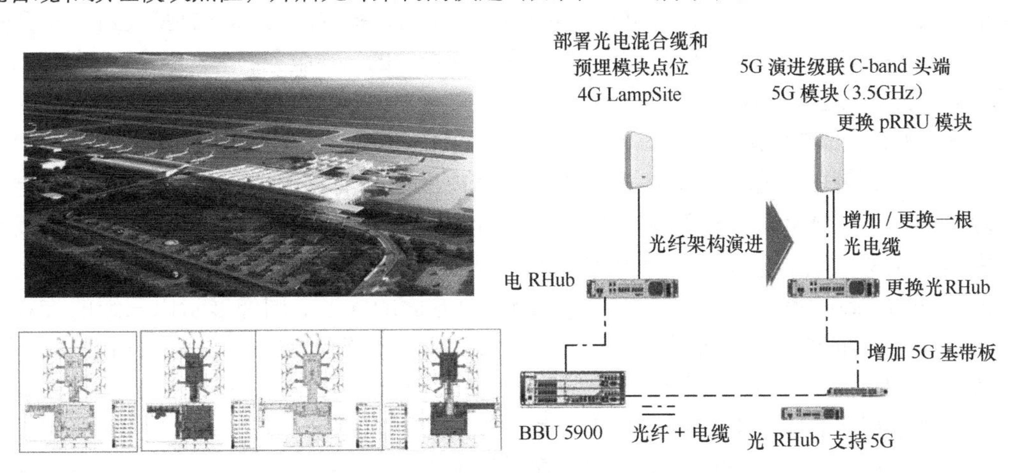

图4-109 机场5G光纤网络演进

在地区门户，通过各路高清视频回传来展示区域丰富的旅游资源，如通过 4K 超高清监控摄像头拍摄视频，5G 网络进行数据回传。利用 5G 网络的大带宽能力，实现各路高清视频的同时回传，并利用服务器做好视频拉流，再通过高清矩阵屏幕进行输出，使游客能实时体验现场的 4K 超高清画质。机场演示端采用专用屏幕，用于播放 4K 摄像头获取的视频内容。5G 网络要求提供超过 120Mbit/s 的上行带宽，时延达秒级即可（如图 4-110 所示）。

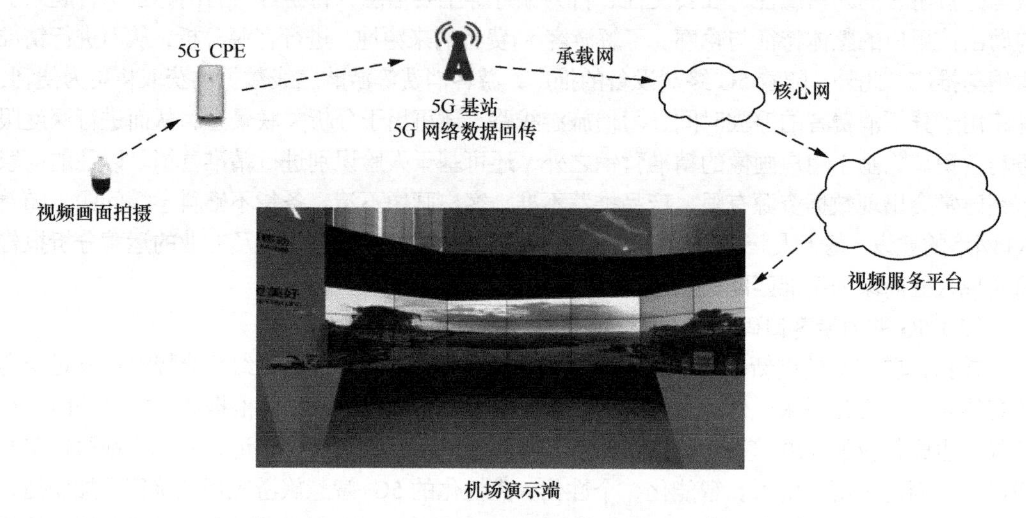

图 4-110 机场 5G 旅游景区展示

（2）5G+AR 实现云南沙溪古镇寺登四方街古戏台历史戏剧表演

腾云信息产业有限公司将历史戏剧用数字情景制作，并通过 5G+AR 技术在沙溪古戏台上进行重现。游客通过“游云南”App 对戏台进行识别，便可再次看到古戏台上正在上演的戏剧。这一应用是使用云服务平台视觉导航技术来实现古戏台的 3D 建模与识别，对不规则的古戏台进行实时的初始化，实现手机扫一扫重现古戏台唱戏的历史戏剧情景。此外，使用三维摄影技术，对古戏台唱戏的历史戏剧进行拍摄，实现与古戏台的一体化融合展示。提供视觉导航技术算法的软件开发工具包（Software Development Kit，SDK）并集成到“游云南”App 中（包括 iOS 和安卓版本），相关数据保存到指定的云端服务器上。结合 5G 技术，实现场景的快速重建与呈现。

➢ 实时定位与地图构建

对三维环境的动态的实时的理解是当前 AR 最重要的技术之一，其核心是即时定位与地图构建（SLAM）。本案例中的 SLAM 问题可以简单地描述为：用手机在古戏台的周围直接对其进行扫描，把手机放到一个陌生的环境中，手机要同时解决对自己的定位（Localization）和环境理解（Mapping）两方面的问题。图像展示以三维的方式叠加在视线中，游客可以手持手机在不同的角度和距离进行观看。在游客移动的过程中，利用 SLAM 技术，系统实时地感知手机的位置以及周围场景的几何信息，从而准确、稳定地将虚拟场景叠加到实际场景中，做到无缝的虚实融合。

从以上场景中可以看出手机屏幕显示在实体建筑上的历史记忆。例如，利用 SLAM 技术对领导人在西柏坡的生活场景进行建模，同时对手机进行定位，再将历史记忆按照用户的位置与实体场景融合起来，如图 4-111 所示。

图 4-111 AR 场景还原西柏坡生活场景

➢ 工作原理

使用视觉导航技术算法对古戏台进行三维信息还原，在古戏台的三维数据采集过程中无须接触古建表面，最大限度地保护了古建的原貌，且采集速度比固定扫描仪快数倍。SLAM 的点云数据可以快速构建古建的全方位立体空间，并记录古建中每个要素的信息。

使用 3D 建模技术，对历史戏剧进行真实人物拍摄并生成三维动画模型。使用结构光立体视觉方法，将标准的光栅条纹结构光投射到物体表面，投影光条跟随物体表面形状的起伏而发生变化，摄像机拍摄物体表面的图像，从被物体表面形状所调制了的条纹模式中提取出物体的三维信息。这种结构光立体视觉方法以光学三角法测量理论为基础，在测量之前先要对摄像机和光学投影仪进行标定，并使用专业的摄影棚对多组光源（频闪红外光）和摄像机进行标定组合拍摄（如图 4-112 所示）。

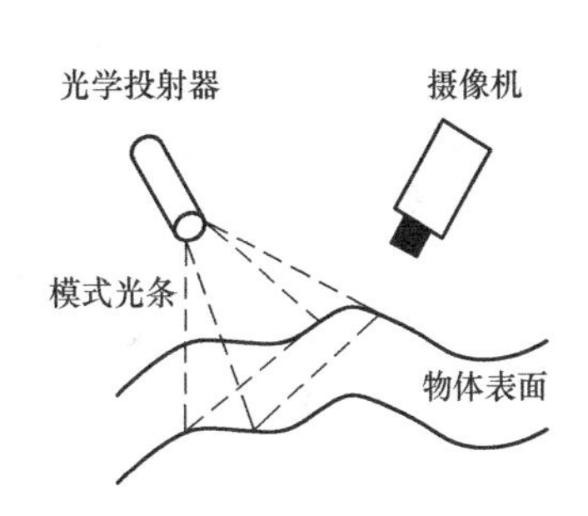

图 4-112 拍摄原理

视觉导航技术算法支持 3D 物体识别，支持不规则物体的实时初始化，不需要任何辅助标识。

视觉导航技术的 SDK 相关参数如下（以高通骁龙芯片 Snapdragon 820 为例）：

跟踪耗时：平均每帧耗时<20ms。

包体大小：iOS 端（微处理器架构 ARMv7+v8）<3MB；安卓端（ARMv7 程序包）<5MB。

CPU 占用：≤60%。

内存占用：≤60MB。

本案例中的模型加载与 3D 戏剧场景重现需要加载的模型文件较大，利用 5G 技术加快加载，是传统通信速度的数倍，体验更加顺滑。

（3）5G 景区智慧安防应用案例

➢ 5G+机器人景区安防应用

景区 360 度地面全天候巡检具有综合的智能安防平台，可进行自主绕障、自主充电、火灾预警、异常告警联动、智能环境感知（空气质量、气体检测）等，巡逻可进行数字化人脸识别，对 5G 网络的要求包括：移动信号接入 CPE，回传 4K 高清巡检画面，投屏在景区监控中心，要求 CPE 上行带宽超过 50Mbit/s（4K），端到端时延在 20ms 左右（如图 4-113 所示）。

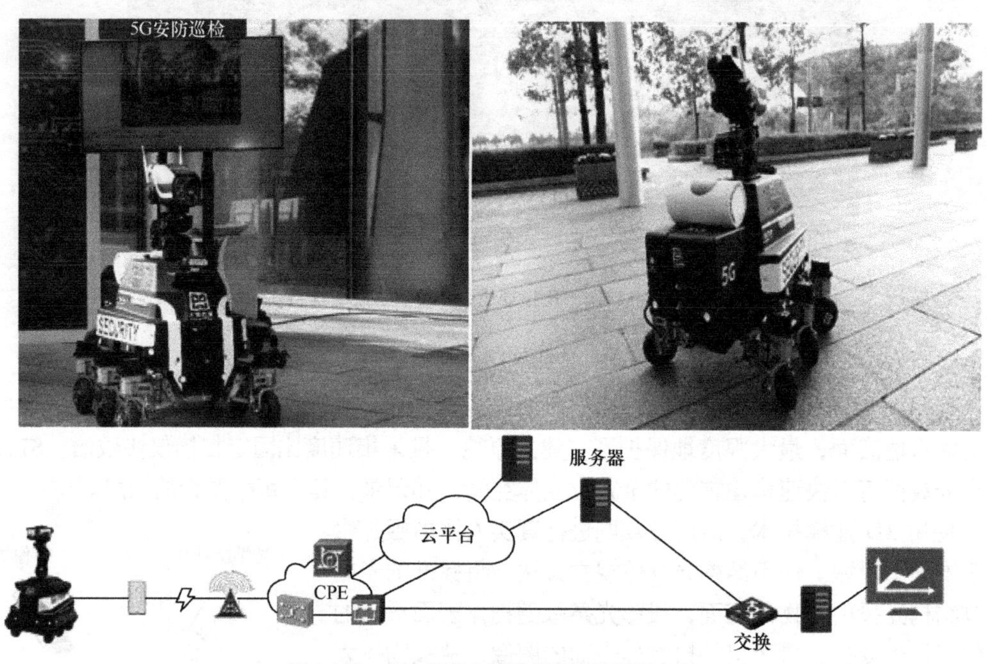

图 4-113　5G+机器人景区信息跟踪服务应用

➢　5G+高清视频景区安防应用

针对重要景区，安装 4K 监控摄像头，完成视频采集、拼接处理、视频流处理。通过连入 5G 网络的 CPE 将 4K 视频通过上行链路传输到推流服务器中，经现场拉流分路显示，在景区监控平台展示，从而提高景区的安防水平（如图 4-114 所示）。

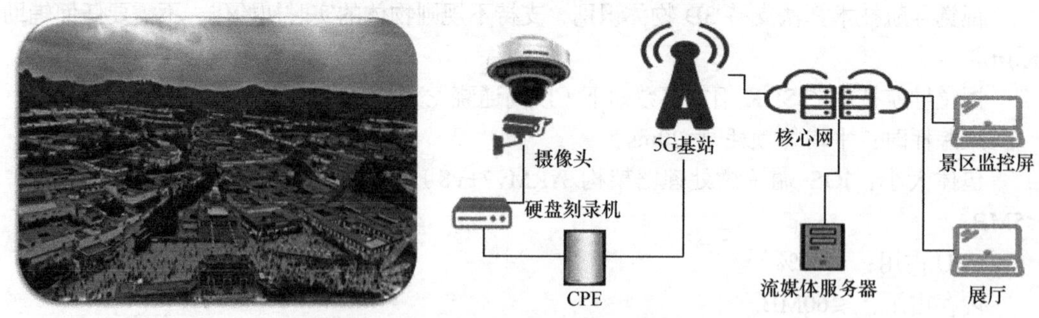

图 4-114　5G+高清视频景区信息跟踪服务应用

➢　5G+AR 景区安防应用

针对重要景区的安保，通过 5G+AR 实现 S 级人脸识别，提升安防效率和水平。AR 眼镜连接云端数据库，实现 S 级人脸识别；数据上传到云端数据库进行数据分析，识别人脸，并反馈到 AR 眼镜上，如有异常及时告警；安保人员收到实时告警，可以及时采取行动。该应用对 5G 网络的要求包括：提供 20Mbit/s 以上的上行带宽，对时延的要求不高，达到秒级即可（如图 4-115 所示）。

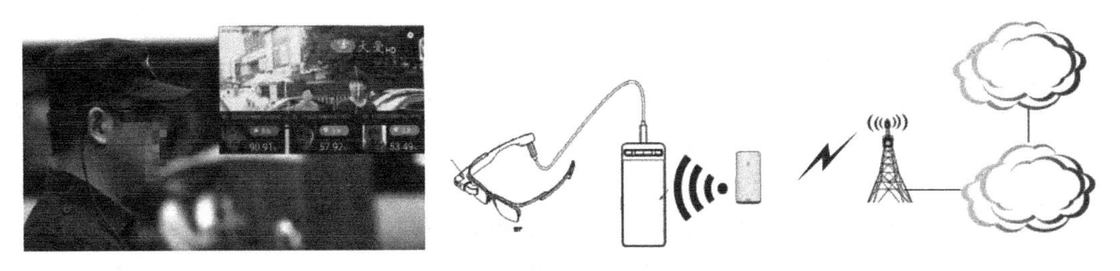

图 4-115　5G+AR 景区信息跟踪服务应用

4.10.4　挑战与展望

初期阶段智慧旅游领域的 5G 示范应用已落地，但智慧旅游的长远发展仍面临着一些问题和挑战。5G+智慧旅游的深度应用将会是一个漫长的过程。智慧旅游领域的 5G 应用需要从实际出发，以效用为导向，从是否提高了景区景点、涉旅企业的公共服务水平，是否提升了旅游行业管理部门的综合管理能力等方面来考量，切实通过科技创新促进旅游产业升级。5G 将推动智慧旅游产业进入加速发展的数字化新时代，保障 5G 与旅游产业发展的健康互促，这一过程中需要注意以下几点。

（1）注重景区通信基础设施建设

综合 5G 在智慧旅游领域的应用前景和应用现状，5G 将为智慧旅游提供基础设施升级支撑。近年来，全国范围内的旅游信息化基础设施领域已有长足的发展，但各地区基础设施建设参差不齐。由于智慧旅游所需的信息化基础设施种类多，建设成本高，建设周期长，再加上各地区信息化基础水平仍有较大的提升空间，因而需要不断提升基础设施建设水平以适应智慧旅游的发展。此外，随着智慧景区建设的深入，各种各样的功能实现将依赖于 5G 网络，景区需要加强顶层规划方面的设计，兼顾景区当前的业务需求与未来的业务量及种类增长的需求。在前期及时部署 5G 网络，后续可根据无线通信技术发展以及需求发展选择 5G 技术构建 mMTC 和 uRLLC 等物联网应用场景。

（2）尽快奠定 5G 应用的数据基础

5G 网络将为旅游大数据提供更开放的平台，进一步提升旅游大数据的广度和深度。需要加快推进旅游目的地管理部门和旅游企业的信息化、数字化建设步伐，推动各方资源的整合、集成和融合，推动旅游潜力的持续挖掘和应用，实现各类资源的融合共享。当前国家大力提倡发展全域旅游，重点是实现区域资源有机整合、产业融合发展、社会共建共享，这就要求打破传统旅游发展的瓶颈，丰富完善全域旅游背景下的旅游要素数据，为 5G 网络环境下的旅游管理和服务提供数据支撑。

（3）综合考虑 5G 应用的安全问题

5G 基于“扁平”的架构可能会增加移动基础设施遭受网络攻击的风险。此外，5G 新技术应用的快速发展，加快了智慧旅游领域各应用的数据流通，面对参与的主体多、涉及的领域广、安全的风险高等问题，需要综合考虑5G应用的安全性，一方面保障5G基础设施的硬件安全，另一方面切实保障公共数据和个人隐私数据安全，加强信息收集、存储、使用等流程的管控，为5G应用营造良好的安全氛围。

（4）建立5G应用不同场景下的网络标准体系

5G将给旅游行业的众多应用场景带来全新的体验，但是不同的应用场景对网络的需求差别较大，目前缺乏标准规范来定义智慧旅游中5G应用的网络指标要求，缺乏标准体系的建立，因而需要针对不同的应用场景建立标准体系。

综上所述，5G时代将给智慧旅游产业的发展带来巨大改变，将丰富旅游产品和服务供给，有效提升目的地的智能化管理和服务水平，为游客提供更加丰富、多元的旅游消费体验。5G时代的智慧旅游将成为旅游产业高质量发展的新引擎。

4.11 智慧会展

4.11.1 概述

智慧会展在宏观上的定义是以客户体验为主轴，以会展数据为核心，以互联网技术为手段的智能化创新性会展智慧体验；从经济微观视角来看，“智慧会展”是依托互联网大数据、云计算、AI、物联网等技术工具实现线上线下互动融合，对商品物流、信息技术资源进行整合，推动会展经济智慧发展、高效运营的综合服务体系。

在信息化、科技化的时代背景下，服务业正在告别传统的操作模式，进入一个以物联网、移动互联网技术为核心的智慧时代。会展业的发展方式也告别了传统的“粗放型”而向“智慧型”迈进。与传统会展相比，智慧会展不仅聚集了传统会展直观的宣传推广方式，为参展商与观众搭建了面对面交流的平台，还结合了信息技术，并将技术应用于展前、展中、展后，线上及线下，让展会的信息资源共享更加及时快捷，其操作运行向质量效益型的集约增长转变。

智慧会展引入了先进的物联网技术、移动互联网技术，以及大数据的分析和服务，对展会进行智慧管理和智慧运行，围绕会展营销活动的整体环境改造智慧化进程，包括策展、组展、场馆管理、会展运营、会展服务的全过程，采用智慧技术应用对决策的资源分析、选择以及会展效果进行反馈评估，并使用与策展、组展、场馆相关联的应用平台集成展览、展示效果的技术应用，从而达到智慧配置、智慧管理、智慧运行的效果。智慧会展的关键在于信息的共享、资源的有效利用以及管理的精细化，使展会的信息传达更加便捷、迅速，决策更加准确，执行更加快捷。

智慧会展经济的发展本身是一种需要与其他关联行业紧密结合的产业经济发展模式，其上下游的产业链涉及多方服务和协同参与。而智慧会展作为智慧城市系统的重要构成部分，要想在更高层次上实现智慧化发展，绝非仅靠单打独斗就可以实现。从以往大型会展活动的举办经验来看，城市会展业的发展往往会引发阶段性的交通拥堵、停车难、住宿餐饮紧张等现实问题，究其原因还是会展信息的不对称，互联网信息平台缺少上下游产业的服务供给信息，给参展商、主办方和观众带来不便。因此，智慧会展需要城市系统中的智慧交通、智慧旅游、智慧商务、智慧安防、智慧社区、智慧物流等行业的数据支持和智慧服务（如图 4-116 所示）。

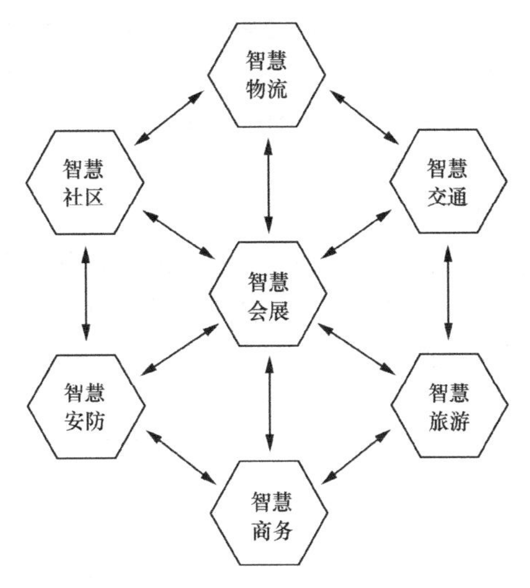

图 4-116 智慧会展的应用

4.11.2 系统架构

智慧会展的系统架构是以云计算/云存储平台作为基础运行环境，利用虚拟服务器、虚拟存储等技术实现机房安全环境、部署环境的统一管理，以数据中心为信息交换、数据处理与数据深度挖掘的平台，以物联网及会展 App 软件作为数据采集手段，以互联网作为数据传输通道，实现丰富多彩的可视化会展交互体验（如图 4-117 所示）。

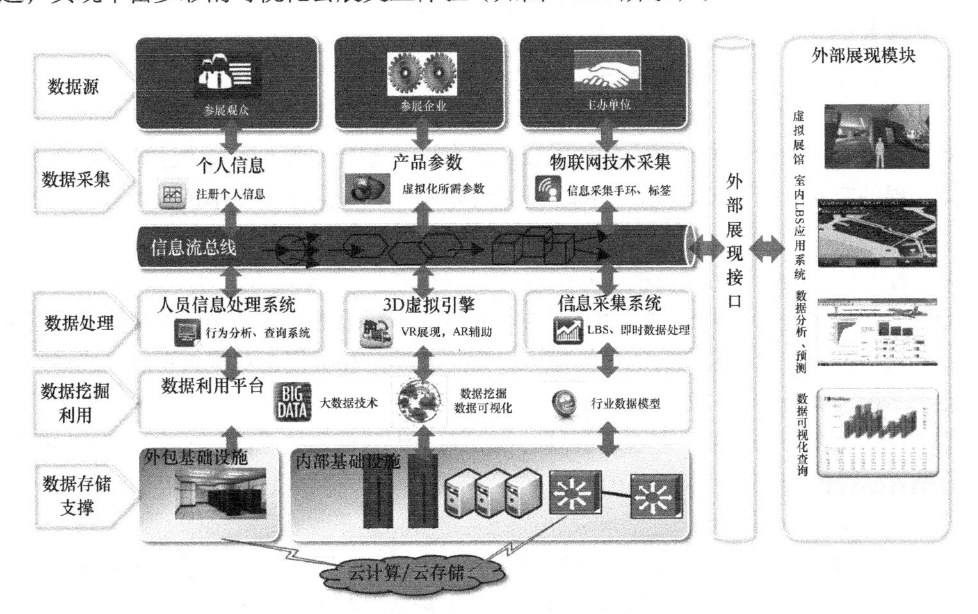

图 4-117 智慧会展系统架构

4.11.3 应用场景及案例

智慧会展是面向会展行业的企业资源管理系统，以客户为中心配置企业资源，运用身份识别与精准定位技术，实现会展信息化，从而提升交易量，并真实地还原展会现场，打破传统展会时间和空间的限制，打造全年无休的网络会展。

（1）服务平台的概念、功能与核心技术

➢ 智慧会展服务平台的概念

智慧会展服务平台是基于云计算、物联网、大数据等应用技术，实现线上、线下互动的智慧会展体系。它整合了展馆方、主办方、参展商、观众和不参展企业的需求，为他们提供无限、便捷、有效的会展智能化服务。

➢ 智慧会展服务平台的功能

智慧会展服务平台覆盖了策展阶段、展览阶段和展后阶段的不同时期，采用线上与线下相结合的方式，着力打造"永不落幕"的会展。

比如：在策展阶段，参展商可以进行线下展位的在线预选，根据自身需要在资金可控范围内考虑展位的位置、朝向、面积等，同时，服务平台为预选展位提供可视化的动态客流量模拟，辅助参展商进行选择；参展商选定展位后，可以网上预览展位的 3D 模型，预先思考展品的摆放、归置等问题。

展览阶段，参展商可根据所提供的路径快速、准确地找到所需对接的其他参展企业，以提高交易效率。同时，参展商也可以同步网上参展，实现实体展位和互联网展位两大平台的信息互补。

展后阶段，参展商还可以在线上继续展出，通过 3D 技术在网上布展，实现实体展位的虚拟化。

除参展商外，智慧会展服务平台还为展馆方、主办方、观众和不参展企业提供了有特色的个性化服务。

➢ 智慧会展服务平台的经济性

以不参展企业为例，这些企业大多都是行业内的中小企业，一方面运营成本低，另一方面又对展会有需求，希望通过展会找到发展的机会。智慧会展服务平台为这些中小企业提供了虚拟会展的空间，突破了时间、空间、地域等限制，大大降低了中小企业的运营成本，提高了效率。

➢ 智慧会展服务平台涉及的核心技术

智慧会展服务平台主要通过 O2O 模式实现线上与线下的互动，采用人员信息处理系统来分析观众的行为方式，建立行为数据模型，为主办单位和参展企业提供智能化选择展位和规划参观路径的服务。

智慧会展服务平台的建设是在云计算、物联网、大数据等技术的基础上，通过 3D 虚拟化引擎技术，达到智能化服务的目的。

（2）智慧会展 App 应用

智慧会展 App 具有一般 App 的功能特点——依托 5G 网络和移动智能终端设备实现随时、随地、随身使用。5G 网络能够提供低时延、大带宽、高可靠等丰富的应用场景，让参展商、观众可以在任何完整或零碎的时间内使用，移动用户可随时随地方便地接入无线网络，同时进行诸多应用。不论是在展前、展中还是展后，无论使用者是否在展会现场，会展 App 都有可能为其提供多种功能的全方位服务。

同时，智慧会展 App 还具有自身独特的功能特点——由于会展是由特定主办者、组织者，在特定时间、特定空间，针对特定人群（特定参展商和观众）举办的面对面的（虚拟会展除外）交流沟通活动。因此，无论是通用型会展 App，还是专属型会展 App，都是在会展举办期间，在会展场地，为了满足会展活动需求而使用的。通常，会展 App 依据其功能特点，被分布于社交、通信、商务、财务、实用、工作效率化等类别中。下面对国外主流的会展 App 结合其独特的功能特点进行简要介绍。

➢ 观众导览：获取信息，安排行程——以 Show Guide 和 MyFairs 为例

Show Guide 是由 Rivermatrix Technologies，Inc.开发运营的收费应用，与 iPhone、iPad、iPod touch 兼容，软件语言为英文。

Show Guide 目前仅供 iOS 用户下载使用，可以使用户实现无纸化参展活动，帮助会议或会展组织者增加其“绿色”指数。该款 App 旨在为与会者提供一个方便的工具来帮助其参与到会展活动之中，而无须携带笨重的印刷指南。此外，该款 App 可以允许会议或展览的组织者上传会场地图、会议论文及展商小册子供使用者下载。

具体而言，这款名为 Show Guide 的会展 App 有如下功能特点值得关注：下载可用的与会者名单及内容；同时存储多个会议/展会内容；为每个事件创建定制的行程；查看展览的楼层地图；查看本次会展活动已注册参展商的详情清单；通过减少纸质印刷指南来减少二氧化碳排放量；额外的会展活动过滤搜索功能；对参展商全方位的支持。

MyFairs 是由 AUMA e.V.（德国会展业协会）专为 iPhone 开发的收费应用，有英文和德文两个版本。MyFairs 提供重要的数据和信息，帮助用户为参与交易会做好准备。MyFairs 将用户链接到 AUMA 的交易会数据库中，帮助用户方便地找到交易会的地址、日期等信息。用户可以存储选中的信息并收藏在 iPhone 中，还可以在任何时间以电子邮件或电话的方式联系组织者和项目团队。

AUMA 的交易会数据库涵盖全球 5000 多场展览和交易会，数据永久可查且每日更新。数据库按照地区组建，包括“德国”“全世界”和“海外参展计划”3 个部分。其中，可查的数据包括交易会的核心数据、组织者、项目团队以及关于参展商和观众的详细统计资料。

AUMA 的交易会数据库主要具有以下几个功能：一是搜索，根据分支机构、地区、日期、主题和组织者进行搜索；二是收藏，通过添加个人标签和评论来收藏交易会和数据，每次网络链接时，收藏内容都会进行更新；三是个人信息管理，在日历和 iPhone 联系人列表中整合搜索结果和收藏结果，并存储其中的电话、电子邮件、因特网入口、谷歌地图上的位置信息；四是设置，定义个人的分支搜索为标准搜索，输入个人所有的公司总部使其成为“海外参展计划”的搜索目标；五是语言，通过设置国家来选择语言。

➢ 社交维系：扫描名片，关联社交网站，分享联系人——以 Business Card Reader 和 Bump 为例

Business Card Reader 是由 SHAPE GmBH 开发的名片扫描应用，目前已有适用于 iOS、安卓以及黑霉等系统的版本。使用 Business Card Reader 时，只需对着名片拍张照片，就可成功添加一名新的联系人，这是因为 Business Card Reader 运用先进的文本识别技术读取图片信

息，并将名片信息存储到通讯录的相应位置，整个过程仅需几秒就可完成。

Business Card Reader 可以识别英文、法文、意大利文、德文、西班牙文的名片，此外还有专为中文、日文和韩文开发的特别版本。Business Card Reader 扫描名片后，可以直接在社交网站 LinkedIn 中搜索该联系人并获取其信息。

Bump 是由 Bump Technologies，Inc.开发的社交类免费应用，在所有安卓和 iOS 设备上跨平台工作，目前在 GooglePlay 上的安装次数已达 1000 万～5000 万次。使用 Bump 分享联系人的信息和照片时，只需将两部手机相碰即可实现。具体来说，打开 Bump，将手机与另一部手机轻轻相碰，Bump 将完成剩下的操作：分享联系人，分享联系信息，在 Facebook、Twitter 和 LinkedIn 上保持联系，分享照片；从社交网站和电话联系人中查找与所碰接的人的共同朋友；同步设备，在设备之间移动联系人和照片。

➢ 参展商服务：收集观众信息——以 iLeads 为例

在国外的大部分会展上，每一位观众的参观卡上都带有条形码，且条形码中存储了观众的个人信息；在参展商的展位上，只需要一台读取设备（无须接入因特网）就可以读取到观众信息，而不再需要名片或者手工登记：这种设备叫作手提条码扫描终端机。基于云计算的手提条码扫描终端机是参展商最方便的选择，iLeads 是基于手提条码扫描终端机而开发的会展行业中最早的移动应用。当用户在展会上运用 iLeads 时，需要数据访问许可证书，且该证书是收费的。

展位工作人员可以使用 iLeads 进行联系人管理，随时随地捕捉销售线索；对线索添加行动项目和注意事项；现场报道，进行实时线索数据分析并报告；将数据备份并同步到安全的网站。对于参展商来说，iLeads 是相对简便且价格较低的手提条码扫描终端设备产品。通过 iLeads，参展商能够“即刻下载来访的观众信息”“到处收集线索”“获取更好的观众信息”，并且“即刻在线访问线索”。

➢ 移动刷卡支付——以 Square Register 为例

Square Register 是由 Square，Inc.开发的移动刷卡支付应用，用户（消费者或商家）利用 Square，Inc.提供的移动读卡器，配合智能手机，可以在 5G 或 Wi-Fi 网络状态下，通过 Square Register 匹配刷卡消费，使消费者和商家可以在任何地方进行收付款，并保存相应的消费信息，从而大大降低了刷卡消费支付的技术门槛和硬件需求。对安卓和 iOS 的移动设备来说，Square Register 的具体功能主要有记录现金付款、接受信用卡/借记卡支付、接受 CNP 支付、接受方钱包（Square Wallet）支付、接受工作人员的付款、查看交易历史记录、多个自定义税率、针对具体项目定制税率、项目管理等。

Square Register 由推特创始人 Jack Dorsey 创建，目前每月可处理 100 万笔交易，每天的交易额在 300 万美元左右，读卡器出货量达 50 万台。最近，Square，Inc.还推出了电子卡包和 iPad 电子银台等最新产品。

➢ 专属型会展 App 全方位的功能——以 MEDICA 为例

MEDICA 是德国杜塞尔多夫国际医院及医疗设备展览会（MEDICA）的专属型会展 App，由杜塞尔多夫展览有限责任公司开发运营，在 GooglePlay 中属于商务类应用，具体功能如下。

这款 MEDICA 的官方 App 可以为用户提供关于杜塞尔多夫世界医学论坛的全面信息。该 App 完美整合了 iPhone 和 iPad 的离线搜索功能，利用谷歌地图链接和互动平面图帮助用户精心准备参加德国杜塞尔多夫国际医院及医疗设备展览会的行程及安排。

互动网站和大厅地图提供完善的指导，以及大范围无极变焦电子地图和参展商的完整信息。用户可按照个人喜好跳转到大厅，查看所有的展台。点击地图上的数字可进一步查看会场和所有参展商的信息及参展商所提供的产品，即使手机处于飞行模式（离线状态），也可正常使用这些功能。

用户可以通过 News 选项来查看展前、展中、展后的各种信息及最前沿的资讯，包括新闻、访谈、视频、照片等。此 App 的开发者承诺将持续独家报道相关的新闻、访谈。

在 Info 选项卡中，用户可以查看有关此次展览的所有细节，如开放时间、门票价格、联络点等。该项功能可帮助参会者更好地准备行程。此外，综合性日历和谷歌地图等其他资讯也可装在用户的 iPhone 或 iPad 上。

5G 在智慧会展初期的应用主要集中在视频类业务方面，如 5G+8K 移动点播、5G+VR 实时直播、5G+超清新闻直播、5G+AI 人脸识别、5G+云游戏等。依托 5G 网络的智慧会展的组网结构如图 4-118 所示。

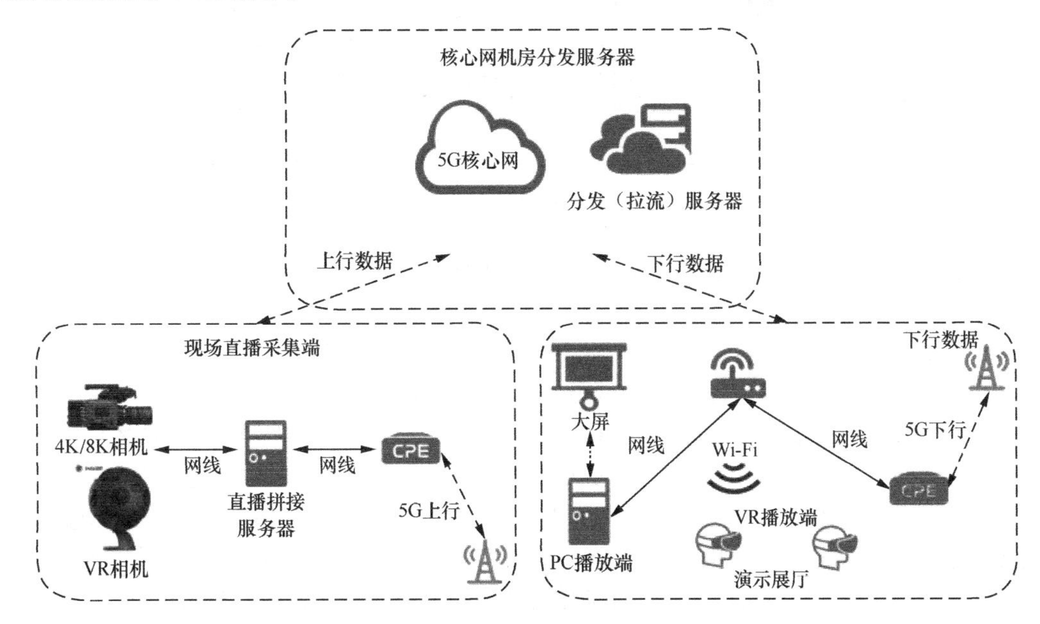

图 4-118 智慧会展组网结构

5G 智慧会展后期，网络切片逐渐成熟并融合工业物联网，实现万物互联后，有望实现不受地域和时空限制的沉浸式会展，从而引发会展业的信息技术革命。

（3）智慧会展应用案例

在 2018 年首届进博会上，中国电信联合诺基亚、英特尔等业内领先厂商尝试 5G 新网络、新应用，开展了智慧会展的创新应用，展示了 5G+AI、人脸识别、5G+云游戏、5G+8K 超高清视频点播和 5G+720 度 VR 直播等业务。进博会的英特尔展区和诺基亚展区，通过中国电信上海分公司的 5G 网络，联合展示了 5G 技术在多个行业的多场景下的应用示例。这些展示有力地体现了中国电信联合产业合作伙伴在 5G 上的业务创新，也让海内外参展商、采购商深入体验了未来的 5G 新业务。

之后，随着 5G 智慧会展技术在世界范围内的推广普及，各类智慧会展应用如雨后春笋般不断涌现，在各大会展场馆大放异彩，给参展者和观众带来沉浸式的梦幻体验。

➢ 5G+4K/8K 移动点播

通过 5G 网络及智慧会展平台可点播 4K/8K 视频，并在 4K/8K 无线大屏电视上播放。在 5G 发展初期可实现单路 8K 或多路 4K 视频移动播放，待 5G 网络切片技术成熟后，有望实现 8K 视频的移动播放与组播（如图 4-119 所示）。

图 4-119　5G+4K/8K 移动点播

2018 年，中国电信率先应用 5G，以保障进博会的顺利召开。进博会期间，结合 5G 网络的大带宽、高稳定特性，中国电信在商务区的公共区域、酒店客房等区域尝试运用 5G+8K 技术，为来自世界各国的来宾展现世界上最快的网速及最高清的画面。

SKT 拥有韩国最大的流媒体平台 oksusu，用户超 1000 万，可通过 140 个频道提供 17 000 部电影、电视剧和视频点播，如图 4-120 所示。SKT 在 oksusu 中推出了 SKT 5GX 部分，包含 3 个不同的菜单：VR、5GMAX、UHD：VR 菜单提供偶像明星、体育比赛和电影相关的各种 VR 内容；5GMAX 视频模式允许 VR 头显用户在虚拟 IMAX 风格的屏幕上点播观看 4K 电影、纪录片和极限运动；UHD 菜单提供 4K 超高清版本的戏剧、综艺和音乐等内容点播，观看超高清视频时，用户可以捏住屏幕缩放将图像放大 4 倍，而不会降低画质。

图 4-120　流媒体平台 oksusu 应用展示图

➢　5G+VR 实时直播

通过 5G 网络实时上传超高清摄像机拍摄的多路视频以合成 VR 特效，并传送至无线 VR 终端，实现展台 8K 的 VR 直播以及超高清 VR 互动（如图 4-121 所示）。

图 4-121　5G+VR 实时直播

在乌镇举办的世界互联网大会上，浙江移动联合华为完成了乌镇 5G 网络的早期规模部署，形成了连续覆盖的网络。双方进行了 5G 规模网络测试验证，达到了最高 2.7Gbit/s 的网络速率，并实现了 5G+8K 直播创新业务体验。5G 的超高速率可以有效支撑 8K 超高清视频等通过无线环境进行传播。通过 5G 基站，借助搭设在乌镇“水上集市”的摄像头，观众可以在超高清显示屏上实时观赏乌镇的风景，从小桥流水到沿河的江南建筑，一切都纤毫毕现……5G 带来的超高速、低时延网络，让超高清移动直播成为可能。

全国第二届青年运动会通过太原移动的 5G 网络、IPTV 平台、中兴通讯 5G 智慧场馆直播方案为现场终端用户及 IPTV 用户提供了“不同机位自主看”“屏幕远近伸缩看”“360 度随意看”三大 5G 场景下的创新观赛体验（如图 4-122 所示）。

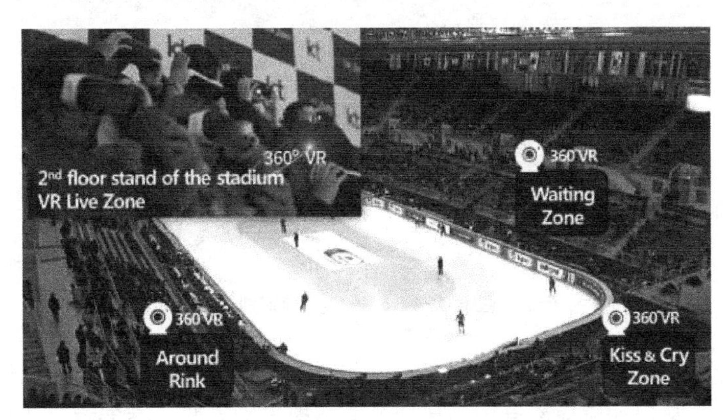

图 4-122　全国第二届青年运动会 5G 直播

➢　5G+超清新闻直播

通过 5G 无线摄像机进行实时新闻直击采访拍摄，并将拍摄内容传送至新闻录制中心，实现全方位无死角的超清新闻直播（如图 4-123 所示）。

图 4-123　5G+超清新闻直播

LG U + 的“U + 职业棒球”和“U + 高尔夫”支持多角度观赛和多屏播放，能够展示球的飞行轨迹和选手数据统计，还支持击球动作回放，用户可自由调整视角，从任意角度观看球员的击球动作；“U + 偶像直播”提供韩流偶像团体演出的视频直播和录播，在年轻女性用户中最受欢迎。

➢　5G+AI 人脸识别

通过超清摄像头实时采集来往展台区域的人脸信息，并以 5G 网络推送到智慧会展平台进行智能即时识别，而后在电视屏幕上显示识别结果，包括年龄、性别、是否来过展台等信息（如图 4-124 所示）。

图 4-124　5G+AI 人脸识别

进博会采用“人脸识别”核身机系统，利用 5G 网络的低时延、大带宽特性实现人脸的实时、高清识别。从自动感应参展证信息到高速抓拍识别人脸，参展者自然行走无须停留，1s 内即可“无感”入场。

➢　5G+云游戏

通过 5G 网络传送交互式游戏数据，并通过 MEC 边缘节点进行逼真场景渲染，实现使用无线游戏终端畅玩低时延、高带宽的云游戏。

KT 和优必达（Ubitus）合作推出了 Wizgame 云游戏服务。优必达是云游戏平台解决方案商，开发出了全球第一个商用云游戏平台。基于云游戏服务，KT 的 5G 用户可以享受多款云游戏体验，例如 LuVRevolution 和点击型动作 RPG《RO 仙境传说：点击 H5》。

微软的云游戏平台 Project xCloud 可以将游戏主机 Xbox 游戏移植至云端，通过 xCloud 手机软件，用户无须下载就能在智能手机上玩 Xbox 上的游戏大作。SKT 与微软联合推出了 5 款游戏，其中包括 PearlAbyss 开发的黑色沙漠。黑色沙漠是韩国的代表性 MMORPG 游戏（大型在线角色扮演游戏），目前已在 150 个国家上架，拥有 2000 多万名玩家。用户可以在三星 Galaxy Note10＋手机上，利用 xCloud 平台、5G 网络驱动黑色沙漠，游戏进行时几乎不会出现延迟现象。

4.11.4　挑战与展望

在智慧地球、智慧城市等新生科技文化引发的智慧浪潮中，“智慧”被科技发展赋予了诸多新理念，已逐步发展成全新的生产模式和生活方式。智慧会展作为智慧城市发展的一部分，如今已在很多地区被纳入“十三五”建设规划之中，如上海、广州等城市在“十三五”发展规划中就明确提出要以城市的智慧会展为立足点，推动会展行业的智慧化与标准化发展。

随着 3GPP 制订的 5G eMBB 类场景标准的冻结，大带宽、低时延的 5G 网络已被公认为是推进会展业智慧化升级的重要基础设施，各类围绕超高清视频业务的智慧会展试点应用正如火如荼地开展。

预计待 3GPP 制订的 5G mMTC 类场景标准冻结后，工业物联网将会借助 5G 网络与智慧会展的深度融合，实现没有地域和时空限制的沉浸式会展，引发智慧会展业的革命。但智慧会展在引发会展业革命的同时也将带来以下挑战。

一是 5G 移动通信设备相对 4G 功耗翻番、密度增大，对智慧会展建筑的通信机房及电信间的空间、电源、线槽/架等通信配套基础设施资源提出了更高的需求。

二是智慧会展革命的成效取决于 5G 对 eMBB 与 mMTC 两种业务形态的融合，因而对 5G 网络切片与边缘计算的发展提出了迫切要求。

三是受限于终端 2T4R 的发射能力，5G 在不同分辨率模式下的多播和组播能力尚待测试验证，对于某些上行要求高的场景是否能发展出体积稍大但发射通道数更多、上行容量更大的工业级终端有待长期跟踪观察。

四是更加依赖网络安全的保护。随着 5G 深入到各行各业的各个方面，它将迅速成为每个国家关键基础设施的一部分。据 GSMA 预测，到 2025 年，互联网设备的数量将增加两倍，达到 250 亿台。这意味着系统将越来越复杂，需要保护的部件也越来越多，但 5G 技术的一大特点是工程师无法清楚地隔离系统中敏感且受限制较少的部分。

综上所述，实现会展业的转型升级和健康发展还面临很多挑战和现实问题。但我们相信，在这个产业互联网的时代，以 5G 为代表的新型信息技术与会展业的加速融合必将作为强劲的动力促进智慧会展产业的更迭发展。

4.12 5G 应用助力疫情防控

4.12.1 概述

2020 年 1 月，新型冠状病毒肺炎疫情暴发于武汉，并快速蔓延至全国，病患数量逐日激增，武汉关闭全线出入通道，全国各省（自治区、直辖市）相继启动公共卫生事件一级响应。

面对这场突如其来的疫情，以 5G 为代表的信息技术迅速地投身于战“疫”第一线，全力保障通信网络和信息服务的高效畅通，为疫情防控提供了切实的帮助，为恢复生产、减少人群聚集、阻断疫情传播做出了巨大贡献，成为疫情防控中的“神兵利器”。正如邬贺铨院士所指出：突如其来的疫情给刚起步的 5G 网络建设与产业发展带来了很大困难，但也催热了对 5G 的需求。就像 2003 年的非典疫情促成了电商、在线游戏的大发展一样，5G 在此次疫情中的逆势开局，展现出了今后更为广阔的顺势而为之路。

4.12.2 应用场景及案例

5G 作为新一代移动通信技术，与 AI、大数据、云计算等技术融合创新，并应用到全国各地、各类场景的疫情防控工作中，有力支撑各级政府开展疫情防控、复工复产等各项工作，在此期间涌现出了一批典型的应用案例。

1. 5G+远程会诊

5G+远程会诊依托 5G 网络的大带宽、低时延、高稳定性等特性，可完成远程的医疗诊断，提供医学数据和信息的实时传输和调阅。疫情期间，5G+远程会诊系统快速在全国各大医院落地，并在疫情防控过程中得到了实战应用。借助 5G+远程会诊系统，全国各地的医疗专家可以与一线医务人员一同对病患进行会诊，在一定程度上缓解了一线医务人员的工作压力，降低了医患直接接触的风险，也使患者的救治不再受时间、空间限制，大大提升了医生的会诊效率，提高了准确率，促进了优质医疗资源的下沉。

在武汉，5G+远程会诊系统已经在武汉协和医院投入使用，实现了几个院区之间，以及与北京协和医院等外地医院间的互相联通、协同会诊。在远程会诊中，双方的专家可以就患者的病例进行详细分析、商讨，共同研究制定治疗方案。

在四川，由四川卫健委和华西医院共同打造的 5G+远程会诊系统，覆盖了全省 27 家定点医院，并成功完成了多例新型冠状病毒肺炎患者的远程会诊。下一步，5G 双千兆网络部署和 5G+远程会诊系统将继续向县区延伸推进，有效提升基层医疗机构的抗疫作战能力。

2. 5G+智能医护机器人

5G+智能医护机器人借助高带宽的 5G 网络，能将拍摄的周边环境的图像实时上传至服务器，经过深度学习后，自主进行障碍识别，指引机器人在复杂的环境中按照规划路线顺利前进。借助 5G+智能医护机器人，可在保护医护人员不与病患直接接触的同时，将医生和护士的诊疗、护理服务延伸至患者床边，降低了交叉感染的风险，提升了病区隔离管控的水平，同时有效缓解了医护人员人手不足、资源紧张的困难。

疫情期间，湖北、上海、山东、甘肃等地的多家医院都投入使用了 5G+智能医护机器人，如图 4-125 所示，这些医护机器人可以代替人工完成导诊、消毒、清洁和送药等工作。医院里，导诊台是人流量最大、最拥挤的区域，5G+智能医护机器人进入后，可以在医院大厅进行导诊及宣传防疫知识等工作，这在很大程度上分担了导诊台人员的工作量。消毒机器人可以在疫区进行医药配送，也可适配消毒药水并进行消毒清洁工作。清洁过程的无人化操作不仅节约了人力成本，提高了清洁效率，也在很大程度上降低了工作人员长时间在病区工作而导致感染的风险。

图 4-125　5G+智能医护机器人

3. 5G+AI 智能诊断

在 5G 的赋能下，可实现疑似患者的快速智能诊断。现场采集疑似患者的视频影像、CT 检查数据图像、核酸检测报告等信息，并通过 5G 网络实时传输到远程医疗云平台，经 AI 引擎，实现疑似病例的快速诊断和患者信息入库，大幅加速疑似病例的确诊。将患者的影像数据资料交给 AI 系统，由 AI 辅助诊疗系统给出诊断，替代了医生读片这一复杂工作，为医生提供了决策支撑，同时提高了诊断的效率和准确度，极大程度上解决了影像科医生数量少、误诊漏诊率高、诊断耗时较长等问题。

四川大学华西医院放射科利用 5G 双千兆网络和远程 CT 扫描助手，为远在 300 公里外的四川大学华西医院甘孜医院的 3 例新冠肺炎患者进行了远程 CT 扫描和医学诊断，缩短了诊断时间，提高了准确率，为患者病情的诊治提供了有力支撑。

4. 5G+超高清直播

5G 的发展为超高清视频直播提供了强大的网络支撑。5G 的高速率、低时延特性可以契合高清视频实时直播对带宽的需求；5G 广连接的特性在人员密集的情况下也可以满足用户对网络接入和视频直播的需求；5G 网络具有强大的可靠性和抗干扰能力，可以为直播过程中视频画面的画质稳定性提供保证。

如图 4-126 所示，疫情期间，武汉火神山、雷神山两所医院的工程进展引起了全国人民的广泛关注。为了让全国人民能随时了解施工动态，中国电信联合央视共同推出《疫情 24 小时》高清云直播，全国网民与观众可以通过高性能的 5G 网络和新媒体平台直播，实时观看两所医院的建设进展。在雷神山医院搭建现场还开启了 24 小时不间断的 4K 高清、360 度 VR 直播，用户在直播页面通过手指触控直播窗口或转动手机便能 360 度全景观看施工现场。此次直播对网络带宽和在线直播技术的要求较高，正是充分利用了 5G 大带宽、低时延的特性，才使直播的画面更清晰、信号更稳定，并保证了 24 小时不间断直播。直播间最高同时在线观看人数超过 9000 万人次，数亿网民共同见证了中国奇迹。这场直播提振了人们抗疫防疫的信心，起到了很好的宣传效果。

图 4-126　5G+超高清直播武汉火神山、雷神山医院建设进展

5. 5G+红外测温检测

5G+红外测温检测如图 4-127 所示，可对进出人员的体温以非接触的方式进行快速检测。该检测采用快速热成像技术，配合环境数据算法，通过在目标场所部署的红外测温仪器，对正常步行的人群进行规模化监测筛查，快速查询并定位温度异常的人员，并发出告警，提醒人员进行进一步检查。通过 5G 网络，相关信息可快速传送至监控中心，并辅助相关决策。

在浙江、上海、江苏、四川、广西、广东、福建等地，5G+红外测温检测设备在医院、火车站、机场、地铁站等公共场所推广应用。疫情期间，这种无接触式测温技术可代替传统的体温枪，免去人工逐一测试的步骤，提高高温人群的识别速度以及人员通行效率，有效减少人员滞留，降低二次感染风险，避免筛查工作者因长时间高强度工作而出现的纰漏，有效提高事前预警、事中处理、事后追溯的防疫全流程效率。

图 4-127　5G+红外测温检测

6. 5G+无人机

为有效防控疫情，5G+无人机地空联合立体防疫作业模式得到了广泛的应用。基于 5G 网络的无人机，具备超高清视频实时传输、远程低时延精准控制等能力。

利用搭载高清摄像头的 5G+无人机，进行集中区域的飞行巡检，地面工作人员通过实时回传的画面，可远程监控是否有人员聚集、未戴口罩等情况。发现异常情况后，工作人员可立即利用无人机广播喊话。同时，无人机可循环播放防疫口号。5G+网联无人机喊话作业对百姓来说较为新奇，它能极大地提高群众对隔离防护重要性的认识，而且能够在有效避免接触的前提下，快速发现违规活动人员，及时掌控隔离区域活动，助力社区疾控工作。该应用已经在浙江、四川多地开展了实际应用，对于开展防控监查和防控宣传具有重要意义。

5G+网联无人机喷洒消毒也是 5G 技术在防疫期间的重要应用之一。后台对消杀区域进行三维建模，并实时传输给装载消毒液的无人机，无人机按照航线设计的轨迹，在空中进行消毒作业。相比传统模式下需要操作人员穿戴防护设备在现场操作，5G+无人机消毒可减少人员的直接接触，覆盖范围更广，同时操作更加简便、高效。

7. 5G+远程教育

为阻断疫情向校园蔓延，确保师生生命安全和身体健康，全国各地的学校均推出了延迟开学的政策，远程教育成为疫情期间“停课不停学”的主要手段。基于 5G 网络的远程教育，可为师生提供远程互动教学，教学过程更加自主灵活，不仅能自动跟踪教师动作，达到与现实课堂无太大区别的效果，还能实现远端教室的直播反馈，使学生能够在不同的时间、不同的地点都能像在教室中上课一般，共享教学资源，促进优质教育资源的均衡分配。

安徽省内学校利用皖新移动校园 App 开展教学，通过 5G 网络提供音视频、互动白板、互动直播等多种教学应用场景，实现了在线教育小班课和互动直播大班课等多种授课方式，充分利用 5G 技术解决了疫情期间的教学难题。在河南新乡，中国移动为学校提供“云视讯+和直播”在线远程授课，融合了课前签到、课中提问、师生连麦互动等功能，已累计服务 289 所学校、近 10 万名师生。在福建省的新冠肺炎疫情工作会上，福建省通信管理局表示，5G 在远程教育方面的应用得到了广泛认可，下一步将全面加强网络监测和维护工作，及时响应教育部门和广大师生的网络需求，完善应急预案，保障网络通信畅通，助力网上教学的有序进行。

8. 5G+智慧物流

疫情期间的物资运送尤为重要，因此物流是必不可少的环节。5G+智慧物流的解决方案利用 5G 网络、各类监测设备及智能搬运设备，实现了智能分拣、无人配送，以及物流园区与仓库的安全监控和管理、园区智能搬运设备的远程操控、物流运输的调度与管理，使物流配送更加智能化和便利化。在无人配送过程中，利用 5G 网络，后端管理人员可以通过车身上安装的摄像头看到无人车的实时运行状态，并在紧急情况下进行远程控制，确保了在无人接触的情况下快速、正确地运送防疫物资，提升了物流园区、仓库、物流配送的工作效率和安全性，降低了人力使用成本，提升了物流管理水平。

疫情期间，苏宁物流在北京、南京、苏州三地相继完成了末端无人配送车部署。利用 5G+

无人车，快递员将菜品放入其货仓中，输入发货指令后，无人车可自主规划路线，避开障碍物，送达后返回充电。通过无人车配送的无接触服务，让用户感受到了安全健康的到家服务体验。

北京联通和美团点评合作的美团“无人配送防疫助力计划”率先在北京顺义区落地，利用无人车首次在公开道路进行实际订单配送。在 5G 超高速率、超低时延的网络保障下，可满足无人车运行时每秒消耗的高数据流量。该应用将 5G+无人配送技术应用在配送环节及疫区智能化建设中，降低了人际接触带来的交叉感染风险。

9. 5G+电力无人巡检

5G+电力无人巡检利用智能巡检机器人，搭载超高清 VR 摄像头及红外、温湿度、多项气体检测等设施，充分发挥其实时监测、智能可控、无人作业的特点，替代人工实现安全作业。5G+智能巡检机器人依托 5G 网络大带宽、低时延的特性，实现全流程的巡检闭环作业，从出库开始均无须人工干预，可有效提高隧道的巡视效率和数据采集质量。巡检人员在几十公里外的控制中心部署的巡检平台即可全面实时查勘现场情况，检测元器件的运行状况，并通过 AI 算法预警预判，及时发现线路隐患，减少线路故障，降低输电线路发生风险的几率，确保电网安全，保障电力供应。

中国联通 5G 创新中心和国家电网杭州电力公司共同落地的全国首个 5G 电缆隧道巡检机器人，在疫情期间人员不足、物资紧缺、隧道内密闭空间易造成病毒交叉感染的情况下，为国网杭州供电公司完成了 40 天 24 公里的隧道巡检，在这场疫情阻击战中减少了人工巡检频率，提高了电力巡检的工作效率，保障了疫情中的电力供应，在特殊时期完成了守护万家灯火的特殊使命。

10. 5G+线上文旅

5G+线上文旅通过 VR/AR、全景直播等技术与 5G 网络的结合，充分利用 5G 大带宽、低时延的特性，提升画面分辨率，提高交互处理速度以及传输速度，进一步满足 VR/AR 的交互性和沉浸式体验。随着 VR/AR 技术的发展，人们对虚拟世界的体验感逐渐达到完全沉浸的阶段。5G+线上文旅可使用户随时随地通过 VR/AR 全景直播获得堪比现场的极致体验。

疫情期间，公众积极响应国家号召，改变日常生活习惯，自觉居家隔离，减少外出社交，由此激发了 5G 在娱乐互动领域的创新应用。为支持国家的疫情防控工作，丰富百姓文化生活，推动文旅产业健康发展，中国联通上线了 5G+文旅互动直播服务，使居家百姓在线上就可以游览祖国大好河山，用科技助力中国文旅产业复苏。

4.12.3 挑战与展望

我国目前正处于 5G 网络大规模商用的准备阶段，5G 网络设备的制造水平全球领先，各省市纷纷围绕智慧城市、智慧生活、智慧工厂、智慧医疗、智慧交通等领域，大力培育 5G 应用生态，未来“5G+”模式有潜力伴随各行业互联互通和数字化转型的推进，形成在全球具有先进意义的各类应用场景，并进一步催生面向新一轮科技变革和产业革命的动力产业、先导产业和引致产业，构成现代化经济体系和高质量发展的重要基础。突如其来的疫情在一定程度上影响了中国经济社会的发展，使各行各业面临着重重挑战，给5G的发展也带了一定的挑战。

第一，疫情期间，全国多地区封城封路，工业企业停工停产，5G 网络规划建设在一定程度上被迫后延，5G相关元器件提供商及终端设备制造商受停工停产的影响，无法正常地运转和生产。疫情过后，需加快5G网络建设，扩大5G芯片、模组、终端市场。

第二，中小型企业抗风险能力较差，新冠肺炎疫情的突发对中小企业造成了强烈的冲击，很多企业出现资金短缺、营收下降等问题。同时，5G网络建设成本高、现有基站数量少以及对应芯片、模组、终端发展不成熟，中小企业参与成本、参与方式均受到限制。疫情过后，需加大对中小企业的扶持力度，促使其平稳渡过困难期，为更多中小企业加入 5G 融合应用提供契机。

第三，各行业的信息化基础参差不齐，行业间应用发展水平不均衡，行业需求碎片化，导致应用难以大规模推广复制。离散化的行业市场需求导致研发成本高，行业需求尚未被点燃。产业各领域间需加强供需对接，协同探索融合应用。

第四，目前很多应用受制于网络覆盖，例如，此次疫情中多数应用以室内场景为主，室外移动性场景鲜有部署。未来的基础网络设施建设需进一步加强，加快5G基站建设的速度，进一步完善室外和重点室内区域的覆盖。

2020年3月4日，中共中央政治局常务委员会召开会议强调，加快5G网络、数据中心等新型基础设施建设进度。展望未来，以 5G 为代表的新基础设施建设，正在成为拉动经济增长的新引擎。在这次疫情攻坚战中，5G 融合 AI、大数据、云计算等新一代信息技术，搭载机器人、无人机、无人车等新型终端平台，为打赢疫情防控阻击战提供了全方位科技支撑。5G技术的助力极大地节省了人力和物力的投入，大大提高了疫情防控工作的效率，发挥了新技术在捍卫人类健康福祉中的独特作用，为科技战“疫”提供了保障。

作为占据全球 5G 技术主导地位的国家之一，中国正加速 5G 创新应用。此次疫情让民众、政府、企业等更深入、更全面、更直观地了解了5G技术对于众多行业的积极价值。5G技术以及云计算、物联网、AI等前沿技术，不仅能够推动各行各业转型变革，在特殊形势下，更能发挥出关键支撑作用。面对统筹推进疫情防控和经济社会发展这一全国中心工作，5G应用在抗击疫情的过程中获得了“练兵”的机会，同时也培养了用户的使用习惯，为之后的大发展铺就了通途，为未来5G多样化解决方案的复制推广提供了大量样板。疫情期间，5G技术与超高清视频、无人机、机器人等行业的成功融合树立了示范作用，各类行业应用从测试验证到应用实践，取得了一系列经验，未来将继续在工业、交通、教育、医疗等领域进行快速复制，有效推动更多的5G行业上下游企业依托5G技术实现提质增效。疫情过后，5G的发展空间将更为广阔，应加快 5G 网络建设的步伐，加大相关企业的扶持力度，推动传统产业的转型升级，进一步促进 5G 与医疗、教育、交通物流等各领域的协同创新、融合发展，使5G成为推动我国经济高质量发展和民生改善、社会进步的强大新动能。

缩略语

缩写	英文全称	中文名称
3GPP	3rd Generation Partnership Project	第三代合作伙伴计划
5GAA	5G Automotive Association	5G 汽车联盟
5G-ACIA	5G Alliance for Connected Industries and Automation	5G 产业自动化联盟
ADAS	Advanced Driver Assistance System	高级驾驶辅助系统
AF	Application Function	应用功能
AGPS	Assisted Global Positioning System	辅助全球卫星定位系统
AGV	Automated Guided Vehicle	自动导引运输车
AI	Artificial Intelligence	人工智能
AII	Alliance of Industrial Internet	工业互联网产业联盟
AMF	Access and Mobility Management Function	接入和移动性管理功能
AMOLED	Active-Matrix Organic Light-Emitting Diode	有源矩阵有机发光二极体
AMPS	Advance Mobile Phone System	先进移动电话系统
APS	Advanced Planning and Scheduling	高级计划与排程
AR	Augmented Reality	增强现实
ATW	Asynchronous Time Warp	异步时间扭曲
AUSF	Authentication Server Function	鉴权服务器功能
AVC	Advanced Video Codec	先进视频编解码
AVI	Audio Video Interleaved	音视频交织
AVS	Audio Video coding Standard	音视频编解码技术标准
AWGN	Additive White Gaussian Noise	加性高斯白噪声
BAW	Bulk Acoustic Wave	体声波
BiDi	Bidirectional	单纤双向
BIM	Building Information Model	建筑信息模型
BRAS	Broadband Remote Access Server	宽带接入服务器
CCSA	China Communications Standards Association	中国通信标准化协会
CDMA	Code Division Multiple Access	码分多址

续表

缩写	英文全称	中文名称
CDN	Content Delivery Network	内容分发网络
CEPT	Confederation of European Posts and Telecommunications	欧洲邮电管理委员会
CFS	Customer Facing Service	客户服务门户
CIF	Common Intermediate Format	通用中间格式
CORD	Central Office Re-Architected as a Data Center	中心机房重构为数据中心
CPE	Customer Premise Equipment	客户终端设备
CT	Computed Tomography	计算机断层扫描
CT	Communication Technology	通信技术
CTIA	Cellular Telecommunications Industry Association	美国无线通信和互联网协会
D2D	Device to Device	终端直接通信
DCU	Data Concentrator Unit	数据集中单元
DFB	Distributed Feedback Laser	分布反馈激光器
DL	Deep Learning	深度学习
DLNA	Digital Living Network Alliance	数字生活网络联盟
DN	Data Network	数据网络
DSRC	Dedicated Short Range Communication	（车载）专用短程无线通信
DSS	Dynamic Spectrum Sharing	动态频谱共享
DTW	Dynamic Time Warp	动态时间规整
DV	Digital Video	数字摄像机
ECC	Edge Computing Consortium	边缘计算产业联盟
EDGE	Enhanced Data rate for GSM Evolution	增强型数据速率 GSM 演进
EIS	Enterprise Information System	企业信息系统
eMBB	enhanced Mobile Broadband	增强移动宽带
EML	Electro-absorption Modulated distributed feedback Laser	电吸收调制激光器
eMTC	enhanced Machine Type of Communication	增强机器类通信
EPC	Evolved Packet Core	演进分组核心
ERP	Enterprise Resource Planning	企业资源计划
ESN	Electronic Serial Number	电子序列号码
FCC	Federal Communications Commission	联邦通信委员会
ETSI	European Telecommunications Standards Institute	欧洲电信标准组织
FDMA	Frequecy Division Multiple Access	频分多址
FM	Frequency Modulation	调频
FWA	Fixed Wireless Access	固定无线接入
GDP	Gross Domestic Product	国内（地区）生产总值

续表

缩写	英文全称	中文名称
GGSN	Gateway GPRS Support Node	GPRS 网关
gNB	generation Node B	5G 基站
GNSS	Global Navigation Satellite System	全球导航卫星系统
GPRS	General Packet Radio Service	通用分组无线业务
GPS	Global Position System	全球卫星定位系统
GPU	Graphic Processing Unit	图形处理单元
GSM	Global System for Mobile Communications	全球移动通信系统
GSM	Group Special Mobile	移动通信特别小组
GSMA	Global System for Mobile Communications Association	全球移动通信系统协会
HDL	Hardware Discription Language	硬件描述语言
HEVC	High Efficiency Video Coding	高效视频编码
HPC	High Performance Computing	高性能计算
HRTF	Head Related Transfer Function	头部相关传递函数
HSDPA	High Speed Downlink Packet Access	高速下行链路分组接入
HSUPA	High Speed Uplink Packet Access	高速上行链路分组接入
IaaS	Infrastructure as a Service	基础设施即服务
IAB	Integrated Access and Backhauling	接入回传一体化
ICT	Information and Communications Technology	信息通信技术
IDC	International Data Corporation	国际数据公司
ICV	Intelligent Connected Vehicle	智能网联汽车
IEC	International Electro technical Commission	国际电工委员会
IEEE	Institute of Electrical and Electronics Engineers	电气和电子工程师协会
IMT	International Mobile Telecom System	国际移动通信系统
IMT-2020	International Mobile Telecom System-2020	国际移动通信系统-2020
IoT	Internet of Thing	物联网
IP	International Protocol	因特网协议
IP-PBX	IP Private Branch Exchange	IP 电话交换机
IR	Infrared Ray	红外线
ISO	International Organization for Standardization	国际标准化组织
IT	Information Communication	信息技术
ITS	Intelligent Transportation System	智能交通系统
ITU	International Telecomunication Union	国际电信联盟
JVT	Joint Video Team	联合视频组
LAA	Licence Assisted Access	授权辅助接入

续表

缩写	英文全称	中文名称
LADN	Local Area Data Network	本地数据网络
LBS	Location-Based Service	基于位置的服务
LCC	Leadless Chip Carriers	无针脚芯片封装
LCD	Liquid Crystal Display	液晶显示器
LCoS-SLM	Liquid Crystal on Silicon-Spatial Light Modulator	液晶反射式空间光调制器
LDPC	Low Density Parity Check	低密度奇偶校验
LFW	Labeled Faces in the Wild	人脸数据库
LGA	Land Grid Array	栅格阵列封装
LKA	Lane Keeping Assistance	车道保持辅助
LPC	Linear Predictive Coding	线性预测编码
LQI	Link Quality Indicator	链路质量指标
MAC	Media Access Control	媒体接入控制
MCU	Micro Controller Unit	微控制单元
MDC	Micro Module Data Centers	微模块数据中心
MDE	Model-Driven Engineering	模型驱动的工程方法
MDT	Minimization of Drive Tests	最小化路测
MEAO	MEC Application Orchestrator	MEC 应用编排器
MEC	Mobile Edge Computing	移动边缘计算
MEC	Multi-access Edge Computing	多接入边缘计算
MEMS	Micro-Electro-Mechanical System	传感器微电子机械系统
MEO	MEC Orchestrator	MEC 编排器
MEPM	MEC Platform Manager	MEC 平台管理器
MEPM-V	MEC Platform Manager-NFV	MEC 平台管理器—网络功能虚拟化
MES	Manufacturing Execution System	制造执行系统
MIMO	Multiple Input Mutiple Output	多输入多输出
MIN	Mobile Identification Number	移动标志号码
ML	Machine Learning	机器学习
MMS	Multimedia Messaging Service	多媒体消息业务
mMTC	Massive Machine Type of Communication	海量机器类通信
MOU	Memorandum of Understanding	备忘录
MPEG	Moving Picture Experts Group	运动图像专家组
MR	Mixed Reality	混合现实
MR	Mediated Reality	介导现实
MRI	Magnetic Resonance Imaging	核磁共振成像

续表

缩写	英文全称	中文名称
MUSA	Multi-User Shared Access	多用户共享接入
NB-IoT	Narrow Band Internet of Things	窄带物联网
NEF	Network Exposure Function	网络能力开放功能
NF	Network Function	网络功能
NFS	Network Function Service	网络功能服务
NFV	Network Functions Virtualization	网络功能虚拟化
NFVO	Network Functions Virtualization Orchestrator	NFV 编排器
NHTSA	National Highway Traffic Safety Administration	美国公路交通管理局
NLP	Natural Language Processing	自然语言处理
NMT	Nordic Mobile Telephone	北欧移动电话
NR	New Radio	新空口
NRF	Network Repository Function	网络存储库功能
NSA	Non Standalone	非独立组网
NSSF	Network Slice Selection Function	网络切片选择功能
NTSC	National Television System Committee	国家电视委员会
OBU	Onboard Unit	车载单元
OFDMA	Orthogonal Frequency Division Multiple Access	正交频分多址
OLED	Organic Light Emitting Display	有机电激光显示
OLEDoS	Organic-Light-Emitting-Diode-on-Silicon	硅基有机发光二极管
OLT	Optical Line Terminal	光线路终端
O-RAN	Open-Radio Access Network	开放式无线接入网
OSS	Operations Support System	运营支撑系统
OT	Operational Technology	运营技术
OTT	Over The Top（Service）	过顶（业务）
PaaS	Platform as a Service	平台即服务
PAM	Pulse Amplitude Modulation	脉幅调制
PAL	Phase Alternation Line	逐行倒相
PCF	Policy Control Function	策略控制功能
PCS	Production Control System	生产控制系统
PCU	Packet Control Unit	分组控制端元
PDMA	Pattern Division Multiple Access	图样分割多址
PDTCH	Packet Data Traffic Channel	分组数据业务信道
PLC	Programmable Logic Controller	可编程逻辑控制器
PLM	Product Lifecycle Management	产品生命周期管理

续表

缩写	英文全称	中文名称
PRS	Positioning Reference Signal	定位参考信号
PSTN	Public Switched Telephone Network	公用电话交换网
QoS	Quality of Service	服务质量
RAN	Radio Access Network	无线接入网
RFID	Radio Frequency Identification	射频识别
RSSI	Received Signal Strength Indication	链路接收信号强度指示
RSU	Road Side Unit	路侧单元
RTT	Radio Transmission Technology	无线传输技术
SA	Standalone	独立组网
SAE	Society of Automotive Engineers	汽车工程师学会
SAT	Supervisory Audio Tone	音频监测音
SAW	Surface Acoustic Wave	声表面波
SBA	Service Based Architecture	基于服务的网络架构
SCADA	Supervisory Control And Data Acquisition	数据采集与监视控制
SCMA	Sparse Code Multiple Access	稀疏码多址
SCRM	Social Customer Relationship Management	社会客户关系管理
SDK	Software Development Kit	软件开发工具包
SDN	Software Defined Network	软件定义网络
SGSN	Service GPRS Support Node	GPRS 服务支持节点
SL	SideLink	边链路
SLAM	Simultaneous Localization And Mapping	即时定位与地图构建
SLM	Spatial Light Modulator	光相位调制器
SMF	Session Management Function	会话管理功能
SMS	Short Message Service	短消息业务
SoC	System on a Chip	系统级芯片
SON	Self Organization Network	自组织网络
SPN	Slicing Packet Network	切片分组网
SRD	Software Defination Radio	软件定义无线电
TACS	Total Access Communication System	全接入通信系统
TCP	Transmission Control Protocol	传输控制协议
TDMA	Time Division Multiple Access	时分多址
TDOA	Time Difference of Arrival	时间差定位法
TD-SCDMA	Time Division-Synchronous Code Division Multiple Access	时分同步码分多址
TMT	Telecommunication Media Technology	通信、媒体、科技

续表

缩写	英文全称	中文名称
TPU	Tensor Processing Unit	张量处理单元
TSN	Time Sensitive Network	时间敏感网络
UDM	Unified Data Management	统一数据管理
UPF	User Plane Function	用户平面功能
uRLLC	ultra Reliable and Low Latency Communication	超高可靠低时延通信
UW	Ultrasonic Wave	超声波
UWB	Ultra Wide Band	超宽带
V2I	Vehicle to Infrastructure	车辆与路侧基础设施
V2N	Vehicle to Network	车辆与网络
V2P	Vehicle to Pedestrian	车辆与行人
V2V	Vehicle to Vehicle	车辆与车辆
V2X	Vehicle to Everything	车联万物
VCEG	Video Code Expert Group	视频编码专家组
VIM	Virtualized Infrastructure Manager	虚拟化基础设施管理器
VM	Virtual Machine	虚拟机
VNFM	Virtualized Network Function Manager	虚拟网络功能管理器
VR	Virtual Reality	虚拟现实
W3C	The World Wide Web Consortium	万维网联盟
WARC	World Administrative Radio Conference	世界无线电行政大会
WAVE	Wireless Access in the Vehicles Environment	车辆环境无线接入
WCDMA	Wideband Code Division Multiple Access	宽带码分多址
WCS	Warehouse Control System	仓储控制系统
WDM	Wavelength Division Multiplexing	波分复用
Wi-Fi	Wireless Fidelity	无线热点
WRC	World Radiocommunications Conference	世界无线电通信大会
WSN	Wireless Sensor Network	无线传感器网络
WTTx	Wireless To The x	固定无线接入

参考文献

[1] IMT-2020（5G）推进组. 5G 需求与愿景. 2014-05.

[2] 中国信息通信研究院, IMT-2020（5G）推进组, 5GAIA.5G 应用创新发展白皮书. 2019-10.

[3] 爱立信. 爱立信报告, https://www.ericsson.com/en/mobility-report/mobility-visualizer?f=1&ft=1&r=2, 3, 4, 5, 6, 7, 8, 9&t=8&s=1, 2, 3&u=1&y=2019, 2025&c=1.

[4] 孙松林. 5G 时代: 经济增长新引擎. 北京: 中信出版集团, 2019.

[5] 项立刚. 5G 时代. 北京: 中国人民大学出版社, 2019.

[6] [美]吴军.智能时代. 北京: 中信出版集团, 2016.

[7] 中国移动研究院. 2030+愿景与需求报告. 2019-12.

[8] 陆平，李建华，赵维铎. 5G 在垂直行业中的应用[J]. 中兴通讯技术, 2019 年 2 月第 25 卷第 1 期.

[9] 中国移动研究院. 5G 典型应用案例集锦. 2019-11.

[10] GB/T 4754-2017. 国民经济行业分类[S]. 2017-10.

[11] 中国信息通信研究院, 华为, BOE. 虚拟（增强）现实白皮书. 2018.

[12] 中国电子技术标准化研究, 中国超高清视频产业联盟, 全国音频、视频及多媒体系统与设备标准化技术委员会. 超高清视频标准化白皮书. 2019-05.

[13] IMT-2020（5G）推进组. C-V2X 业务演进白皮书. 2019-10.

[14] 中国汽车工程协会标准 CSAE-53-2017. 合作式智能运输系统　车用通信系统　应用层及应用层数据交互标准.

[15] 诺基亚贝尔股份有限公司, 中国信息通信研究院, 上海影创信息科技有限公司, 青岛市崂山区人民政府. 5G 云化虚拟现实白皮书. 2019.

[16] 新浪科技. 输入方式的未来: 感知计算技术前瞻. 2013-01-11.

[17] 肖伯祥, 郭新宇, 王传宇, 等. 农业物联网情景感知计算技术应用探讨. 中国农业科技导报, 2014.

[18] 赖宏慧, 钟娟. 基于网络化感知计算的智慧社区管理关键技术与应用. 科技创新与应用, 2014.

[19] 刘俊华，窦延平. 自动识别技术在质量追溯中的应用[J]. 计算机仿真, 2005.

[20] 中国电子技术标准化研究院. 人工智能标准化白皮书. 2018.

[21] 中国信息通信研究院. 人工智能发展白皮书. 2018.

[22] 边缘计算产业联盟（ECC）与工业互联网产业联盟（AII）. 边缘计算与云计算协同白皮书. 2018-11.

[23] ETSI GR MEC 017 V1.1.1 . MEC Deployment of Mobile Edge Computing in an NFV

environment. 2018-02.
[24] ETSI GS MEC 003 V2.1.1. Multi-access Edge Computing (MEC); Framework and Reference Architecture. 2019-01.
[25] 边缘计算产业联盟(ECC)与工业互联网产业联盟(AII). 边缘计算参考架构 3.0. 2018-11.
[26] 3GPP TS 23.501. Technical Specification Group Services and System Aspects.
[27] System Architecture for the 5GSystem; Stage 2 (Release 15). 2018-06.
[28] 工业互联网产业联盟. 工业互联网体系架构（版本 1.0）. 2016-08.
[29] 工业互联网产业联盟, 5G 应用产业方阵. 5G 与工业互联网融合应用发展白皮书. 2019-10.
[30] 储召云. 浅议 5G 如何为旅游产业发展赋能[N]. 中国旅游报, 2019-08-13(003).
[31] 吴丽云. 5G+开启数字文旅产业发展新时代[N]. 中国旅游报, 2019-06-14(003).
[32] 熊卫军. 浅谈 5G 营运场景下景区智慧旅游项目设计策略[J]. 电脑迷, 2018, (35).
[33] 腾讯, 中国联通. 2019 中国智慧文旅 5G 应用白皮书[R/OL]. 2019-05-22.
[34] 中国移动政企客户分公司. 5G+智慧教育白皮书. 2019-04-29.
[35] 华为. 智慧教育场景白皮书. 2018-10.
[36] 亿欧智库. 5G 将如何改变教育, 42 个 5G 智慧教育应用场景一览究竟. 2019-07-30.
[37] 中国人工智能学会. 中国人工智能系列白皮书——智能农业. 2016-09.
[38] IA Chain. 区块链+智慧农业白皮书. 2019-05.
[39] 亿欧智库. 2018 智慧农业发展研究报告——新科技驱动农业变革. 2018-05.
[40] 任宁.我国智慧会展的发展现状与对策研究[J]. 现代经济信息, 2015, (18).
[41] 杨玉春. 智慧会展技术在行业发展趋势中的应用研究[J]. 科技创新导报, 2017(19).
[42] 李丹. 智慧会展建设整体解决方案研究. 价值工程, 2019, (22).
[43] 杜妍妍. “互联网+”时代下智慧会展业发展研究. 贵阳学院学报（自然科学版）, 2019, 14(2).
[44] 吴冬升. 5G 最新进展深度解析. 公众号：5G 行业应用, 2019.
[45] 华为. 5G 时代十大应用场景白皮书.
[46] 大唐电信. 5G 业务应用白皮书. 2018.
[47] 中国联通. 5G 智慧交通白皮书. 2019-07.